Technologiemanagement –
Wettbewerbsfähige Technologieentwicklung
und Arbeitsgestaltung

H.-J. Bullinger
Einführung in das Technologiemanagement

Technologiemanagement – Wettbewerbsfähige Technologie- entwicklung und Arbeitsgestaltung

Herausgegeben von
Univ.-Prof. Dr.-Ing. habil. Prof. e.h. Dr. h.c. Hans-Jörg Bullinger,
Stuttgart

Erfolgreiche Wettbewerbspositionen aufbauen und halten zu können, wird immer mehr eine Frage des adäquaten Technologieeinsatzes und der Gestaltung anthropozentrischer Arbeitsorganisation. Bei schrumpfenden Marktlebenszyklen und steigendem globalen Wettbewerb können nur Unternehmen gewinnen, die kundenorientiert Technologien schneller entwickeln, erschließen, einsetzen und rechtzeitig wieder verlassen können.

Um den technologischen Wandel mitgestalten zu können, muß Technologiekompetenz durch Managementkompetenz ergänzt werden. Aufgabengebiete wie Strategische Planung, Organisationsentwicklung, Arbeitssystemgestaltung, Aufbau- und Ablaufstruktur, Produktgestaltung, Prozeßgestaltung, Mitarbeiterführung und Arbeitsplatzgestaltung sind im Rahmen eines Integrierten Technologiemanagements ganzheitlich zu lösen.

In der Buchreihe *Technologiemanagement – Wettbewerbsfähige Technologieentwicklung und Arbeitsgestaltung* soll der internationale Stand der Modelle, Verfahren, Methoden und Hilfsmittel dieser Gebiete festgehalten und mit Blick auf die Aus- und Weiterbildung von Ingenieuren zugänglich gemacht werden. Die einzelnen Bände behandeln außer relevanten arbeitswissenschaftlichen Erkenntnissen, Technologien und Organisationsformen vor allem das Management der Entwicklung, des Einsatzes und des Transfers von Technologien.

Einführung in das Technologiemanagement

Modelle, Methoden, Praxisbeispiele

Von Univ.-Prof. Dr.-Ing. habil. Prof. e. h. Dr. h. c.
Hans-Jörg Bullinger, Universität Stuttgart und
Fraunhofer-Institut für Arbeitswirtschaft und
Organisation (IAO), Stuttgart

unter Mitarbeit von Prof. Dipl.-Ing. Uwe A. Seidel,
Fachhochschule Rosenheim

Mit 141 Bildern

 **B. G. Teubner Stuttgart 1994**

Die Deutsche Bibliothek – CIP-Einheitsaufnahme

Bullinger, Hans-Jörg:
Einführung in das Technologiemanagement : Modelle,
Methoden, Praxisbeispiele / von Hans-Jörg Bullinger. Unter
Mitarb. von Uwe A. Seidel. – Stuttgart : Teubner, 1994
  (Technologiemanagement)
  ISBN-13: 978-3-322-84859-8   e-ISBN-13: 978-3-322-84858-1
  DOI: 10.1007/978-3-322-84858-1

Einband: nach einem Entwurf von Heike und Kerstin Simsen, Stuttgart

Vorwort

Forschung, Entwicklung und marktorientierte Fruchtbarmachung von Technologien besitzen für das erfolgreiche Bestehen unserer Wirtschaft im internationalen Wettbewerb größte Bedeutung. Seit etlichen Jahren weisen forschungs- und technologieintensive Bereiche die höchsten Wachstumsraten der Wirtschaft auf. Ein rohstoffarmes Hochlohnland wie Deutschland ist darauf angewiesen, auf dem Weltmarkt auf der Basis von „intelligenten", innovativen Spitzenerzeugnissen und -dienstleistungen nachhaltig überdurchschnittliche Preise zu erzielen. Angesichts der gegenwärtigen politischen und wirtschaftlichen Veränderungen gilt es, sowohl gegen eine wachsende Anzahl von Mitbewerbern aus Billiglohnländern als auch gegen Anbieter von Produkten und Dienstleistungen steigender und bester Qualität aus Südostasien zu bestehen.

Wie man am Beispiel Japan gut beobachten kann, ist dieser Wettbewerb vor allem im Bereich forschungs- und kapitalintensiver Güter zu einem Wettbewerb der beteiligten Volkswirtschaften geworden. Da viele Märkte Käufermärkte geworden sind, wird der Wettbewerb dort immer mehr durch Wettbewerbsfaktoren wie Qualität, Flexibilität und Schnelligkeit entschieden. Diese Herausforderung annehmen heißt für eine Volkswirtschaft, bereit und in der Lage zu sein, ihre besonderen Stärken sowohl im Technologie- als auch im Human Resources-Bereich konsequent einzusetzen und beständig weiterzuentwickeln. Sich überwiegend auf bisher erfolgreiche, konventionelle Technologien und auf kurzfristig wirksame Kosteneinsparungsmaßnahmen im Personal- und Ausbildungsbereich zu stützen, heißt die Herausforderung nicht anzunehmen und mittelfristig strategische Erfolgspositionen aufzugeben.

Es liegt auf der Hand, daß Leistungseigenschaften eines Unternehmens wie Flexibilität und Schnelligkeit weder alleine durch Technologien noch durch klassische Ingenieurleistungen erreicht werden können. Es handelt sich hier vielmehr um organisatorische Aufgabenstellungen, die das Management eines Unternehmens auf normativer, strategischer und operativer Ebene herausfordern. Das vorliegende Buch richtet sich daher bewußt sowohl an Studenten technisch orientierter Studiengänge als auch an Ingenieure, die in technologieorientierten Unternehmen Fach- und Führungsverantwortung übernehmen wollen oder übernommen haben und ihre Basiskompetenz mit Technologiemanagementkompetenz ergänzen wollen.

Mit Blick auf diese Zielgruppe wurde der inhaltliche Rahmen dieser Einführung in das Technologiemanagement gesteckt. Nach einem Überblick über aktuelle Technologien und ihre wirtschaftliche Relevanz werden im ersten Hauptkapitel wichtige Begriffe für die weitere Diskussion festgelegt und grundlegende Aspekte des Technologiemanagements skizziert. Dabei wird bewußt die ingenieurwissenschaftliche Sichtweise mit der betriebs- und volkswirtschaftlichen verbunden und somit die Einsatzbreite und Interdisziplinarität des Technologiemanagements aufgezeigt. Das nächste Hauptkapitel beschäftigt sich mit den übergeordneten Aspekten des normativen Technologiemanagements, das die Grundlage für alle weiteren Aktivitäten des Technologiemanagements bildet. Es beinhaltet Themen wie Managementphilosophie, Unternehmenskultur und Unternehmensverantwortung. In diesem Bereich ist auch der gegenwärtig erlebbare Paradigmenwechsel im Management am deutlichsten zu beobachten. Im dritten Hauptkapitel werden wichtige Modelle der strategischen Unternehmensführung vorgestellt und diskutiert. Verständnis und Anwendung dieser Modelle und der zugeordneten Methoden weiten den Blick für die marktorientierten Aspekte der Technologieentwicklungen und Unternehmensführung und verschaffen die für eine interdisziplinäre Unternehmensführung notwendige Übersetzungskompetenz. Im abschließenden Kapitel werden Grundlagen dazu vermittelt, wie durch Gestaltung der Aufbau- und Ablauforganisation sowie durch Führungsverhalten die strategischen Ziele und Potentiale des Unternehmens konkret werden. Dies wird durch eine Reihe von Praxisbeispielen veranschaulicht. Mit den Vorgehensweisen und Beispielen des letzten Abschnitts wird der wachsenden Bedeutung von Information und Kommunikation in technologieorientierten Unternehmen Rechnung getragen.

Dieses Buch faßt die Inhalte meiner Vorlesung Technologiemanagement an der Universität Stuttgart zusammen, die ich seit einigen Jahren im Rahmen des gleichnamigen Hauptfachs der Studienrichtung Maschinenwesen halte. Diese Vorlesung bildet die inhaltliche Klammer für eine Reihe von vertiefenden Vorlesungen, wie z. B. Arbeitswissenschaft, Personalwirtschaft, Projektmanagement und Simultaneous Engineering, die mein Institut für Arbeitswissenschaft und Technologiemanagement (IAT) an der Universität Stuttgart anbietet. In dieses Buch flossen auch Erfahrungen einer Reihe von Seminaren und Qualifizierungsmaßnahmen in der Industrie sowie aus der Mitarbeit in internationalen Akademien ein.

Herr Dipl.-Ing. Uwe A. Seidel hat mich bei der Erstellung dieses Buches in besonderem Maße unterstützt; für seine Mitwirkung möchte ich mich herzlich bedanken. Meinen Mitarbeitern in der Abteilung Forschung und Lehre, Dr. Dieter Fremdling, Dipl.-Ing. Rolf Ilg, Dipl.-Ing. Martin Schmauder sowie Dipl.-Kfm. Stephan Zinser danke ich ebenfalls für ihre kritische Durchsicht und wertvollen Hinweise. Herrn Dr. J. Schlembach vom Teubner-Verlag danke ich für seine Aufgeschlossenheit und die gute Zusammenarbeit.

Stuttgart, im Februar 1994   Hans-Jörg Bullinger

Inhaltsverzeichnis

1 Einleitung und Grundlagen

Der Weg zur gegenwärtigen Industriegesellschaft ist mit aufregenden wissenschaftlichen, wirtschaftlichen, politischen und gesellschaftlichen Veränderungen verbunden, die in ihrer Wechselwirkung das Leben der Menschen grundlegend und weitreichend beeinflußt haben. Entscheidende Ursachen für diese Veränderungen sind in der schnellen wirtschaftlichen Umsetzung wissenschaftlicher und technischer Innovation zu finden. Technologien sind zu wichtigen Mitteln zur Befriedigung unserer menschlichen Lebensbedürfnisse und -wünsche und darüber hinaus zu wesentlichen und unverzichtbaren Bestandteilen unserer Kultur geworden. Im zunehmend globaler werdenden Wettbewerb hängt die internationale Wettbewerbsfähigkeit – und damit der Lebensstandard einer Volkswirtschaft – heute ganz entscheidend davon ab, ob es den technologieorientierten Unternehmen und Branchen gelingt, international dauerhaft Spitzenstellungen zu besetzen. Besonders die Bundesrepublik Deutschland sieht sich aufgrund ihrer Standortbedingungen vor diese Herausforderung gestellt.

Wir stellen heute fest, daß technozentrische Zielsetzungen in der industriellen Praxis keinen nachhaltigen Erfolg mehr vorweisen können, sondern vielmehr stärker humanpotentialorientierten Konzepten Platz machen. Durch die Einbindung in das gesamte Kulturgeschehen sind Technologien wissenschaftstheoretisch nicht nur in den Natur- und Ingenieurwissenschaften, sondern auch in den Wirtschafts- und Sozialwissenschaften verwurzelt. Der Sinn technischen Handelns und Schaffens läßt sich jedenfalls nicht alleine aus den vielfältigen Erscheinungsformen *technischer* Disziplinen ableiten. Auch in diesem Zusammenhang regt der Ausspruch des spanischen Kulturphilosophen José Ortega y Gasset (1883 – 1955) zum Nachdenken an: *Um Techniker zu sein, genügt es nicht, Techniker zu sein* (Ortega 1939). Der erfolgreiche Einsatz der Technik setzt daher vor allem bei Führungskräften ein Verständnis der Beziehung zwischen Mensch und Technik voraus und fordert von Forschung und Planungspraxis, daß beide von vornherein interdisziplinär angelegt sein müssen (vgl. Eigen 1988). Diese Einsichten sind im Grunde bereits wesentlich für das Anliegen des Technologiemanagements, dem hier in Form einer Einführung nachgegangen wird.

Im allgemeinen Sprachgebrauch werden mit den Begriffen Technik und Technologie unterschiedliche Bedeutungsinhalte verbunden, die von anwendungsferner, wissenschaftlicher Arbeit bis hin zum Einsatz technischer Geräte in der industriellen Produktion reichen. Diese Begriffsunschärfe soll daher nach einem Überblick über aktuelle Technologien und ihrer wirtschaftlichen Relevanz mit einer Reihe von Definitionen diskutiert und – zumindest teilweise – beseitigt werden. Weitere Abschnitte widmen sich skizzenhaft weiteren einführenden Aspekten des Technologiemanagements. Dabei wird bewußt die ingenieurwissenschaftliche Sichtweise mit der betriebs- und volkswirtschaftlichen verbunden und somit die Einsatzbreite und Interdisziplinarität des Technologiemanagements aufgezeigt. Nach einem Abschnitt über die Möglichkeiten der betrieblichen und gesellschaftlichen Bewertung und Steuerung der Technikentwicklung wird ein Management-Konzept vorgestellt, das den integrativen Rahmen für die weiteren Kapitel bildet.

1.1 Technologien – Entwicklung, Bedeutung, Zukunft

Der technische Fortschritt spielt für die Entwicklung moderner Industriegesellschaften eine entscheidende Rolle. Die Perfektionierung von Produkt- und Produktionstechnologien gewinnt zunehmend an Dynamik. Dabei werden sowohl alte von neuen Technologien abgelöst als auch bestehende Technologien zügig weiterentwickelt. Der Umgang mit Technologien sowie deren gesellschaftspolitische Bedeutung bekommen einen großen Stellenwert.

Immer mehr Gestaltungsbereiche eines industriellen Unternehmens sind gezwungen, sich an der Größe „Technologie" auszurichten. Wettbewerb wird immer mehr ein Wettbewerb der Technologien. Wettbewerbsfähigkeit erfordert überlegene Problemlösungen, die auf zukunftsträchtigen Produkten mit technologischem und qualitativem Vorsprung beruhen.

Beispiele für die gegenwärtig beeindruckendsten Entwicklungen im Hochtechnologiebereich (sog. High-Tech-Bereich) sind bei der *Informationstechnologie*, der *Gentechnik* und bei den *neuen Werkstoffen* (z. B. Industriekeramiken und Legierungen) zu finden. Aber auch in eher traditionellen Bereichen wie dem Maschinenbau, der Chemie oder der Textilindustrie werden durch die Spitzentechnologien *Mikroelektronik* und *Computertechnik* neue Möglichkeiten eröffnet. Die Entwicklung und Anwendung dieser Technologien beeinflussen bereits in den verschiedenartigsten Branchen sowohl die Produktgestaltung als auch die zugeordneten Produktionsprozesse.

> **SUCCESS/FAILURE-STORY**
> Mit der ab 1971 erfolgten Markteinführung der neuen Mikroprozessortechnologie wurde das erst 1968 gegründete relativ kleine Technologie-Unternehmen INTEL von einer damaligen Umsatzdimension von 20 Mio. DM bei 500 Mitarbeitern innerhalb von 10 Jahren in eine Umsatzdimension von 2 Mrd. DM bei 16.000 Mitarbeitern katapultiert.

Für eine wachsende Zahl von Unternehmen stellt sich daher die Frage, wie sie selbst langfristig am technischen Fortschritt teilnehmen, ihn bewerten, beeinflussen und organisatorisch bewältigen können. Die zunehmende praktische Relevanz strategischer Entscheidungen im technischen Bereich und die Tatsache, daß eine größere Anzahl von Problemen im Überdeckungsbereich technologischer Fragestellungen mit Aufgaben der Unternehmensführung anfallen, weckt bei den Unternehmen zunehmend das Interesse an den Methoden und Verfahren des Technologiemanagements (TM).

1.1.1 Historischer Überblick

Technologien und Technik sind keinesfalls nur als reines Sachpotential unserer Arbeit zu verstehen. Sie nehmen vielmehr auch eine geschichtlich wichtige Rolle ein, da in ihnen Ursachen und Wirkungsfaktoren unserer sich wandelnden Industriegesellschaft erkannt werden. Im folgenden soll daher ein stark gekürzter und vereinfachter historischer Überblick über die Technologieentwicklung der Industriegesellschaft gegeben werden.

Die Erforschung der Natur begann schon im Altertum mit der Erforschung der *Materie*, die sich bis heute fortsetzt und gerade in letzter Zeit wieder Höhepunkte erreicht. Seit dem 19. Jahrhundert entfalten sich die Physik und die Technik der Energie, der Energieversorgung und der Energiewandlung in Kraft- und Arbeitsmaschinen. Daraus entstand das Maschinenzeitalter mit der damit verbundenen Industrialisierung.

In unserem Jahrhundert hat sich die Technik in mehrere Richtungen entwickelt. Zum einen war es hier die *Kraftfahrzeugtechnik* und in Folge die *Luft- und Raumfahrt*, die Transport und Verkehr gegenüber früheren Jahrhunderten radikal verändert haben. Zum anderen hat die *Nachrichtentechnik* und *Elektronik* seit den 20er Jahren mit Telefon, Rundfunk und Fernsehen eine unvorhersehbare Veränderung und Erweiterung der Kommunikationsmöglichkeiten herbeigeführt. Beide Entwicklungsrichtungen haben gemeinsam das Geschehen in der Weltwirtschaft und Gesellschaft erheblich intensiviert und dabei grundlegend und – so scheint es – irreversibel strukturell gewandelt. Dazu kam die Entdeckung der *Kernenergietechnik*, die von Albert Einstein bereits 35 Jahre vorher in seiner berühmten Äquivalenzbeziehung zwischen Energie und Masse postuliert worden war. Der wohl bedeutendste Fortschritt unseres Jahrhunderts besteht in der Entwicklung des *Computers*, der eine neue *Informationstechnik* ermöglicht, die über die technische Anwendung hinaus in viele andere Bereiche hineinwirkt. Dies wird besonders gefördert durch die sich mit außerordentlichen Leistungszuwachsraten entwickelnde Technologie der *Mikroelektronik*. In diesem Zusammenhang entstand ein neues Gebiet, die Informatik, die „Ingenieurwissenschaft der abstrakten Objekte".

Der bisherige Pfad der Wissenschaft wird von drei Phasen gekennzeichnet, die man mit den Hauptthemen: *Materie*, *Energie* und *Information* charakterisieren kann. Als neue Phase zeichnet sich ein Bereich ab, der von *Strukturen*, *Synergien* und *Systemdenken* gekennzeichnet ist (vgl. Ganzhorn 1987).

Im industriellen Fabrikbetrieb lassen sich ebenfalls drei unterschiedliche Entwicklungsphasen beobachten, in denen Beiträge der Technik zu großen Steigerungen der gesellschaftlichen Produktivität führten:

❏ die *Instrumentalisierung* (Entkopplung von der Handberührung),
❏ die *Mechanisierung* (Entkopplung von der Körperkraft) und
❏ die *Automatisierung* (Entkopplung von Bedienung).

Die Entwicklung und Anwendung neuer Technologien hat einen tiefgreifenden Wandel der menschlichen Arbeit ausgelöst: *Kraftmaschinen* erleichterten die körperliche Arbeit, *Produktionsmaschinen* erhöhen die Produktivität und *Informationsmaschinen* verändern den Arbeitsinhalt qualitativ.

1.1.2 Technologiestandort Deutschland im internationalen Vergleich

Deutschland ist traditionell ein Land, das reich an Erfindern und Erfindungen ist. Stellvertretend für wichtige Erfindungen der ersten Hälfte der letzten hundert Jahre mögen das Kraftfahrzeug (Daimler, Benz), der Otto- und der Dieselmotor, das Strahltriebwerkflugzeug (Heinkel, Messerschmitt), das Raketentriebwerk (Braun u. a.), der Zuse-Computer und der Zeppelin genannt werden. Technologien waren für das eher rohstoffarme Land auch Basis des Exportes, der die vielfältigen Rohstoffimporte in der Handelsbilanz ausgleichen sollte. Auch nach dem 2. Weltkrieg konnte die Bundesrepublik ihre traditionelle technologische Stärke wieder aufbauen und dazu benutzen, sich die Position eines Hauptanbieters von Technologie mit mehrmaliger Exportweltmeisterschaft zu erarbeiten.

Diese Position ist jedoch nicht gesichert, sondern vielmehr in der zunehmenden Dynamik der technologischen Entwicklung stark gefährdet. Noch dokumentiert auch in jüngerer Zeit eine stattliche Anzahl neuer Nobelpreisträger die Forschungs- und Erfindungskraft in Deutschland. Aber dies ist, auch aus Sicht des Bundesministers für Forschung und Technologie, kein Garant für die *technologische Wettbewerbsfähigkeit* der deutschen Unternehmen. Entscheidend für die Wettbewerbsfähigkeit einer Volkswirtschaft ist nicht mehr allein der Eigenentwicklungsanteil neuer Basistechnologien, sondern vor allem die Innovationskraft, d. h. die erfolgreiche (und damit vor allem zeitgerechte, kundennutzenorientierte und kostengünstige) Umsetzung und Kombination neuer Technologien zu weltmarktfähigen Systemen und Verfahren im Produkt-, Produktions- und Dienstleistungsbereich. Die USA sind ein Negativbeispiel dafür, wie ein innovations- und exportführendes Land innerhalb weniger Jahre zum Handelsdefizitweltmeister (1990 mit 108,1 Mrd. US$) mit einer bemerkenswert hohen Staatsverschuldung werden kann (Haushaltsjahr 1993: ca. 330 Mrd. US$). Erst aus der Betrachtung von dynamischen Indikatoren, z. B. der Entwicklung des Anwendungsgrades und des Weltmarktes einer Technologie, lassen sich auch Prognosen über chancen- oder risikoreiche Entwicklungen dieser Wettbewerbsfähigkeit treffen und somit gezielte politische, wissenschaftliche und wirtschaftliche Maßnahmen ableiten.

Die Situation Deutschlands stellt sich vor diesem Hintergrund recht differenziert dar. Einerseits gehört Deutschland immer noch zu den führenden Exportländern der Welt, was als Frucht der Bemühungen der letzten Jahrzehnte um internationale Wettbewerbsfähigkeit verstanden werden kann. Untersucht man andererseits, welche Maßnahmen getroffen wurden, Erfolgspositionen langfristig zu behaupten und auszubauen, und inwieweit diese Maßnahmen die gewünschten Ergebnisse zeitigen, so stellt sich ein weniger strahlendes Bild dar (vgl. Kap. 1.1.3 und BMFT 1993). Bei einigen strategischen Schlüsseltechnologien nimmt die deutsche Industrie inzwischen eine extrem ungünstige Wettbewerbsposition ein. Dies gilt insbesondere für einzelne Mikroelektronikkomponenten und für die Optoelektronik, bei denen Japan einsame Weltspitzenpositionen besitzt, aber auch für Softwareprodukte und neue Werkstoffe, bei denen die USA weltweit führend sind. Wichtige Exportleistungen Deutschlands ruhen immer noch auf konventionellen Technologien. Der Früherkennung und Entwicklung neuer Technologien kommt aber im internationalen Wettbewerb strategische Bedeutung zu. Bei solchen Technologien besteht das Potential, daß sie sich international zu Schrittmachertechnologien oder gar zu Schlüsseltechnologien entwickeln, die den Wettbewerb von morgen entscheidend beeinflussen können. Wer im internationalen Wettbewerb überwiegend mit konventionellen Technologien agiert, wird mittel- bis langfristig von innovativeren Mitbewerbern überholt.

Diese Bemerkungen charakterisieren bereits die generelle Problemlage und Herausforderung des Technologiestandortes Deutschland. Im folgenden soll der Versuch unternommen werden, die Technologieposition Deutschlands im Vergleich zu den USA und Japan durch Aufschlüsselung in einzelne Technologiebereiche differenzierter darzustellen und zu bewerten. Die Bewertung orientiert sich dabei vor allem an den marktorientierten Parametern Anwendungsgrad, Marktentwicklung und Wettbewerbsfähigkeit. Als Grundlage des Vergleichs werden Ergebnisse einer umfassenden Studie der Baseler

Prognos AG verwendet, die 1990 vom VDI-Verlag und der Zeitschrift highTech initiiert wurde und prognostische Aussagen für das gegenwärtige Jahrzehnt bis zum Jahr 2000 versucht (Prognos 1990).

Optoelektronik, Lasertechnik

Die Anbieter optoelektronischer Komponenten und Systeme haben in den nächsten 10 Jahren hervorragende Wachstumschancen. Der Weltmarkt der *Optokomponenten* – wie Laser, Displays, Sensoren, Detektoren und Optokoppler – wächst um mindestens 7% jährlich (Ausgangsbasis 1990: 24 Mrd. DM).

Noch größere Wachstumsraten bietet der Weltmarkt der *Optosysteme*, der jährlich um ca. 13% zunimmt (Ausgangsbasis 1990: 50 Mrd. DM, erwartet im Jahr 2000: 130 Mrd. DM). Die meisten Anwendungen werden in der Telekommunikation, in der Büroautomatisierung und in der Produktionsautomatisierung erwartet. Einzelne Technologien wachsen besonders schnell: der Markt der faseroptischen Meßtechnik beispielsweise soll jährlich zwischen 20 bis 50% zunehmen.

Innovationsschübe werden von Neuentwicklungen in folgenden Bereichen erwartet: integrierte optische und optoelektronische Bauelemente, optische Computer, Vermittlungstechnologie, Solarzellen mit stark verbessertem Wirkungsgrad, Groß- und Flachbildschirme für das HDTV-Fernsehen (HDTV = High Definition Television, Hochauflösendes Fernsehen), verbesserte Lasersysteme für die industrielle Materialbearbeitung und für die medizinische Therapie und Diagnostik.

Deutsche Anbieter besitzen in der Optoelektronik und Lasertechnik zwar einige internationale Spitzenplätze in der Technologieentwicklung, aber der Weltmarktanteil Deutschlands ist deutlich kleiner als der Japans (Optoelektronikkomponenten: 51%) und der der USA (Optoelektroniksysteme: 57%). Große technologische Lücken besitzt Deutschland vor allem in den Bereichen Halbleiterkomponenten, Flach-Displays und Laserkristalle.

Sensortechnologie

Sensoren sind notwendige Komponenten für die Automatisierungstechnik im Fertigungstechnik- und Verfahrenstechnikbereich. Die Sensortechnik bietet zudem exzellente Möglichkeiten zur Diversifikation mit hoher Wertschöpfung, z. B. bieten Sensorhersteller vermehrt komplette sensorgestützte Subsysteme an (Systemanbieter). Der Weltmarktanteil Deutschlands ist hier jedoch sehr gering, er liegt weit hinter dem Anteil Japans und der USA. Bild 1.1 gibt einen Überblick über die spezifischen Stärken und Schwächen der Anbieternationen Deutschland, USA und Japan.

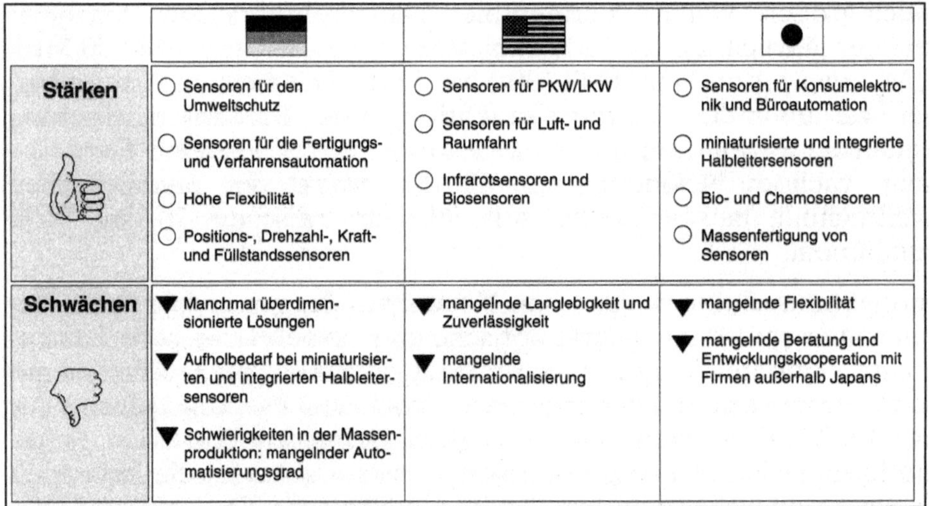

Bild 1.1　Stärken und Schwächen der Sensoranbieter
(Quelle: Prognos 1990)

Informationstechnologien

Auch in der Informationstechnologie ist eine differenzierte Entwicklung zu beobachten. Die Preisnachlässe und die eher schleppende Nachfrage im Hardwarebereich werden durch eine rasante Entwicklung im Softwarebereich mehr als kompensiert. Schon 1995 werden die Geschäfte mit Computerprogrammen inklusive Wartung und Service dem reinen Hardwaregeschäft den Rang abgelaufen haben.

Der Umsatz der 20 größten deutschen Softwarefirmen betrug insgesamt ca. 1,5 Mrd. DM, während die 20 größten amerikanischen Softwarehäuser bereits alleine mit ihren Standard-Softwarepaketen über 5 Mrd. DM Umsatz erzielten. Am Weltmarkt beteiligt sich Deutschland gerade mit 5 %, während Japan 15 % und die USA überragende 60 % aufweisen können.

Große Schwächen sind u. a. im Management und Marketing festzustellen. Im Blickfeld deutscher Softwarehäuser scheinen vornehmlich branchenspezifische Speziallösungen zu stehen, nicht hingegen weltweit vermarktbare Standardsoftwarepakete. Das Forschungsprojekt *European Software Factory*, eine Kooperation mehrerer europäischer Firmen, soll dazu beitragen, diesen Mangel zu beseitigen.

Mikroelektronik

Um im Technologiebereich Mikroelektronik das Gewinnfenster nicht zu verpassen, ist vor allem ein außerordentlich hohes Innovationstempo erforderlich, denn der Entwicklungsaufwand steigt hier immens, während die Marktzyklen immer kürzer werden. In der Rangfolge Japan, USA, Europa wird in den nächsten zehn Jahren keine Veränderung zu erwarten sein. Die japanischen Elektronikgiganten werden im Jahr 2000 rund 80 Mrd. DM umsetzen und damit ihren Abstand zu den USA weiter vergrößert haben. In Weltmarktanteilen ausgedrückt liegen die deutschen Anbieter gegenwärtig bei 4 % weit abgeschlagen im Feld, Korea bringt es alleine bereits auf 9 %, Japan auf 40 %.

Sehr beunruhigend ist in diesem Zusammenhang die wachsende Abhängigkeit der weltweiten Chipfertigung von japanischer Fertigungstechnologie und ihren Prozeßstoffen sowie die steigende Abhängigkeit anderer Wirtschaftszweige Deutschlands wie Werkzeugmaschinenbau und industrielle Automation: gerade in den Produkten dieser Branchen kommt Mikroelektronik in steigendem Anteil als Basistechnologie zum Einsatz. Rund 75 % der weltweit benötigten Speicherchips kommen aus japanischen und koreanischen Produktionsanlagen. Bei den derzeit am meisten eingesetzten Speicherchips, den 4 Megabit-Speichern, kommen sogar 90 % des Weltmarktes alleine von japanischen Konzernen (wie Toshiba, NEC, Hitachi). Internationale Zusammenschlüsse wie zwischen der Siemens

AG und IBM (64 Megabit-Chip) erhöhen die Möglichkeit zum Erwerb weiterer Marktanteile nichtjapanischer Wettbewerber.

Neue Werkstoffe

Neue Werkstoffe entwickeln sich zu wichtigen Beiträgen im Kampf um neue Weltmärkte. Viele innovative Komponenten in der Mikroelektronik, Sensor- oder Lasertechnik sowie auch Produktbestandteile von Großsystemen im High-Tech-Bereich wie Raumschiff, Hochgeschwindigkeitszug oder Flugzeug sind direkt von der Werkstoffinnovation abhängig.

Insgesamt wird der Markt neuer Werkstoffe enorm wachsen: von ca. 50 Mrd. DM im Jahr 1990 bis ca. 120 Mrd. DM im Jahr 2000. Die *Oberflächenprodukte* (Beschichtung) entwickeln sich dabei mit 11 bis 13 % Wachstum am schnellsten (1990: 8 Mrd. DM Weltumsatz), die sonstigen neuen Werkstoffe etwas ruhiger (1990: 42 Mrd. DM Weltumsatz).

Auch in diesem Bereich spielt Deutschland in der Triade mit Japan und den USA eine eher bescheidene Rolle. Technologisch bestehen Stärken in den Anwendungen in der Automationstechnik, während in den Bereichen Mikroelektronik und Sensortechnik große Anwendungsschwächen liegen. Auch in der Entwicklung und Anwendung von Hochleistungskeramiken und kohlefaserverstärkten Kunststoffen liegen technologische Schwachpunkte.

Wettbewerbsvorteile können in Zukunft nur Anbieter erringen, die neue Werkstoffe systemhaft komplett mit neuen Herstellungs-, Bearbeitungs-, Prüf- sowie Recyclingverfahren anbieten.

Biotechnologie

Im hochinnovativen Gebiet dieser Schrittmachertechnologien laufen die Prognosen erwartungsgemäß stark auseinander. Während konservative Schätzungen den Weltumsatz für das Jahr 2000 bei ca. 25 Mrd. US$ sehen, gehen optimistische Schätzungen von bis zu 250 Mrd. US$ aus.

Aktueller Marktführer in der Biotechnologie ist die Pharmaindustrie, die rund zwei Drittel der biotechnischen Produkte hervorbringt. An zweiter Stelle liegt die Agrarwirtschaft, die allerdings nur deutlich kleinere Wertschöpfungen zuläßt. Innovative Hauptproduktgruppen sind biologische Pestizide und herbizidresistentes Saatgut. Eine noch geringere Wertschöpfung bei wesentlich höherem Gesamtvolumen haben biotechnisch erzeugte Chemie-Rohstoffe. Hier werden erst dann herkömmliche Produkte substituiert, wenn es für die Biotech-Produkte klar erkennbare Vorteile gibt. Ein recht neuer, dynamischer und vielversprechender Markt sind die Umwelttechnologien.

Der globale Biotech-Markt wird wertmäßig von den USA dominiert. Auch in technologischer Hinsicht nehmen die USA die Spitzenposition ein: auf fünf amerikanische Patente kommt gerade ein Patent deutschen Ursprungs, hingegen rund zwei aus Japan. Im Bereich der Gentechnologie sind die Amerikaner mit acht Patenten pro deutscher Anmeldung noch dominanter. Schwächen der Entwicklungstätigkeit in Deutschland liegen neben der Gentechnologie auch in den Bereichen monoklonaler Antikörper und Meß- und Regeltechnik.

Energietechnologie

Die Entwicklung und Anwendung neuer Energietechnologien ist sehr vom politischen Umfeld abhängig, da die Umweltgesetzgebung und der Ölpreis ganz erheblich die Systemkosten und die Marktchancen neuer Energietechniken determinieren.

Zukunftsträchtige Technologien sind gegenwärtig *Kombikraftwerke*, bei denen mit der Kombination von Gas- und Dampfturbinen Wirkungsgrade von über 50 % realisiert werden können. Die *Windenergietechnologie* liegt auf dem zweiten Platz, stagniert allerdings, nachdem die Megawattklasse (Projekt Growian) sich als Flop erwiesen hat und heute der Trend eher zu Windkonvertern in der Klasse zwischen 20 bis 55 kW geht. Die technologische Führung haben hier unangefochten die Dänen inne. Die *Solarenergietechnologien* bestreiten heute bereits einen rund 370 Mio. DM großen Weltmarkt, werden aber von den Technologien der *Hochenergiebatterie* und vor allem von neueren Einspartechnologien bedrängt. Der Markt der *Einspartechnologien* ist nur grob abschätzbar, da hier die öffentliche Förderung eine ganz entscheidende Rolle spielt. Die Schätzungen streuen daher zwischen 42 und 158 Mrd. DM für diesen Bereich.

Technologische Spitzenpositionen nimmt Deutschland bei den Groß-
kraftwerken, bei den Hochenergiebatterien und bei der Wasserstoff-
technologie ein (Bild 1.2).

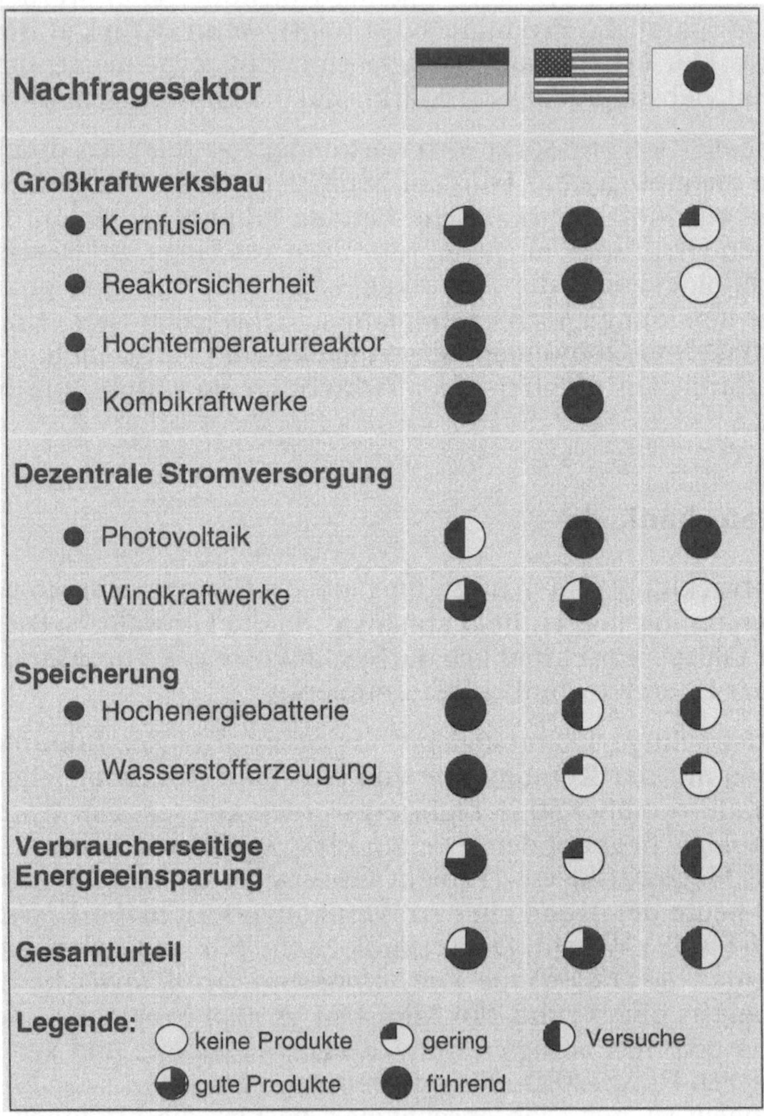

Bild 1.2   Wettbewerbsfähigkeit in der Energietechnik
(Quelle: Prognos 1990)

Stärkste internationale Wettbewerber im Großkraftwerkbau sind amerikanische Unternehmen. In der Regel sind Energieprojekte finanziell sehr anspruchsvoll, so daß ein wesentliches Problem in diesem Bereich die Finanzierung ist. Ein erfolgreiches deutsches Technologiebeispiel ist die Entwicklung einer Hochenergiebatterie (Natrium-Schwefel-Basis) der Mannheimer Asea Brown Boveri (ABB). Joint-Ventures mit Mitbewerbern (z. B. Siemens mit Framatome in Frankreich im Bereich Reaktorbau) ermöglichen es, die F&E-Investitionen auf mehrere Partner zu verteilen und Fertigungskapazitäten zu verringern (s. Strategische Allianzen).

Umwelttechnologie

Die Domäne der deutschen Anbieter sind zur Zeit die klassischen Technologien der Abwasserbehandlung und Abfallverbrennung (Bild 1.3). Die großen Wachstumsmärkte der Sekundärtechnologien in den 90er Jahren liegen jedoch in den Bereichen Recycling und Altlastsanierung. Die USA starteten ein Großprojekt über 10 Mrd. US$ zur Identifikation verschütteter Deponien. Dies ist sicherlich erst der Start umfassender Entwicklungen im Bereich neuer Sanierungstechnologien.

In Deutschland werden die ab Mitte der 90er Jahre vorgesehene Umweltabgabe auf Schadstoffemission (Luft, Wasser, Abfall), die Neudefinition von CO_2 als Luftschadstoff und die Rücknahmeverpflichtung oder das Entsorgungspfand für umweltproblematische Güter (z. B. Autos, Computer, Haushaltsgeräte) zu einer erheblichen Nachfragesteigerung nach Umwelttechnologien führen. Deutsche Anbieter müssen aber auch den Sprung in den amerikanischen Markt schaffen, wenn sie im internationalen Wettbewerb nicht ihre Konkurrenzfähigkeit verlieren wollen.

Anlagen der Umwelttechnologie werden technisch immer anspruchsvoller. Einher geht damit eine verstärkte Nachfrage nach Dienstleistungen, da vielen Unternehmen und Gemeinden das für Betrieb und Wartung ihrer Umwelttechnologieanlagen entsprechend qualifizierte Personal fehlt. Da auch die Investitionskosten pro Anlage steigen, wird auch die Umweltleistung an sich vermehrt als Dienstleistung angeboten werden (z. B. Recycling oder Entsorgung). Der Umwelttechnologiemarkt wandelt sich daher immer mehr von einem Investitionsgüter- zu einem Dienstleistungsmarkt.

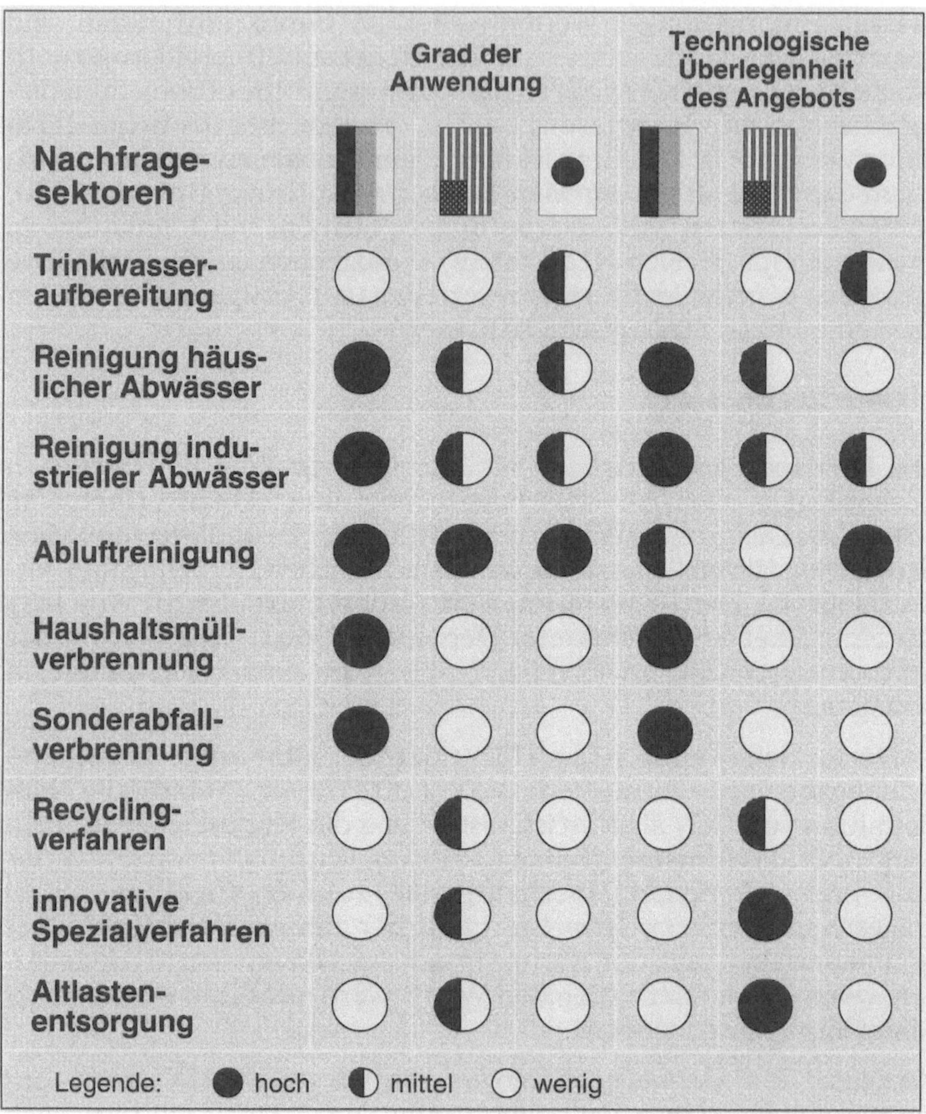

Bild 1.3   **Wettbewerbsfähigkeit in der Umwelttechnik**
                 (Quelle: Prognos 1990)

Verkehrssysteme

Dem Autoverkehr droht ein Kollaps, der die Strategen der Automobilindustrie bereits geraume Zeit in Atem hält. Durch das Zusammenwachsen von West- und Osteuropa nimmt die Verkehrsdichte besonders auch in bzw. über Deutschland stark zu. Der Flugraum über den Industriemetropolen ist zu Spitzenzeiten völlig überlastet. Die Anwendung der Mikroelektronik in der Verkehrstechnik (Beispiele: Verkehrsleitung, Fleet Management, Gebührensystem Road Pricing) scheint vielversprechende Hilfen zu bieten, das drohende Chaos zu vermeiden.

Marktbeobachter bezeichnen die Verkehrstechnik als Senkrechtstarter unter den Systemtechnologien. Bis Mitte der 90er Jahre rechnen sie mit einem Marktvolumen alleine in Deutschland in der Höhe von mehreren Milliarden DM. Bis zur Jahrtausendwende könnte Deutschland bei der Anwendung von Verkehrsinformations- und -leitsystemen international eine Spitzenstellung einnehmen, wenn es gelingt, international kompatible Systeme zu entwickeln und anzubieten. Im Interessengebiet steht vorrangig das intelligente Automobil, das im System mit Elektronik und Leittechnik einen ruhigeren Verkehrsfluß ermöglicht. Auch der öffentliche Verkehr, die Luftüberwachung und private Transportanbieter werden rechnergestützte Technik benötigen, um ressourcenschonend und effizient operieren zu können.

In der Bahntechnik, vor allem im Nahverkehrsangebot, haben die Deutschen einen eindeutigen Anwendungsvorsprung, hingegen ist die Integration von Hochgeschwindigkeitszügen mit dem Flugverkehr noch nicht so weit. Hier realisieren die Franzosen und die Japaner inzwischen fortschrittlichere Konzepte (z. B. TGV-[1]Anbindung des Flughafens Roissy/Charles de Gaulle), weisen einen deutlichen Erfahrungsvorsprung auf und können sich so auch in nichtheimischen Märkten i. d. R. besser durchsetzen (aktuelle Beispiele dafür sind sowohl im asiatischen als auch im nordamerikanischen Markt bekannt).

---

[1] TGV = Train avec grande vitesse (Französischer Hochgeschwindigkeitszug; Pendant zum deutschen Intercity Express (ICE))

Produktionsautomation

Drei Anwendungsbereiche der Produktionsautomationstechnologien sind in der nächsten Dekade entscheidend: die rechnerunterstützten Automationsinseln, die flexibel automatisierten Produktionsbereiche und die Integration der Material- und Informationsflüsse einzelner Automationsbereiche miteinander. Der Markt für zentrale Komponenten und integrierte Systeme der Produktionsautomation wird bis zum Jahr 2000 weltweit auf ca. 121 Mrd. DM wachsen. Dabei steigt mit zunehmender Komplexität der Systeme auch der Anteil der Software. Die Schwächen und Problemfelder der deutschen Unternehmen liegen derzeit insbesondere bei der zu geringen Flexibilität der Fertigung, dem hohen Eigenfertigungsanteil an der Wertschöpfung, der CIM-Schnittstellengestaltung (CIM = Computer Integrated Manufacturing, Rechnerintegrierte Fertigungstechnik) und der Qualifikationsproblematik.

Der japanischen Konkurrenz gelingt es inzwischen, eine hohe Variantenvielfalt mit niedrigen Preisen, kurzen Entwicklungszeiten und raschen Modellwechseln zu kombinieren. Dabei kommen den Japanern viele eigenentwickelte – oder nach Fremdübernahme optimierte – Technologien und Verfahren entgegen, die von Europäern und Amerikanern nur mit geringerer Effektivität eingesetzt wurden (z. B. TQM, Kaizen, SPC, JIT, Kanban usw.). Die Japaner haben es mit geeigneten organisatorischen Entwürfen verstanden, das Know-how und das Qualifikationspotential der gesamten Mitarbeiterschaft für die Optimierung des *ganzen* Systems Produktion (vom Lieferanten bis zum Kunden) zu nutzen (vgl. Womack u. a. 1990).

Die CIM-Technologie trägt in diesem Zusammenhang zur Wettbewerbsfähigkeit des Unternehmens durch Bereitstellung der informationstechnischen Infrastruktur („Informationslogistik") erfolgskritischer Geschäftsprozesse mit den Hauptzielen Qualitätssicherung, Flexibilisierung und Kostenminimierung bei. Rein technisch orientierte CIM-Ansätze ohne begleitende Organisations- und Personalentwicklung sind allerdings kritisch zu sehen; sie wirken erfahrungsgemäß meist kontraproduktiv (vgl. Bullinger/Rieger 1990).

Büroautomation

Die Führungsrolle auf fast allen Gebieten der *Büroautomationstechnik* haben die USA mit ca. 37 % Anteil am Weltmarktvolumen von derzeit ca. 450 Mrd. DM. Deutschland kommt auf 7 %, während Japan, Hauptvermarkter vieler gegenwärtiger Produktinnovationen (z. B. elektrische Schreibmaschinen, Komforttelefone, Kopierer, Faxgeräte), seinen Anteil von heute rund 20 % stetig ausbaut. Der Weltmarkt wird sich innerhalb der nächsten Dekade fast verdreifachen.

Die Wettbewerbsfähigkeit der deutschen Hersteller auf den internationalen Märkten ist eher mangelhaft und liegt an den generellen Defiziten in den Bereichen Bürotechnik, Hardware, Software und Kommunikationstechnik und an einer zu langen Beschränkung auf Bedienung des heimischen Marktes mit eher konventionellen Produkten. Echte Innovationen wurden in ihrem Marktpotential teilweise völlig verschätzt; so wurde das Faxgerät von Siemens erfunden, aber als scheinbare technologische Sackgasse nicht weiter verfolgt. Die Japaner hatten hier offenbar das bessere Marktgespür und wegen ihrer vielfältigen, bildhaften Schriftzeichensprache auch einen besonders leicht aktivierbaren Bedarf in der Textstückkommunikation. Ausgehend vom Markterfolg in Japan konnte der Weltmarkt erfolgreich erobert werden. Diese Umsetzung von heimischen Innovationen in international vermarktbare Produkte gelingt den deutschen Unternehmen nicht in gewünschtem Maß.

Die Japaner greifen die Dominanz der Amerikaner nicht nur durch Innovationen im konventionellen Bereich (Telefon, Schreibmaschine, Kopierer), sondern auch in den neuen Bereichen wie Laptops, Scanner, Archivierungssysteme auf Basis optischer Speicherplatten und Computerchips an.

Telekommunikation

Telekommunikation ist der aktivste und wachstumsstärkste Sektor in Europa. Infrastrukturen in der Telekommunikation werden im Jahr 2000 wirtschaftlich bedeutender sein als technische Verkehrsinfrastrukturen. Die Beherrschung der technologischen Optionen ist daher der Schlüssel zum Wirtschaftswachstum und zur Schaffung neuer

Arbeitsplätze. Beschleunigte Telekommunikation mittels Sprache, Bild und Daten ist aber bereits heute zu einem unverzichtbaren Erfolgsfaktor der Stärkung der Wettbewerbsfähigkeit geworden. Mit Telekommunikationsdiensten wird in Europa ein Jahresumsatz von ca. 600 Mio. DM erzielt; die Investitionen in Telekommunikationsdienste und -netze liegen bei annähernd 60 Mio. DM jährlich. Für die letzten zehn Jahre des Jahrtausends wird ungefähr eine Verdopplung des Marktvolumens erwartet (Quelle: RACE[2]-Schlußbericht Phase I, 1988 – 1992).

Die deutschen Anbieter können in diesem Markt proportional mitwachsen und damit den deutschen Marktumfang verdoppeln (Weltmarktanteil ca. 9 %). Allerdings wächst bis zum Jahr 2000 der Abstand zu Japan, das im Jahr 2000 bereits das Doppelte des deutschen Anteils umsetzen wird. Marktführer sind und bleiben die USA (heute 35 % des Weltmarkts), allerdings nicht ohne prozentual an Europa und Japan abzugeben. Westeuropa hat heute insgesamt ca. 44 % Weltmarktanteil.

Die Zuwachsraten im Bereich Telekommunikation kommen vor allem durch neue Dienstleistungsangebote im Bereich Funk und Draht zustande. Die sog. Mehrwertdienste digitaler Hochgeschwindigkeitsnetze besitzen Wachstumsraten um 40 %. Durch attraktivere Gebühren und sinkende Endgerätepreise werden sich die Teilnehmerzahlen und die Verkehrsdichten (Nutzungsgrade der einzelnen Dienste) vergrößern. Allein der Bereich Mobiltelefone hat heute in Europa bereits ein Marktvolumen von ca. 6 Mrd. DM, Tendenz steigend. Die deutschen Netzanbieter zeigen leider noch technologische Schwächen.

Die internationalen Märkte werden von einer geringen Anzahl von Großkonzernen beherrscht. Zwei Drittel des Telekommunikationsgeschäfts bestreiten die zehn größten Telekommunikationshersteller, die 20 größten Hersteller bringen ca. 80 % des Gesamtumsatzes auf.

---

[2] RACE = Research & Development in Advanced Communications Technologies in Europe (Förderprogramm der EG: Forschung und technologische Entwicklung im Bereich der Kommunikationstechnologien)

1.1.3 Forschungs- und Technologiepolitik in Deutschland

In der Bundesrepublik Deutschland unterliegen die technologiepolitischen Konzeptionen seit dem Kriegsende einem kontinuierlichen Wandel. Die Forschungs- und Technologiepolitik der Nachkriegszeit (1949 – 1955) diente in der Bundesrepublik zunächst nur dem Wiederaufbau einer Forschungsinfrastruktur (z. B. Gründung der Deutschen Forschungsgemeinschaft und der Max-Planck-Gesellschaft). In den 50er Jahren (1955 – 1965) kam es dann in Analogie zu den USA zur ersten Schwerpunktbildung (Kernforschung, Luft- und Weltraumforschung, Verteidigungsforschung). Gegen Ende der 60er Jahre (1965 – 1970) wurden darüber hinaus gezielt bestimmte Schlüsseltechnologien gefördert, um die technologische Lücke zu den USA schließen zu können (DV-Programm; Förderung außeruniversitärer Forschungseinrichtungen, z. B. der Fraunhofer-Gesellschaft). Die 70er und frühen 80er Jahre (1970 – 1982) waren geprägt durch den Versuch, staatliche Maßnahmen effizienter zu gestalten und das Förderungsspektrum um die Bereiche Gesundheit, Ernährung, Umwelt und Arbeitsplatzhumanisierung zu erweitern.

Nach dem Regierungswechsel 1982 wurde von der Politik mehr Wert auf Zurückhaltung des Staates und stärkere Betonung der Gestaltung der Rahmenbedingungen für die Forschungs- und Technologiepolitik gelegt, was allerdings nicht immer im gewünschten Maß gelang. In den 80er und 90er Jahren wurde und wird die internationale technologische Zusammenarbeit der Mitgliedsstaaten der Europäischen Gemeinschaft (EG)[3] durch verschiedene Forschungsprogramme der Kommission der Europäischen Gemeinschaft und andere Träger gefördert (zu den bekanntesten Großprogrammen gehören: BRITE[4], ESPRIT[5], ESPRIT-CIM und EUREKA[6]). Die Wiedervereinigung Deutschlands brachte weitere nationale Herausforderungen für die 90er Jahre: Restrukturierung und Aufbau einer leistungsfähigen Forschungsinfrastruktur in den neuen Bundesländern, Sicherung eines

---

[3] Seit Inkrafttreten des Vertrages von Maastricht am 1.11.1993: Europäische Union (EU)

[4] BRITE = Basic Research in Industrial Technologies for Europe (Grundlagenforschung auf dem Gebiet der industriellen Technologien für Europa)

[5] ESPRIT = Europäisches Strategisches Programm für Forschung und Entwicklung auf dem Gebiet der Informationstechnologie

[6] EUREKA = Initiative für verstärkte technologische Zusammenarbeit in Europa

hohen wissenschaftlichen und technischen Leistungsstandards im gesamten Bundesgebiet sowie Erweiterung der Zukunftsvorsorge, zum Beispiel in der Diagnose und Bewältigung von Umweltproblemen. Das Bundesministerium für Forschung und Technologie (BMFT) definierte Anfang 1993 folgende zukünftige Schwerpunkte, um die technologische Wettbewerbsfähigkeit zu stärken:

❑ Überprüfung der vom Staat gesetzten Rahmenbedingungen,
❑ Stärkung des Forschungs- und Technologiestandorts Neue Bundesländer,
❑ Beschleunigung des Technologietransfers,
❑ Verstärkte Förderung kleiner und mittlerer Unternehmen,
❑ Europäisierung der Forschungslandschaft.

Es ist nicht Ziel der Technologiepolitik Deutschlands, daß F&E-Leistungen (F&E = Forschung und Entwicklung) überwiegend durch öffentliche Organisationen (z. B. Universitäten, Großforschungseinrichtungen) erbracht werden. Der von Bund und Ländern getragene Anteil an den F&E-Ausgaben der Bundesrepublik liegt daher nur bei ungefähr einem Drittel der F&E-Gesamtausgaben (Gesamthöhe 1981: 39,9 Mrd. DM; 1992: 80 Mrd. DM). Den größeren Beitrag von rund 58,4 % (1981: 55,4 %) bringen privatwirtschatliche inländische Unternehmen. Bild 1.4 zeigt die Aufteilung und Entwicklung des deutschen F&E-Budgets im Zeitraum 1981–1992.

Inwieweit dieses F&E-Engagement Niederschlag in der Verbesserung der internationalen F&E-Leistungsfähigkeit und -Positionierung gefunden hat, wird über eine Reihe von verschiedenen Kennzahlen überprüft. Zur Beurteilung der Vitalität einer Volkswirtschaft bezüglich F&E zählen folgende gängige F&E-Indikatoren:

❑ die Höhe der F&E-Ausgaben (absolut und relativ zur Wirtschaftsleistung),
❑ die Zahl der Patentanmeldungen,
❑ der Anteil des Umsatzes neu eingeführter Produkte am Gesamtumsatz *(Innovationsumsatz)* sowie
❑ der Saldo über dem Umsatzanteil der Produkte in der Markteinführungsphase *(Innovationsneigung)*.

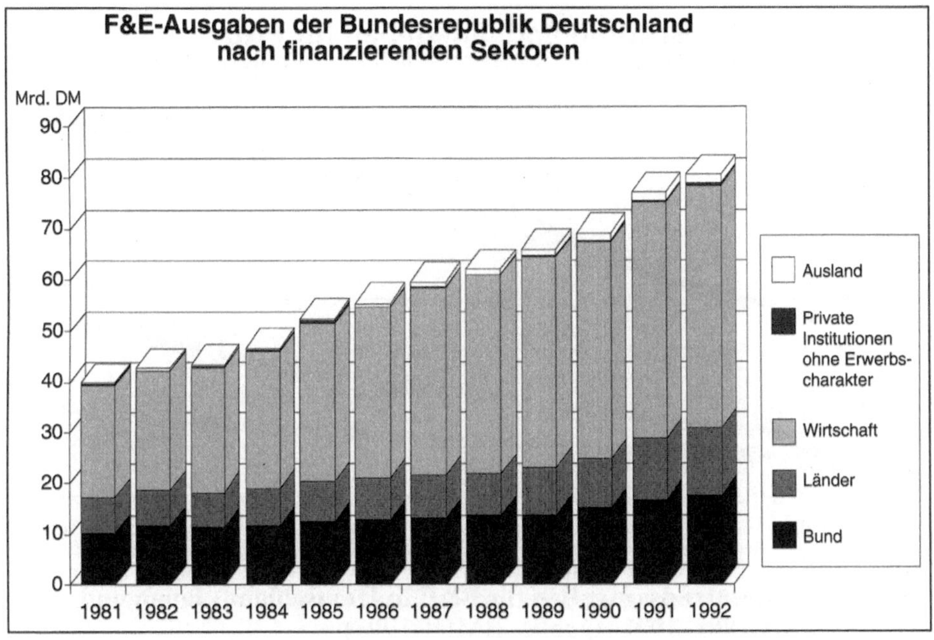

Bild 1.4   Aufteilung und Entwicklung des deutschen F&E-Budgets 1981–1992 (Quelle: BMFT 1993)

Der wirtschaftliche Erfolg einer Technologie läßt sich über den Weltmarktanteil und vor allem über den Exportanteil F&E-intensiver Güter ablesen. Zum Bereich der *F&E-intensiven Güter* gehören dabei nach Definition des Fraunhofer-Instituts für Systemtechnik und Innovationsforschung (ISI) sowohl die sog. *Spitzentechnologien* (F&E-Aufwand mindestens 8,5 % des Umsatzes) als auch die sog. *höherwertigen Technologien* (F&E-Aufwand zwischen 3,5 % und 8,5 % des Umsatzes).

Bei Vergleich der Bruttoinlandsausgaben für F&E fallen die USA mit den höchsten absoluten Beträgen auf (vgl. Bild 1.5). Auf sie entfällt in etwa die Hälfte (1981: 49,9 %, 1991: 47,2 %) aller in den G7-Staaten (USA, Japan, Deutschland, Frankreich, Großbritannien und Nordirland, Italien sowie Kanada) eingesetzten Mittel für F&E.

Auf den Plätzen zwei und drei folgen Japan und Deutschland. Vergleicht man die Entwicklung der F&E-Gesamtaufwendungen in den

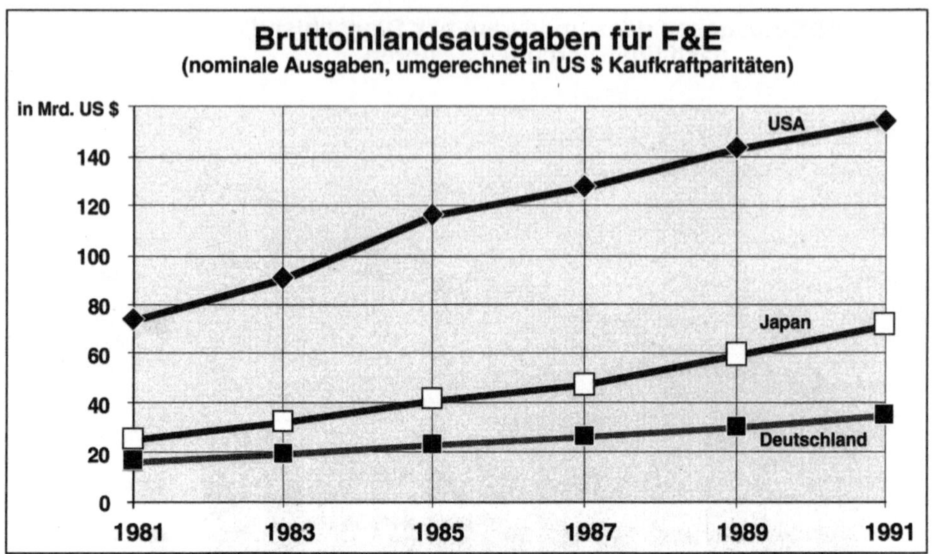

Bild 1.5   **Bruttoinlandsausgaben für F&E in Deutschland, Japan und USA 1981–1991** (Quelle: BMFT 1993)

Industrienationen Deutschland, Japan und USA, so weist Japan von 1987 bis 1991 mit 12,4 % die höchsten durchschnittlichen jährlichen Steigerungsraten auf.

Die Betrachtung der absoluten F&E-Ausgaben reicht jedoch zur Bewertung der Forschungsleistung der einzelnen Länder nicht aus, da die absoluten Beträge u. a. auch die erheblichen Größenunterschiede der einzelnen Volkswirtschaften widerspiegeln. Bezieht man die Bruttoinlandsausgaben für F&E auf das Bruttoinlandsprodukt (BIP), so nehmen weiterhin Deutschland, Japan und die USA die Spitzenpositionen unter den großen Industrienationen ein (Bild 1.6).

Auffallend ist jedoch, daß der F&E-Anteil am BIP in Japan kontinuierlich gestiegen ist und Japan seit 1988 auf Platz eins liegt (1991: 3,04 %). Kennzeichnend für die Bundesrepublik sind deutliche Steigerungen von 1981 bis 1987; 1987 lag Deutschland mit 2,88 % noch vor Japan und den USA an erster Stelle. In den Jahren 1990 und 1991 ist mit 2,77 % bzw. 2,66 % jedoch ein deutlicher Rückgang zu verzeichnen, so daß Frankreich, dessen F&E-Anteil am BIP ebenfalls kontinuierlich wuchs (1981: 1,97 %, 1991: 2,42 %), beinahe zu Deutschland aufgeschlossen hat.

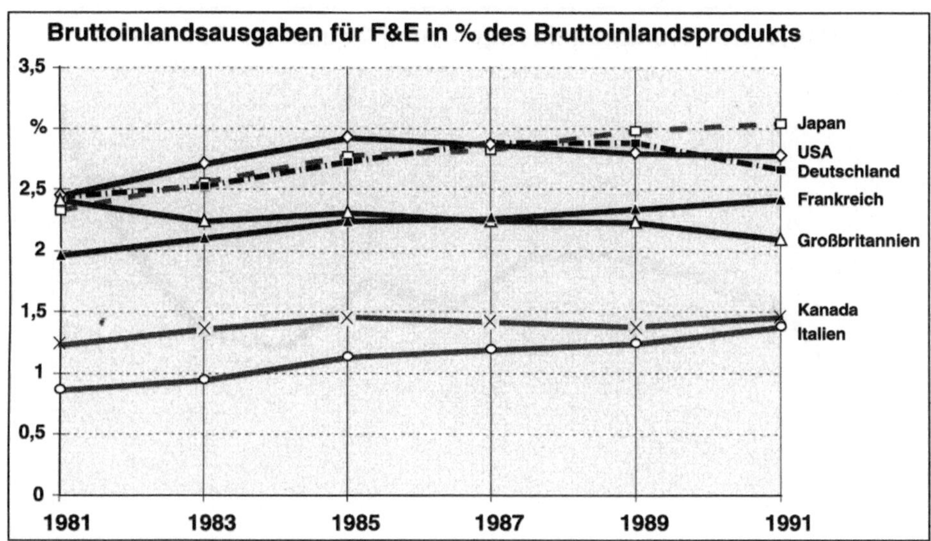

Bild 1.6   Anteil des F&E-Budgets am Bruttoinlandsprodukt der G7-Länder 1981–1991 (Quelle: BMFT 1993)

Neben Input-Indikatoren sind natürlich Output-Indikatoren zur Beurteilung notwendig, von denen einerseits Patent- und andererseits Marktindikatoren besonders wichtig sind.

Wichtigster Patentindikator ist die Anzahl von Patentanmeldungen in einem Jahr. Dabei wird je nach Anmeldung zwischen deutschen und internationalen Patenten zu unterscheiden sein.

Ein positives Bild vermittelt die Entwicklung und absolute Anzahl der deutschen Patente, d. h. der Patentanmeldungen aus Deutschland beim Deutschen Patentamt. So konnte Deutschland 1992 mit 33.971 Patentanmeldungen einen neuen Rekord verbuchen, siehe Bild 1.7.

Bei Verwendung der Anzahl der Patentanmeldungen als Kennzahl muß beachtet werden, daß nicht jedes Patent gleich wertvoll und F&E-intensiv ist, daß viele Erfindungen wegen der Patentkosten oder der Veröffentlichungspflicht nicht patentiert werden, und daß die reine Patentanzahl nicht notwendigerweise einen marktwirtschaftlichen Erfolg widerspiegelt.

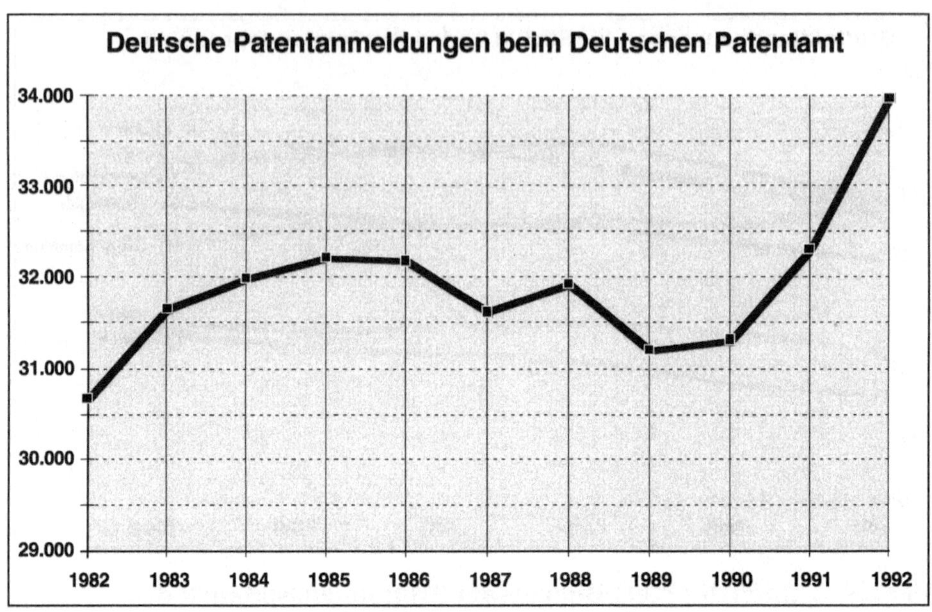

Bild 1.7   Deutsche Patentanmeldungen 1982–1992
(Quelle: Deutsches Patentamt)

Berücksichtigt man (wie in der periodisch stattfindenden Studie „Actors in Technological Competition" des Ifo-Instituts für Wirtschaftsforschung) nur die wirtschaftlich bedeutsamen und internationalen Patentanmeldungen (mindestens in zwei Ländern angemeldet), so bietet die deutsche Innovationskraft im internationalen Vergleich jedoch ein sehr kritisches Bild. Während die Zahl der deutschen Erfindungen von 1980 bis 1990 nur um zwei Prozentpunkte (auf insges. 14.586 Anmeldungen) wuchs, steigerte sich im gleichen Zeitraum die Gesamtzahl der Erfindungen weltweit um fast 40 % (auf 90.041). Der Anteil der deutschen Anmelder an den weltweit angemeldeten Erfindungen sackte damit in diesen zehn Jahren von 21,4 % auf 16,2 % ab.

Diese kompetitive Schwäche der deutschen Erfinder ist noch gravierender als die Situation der Europäischen Gemeinschaft insgesamt: die EG konnte in den zehn Jahren immerhin noch ca. 12 % zulegen und erlitt so im Wettbewerb um den Anteil an den weltweiten Erfindungen einen relativ weniger dramatischen Rückgang von 41,4 % auf 34,5 %. Dem stehen Steigerungen der Japaner von 17,6 % auf 24,8 %

Weltanteil (ein Plus von ca. 89 %) und der USA von 27,3 % auf 30,6 % Weltanteil (ein Plus von 50 %) gegenüber.

Das Gros der Erfindungen wird von Wirtschaftsunternehmen angemeldet. Zu den Unternehmen mit den meisten Anmeldungen zählen Siemens (1989/90: 1975 entsprechend qualifizierte Anmeldungen), Mitsubishi Electric (1934), IBM (1922), Toshiba (1838), Canon (1815), Hitachi (1348), General Electric Company (1263), Bosch (1240), Matsushita Electric (1142) und Kodak (1124).

Bild 1.8 verdeutlicht in einem Stärken-Schwächen-Profil die Export- und Patentspezialisierung Deutschlands.

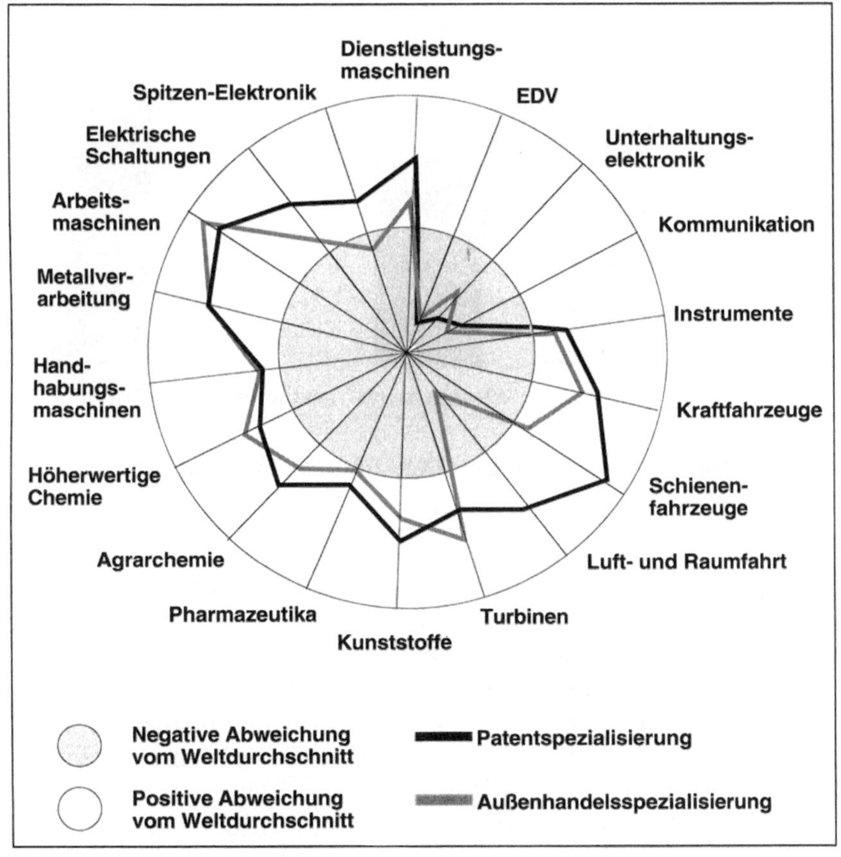

Bild 1.8   Export- und Patentspezialisierung Deutschlands
(Quelle: BMFT 1993)

Betrachtet man den Welthandelsanteil F&E-intensiver Güter, so scheint die deutsche Innovationskraft nicht allzu schlecht zu sein. Deutschland liegt zwar weit hinter den USA und Japan, konnte jedoch 1991 einen respektablen Anteil von 12 % verbuchen (Bild 1.9).

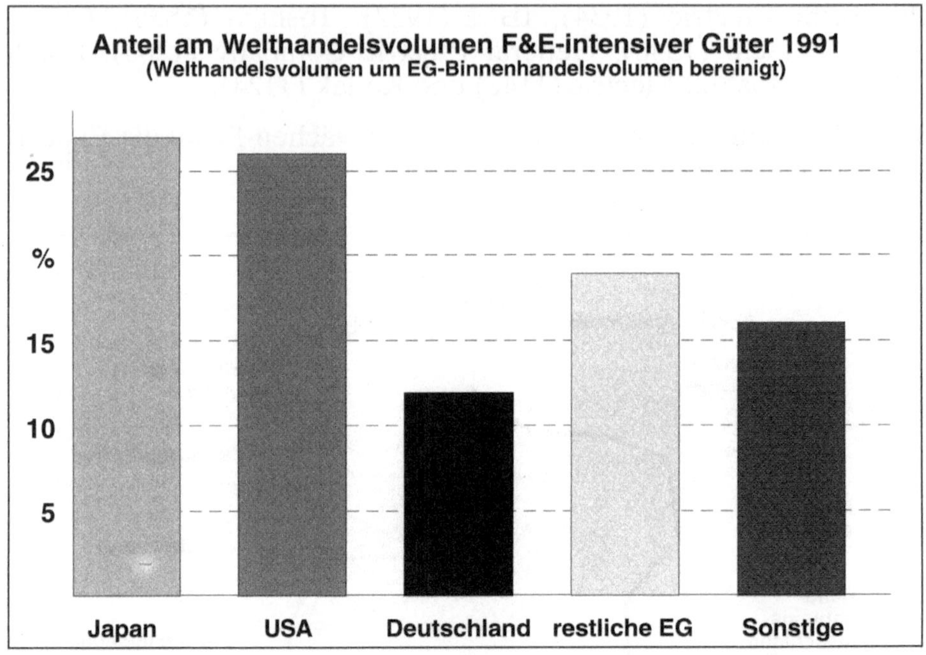

Bild 1.9   Welthandelsvolumen bei F&E-intensiven Gütern 1991
(Quelle: VDI 1993)

Die Entwicklung der Innovationsneigung und die Bilanz des Technologiehandels stimmen dagegen eher skeptisch. Die *Innovationsneigung* vermittelt ein eher pessimistisches Bild über den Technologiestandort Deutschland. Betrachtet man den Saldo über dem Umsatzanteil von Produkten, die sich in der Markteinführungsphase über dem Umsatzanteil von Produkten, die sich in der Schrumpfungsphase befinden, so ist dieser stark rückläufig und bereits mit 4,5 Prozentpunkten im negativen Bereich (s. Bild 1.10). Dies bedeutet, daß die deutsche Industrie wesentlich mehr alte Produkte (in der Schrumpfungsphase) anbietet als Neuentwicklungen (in der Markteinführungsphase). Die Innovationszyklen sind deutlich zu lang.

Bild 1.10 Entwicklung der Innovationsneigung Deutschlands 1979–1992
(Quelle: VDI 1993)

Im Technologiehandel mit den wichtigsten Handelsregionen der
Welt stellt sich ein differenzierteres Bild dar, in dem einige kritische
Punkte deutlich werden. So konnte im Handel mit F&E-intensiven
Gütern lediglich innerhalb der EG ein deutlicher Exportüberschuß
erzielt werden, und dies auch nur im Bereich der sog. höherwertigen
Technik. Im Bereich der Spitzentechnik ist die Bilanz zur EG bereits
negativ, was auch insgesamt für alle F&E-intensiven Güter im Han-
del mit Japan und den USA gilt (vgl. Bild 1.11).

Betrachtet man abschließend nur den *Export von Hochtechnologien*,
so bildet Deutschland mit den USA und Japan ein Spitzentrio in den
Bereichen Telekommunikation, Computer, Wissenschafts- und
Präzisionsinstrumente sowie Werkzeugmaschinen und Roboter. Diese drei Nationen erreichen hier gemeinsam Weltmarktanteile von
teilweise über 50 %. Zur Spitzengruppe der Exporteure von Hochtechnologien zählen auch Frankreich, Schweiz und Großbritannien.
Einer der vier „kleinen Tiger", Singapur, hat sich bereits einen respektablen dritten Platz unter den Mikroelektronikexporteuren er-

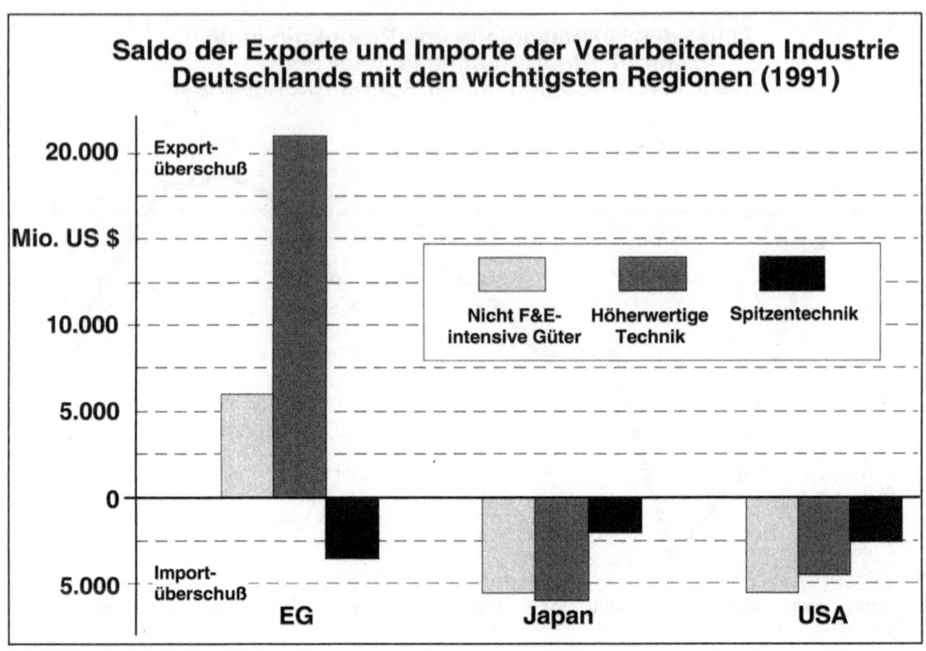

Bild 1.11   Technologiehandel Deutschlands mit wichtigen Regionen 1991
         (Quelle: BMFT 1993)

obert. Von den anderen *Little Tigers* ist eine ähnliche Entwicklung zu
erwarten.

Die Schwäche sowohl der deutschen und europäischen F&E-Politik
als auch der privaten Unternehmen im Bereich Mikroelektronik (vor
allem in der Waferherstellung für Chips) wird durch teilweise gigan-
tische Investitionen japanischer und US-amerikanischer Elek-
tronikfirmen in Europa verdeutlicht. Da dieser Technologiebereich
alle anderen Industrien (Fertigungs-, Verfahrens- und Energiebe-
reich) durchdringt, ist dieser Zustand besonders kritisch. Ein
Systemhersteller wie Deutschland kann auf Dauer nicht erfolgreich
sein, wenn er den Systemchip (Mikroprozessor, kundenspezifische
Schaltungen, Sensoren) beim amerikanischen oder japanischen Mitbewerber einkaufen und/oder dessen Spezifikationen Jahre vorher
offenlegen muß.

1.1.4 Ergänzende Bemerkungen zum Industriestandort Deutschland

Neben technologischen Leistungsparametern bestimmen auch andere Kriterien maßgeblich den Erfolg einer Volkswirtschaft im internationalen Wettbewerb. Zu solchen im internationalen Wettbewerb differenzierenden Kriterien zählen das Angebot an qualifizierten Mitarbeitern (Aus- und Weiterbildung in Schule und Beruf), Infrastrukturen (Verkehr, Kommunikation), Arbeitskosten, Produktivität, Betriebszeiten, Steuern und Umweltvorschriften.

Betrachtet man eine Auswahl wichtiger Standortfaktoren für das verarbeitende Gewerbe, so gelangt man zu folgendem Stärken/Schwächen-Profil in Deutschland (vgl. Industriestandort Deutschland 1992):

❑ Zu den *Stärken* des Industriestandortes Deutschland gehören:
  ● *Gute Sozialbeziehungen*
    (wenig Arbeitskämpfe);

  ● *Hohe Produktivität*
    (nur Niederlande und Belgien sind besser);

  1 Gutes Ausbildungssystem
    (Duales System, Universitäten, Fachhochschulen, Berufsakademien, Akademien).

❑ Zu den *Schwächen* des Industriestandortes Deutschland gehören:
  ● *Arbeitskosten*
    (Summe aus Stundenlohn und Lohnzusatzkosten; die Arbeitskosten liegen seit 1991 bereits über 40 DM/h; die Lohnzusatzkosten in Deutschland sind international die höchsten; vgl. Bild 1.12);

  ● *Lohnstückkosten*
    (Verhältnis von Arbeitskosten zu Produktivität; auch dieser Wert ist international am höchsten, mit anderen Worten: die hohen Arbeitskosten werden durch die gute Produktivität nicht mehr kompensiert; vgl. Bild 1.13);

  ● *Jahressollarbeitszeit*
    (durch hohe Anzahl von Urlaubs- und Feiertagen (42 p. a.; USA: 23, Japan: 25) und niedrige Wochensollarbeitszeiten ergeben sich sehr niedrige Jahressollarbeitszeiten; vgl. Bild 1.14);

● *Betriebsnutzungszeiten*
(in Deutschland ca. 53 Std/Woche; EG-Schnitt: 66 Std/Woche);

● *Steuerlast*
(die Körperschaftssteuer beispielsweise ist mit 50 % die höchste der westlichen Industrieländer; die Gesamtsteuerlast des einbehaltenen Gewinns einer Kapitalgesellschaft beträgt 66,2 %);

● *Umweltschutzaufwand.*

Es ist klar, daß über steuerliche Abgaben und Umweltschutzaufwendungen auch verbesserte Infrastrukturen und Umweltbedingungen aufgebaut und genutzt bzw. genossen werden können, und daß daher diese „Schwächen" durchaus auch als „Stärken" interpretiert und gewertet werden können.

An dieser Stelle sollen nur drei der genannten Indikatoren in Vergleichsgraphiken dargestellt werden, die einige Probleme des Industriestandortes Deutschland für arbeitsintensive Produktionen charakterisieren: Arbeitskosten, Lohnstückkosten (Quelle der Daten: Industriestandort Deutschland 1992) sowie Jahresarbeitszeit.

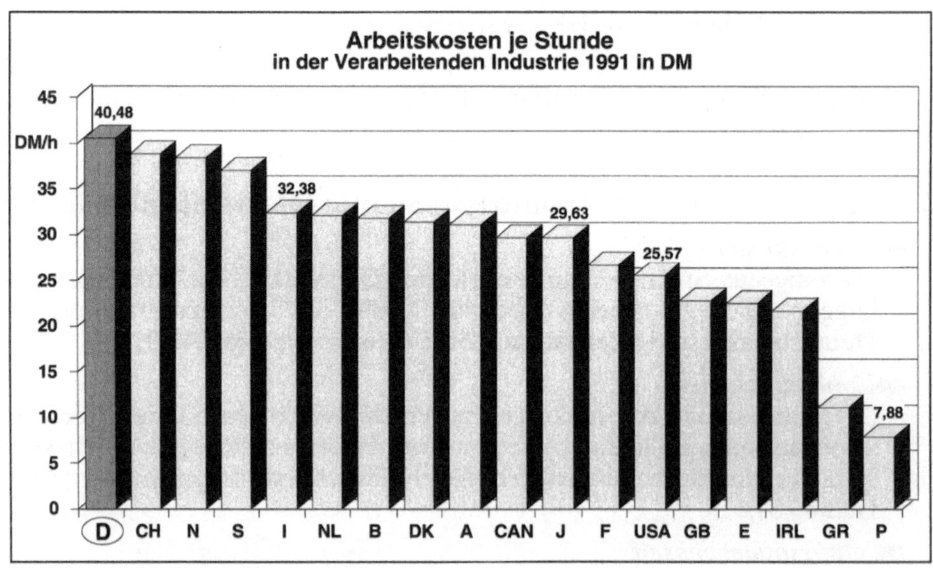

Bild 1.12 Arbeitskosten im internationalen Vergleich
(Quelle: IW-Berechnungen)

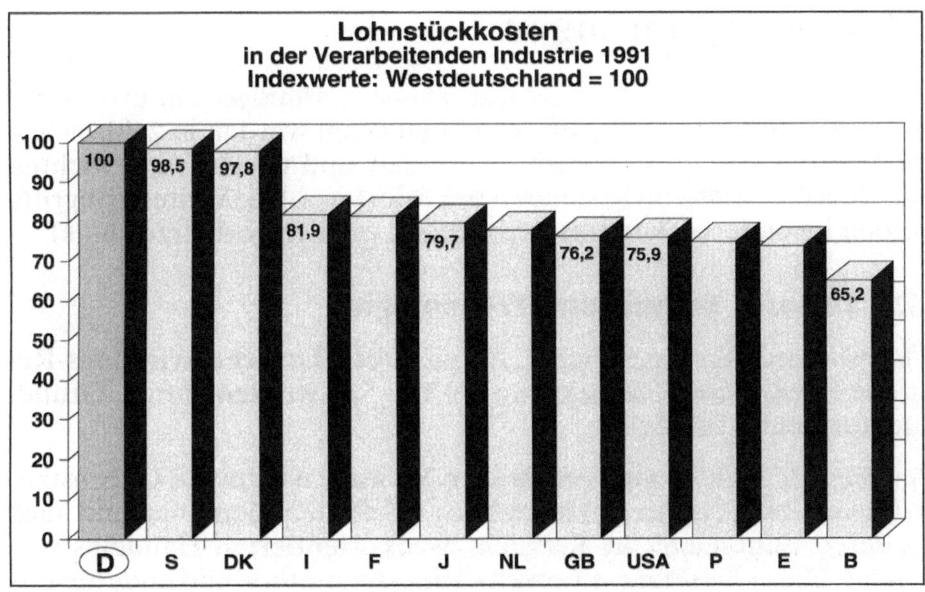

Bild 1.13   Lohnstückkosten im internationalen Vergleich
(Quellen: EG-Kommission, IW-Berechnungen)

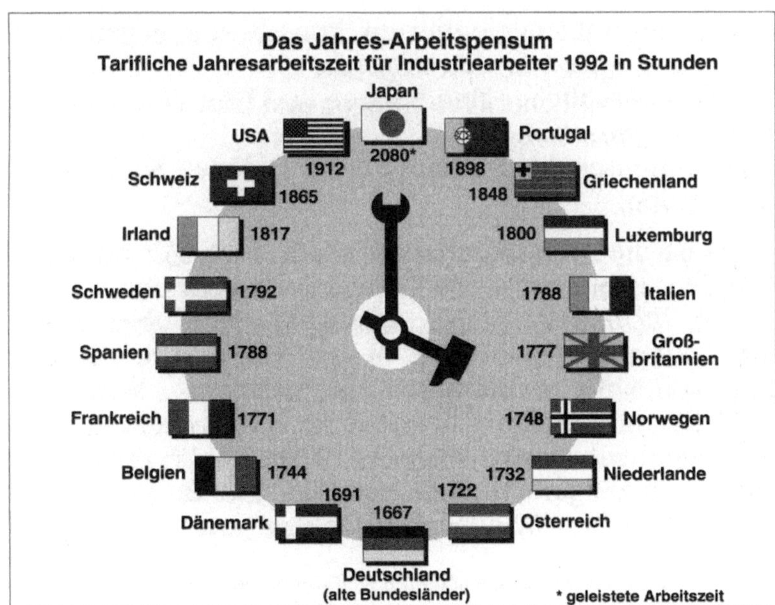

Bild 1.14   Tarifliche Jahresarbeitszeit für Industriearbeiter 1992 in Stunden

1.2 Begriffsklärungen

Die Begriffe *Technik*, *Technologie*, *Theorie*, *Management* usw. sowie
die daraus gebildeten Begriffskombinationen werden in zahlreichen
Publikationen unterschiedlich verwendet und erklärt. Die wichtigsten Begriffe sollen im folgenden präzisiert werden. Weitere Begriffe
werden im engeren Kontext expliziert (s. a. Stichwortverzeichnis).

1.2.1 Theorie, Technik und Technologie

Theorien sind Aussagesysteme, die generelle Ursache-Wirkungs-Re-
lationen erklären (Chmielewicz 1970). Sie werden durch Grundlagenforschung erarbeitet.

Der Begriff *Technik* wird oft für vom Menschen erzeugte Gegenstände (Artefakte), für deren Herstellung durch den Menschen und auch
für deren Benutzung im Rahmen zweckorientierten Handelns verwendet. Diese Deutung, einerseits auf *Gegenstände* und andererseits
auf das *Handeln* mit solchen Gegenständen, wurde auch in der VDI-
Richtlinie 3780[7] niedergelegt. Technik umfaßt hier folgende drei
Mengen:

❏ die Menge der nutzenorientierten, künstlichen, gegenständlichen
  Gebilde (Artefakte oder Sachsysteme);
❏ die Menge menschlicher Handlungen und Einrichtungen, in denen
  Sachsysteme *entstehen*;
❏ die Menge menschlicher Handlungen, in denen Sachsysteme *verwendet* werden.

Technologie ist die „Wissenschaft von der Technik" oder „Wissenschaft von den technologischen Produktionsprozessen". Formal betrachtet sind *Technologien* also Aussagesysteme über Ziel-Mittel-
Relationen, mit anderen Worten: es sind Vorschriften über die Bereitstellung von Mitteln, mit denen eine bestimmte Wirkung erzielt
werden soll. Sie basieren auf Theorien, die technologisch (instrumen-
tal, final) umgeformt wurden (Ropohl 1979). Karl Popper spricht von
einer Lehre vom zielgerichteten Gestalten. Der Begriff Technologie
war einem mehrfachen Wandel unterworfen (s. u.)

---

[7] Im Rahmen der Technikbewertung nach VDI 3780 (1991) werden auch wirtschaftliche, gesundheitliche, ökologische, humane, soziale und andere Folgen mittelbarer und unmittelbarer Art untersucht. Im angelsächsischen Sprachraum werden die Begriffe *Technology* und
Technology Assessment verwendet.

DIE ENTWICKLUNG DES BEGRIFFS „TECHNOLOGIE"

1. Im 18. und 19. Jahrhundert war Technologie die Lehre von der Entwicklung der Technik in ihren gesellschaftlichen Zusammenhängen. Hier entwickelte sich ein Wissenschaftszweig, der wirtschaftliche, rechtliche und politische Kenntnisse mit dem technischen Wissen zu einer Einheit verband.
2. Im Verlauf der Entwicklung der Ingenieurwissenschaften in Deutschland wurde der Begriff immer stärker auf die Bedeutung „Verfahrenskunde" eingeengt.
3. Unter dem Einfluß des angloamerikanischen Begriffs „technology" wird wieder häufiger von „Technologie" und „technologischen Vorgängen" im weiteren Wortsinn gesprochen. Hier wird dann nicht nur über eine fachliche Technik (Verfahrenstechnik) geredet, sondern auch über ihren gesellschaftlichen, d. h. wirtschaftlichen, sozialen und politischen Zusammenhang.
   Im engeren Sinn wird auch heute noch der Begriff Technologie für die Menge aller bekannten möglichen Methoden zur Erreichung eines Zieles in einem durch Konventionen abgegrenzten Anwendungsbereich verwendet, z. B. „Produktionstechnologie" für die Menge aller Produktionsmethoden.

LITERATUR:
Brockhaus – Naturwissenschaft und Technik, Bd. 15, 1983, S. 105–107.
Handwörterbuch der Planung, Bd. 9, 1989, S. 1997.
Tuchel: Herausforderung der Technik, S. 273–274, Bremen: Schünemann.
Vahlens großes Wirtschaftslexikon, S. 695, München: C.H. Beck und F. Vahlen.

Auch in der aktuellen Literatur werden weder der Technik- noch der Technologiebegriff einheitlich verwendet. Bei der Abgrenzung der Begriffe hilft der Systemansatz, in dem grob zwischen der Wissensbasis *(Input)*, dem Problemlösen *(Prozeß)* und der Problemlösung *(Output)* unterschieden wird (Bild 1.15). Sowohl Problemlösungsprozeß als auch Problemlösung (Output) werden mit beiden Begriffen, Technologie oder Technik, belegt. Für den Input (Knowhow) ist jedoch nur der Begriff Technologie gebräuchlich.

Für dieses Buch sollen folgende Festlegungen gelten (vgl. Bild 1.15):

❑ *Technologie:*
  Unter Technologie soll das *Wissen* um naturwissenschaftlich-technische Zusammenhänge verstanden werden, soweit es Anwen-

dung bei der Lösung technischer Probleme finden kann (vgl. Perillieux 1987), verbunden mit betriebswirtschaftlichen, organisatorischen, sozialen, politischen und gesellschaftlichen Zusammenhängen. Technologie ist hier das Wissen über Lösungswege zur technischen Problemlösung und entspricht insofern dem *Know-how*-Begriff (INPUT).

❏ *Angewandte Forschung, Entwicklung, Konstruktion, Planung, Engineering u. a.:*
Die Anwendung von Technologie im Rahmen von F&E-Prozessen wird als eigene Kategorie aufgefaßt und mit tätigkeitsbezogenen Bezeichnungen wie *angewandte Forschung, Entwicklung, Konstruktion, Planung, Engineering u. a.* bezeichnet (PROZESS).

❏ *Technik:*
Der Begriff Technik bezeichnet die *materiellen Ergebnisse* der Problemlösungsprozesse, ihre *Herstellung* und ihren *Einsatz* (OUTPUT).

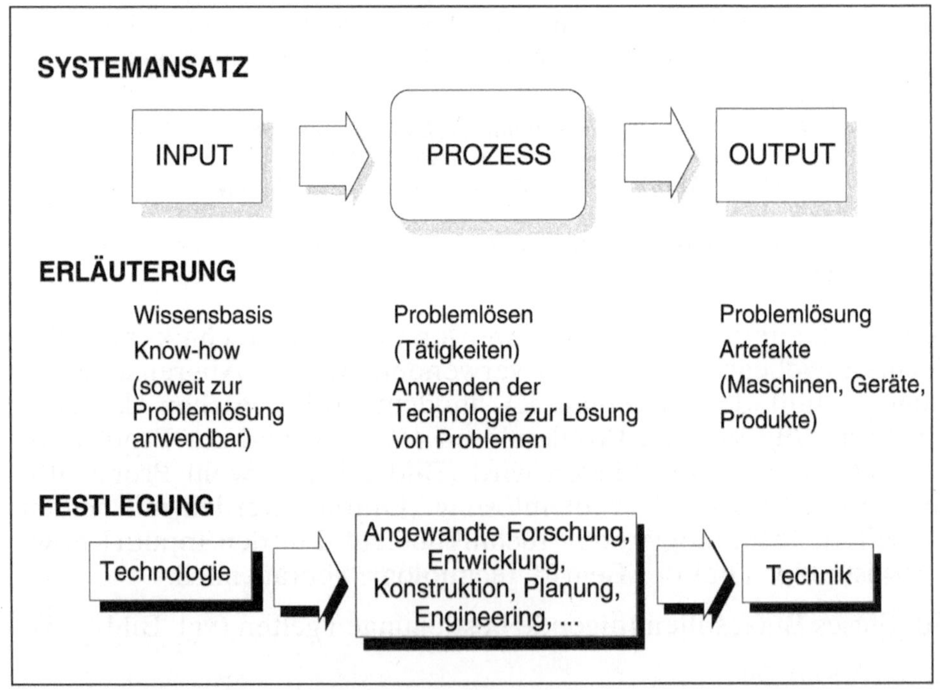

Bild 1.15 Systemansatz für F&E-Prozesse (Begriffsabgrenzung)

Für diese Festlegungen sind noch zwei Bemerkungen wichtig:

(1) Bei der Anwendung der Begriffe ist darauf zu achten, daß F&E-Prozesse sowohl bei der *Produkt-* als auch bei der *Produktionsinnovation (Prozeßinnovation)* stattfinden. In manchen Unternehmen gehören beide Innovationsprozesse zu den Geschäftsaktivitäten. Es gibt jedoch auch Unternehmen, die sich auf einen der beiden F&E-Prozesse konzentrieren. Aus der simultanen und abgestimmten Entwicklung von Produkten und deren Produktionseinrichtungen *(Simultaneous Engineering)* lassen sich große Erfolgspotentiale realisieren.

(2) Bei F&E-Prozessen entstehen meist gleichzeitig einerseits materielle technische Problemlösungen *(Technikentstehung)* als auch andererseits das zugehörige immaterielle technische Know-how für deren Erzeugung *(Technologieentwicklung)*; d. h., es entstehen regelmäßig sowohl Technik als auch Technologie. Dies wird in Kap. 1.4 (vgl. Bild 1.19) expliziert.

1.2.2 Invention, Innovation, Diffusion und Adoption

Auf der technisch-ökonomischen Ebene steht die Umsetzung der Technik in unternehmerischen Erfolg im Vordergrund. Zunächst ist es wichtig, zwischen technischer Invention und technischer Innovation zu unterscheiden.

Mit *Inventionen* (oder: Erfindungen) bezeichnet man technische Realisierungen neuer wissenschaftlicher Erkenntnisse oder neue Kombinationen derselben (Haß 1983). Sie sind das Ergebnis von Technologieeinsatz und der Intuition des Erfinders. In der Regel sind sie auf ökonomische Ziele gerichtet. Erfindungen werden meist materiell in Form von Prototypen oder Funktionsmustern dargestellt und können patentrechtlich geschützt werden.

Unter *Innovation* wird hingegen *der erstmalige wirtschaftliche Einsatz* bzw. *die erste wirtschaftliche Anwendung* von Inventionen zur Erreichung von Unternehmenszielen verstanden (Perillieux 1987). *Innovation* umschließt also das Entwickeln von Neuem inklusive dessen Markteinführung. Technische Neuerungen und Spitzentechnologien nennt man *technische Innovationen*. Daneben werden auch methodische, finanzwirtschaftliche, administrative, soziale oder ökologische

Neuerungen als Innovationen bezeichnet, wenn sie nicht nur erfunden und entwickelt, sondern auch *eingeführt* werden.

Technologiemanagement setzt sich u. a. mit Planung, Gestaltung und Kontrolle dieser Innovationsprozesse auseinander. Auch hier wird zwischen *Produktinnovation* und *Prozeßinnovation* unterschieden, wenn diese auch meist gemeinsam betrachtet werden.

Bei der *Produktinnovation* lassen sich vier Innovationsarten unterscheiden: *Produktpflege* (inkrementale Innovation), *Nachfolgeprodukte*, *firmenneue Produkte* (unter Verwendung vorhandener Technologien) und *neue Produkte* (unter Verwendung neuer Technologien) (Seghezzi 1989).

Im Rahmen des Begriffsfeldes Innovation werden auch die Begriffe Diffusion und Adoption verwendet. *Diffusion* bedeutet in diesem Zusammenhang die Verbreitung einer Innovation durch weitere Produzenten. Unter *Adoption* wird die Übernahme, d. h. die Annahme (oder Ablehnung) einer Neuerung durch den Nutzer verstanden. Methoden und Strategien zur Erzielung von Markterfolgen werden später noch angesprochen.

SUCCESS/FAILURE-STORY
Der erste Transistor wurde 1948 in den Bell-Laboratories in den USA entwickelt (Invention). Masaru Ibuka, Gründer der Sony Corporation, erkannte das in den Transistoren schlummernde Potential und begann mit der Entwicklung von Transistoren für die Massenproduktion. 1955 brachte Sony in Japan das erste Transistor-Radio auf den Markt (Innovation). Das Transistor-Radio wurde aufgrund der Vorteile, die es gegenüber dem Röhren-Radio besaß, sofort von den Verbrauchern angenommen (Adoption). Alle anderen Radiohersteller folgten Sony und produzierten Transistor-Radios (Diffusion).

Während im westlichen Industriekulturkreis bisher eher die Generierung großer, bahnbrechender Problemlösungen favorisiert wurde („Innovation alter Art"), geht der neue F&E-Ansatz (bzw. Problemlösungsansatz) von inkrementalen, kleineren, aber kontinuierlichen Bemühungen zur Verbesserung des Wertschöpfungsprozesses aus. Entsprechende Vorgehensweisen werden vor allem in Japan erfolgreich umgesetzt (Kaizen; vgl. Imai 1992). Bild 1.16 stellt die „alten" und „neuen" Innovationsansätze vergleichend nebeneinander. Innovationsaufgaben werden traditionell oft spezialisierten Funktionsbereichen oder Hierarchieebenen eines Unternehmens zugewiesen, Innovation der „neuen Art" hingegen verfolgt einen *prozeßhaften Ansatz*, indem die Verbesserung zur *ständigen* Aufgabe *aller* an einem Wertschöpfungsprozeß Beteiligten wird. Damit überschreitet es konsequenterweise auch Unternehmensgrenzen und stimuliert ein um einige Größenordnungen höheres Aufkommen an Verbesserungsvorschlägen (vgl. Analysen in Womack u. a. 1991). Dem Kaizen vergleichbare Ansätze werden in der deutschen Industrie auch unter der Bezeichnung „Kontinuierlicher Verbesserungsprozeß" (KVP) geführt.

	INNOVATION "alter Art"	INNOVATION "neuer Art"
Effekt	Kurzfristig, aber dramatisch	Langfristig und andauernd, aber undramatisch
Tempo	Große Schritte	Kleine Schritte
Protagonisten	Wenige Auserwählte, Geschäftsleitung und Mitarbeiterstab	Jeder Firmenangestellte, interfunktionelle Organisation
Vorgehensweisen	"Ellbogenverfahren", individuelle Ideen und Anstrengungen	Kollektivgeist, Gruppenarbeit, Systematik
Devise	Abbruch und Neuaufbau	Erhaltung und Verbesserung
Erfolgsrezept	Technologische Errungenschaften, neue Erfindungen, neue Theorien	Konventionelles Know-how und jeweiliger Stand der Technik
Führungsgrundsatz	Spezialistenorientiert	Generalistenorientiert
Informationsaustausch	Geheim und intern	Offentlich und gemeinsam
Feedback	Eingeschränkt	Umfassend und intensiv

Bild 1.16 Vergleichsprofil alter und neuer Innovationsansätze

1.2.3 Management und Technologiemanagement

Management ist die Leitung von Unternehmen in personen- und sachbezogener Hinsicht (Ulrich/Fluri 1984), umfaßt also sowohl Mitarbeiterführung als auch Unternehmensleitung. Personal, Organisation und Technik sind unter Beachtung ökonomischer, normativer und ethischer Vorgaben aufeinander abzustimmen. Dabei sind sowohl strategische als auch operative Aufgaben zu erfüllen. Bild 1.17

zeigt die durch Information und Kommunikation integrierten klassischen Aufgaben des Managements im phasenorientierten *„Managementzirkel"*.

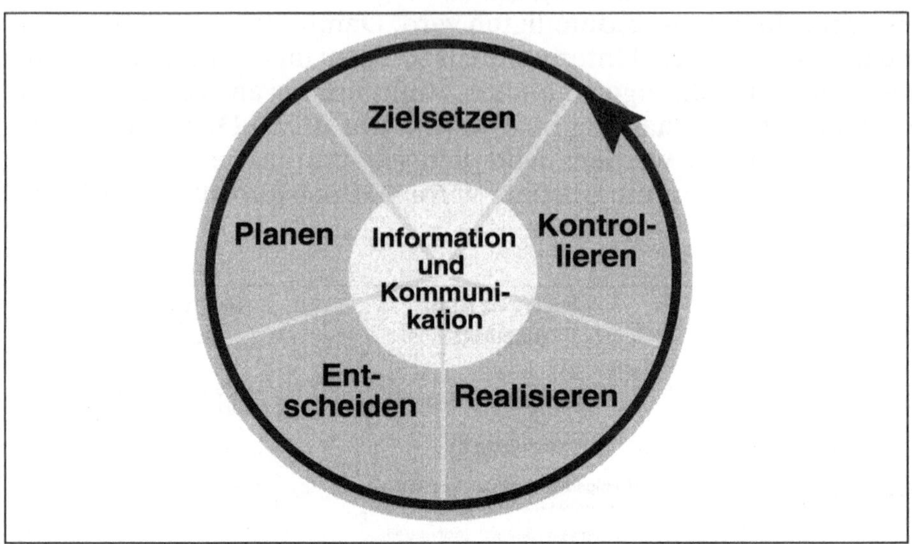

Bild 1.17   Aufgaben des Managements („Managementzirkel")

Strategisches Management beschäftigt sich mit den Problemen der *langfristigen* Unternehmensentwicklung (Trux u. a. 1985). Es ist ein System von strategisch ausgerichteten Managementfunktionen (Zettelmeyer 1984). Das Prinzip des strategischen Managements besteht darin, für ein Unternehmen *Chancen* zu erarbeiten und zu sichern sowie *Risiken* zu vermindern oder zu vermeiden (Heinen 1985). Die Richtschnur des Handelns der mit strategischen Aufgaben betrauten Manager liegt in der Identifikation, Schaffung, Erhaltung und Weiterentwicklung von Erfolgspotentialen. *Erfolgspotentiale* ergeben sich aus relativen Erfolgspositionen des Unternehmens und aus dauerhaften Wettbewerbsvorteilen einzelner Geschäftseinheiten (Gälweiler 1974).

Operatives Management hingegen hat es mit *kurz- bis mittelfristigen* Problemen der Realisierung von strategischen und operativen Programmen und dem täglichen Geschäftsablauf zu tun. Es zielt auf die Umsetzung von Erfolgspotentialen in *tatsächlichen Erfolg*, ohne damit die langfristigen Erfolgspotentiale zu schädigen oder zu gefährden (Gälweiler 1979).

Wettbewerbsfähigkeit erfordert überlegene Problemlösungen, die auf marktgerechten, zukunftsträchtigen Produkten und Dienstleistungen beruhen. Erfolgreiche Wettbewerbspositionen aufbauen und halten zu können, wird immer mehr eine Frage des Potentials an verfügbaren Technologien, des adäquaten Technologieeinsatzes und der Gestaltung anthropozentrischer (am Menschen ausgerichteter) Arbeitsorganisation. Neue Technologien schaffen einerseits hochpotente Entwicklungschancen und werden so zu einer strategischen Unternehmensressource, andererseits bedrohen sie Unternehmen, die ihre Erfolgspositionen noch vorwiegend auf alten Technologien aufbauen. Bei schrumpfenden Marktlebenszyklen und steigendem globalen Wettbewerb werden jene Unternehmen gewinnen, die kundenorientiert schneller Technologien entwickeln, erschließen, einsetzen und wieder rechtzeitig verlassen können (vgl. Bullinger 1990). Um den technologischen Wandel mitgestalten zu können, muß Managementkompetenz also mit Kompetenz im Technologiebereich ergänzt werden. Aufgabengebiete wie Strategische Planung, Organisationsentwicklung, Arbeitssystemgestaltung, Aufbau- und Ablaufstruktur, Produktgestaltung, Prozeßgestaltung, Mitarbeiterführung, Arbeitsplatzgestaltung, um nur einige zu nennen, sind im Rahmen des Technologiemanagements ganzheitlich zu lösen. *Ausrichtendes Ziel ist eine am Menschen orientierte Systemgestaltung, die dem Unternehmen wirtschaftlichen Erfolg und Überlebensfähigkeit in dynamischen Umwelten ermöglicht.*

Vor diesem Hintergrund ist *Technologiemanagement* integrierte Planung, Gestaltung, Optimierung, Einsatz und Bewertung von technischen Produkten und Prozessen aus der Perspektive von Mensch, Organisation und Umwelt. Ziel ist die Verbesserung von Produktivität und Arbeitswelt und damit einerseits die Erhöhung der Wettbewerbsfähigkeit des Unternehmens und andererseits der Arbeits- und Lebensqualität für die Organisationsmitglieder. Auch das Technologiemanagement kennt dabei sowohl strategische als auch operative Aufgabenkomplexe.

Strategisches Technologiemanagement (STM) befaßt sich schwerpunktmäßig mit der Schaffung, Steuerung und Weiterentwicklung von technologischen Erfolgspositionen bzw. -strategien der Unternehmen. Dazu zählen die Definition von technologischen Wettbewerbspositionen (z. B. Technologieführer oder -folger), die Ausrichtung von F&E- und Innovationsprozessen auf wettbewerbsrelevante Technologien und die Einbringung von technologischen Leistungspotentialen in die Wettbewerbsstrategien von Geschäftseinheiten. Damit bezieht sich das STM auf den gesamten technologierelevanten Entscheidungsprozeß und schließt Entscheidungen über die Auswahl alternativer, neu zu entwickelnder Technologien, über Kriterien ihrer Anwendung in Produkten, Prozessen und der Produktion sowie über die Bereitstellung von Ressourcen zur erfolgreichen Implementierung ein (vgl. Specht/Zörgiebel 1985). Hauptfragestellung ist die *Effektivität*. In Kapitel 3 wird eine Auswahl von Aspekten des Strategischen Technologiemanagements dargestellt.

Strategisches Technologiemanagement unterscheidet sich von der *technologischen Langfristplanung* vor allem dadurch, daß die eher extrapolative Vorgehensweise der Langfristplanung durch eine ausführliche Analyse der hinter den Veränderungen stehenden Wettbewerbskräfte und Technologieentwicklungen abgelöst wird. Diese Ursachenanalyse bildet die Grundlage für eine dynamische, proaktive Ressourcenzuweisung im Betrieb (vgl. Porter 1985).

Für die Systematisierung der *Aufgaben* und *Fragestellungen* des strategischen Technologiemanagements hat sich folgende Struktur bewährt:

❏ *Früherkennung:*
Identifikation relevanter Technologieentwicklungen und strategisch wichtiger Technologiefelder. *(Beispielhafte Grundfrage: Welche neuen Technologien zeichnen sich ab?)*
❏ *Strategische Analyse:*
Evaluation von Technologietendenzen sowie rechtzeitige Risikoerkennung und -abschätzung neuer Technologien und Techniken (Technologie- bzw. Technikfolgenabschätzung oder -bewertung). Unternehmensbezogene Bewertung von Stärken- und Schwächenprofilen in einzelnen Technologiefeldern. *(Beispielhafte Grundfragen: Wo zeichnen sich aufgrund neuer Technologien Chancen und Risiken ab? Welche Technologien, die wir gegenwärtig einsetzen, werden in den nächsten Jahren veralten/substituiert?)*

❏ *Strategieformulierung:*
Zuordnung von strategisch wichtigen Technologiefeldern zu strategisch wichtigen Geschäftsfeldern und Festlegung der Strategie. *(Beispielhafte Grundfragen: Welche Strategien sind jeweils wirksam? Sollen wir Technologieführer oder -imitator sein? In welche Gebiete und Einzelprojekte der Forschung und Entwicklung (F&E) ist zu investieren und mit welcher Zielrichtung?)*

❏ *Programmplanung und -evaluierung:*
Abstimmen der F&E-Planung mit der strategischen Unternehmensplanung. *(Beispielhafte Grundfrage: Welchen Beitrag liefern die Programmpunkte und das Gesamtprogramm zum Unternehmenserfolgspotential?)*

❏ *Strategiedurchsetzung bzw. -implementierung:*
Umsetzung der strategischen Planung in Organisationskonzepte und Führungskonzeptionen operativer Systeme, die besonders zur Entwicklung, Entstehung (Produktion), Einführung und zum Vertrieb neuer Technologien bzw. Techniken geeignet sind. Dabei sind integrativ die Aspekte Personal, Organisation und Technik zu berücksichtigen (u. a.: Innovationsmanagement und Produktionsmanagement). Gestaltung neuer Technologien (Technologiegestaltung). *(Beispielhafte Grundfragen: Wie ist der Übergang von einer Technologie zu einer neuen operativ vorzunehmen? Wie sieht die neue Technik/Technologie aus? Wie wird sie benutzt?)*

❏ *Strategische Kontrolle:*
Laufende Überprüfung der Voraussetzungen, Durchführung und Wirksamkeit (Ergebnisse) der Strategieimplementierung. *(Beispielhafte Grundfragen: Wie ist die F&E-Effizienz und die Produktivität? Sind die gesetzten Prämissen der Technologiestrategien noch gültig?)*

Diese strategischen Aufgabenstellungen werden durch weitere kurz- bis mittelfristige operative Technologiemanagementaufgaben ergänzt.

Operatives Technologiemanagement (OTM) befaßt sich schwerpunktmäßig mit der kurz- bis mittelfristigen Realisierung und Umsetzung strategischer technologischer Erfolgspositionen in *tatsächlichen*, meist ökonomischen, Erfolg. Hauptfragestellung ist die *Effizienz*. Auf einige dieser Aspekte des Technologiemanagements wird in Kapitel 4 eingegangen.

1.3 Einsatzbreite und Interdisziplinarität des Technologiemanagements

Es ist leicht einzusehen, daß Technologiemanagement vor allem dann zu einer erfolgskritischen unternehmerischen Aufgabe wird, wenn Technologien in einem Unternehmen eine wesentliche Rolle bei der Verfolgung der Unternehmensziele spielen. Dies kann direkt und indirekt der Fall sein:

1. *Management von Technologieentwicklung und -transfer:*
   Das Unternehmen akquiriert, entwickelt und vertreibt Technologien und technologieorientierte Produkte (dies können auch Produktionsmittel sein) oder technologieorientierte Dienstleistungen (z.B. Quarzuhren, Hochleistungslaser, Impfmittel, Planungen): „Technologie ist Produkt".

2. *Management des Technologieeinsatzes in den Geschäftsprozessen:*
   Das Unternehmen wendet in den F&E-, Produktions- oder Dienstleistungsprozessen Technologie an (z.B. CAD in der Konstruktion, Computer in der Simulation, Rechnernetze im Konzernverbund, Prüfrechner und Roboter in der Montage): „Technologie ist Produktionsmittel".

3. *Technologieeinsatz zur Unterstützung der Unternehmensführung:*
   Das Unternehmen wendet Technologie zum Management des Unternehmens und der Geschäftsprozesse an (z.B. Führungsinformationssysteme und I&K-Technologien zur internen Abstimmung, Auftragsbearbeitung oder -kontrolle): „Technologie ist Managementwerkzeug".

In derart *technologieorientierten Unternehmen* treten beispielsweise folgende charakteristische Aufgabenstellungen auf:

❏ Wie ist Technologie in die übergeordneten strategischen Ziele des Unternehmens zu integrieren?
❏ Wie können Technologien bewertet werden?
❏ Wie können neue Technologien schneller und effizienter übernommen und wieder verlassen werden?
❏ Wie kann die Effektivität des technischen Personals verbessert werden?

❑ Wie kann der Technologietransfer inner- und außerhalb des Unternehmens organisiert werden?

❑ Wie sind große, komplexe, interdisziplinäre Projekte und Systeme zu organisieren?

❑ Wie ist der Einsatz neuer Technologien im Unternehmen zu managen?

Diese Technologiemanagementaufgaben sind typische Managementaufgaben, die idealerweise jedoch eine Kombination sowohl natur- und allgemeinwissenschaftlicher, betriebswirtschaftlicher, ingenieurwissenschaftlich-technologischer als auch sozialwissenschaftlicher Fähigkeiten erfordern. Ihre Bearbeitung geschieht durch koordinierte Aktivitäten von Planung, Durchsetzung und Kontrolle, die die verschiedensten betrieblichen Bereiche wie F&E, Marketing, Produktplanung, Produktionssystemplanung, Patent-/Lizenzwesen oder Service durchdringen.

Damit ist Technologiemanagement eine deutlich interdisziplinär ausgeprägte Aufgabe. TM ist also weder im Sinne einer spezialisierten organisatorischen Einheit zu verstehen, die sich mit technologischen Fragen befaßt, noch eine weitere Aufgabe, die den klassischen Managementaufgaben (vgl. Kap. 1.2.3) einfach hinzugefügt wird. Technologiemanagement ist vielmehr eine integrierte und ganzheitliche Aufgabe des allgemeinen Managements (General Management), deren Methodik notwendigerweise interdisziplinär ist und von den am Entscheidungs- und Problemlösungsprozeß Beteiligten Kompetenz sowohl in wissenschaftlichen als auch anwendungsorientierten Disziplinen abverlangt.

Diese Interdisziplinarität kennzeichnet auch internationale TM-Ausbildungsprogramme (MOT = Management of Technology), indem dort Inhalte aus Managementlehre (Unternehmensführung) und Sozialwissenschaften fruchtbar mit Inhalten aus den Ingenieur- und Anwendungswissenschaften verbunden werden (vgl. Bild 1.18).

Damit wird erreicht, daß die *dynamischen Aspekte* der Unternehmens- und Technikentwicklung (Management of Change; Management of Technological Change) mit den eher *statischen Aspekten* der Anwendung der Ingenieurwissenschaften (sog. steady state activities) in einem gemeinsamen Ausbildungs- und Kompetenzprofil verbunden werden.

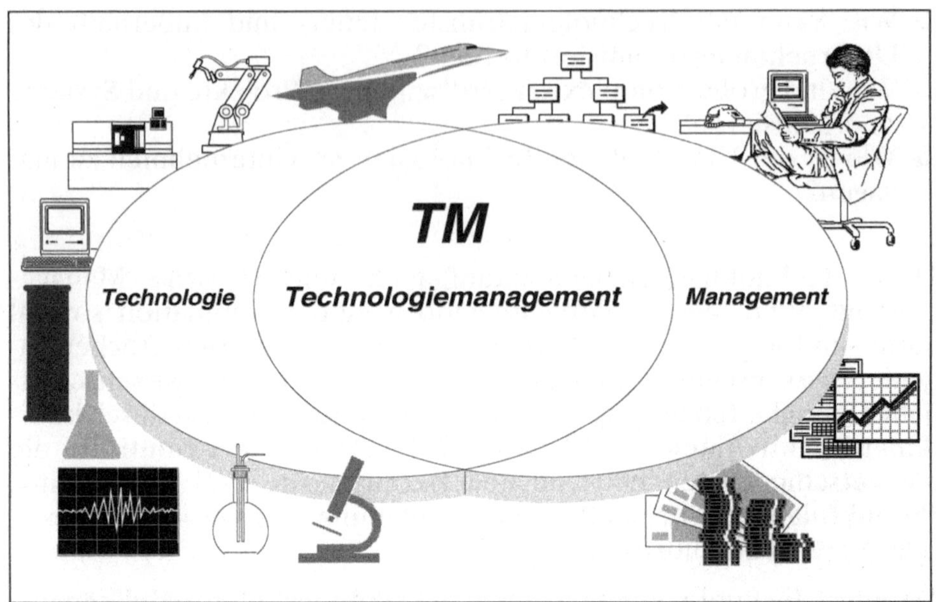

Bild 1.18   TM als interdisziplinäre Aufgabe

Diese Verbindung ist für technologieorientierte Unternehmen strategisch wichtig und fruchtbar. Sie führt aus Sicht der betriebswirtschaftlichen Unternehmensführung dazu, daß den technisch-technologischen Dimensionen der strategischen Unternehmens- und Geschäftsfeldplanung stärkere Berücksichtigung zukommt. Andererseits wird von seiten der technischen Führungskräfte eines Unternehmens auch Kompetenz für die Bewältigung der unternehmensführerischen, markt- und technologiestrategischen Aufgabenstellungen eingebracht.

Wegen der zunehmenden Komplexität der Aufgabenstellung und Spezialisierung des Fachwissens können Technologiemanagementaufgaben meist nur noch von Teams aus Spezialisten verschiedener Disziplinen wahrgenommen werden. Der Erfolg solcher fachübergreifenden Teams hängt von der Team- und Kommunikationsfähigkeit der Teammitglieder ab. Zu dieser Kommunikationsfähigkeit zählt in diesem Zusammenhang besonders die *Übersetzungskompetenz*, die voraussetzt, daß sich der Ingenieur wirtschaftswissenschaftliche Kenntnisse und der Wirtschaftswissenschaftler technologische Kenntnisse angeeignet hat. Nur dann sind integrative Lösungsansätze gemeinsam „denkbar" und fruchtbar diskutierbar. Die reine Fachkompetenz ist zwar weiterhin höchst notwendig, aber nicht mehr hinreichend für eine erfolgreiche Bewältigung der unternehmerischen Herausforderung.

Es gehört deshalb zu den Hauptzielen, die mit dieser Einführung in das Technologiemanagement verfolgt werden, den Erwerb von Technologiemanagementkompetenz zu motivieren und zu fördern.

1.4 Technologieentwicklung und Technikentstehung

Bereits in den Begriffsklärungen wurde verdeutlicht, daß bei F&E-Prozessen sowohl einerseits materielle technische Problemlösungen als auch andererseits zugehöriges technisches Know-how anfallen. Diese Prozesse werden mit den Begriffen „Technikentstehung" bzw. „Technologieentwicklung" bezeichnet (vgl. Bild 1.19). Im folgenden steht der Prozeß der Technologieentwicklung im Vordergrund.

F&E-Prozesse haben den Charakter von Problemlösungsprozessen. Bei der Erarbeitung einer Problemlösung werden in einer *iterativen Vorgehensweise* folgende Makrophasen durchlaufen:

1. Zieldefinition,
2. Problemdefinition und -formulierung,
3. Generierung von Lösungsmöglichkeiten (Lösungsvarianten),
4. Evaluation der Lösungsvarianten,
5. Entscheidung für eine Lösungsvariante.

Diese Makrophasen können meist in die Mikrophasen *Planung*, *Durchführung* und *Kontrolle* strukturiert werden.

Der Technologieentwicklung vorgelagert sind die Aktivitäten der *Grundlagenforschung*, die hauptsächlich im theoretischen Bereich liegen. Die Ergebnisse (Theorien) sind zu einem großen Teil in Form von veröffentlichten wissenschaftlichen Forschungsberichten allgemein zugänglich, da sie i. a. noch vorwettbewerblichen Charakter haben.

Grundlagenforschung sind alle Forschungsarbeiten, die ausschließlich auf die Gewinnung *neuer* wissenschaftlicher Erkenntnisse gerichtet sind, ohne überwiegend an dem Ziel einer praktischen Anwendbarkeit orientiert zu sein (Scholz 1976).

Anhand des Systemmodells (s. Bild 1.19) können die F&E-Prozesse von Technikentstehung bzw. Technologieentwicklung beschrieben werden.

Als *Input* für die Problemlösungsprozesse werden greifbares theoretisches Wissen (Theorien), problemlösungsrelevante Nachrichten und Informationen, vorliegende Problemlösungen im eigenen Haus oder bei Wettbewerbern, Rohstoffe, Anlagen und technisches Knowhow des F&E-Personals genutzt.

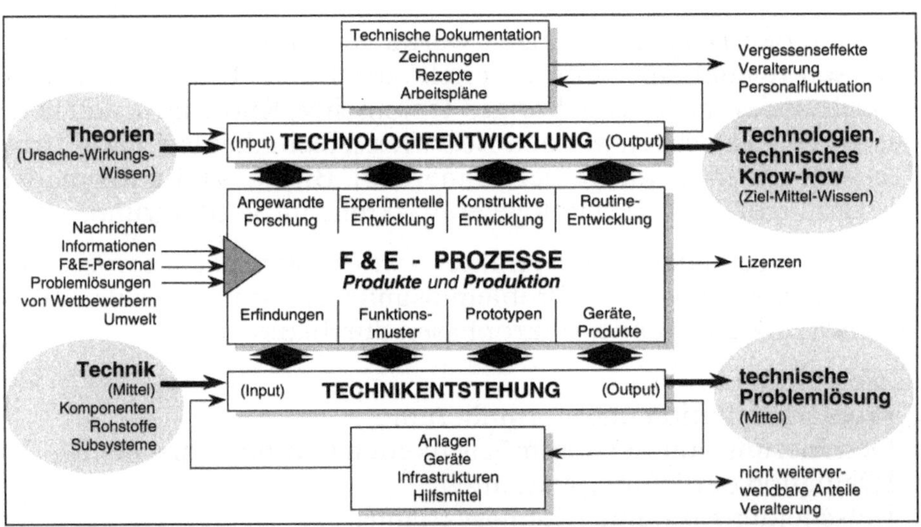

Bild 1.19 Technologieentwicklung und Technikentstehung
(nach: Ewald 1989)

Der *Prozeß* der Technologieentwicklung wird weitgehend von den F&E-Tätigkeiten (Produkt, Produktion) der *angewandten Forschung*, der *experimentellen Entwicklung,* der *konstruktiven Entwicklung* sowie der *Routine-Entwicklung* getragen.

Angewandte Forschung umfaßt alle Anstrengungen, die ausschließlich auf die Gewinnung neuer wissenschaftlicher und technischer Erkenntnisse gerichtet sind und sich dabei vornehmlich auf *spezifische praktische Zielsetzungen und Anwendungen* beziehen (FuE 1982).

Experimentelle Entwicklung ist die Nutzung wissenschaftlicher Erkenntnisse, um zu neuen oder wesentlich verbesserten Materialien, Geräten, Produkten, Verfahren, Systemen oder Dienstleistungen zu gelangen (FuE 1982). Die Aktivitäten sind darauf ausgerichtet, technische Erzeugnisse zu realisieren, die bislang noch nicht benutzte Realphänomene beinhalten und/oder denen eine neue Kombination von bereits genutzten Realphänomenen zugrunde liegt (Scholz 1976).

Konstruktive Entwicklung besteht aus Aktivitäten, die darauf gerichtet sind, technische Erzeugnisse zu realisieren, denen eine neue Kombination von bereits genutzten Realphänomenen zugrunde liegt, die eine größere Anwendungsbreite in der Technik aufweisen und deren Kombination aus bekannten Konstruktionsprinzipien abgeleitet werden kann (Scholz 1976).

Die *Routine-Entwicklung* ist eine Sonderform der konstruktiven Entwicklung. Hier werden neue Kombinationen von bereits genutzten Realphänomenen zugrunde gelegt, deren Anwendungsbedingungen und Konstruktionsprinzipien jedoch zum Standardwissen eines Konstrukteurs gehören oder derart formalisiert sind, daß sie beispielsweise in Form von DV-Programmen verfügbar sind (Scholz 1976).

Als *Output* der F&E-Problemlösungsprozesse entstehen Technologien, greifbares technisches Know-how und technische Problemlösungen, die ggf. patentiert oder lizenziert werden können. Weiterhin werden problemlösungsrelevante Erkenntnisse und Informationen auch kodiert in verschiedenen anderen Technologieträgern gespeichert. Dazu gehören beispielsweise die technischen Dokumentationen, aber auch Anlagen, Geräte, Infrastrukturen und das Know-how des F&E-Personals.

Technologieentwicklungsprozesse zur Generierung und Nutzung von Know-how für technische Zwecke entstehen durch Interaktion von Trägern der Technologie. Die *personalen Träger* lassen sich nach ihrer Rolle im F&E-Prozeß in Forscher, Entwickler, Manager, Anwälte, Planer u. a. untergliedern. Die *informationellen Träger* enthalten formulierte Technologie, die es fachkundigen Personen erlaubt, die Technologie nachzuvollziehen und sich anzueignen. Sie ermöglichen ferner die formale Kommunikation von Technologie. *Materielle Träger* enthalten Technologie in technisch kodierter Form. Manche Elemente der Technologie lassen sich aus den erzeugten Technikelementen (Geräten, Produkten) auch mit Hilfe des „*Reverse Engineering*" wieder ermitteln.

> *Reverse Engineering* ist die konstruktive Zerlegung einer technischen Problemlösung oder eines Produktes, mit dem Ziel, das Funktions-, Design- oder auch Fertigungsprinzip zu erkennen (vgl. Sommerlatte u. a. 1987).

Ein Teil der Technologie wird in Form von *technischen Dokumentationen* (z. B. Schaltpläne, Konstruktionszeichnungen, Ablaufpläne, Rezepte) aufgezeichnet. Diese Dokumentationen unterliegen meist der betrieblichen Geheimhaltung und stehen somit der breiten Öffentlichkeit nicht zur Verfügung.

Im Rahmen von Such- und Experimentierphasen fallen neben zielkonformen, problemrelevanten Ergebnissen auch nichtzielkonforme, zufällige Ergebnisse an, die in den Erfahrungsschatz der beteiligten personalen Träger eingehen. Dieses Know-how stellt ein Technologiepotential dar, das bei Aktivierung als Ressource genutzt werden kann. In manchen Firmen ist es Pflicht, auch dem aktuellen Entwicklungsziel nicht oder nicht optimal dienliche Ergebnisse zu dokumentieren und damit auch anderen Entwicklern zeitlich entkoppelt zugänglich zu machen.

Da im Laufe der Zeit sehr große Dokumentationsmengen anfallen können, sind geeignete Kennzeichnungssysteme (Sachmerkmalssysteme) sowie effiziente Speicher- und Wiederfinde-Mechanismen (Storage and Retrieval) eines Technischen Informationssystems sinnvoll und oft notwendig. Technologie in Form apersonaler technischer Dokumentation als auch in Form von personalem Know-how der F&E-Beteiligten ist ein wichtiges Potential der Unternehmung.

Neben dem Problemlösungswissen ist auch das Wissen *über die Vorgehensweise* beim Problemlösen ein wichtiges Potential des Unternehmens. Dieses Prozeduralwissen über naturwissenschaftlich-technische Problemlösungsverfahren und -wege kann zur Steuerung der tatsächlichen F&E-Aktivitäten eingesetzt werden.

1.5 Technikfolgen- und Technikpotential- abschätzung

Als Technikfolgenabschätzung (TA) bezeichnet man Prozesse, die darauf ausgerichtet sind, die Bedingungen und potentiellen Auswirkungen der Einführung und verbreiteten Anwendung von Technologien möglichst systematisch zu analysieren und zu bewerten. Das Analyseziel richtet sich hierbei vor allem auf die *indirekten, nichtintendierten und langfristigen Sekundär- und Tertiäreffekte der Einführung und Anwendung neuer Technologien auf Umwelt und Gesellschaft* (Dierkes 1991), also z. B. Effekte ökologischer, ökonomischer, technologischer, rechtlicher, sozialer und gesundheitlicher Art. Mit TA sollen somit Szenarien über mögliche Technikfolgen so frühzeitig entwickelt werden, daß Handlungsalternativen bezüglich Technikgestaltung und -einsatz ergriffen werden können. Unter anderem soll damit zur Umwelt- und Gesellschaftsfreundlichkeit von Verfahren und Produkten beigetragen und zu einer differenzierten Einstellung gegenüber dem technischen Fortschritt aufgerufen werden. Es ist unzweifelbar, daß nicht alles, was als „Fortschritt" deklariert wird, zur Steigerung oder Beibehaltung der Lebensqualität einer Bevölkerung beiträgt.

Das deutsche Wort Technikfolgenabschätzung wird als Übersetzung des angelsächsischen Begriffs „Technology Assessment" verwendet, der im dortigen Sprachgebrauch seit Beginn der 70er Jahre für die systematische und breite Erforschung und Entwicklung von Technologien, ihren individuellen, organisatorischen und gesellschaftlichen sowie weiteren technologischen Auswirkungen und Folgen steht. Diese Übersetzung scheint aus folgenden Gründen nicht unproblematisch zu sein. Während „Folgen" meist eine negative Konnotation besitzt, ist „assessment" neutral und bedeutet eine Annahme, eine Vermutung, eine (wertfreie) Abschätzung, hier über Technologie. Versteht man das Wort Technologie als Wissen um naturwissenschaftlich-technische Zusammenhänge, eingebunden in das betriebswirtschaftliche, organisatorische, soziale, politische und gesellschaftliche Umfeld, so beinhaltet dies auch den *vernünftigen Umgang mit Technik.* Bei Technology Assessment handelt es sich daher darum, *alle* – positiv wie negativ bewertbaren – Auswirkungen des Umgangs mit einer sich ständig verändernden Technik und Technologie fortschreibend neu zu überdenken. Somit ist Technikfolgenabschätzung, wie oben definiert („TA im engeren Sinn"), nur ein Teil des Technology Assessment-Konzepts. Technology Assessment könnte man daher besser mit *Technikpotentialabschätzung* bezeichnen. Die Aufgabe einer solchen Technikpotentialabschätzung ist es, sowohl die *Folgen* (bewußte und nichtintendierte Gefahren und Risiken) als auch die *Entwicklungsmöglichkeiten* (Nutzenpotentiale und Chancen) einer Technologie abzuschätzen und zu beurteilen. Da TA in der Literatur auch in diesem umfassenderen, dem amerikanischen Technology Assessment entsprechenden, Sinn gebraucht wird, kennzeichnen wir seine Verwendung hier mit „TA im weiteren Sinn"[8].

Der Verein Deutscher Ingenieure (VDI) hat sich in seiner Richtlinie 3780 ebenfalls vom Begriff TA gelöst und für Technology Assessment den übergeordneten Begriff „*Technikbewertung*" (TB) gewählt. TA ist hier ebenfalls nur ein Schritt im Rahmen der übergeordneten Vorgehensweise der Technikbewertung. Wegen des standardisierenden Charakters dieser Richtlinie sollen im folgenden Vorgehensweise und Methoden der Technikbewertung nach VDI angesprochen werden.

1.5.1 Vorgehensweise der Technikbewertung

Nach der Richtlinie 3780 des Vereins Deutscher Ingenieure bedeutet *Technikbewertung* das planmäßige, systematische, organisierte Vorgehen, das

❏ den Stand einer Technik und ihre Entwicklungsmöglichkeiten analysiert,
❏ unmittelbare und mittelbare technische, wirtschaftliche, gesundheitliche, ökologische, humane, soziale und andere Folgen dieser Technik und möglicher Alternativen abschätzt,
❏ aufgrund definierter Ziele und Werte diese Folgen beurteilt oder auch weitere wünschenswerte Entwicklungen fordert,
❏ Handlungs- und Gestaltungsmöglichkeiten daraus herleitet und ausarbeitet,

---

[8] „TA im weiteren Sinne" wird hier also synonym zu „Technikpotentialabschätzung" und zu „Technikbewertung" (VDI 3780) verwendet.

so daß begründete Entscheidungen ermöglicht und gegebenenfalls durch geeignete Institutionen getroffen und verwirklicht werden können.[9]

Die in dieser Richtlinie entworfene Definition setzt offenkundig bestimmte funktionierende Verfahren der Technikpotential- und der Technikfolgenabschätzung voraus. Das Neuartige dieser Technikbewertung ist die Breite des Bewertungshorizontes und die gesellschaftliche Organisation der Bewertungsprozesse. Die VDI-Richtlinie 3780 empfiehlt dazu: „Das Ziel allen technischen Handelns soll es sein, die menschlichen Lebensmöglichkeiten durch Entwicklung und sinnvolle Anwendung technischer Mittel zu sichern und zu verbessern. Die fachliche Aufgabe des Ingenieurs besteht zunächst darin, hierfür geeignete technische Systeme zu entwickeln und deren *Funktionsfähigkeit* sicherzustellen. Darüber hinaus gilt es, einen möglichst sinnvollen Gebrauch von den stets nur in begrenztem Umfang vorhandenen Ressourcen (Rohstoffe, Energie, Arbeit, Kapital usw.) zu machen, so daß die technische Funktion auf möglichst sparsame und damit wirtschaftliche Weise erreicht wird" *(Wirtschaftlichkeit)*. Technische Systeme stehen jedoch auch im Dienste außertechnischer und außerwirtschaftlicher Ziele. „Werte, an denen sich solche Ziele orientieren, sind insbesondere *Wohlstand, Gesundheit, Sicherheit, Umweltqualität, Persönlichkeitsentfaltung* und *Gesellschaftsqualität*. Zwischen diesen Zielen und Werten bestehen häufig Konkurrenzbeziehungen" (VDI 3780 1991, vgl. Bild 1.20).

Möglichst alle – positiven wie negativen – Folgen einer Technik für Umwelt und Gesellschaft sollen also auch nach außertechnischen und außerwirtschaftlichen Werten beurteilt werden. Der Bewertungsprozeß bleibt nicht auf einen einzelnen Entscheidungsträger beschränkt, sondern wird von einem Netzwerk gesellschaftlicher Einrichtungen vorbereitet, unterstützt und begleitet. Die Entwicklung der Beurteilungskriterien der Technikbewertung muß dabei mit dem gesellschaftlichen und technologischen Wandel angemessen einhergehen.

---

[9] Bei den in diesem Kapitel erscheinenden Zitaten aus der VDI-Richtlinie 3780 ist zu beachten, daß hier dem Begriff Technik Vorzug gegeben wird, wenngleich er im Sinne dieser Einführung in das Technologiemanagement große Überdeckungen mit dem Begriff Technologie aufweist.

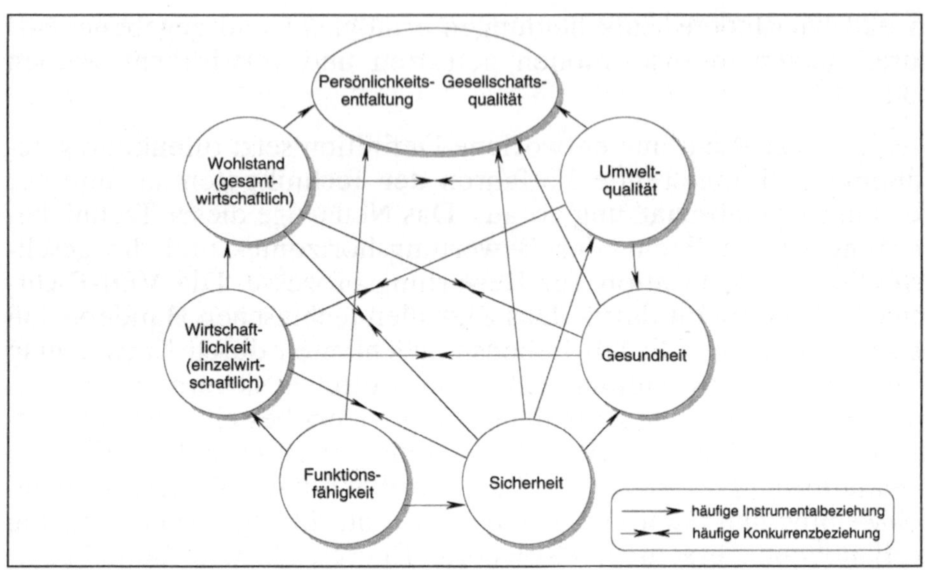

Bild 1.20   Werte im technischen Handeln (Quelle: VDI 3780)

Je nachdem, welche Fragestellung vorliegt und welchen Stand die
Technikentwicklung bereits erreicht hat, werden verschiedene Typen
der Technikbewertung unterschieden. Bei der *probleminduzierten
Technikbewertung* geht es darum, für gesellschaftlich vorgegebene
Aufgaben geeignete technische Lösungen zu ermitteln und diese hinsichtlich ihrer Vor- und Nachteile miteinander zu vergleichen. Bei der
technikinduzierten Technikbewertung wird eine bereits vorhandene
oder produktionsreife Technik bewertet.

Eine weitere Unterscheidung nach Stand der Technikentwicklung ist
ebenfalls üblich. Die *innovative Technikbewertung* beginnt sehr früh,
wenn technische Lösungen für gegebene Probleme gesucht und erste
Lösungskonzepte entwickelt werden und wenn Forschung und Ent-
wicklung noch wesentlich beeinflußt werden können. Die *reaktive
Technikbewertung* dagegen setzt erst sehr spät ein, wenn F&E nur
noch schwerlich in andere Richtungen gelenkt werden kann und die
Markteinführung ggf. bereits begonnen hat. Vorteil der reaktiven
Technikbewertung ist natürlich, daß erste Folgen einer Technik be-
reits beobachtet und sogar gemessen werden können. Trotz der
Schwierigkeiten bei der Abschätzung und Bewertung einer erst im
Entstehen begriffenen Technik (s. Prognosedilemma), ist der in-

novativen Technikbewertung wegen der besseren Eingriffsmöglich-
keiten und Gestaltungspotentiale der Vorzug zu geben. Es ist günstiger, eine Technologie von vornherein zu vermeiden oder zu steuern,
als bereits eingetretene Schäden und unerwünschte Folgen im nachhinein zu beseitigen. Technikbewertung ist also möglichst nicht nur
korrektiv und *reaktiv*, sondern auch *präventiv* und *innovativ* durchzuführen.

Bild 1.21 verdeutlicht schematisch, wie allgemeine Rahmenbedingungen, Wertpräferenzen und individuelle Dispositionen[10] den gesamten Prozeß der Entwicklung und Auswahl der technischen Möglichkeiten beeinflussen.

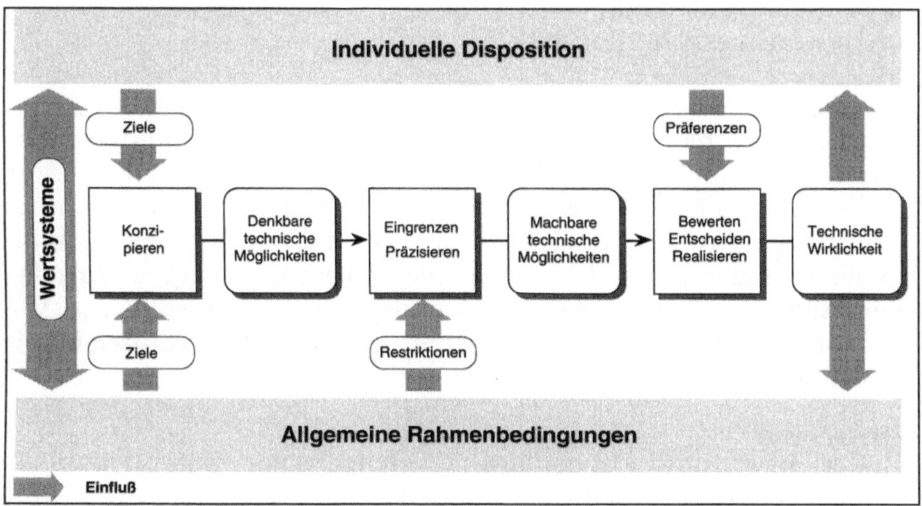

Bild 1.21 Entwicklung und Auswahl technischer Möglichkeiten
(Quelle: VDI 3780)

Die Technikbewertung wird in vier Phasen durchgeführt, wobei die
einzelnen Phasen überlappend ineinander übergehen können und
durch Rückkopplungen miteinander verbunden sind. Für jede dieser
Phasen ergeben sich besondere methodische Probleme:

---

[10] Disposition sei hier im Sinne der VDI-Richtlinie 3780 „die Bereitschaft, angesichts bestimmter Bedingungen mit bestimmten Formen und Inhalten des Verhaltens und Erlebens
zu handeln und zu reagieren".

1. Definition und Strukturierung des Problems:
In der Problemdefinition wird der Bereich dessen, was zu untersuchen ist und was an Resultaten schließlich auftreten kann, in den Grundzügen festgelegt. Es muß dabei bedacht werden, daß diese Auswahl in gewissem Sinn bereits bewertenden Charakter tragen kann! Wichtige Definitionspunkte sind:
- ❏ Aufgabenstellung und Gegenstandsbereich,
- ❏ vorausgesetzte Rahmenbedingungen,
- ❏ zu betrachtende Größen bzw. Variablen,
- ❏ zu beschaffende Informationen und Daten,
- ❏ zu betrachtender Kontext (wirtschaftlich, politisch, ökologisch usw.),
- ❏ zeitlicher Horizont,
- ❏ Bewertungskriterien.

2. Folgenabschätzung:
Bei der Folgenabschätzung geht es um die Analyse und vorausschauende Beschreibung der Folgen. Hierbei stützt man sich auf die bisherigen Erfahrungen und auf Annahmen über die zukünftige Entwicklung (Trendextrapolation, Szenarios, Analogiebildung, explizite und implizite Modelle). Diese Abschätzungen liefern dabei keine unbedingt sicheren Prognosen, weil eine Fülle von Variablen und Interdependenzen aller Art die Technikentwicklung bestimmen.

3. Bewertung:
In der Bewertung geht es darum, welche Folgen man erzielen, in Kauf nehmen oder verhindern möchte. Hier kommen Werte und Dispositionen in unterschiedlicher Ausprägung und Kombination zur Geltung. Bei der Bewertung wird den einzelnen in Schritt 2 identifizierten Technikfolgen im Rahmen einer Güterabwägung jeweils ein bestimmtes Gewicht beigemessen und diese dann zu einer Gesamtbewertung zusammengefaßt.

4. Entscheidung:
Eine so vorbereitete Entscheidung kann und muß transparent und begründet (also auch für Dritte nachvollziehbar) getroffen werden. Sie zielt ihrer Natur nach weder auf Technikverhinderung, noch darf sie Alibifunktion zur Rechtfertigung technischer Maßnahmen haben, die in Wirklichkeit aus ganz anderen Gründen getroffen werden.

Um entlang dieser empfohlenen Vorgehensweise zielgerichtet arbeiten zu können, ist der Einsatz von Methoden zwingend notwendig. Der Methodeneinsatz ermöglicht, Hypothesen nachvollziehbar erhärten oder verwerfen zu lassen. Trends und Abschätzungen sind nur anhand eines gesammelten und/oder analysierten Datenmaterials formulierbar. Die Wahl der Technikbewertungsmethoden hängt jedoch vom jeweiligen Typ der Technikbewertung ab.

1.5.2 Methoden der Technikbewertung

Technikbewertung (bzw. synonym: TA im weiteren Sinn) muß nach Ursache und Wirkung, nach Grund und Folgen von Technologieeinsatz fragen. Eine ideale „TA-Methode" müßte daher historische, gegenwärtige und zukünftige Folgen gleichermaßen erfassen und logische Schlüsse zulassen.

Ihrer Natur nach läßt sich die Technikbewertung jedoch nicht durch Anwendung nur einer einzigen der heute bekannten Bewertungsmethoden erreichen. Vielmehr ist aus einer Vielzahl unterschiedlicher Methoden eine je nach Art des Falles geeignete Kombination dergestalt anzuwenden, daß die einzelnen Methoden einander ergänzen.

Dabei dürfen nicht ausschließlich rein *quantitative* Methoden kombiniert werden, da bei den wenigsten TA-Projekten regelhafte und gesetzmäßige Zusammenhänge vorausgesetzt werden können. TA-Aufgabenstellungen sind vielmehr meist in Kontexte eingebunden, die sich nicht durch Stringenz auszeichnen. Es ist inzwischen klar, daß es *die* Methode oder *das* Verfahren der TA nicht geben kann. Die bekannten Methoden der Technikbewertung bieten zudem nur geregelte Vorgehensweisen, jedoch keine detaillierten Handlungsanweisungen für den Einzelfall.

Die Erfahrung aus vielen TA-Projekten zeigt, daß oft nur ein Methodenmix zum gewünschten Ziel führt. In der Praxis beobachtet man daher meist ein breites Spektrum von mehr oder weniger methodischen Technikbewertungsprozessen, wobei die Durchführungsart zudem noch von der jeweils ausführenden Institution abhängt. Dieser Methodenpluralismus spiegelt einerseits die Unvollkommenheit der bislang entwickelten Bewertungsmethoden, aber andererseits auch die Vielfältigkeit der natürlichen und gesellschaftlich-kulturellen Bedingungen wider, die von der Technik verändert werden und im Wechselspiel auch die Technik bedingen.

Bild 1.22 faßt eine Auswahl heute gebräuchlicher Technikbewertungsmethoden tabellarisch zusammen. Die ausführliche Beschreibung der Methoden kann der zitierten VDI-Richtlinie entnommen werden.

Methode	Bewertungsart		Bewertungsphase		
	qualitativ	quantitativ	Definition Strukturierung	Folgen-abschätzung	Bewertung
Trendextrapolation		●		●	
Historische Analogiebildung	●	●		●	
Brainstorming	●		●	●	
Delphi-Methode (Expertenumfrage)	●	●	●	●	●
Morphologische Klassifikation	●		●	●	
Relevanzbaumanalyse	●	●	●	●	●
Risikoanalyse		●		●	●
Verflechtungsmatrixanalyse	●	●		●	●
Modellsimulation		●	●	●	●
Szenario-Gestaltung	●		●	●	●
Kosten-Nutzen-Analyse		●			●
Nutzwertanalyse	●	●			●

Bild 1.22 Methoden in der Technikbewertung (Auswahl)
(Quelle: VDI 3780)

Nicht alle genannten Methoden haben einen gleich hohen Anwendungsgrad. Im Rahmen einer „Länderstudie Technikfolgenabschätzung in der Bundesrepublik Deutschland", die Anfang 1990 vom Fraunhofer-Institut für Arbeitswirtschaft und Organisation (IAO) im Auftrag des Directorate General for Science, Research and Development der Europäischen Gemeinschaft durchgeführt wurde, wurden 34 sowohl natur- und technikwissenschaftlich als auch sozialwissenschaftlich orientierte TA-Experten befragt, welche Methoden bei ihren Forschungstätigkeiten zum Einsatz kommen (Bullinger, Fröschle u. a. 1990). Dabei kam es zu folgendem Ergebnis bezüglich des Anwendungsgrades:

- ❑ Szenario Writing, Brainstorming, Interview 50 %;
- ❑ Inhaltsanalyse 44 %;
- ❑ Kosten-Nutzen-Analyse 38 %;
- ❑ Simulation, Historische Analogie/Studie 35 %;
- ❑ Ökonomische Modellbildung, Trendextrapolation, Checklisten 32 %;
- ❑ Gruppenkonsens 29 %;
- ❑ Risiko-Analyse, Qualitative Rangfolgen-Beurteilung, Regression-/Korrelation-Rechnung 26 %.

Diese Analyseergebnisse bestätigen die oben getroffene Aussage, daß es „die" TA- bzw. TB-Methode nicht gibt.

1.5.3 Grenzen der Technikfolgenabschätzung

Voraussagen im Sinne absoluter Aussagen über die Zukunft sind selbstverständlich auch mit dem oben genannten Methodenschatz der TA (TA im weiteren Sinn) nicht erreichbar. Weder erlauben dies die Komplexität des Untersuchungsfeldes noch die zur Verfügung stehenden Methoden. Es gibt unzählige geschichtliche Hinweise, daß Nutzen- und Gefährdungspotentiale neuer Technologien falsch prognostiziert wurden. Beispiele für solche (zu) spät realisierten Gefährdungen sind: verbleites Benzin, Medikamente wie Contergan, Atomkrafttechnologien, Fluor-Chlor-Kohlenwasserstoffe (FCKW), Dioxine, Furane, Kunststoffe, Asbest. Hätte man die potentiellen Gefährdungen dieser Stoffe bzw. Technologien eher erkannt und richtig eingeschätzt, wären aktuelle Gefährdungen evtl. durch umweltverantwortliche Entscheidungen oder auch durch normative Eingriffe vermeidbar gewesen (vgl. Hake/Böhret 1988).

Die meisten „richtigen" Analysen sind ex post, also rückblickender Natur, daher wird von manchen Experten zwar nicht die Wünschenswertheit, aber doch die prinzipielle Prognosemöglichkeit der TA in Frage gestellt.

Expertengespräche während der Erhebungsphase der oben angesprochenen Länderstudie zeigten, daß das Methodenangebot zwar im großen und ganzen ausreichend, die Reichweite dieser Methoden bei der Erfassung externer Kosten und Aspekte bzw. bei der Bewertung nicht-monetärer Folgewirkungen aber sehr gering ist. Qualitative Tiefstudien und die Erforschung einzelner qualitativer Aspekte sind nach Ansicht der Interviewten mit den vorliegenden Methoden nur unzureichend möglich. Dies ist auf nicht bzw. nur lückenhaft vorhandene Kriterienkataloge und Indikatoren für gesundheitliche, soziale und gesellschaftliche Folgewirkungen im Sinne einer ganzheitlichen Bewertung zurückzuführen. Zudem fehlt eine sinnvolle Methode, um die Folgewirkungen unterschiedlicher Untersuchungsbereiche integriert zu betrachten. Ebenfalls steht kein Methodenangebot bei der Suche nach Dynamisierungsmöglichkeiten zur Ermittlung sozialer Kosten über lange Zeiträume hinweg zur Verfügung.

Defizite hinsichtlich des Inputs an Daten und Informationen lassen die TA ebenfalls an Grenzen stoßen. Diese sind entweder von der Qualität her nicht ausreichend oder stehen zum Zeitpunkt der – vor allem prospektiven – Studien nicht zur Verfügung. Im Technologiebereich können derartige Informationslücken teilweise durch Anwendung der sogenannten *Patentdatenanalyse* geschlossen werden. Die Identifizierung eines neuen Technikfeldes geschieht bei diesem Vorgehen anhand vertiefender inhaltlicher Recherchen der Patentdokumente.

Generell zeigt sich, daß die einzelnen Methoden keine interdisziplinäre Anwendung finden, sondern jede Methode weiterhin in ihrer speziellen Disziplin zum Tragen kommt. Und dies, obwohl TA als interdisziplinärer Prozeß betrachtet wird. Konsequenzen zeigen sich daher immer wieder in der mangelnden interdisziplinären Zusammensetzung der Forschungsgruppen. Dies ist gleichzeitig die Folge, aber auch der Grund für die Nicht-Existenz einer interdisziplinären TA-Methodik: Die Folge, da einzelne, disziplinspezifische Methoden in einer bunten Projektzusammensetzung schwer vermittel- und umsetzbar sind; der Grund, weil mangels interdisziplinärer Zusammensetzung eine disziplinübergreifende Methode noch nicht konzipiert werden konnte. Dieser Zustand führt in vielen Fällen zu multidisziplinärem statt zu interdisziplinärem Zusammenarbeiten.

Trotz dieser methodischen und praktischen Schwierigkeiten sind Technikpotentialabschätzung und Technikfolgenabschätzung zu unabdingbaren Prozessen bei der Entwicklung vor allem neuer Technologien geworden. Damit wird es aber auch zum unabdingbaren Bestandteil des Kompetenzprofils des Ingenieurs. Den Anspruch auf Interdisziplinarität und auf gesellschaftlich ausgewogenen Diskurs einzulösen, ist eine große Herausforderung für dieses noch junge Tätigkeitsgebiet angewandter Forschung. Es ist zu erwarten, daß auch der Methodenschatz mit wachsender praktischer Umsetzung und Forschung weiter reift und zunimmt.

1.6 Integratives Management-Konzept

Unternehmen sind Organisationen, also sozio-technische Systeme, in denen Menschen arbeitsteilig gemeinsame Ziele verfolgen. Das Oberziel eines Unternehmens ist vorrangig wirtschaftlicher Art. Um dieses Ziel zu erreichen, werden u. a. Technik und Technologien eingesetzt.

Das Geschehen innerhalb des Systems „Unternehmen" kann als ein strukturiertes Zusammenwirken einzelner sowohl materieller als auch immaterieller Elemente abgebildet werden. Diese Elemente sind beispielsweise als Wissen, Können, Fertigkeiten und Einrichtungen vorhanden und werden in erster Linie von Menschen und ihren individuellen Eigenarten geprägt.

Das dynamische Ganze eines Unternehmens kann auch als Subsystem seiner Umwelt gesehen werden, mit der es in vielfältigen Beziehungen steht. Unternehmen produzieren in der Regel materielle und immaterielle Güter (bzw. Dienstleistungen), die von der Gesellschaft nachgefragt werden, für die also ein *Markt* vorhanden ist. Durch den Güter- und Leistungsaustausch interagiert ein Unternehmen mit seiner Umwelt und stellt somit ein „offenes System" dar. Es ist weiterhin auch deshalb ein offenes System, als es die Interessen vieler unterschiedlicher Gruppierungen wie Eigen- und Fremdkapitalbesitzer, Management, Arbeitnehmer sowie öffentliche, soziale und ökologische Belange bei seinen Aktivitäten berücksichtigen muß. Ein Unternehmen steht durch seine Eingebundenheit in den gesellschaftlichen Kontext meist im Konflikt zwischen einer kurzfristig ausgelegten Opportunitätspolitik und einem langfristig geprägten, gesellschaftlich verantwortlichen Handeln.

Entsprechend des gesellschaftlichen Trends der Abkehr von einer einseitigen ökonomischen Ausrichtung und der Öffnung des Unternehmens gegenüber den Einflüssen der gesellschaftlichen und sozialen Supersysteme wird ein Festhalten am rein Ökonomischen nach der Devise „business is business" als überholt erscheinen. Der Schwerpunkt der Unternehmensführung verlagert sich vom Bemühen um eine *ökonomisch-technische* zu einer *ökonomisch-sozialhumanen Rationalität* (Bleicher 1992). Dies wird in Kapitel 2 weiter ausgeführt.

Analog zur Erweiterung des Problemhorizonts in der Unternehmensführung vollzieht sich in der Betriebswirtschaftslehre ein Wandel von einer engen, disziplinären ökonomischen Orientierung über den entscheidungsorientierten Ansatz mit der Öffnung zu den Verhaltenswissenschaften *zur systematischen Orientierung einer Wissenschaft vom Management* (vgl. Ulrich 1970).

Der notwendige Wechsel im Denkrahmen *(Paradigmenwechsel)* zeichnet damit einen Weg von der klassischen Betriebswirtschaftslehre zur *interdisziplinären Managementlehre* vor. Dieser Entwicklung will z. B. das „St. Galler Management-Konzept" gerecht werden. Nach Bleicher (1992) liefert das St. Galler Management-Konzept ein 3-Ebenen-Modell mit den Ebenen des normativen, strategischen und operativen Managements (vgl. auch Ulrich/Probst 1988):

❑ Die Ebene des *normativen Managements* beschäftigt sich mit den generellen Zielen des Unternehmens, mit den Prinzipien, Normen und Spielregeln, die darauf ausgerichtet sind, die *Lebens- und Entwicklungsfähigkeit* des Unternehmens zu ermöglichen.
❑ *Strategisches Management* ist auf den *Aufbau*, die *Pflege* und die *Ausbeutung von Erfolgspotentialen* gerichtet, für die Ressourcen eingesetzt werden müssen.
❑ Im *operativen Vollzug* finden normatives und strategisches Management ihre Umsetzung im *Ökonomischen,* in den leistungs-, finanz- und informationswirtschaftlichen Prozessen. Hinzu kommt die Effektivität des Mitarbeiters im *sozialen* Zusammenhang (Kooperation, Kommunikation).

Funktion des normativen und strategischen Managements ist vorrangig die *Gestaltung von Rahmenbedingungen.* Demgegenüber ist es Aufgabe des operativen Managements, lenkend in die Unternehmensentwicklung einzugreifen und die Tagesgeschäfte konzeptgeleitet zu vollziehen.

Dieses Managementkonzept verfolgt im wesentlichen zwei Ziele. Zum einen wird eine dimensionale Ordnung von Entscheidungsproblemen des Managements vorgenommen. Zum anderen stellt das Konzept einen problembezogenen Ordnungsrahmen und ein Vorgehensmuster zur integrativen Konzipierung von Problemlösungen bereit. Beides, der Ordnungsrahmen und das Vorgehensmuster, sollen letztendlich als Hilfe zur Einordnung, Reflektion und Behandlung von Situationen und Absichten dienen. Dabei müssen jedoch die jeweilige Situation der Unternehmensentwicklung und der Kontext des gesamten Umfeldes beachtet und berücksichtigt werden.

Die Ebenen des Konzepts stehen nicht einzeln für sich, sondern zwischen ihnen bestehen vielfältige Kopplungsprozesse. So sind einerseits strategische und normative Vorgaben richtungsweisend für die operative Gestaltung der Geschäftsprozesse, andererseits müssen Zukunftsvorstellungen und Strategien laufend hinterfragt werden, um trotz unvorhergesehen eintretender Ereignisse und Entwicklungen übergeordnete Vorgaben realisieren zu können.

Der Grobrahmen dieses Managementkonzepts soll im folgenden kurz skizziert werden. Er dient im weiteren als inhaltliche Orientierung für diese Einführung in das Technologiemanagement. Einen besonderen Vorteil bietet das St. Galler Managementkonzept dabei mit seiner integrativen Qualität. TM wird somit nicht mehr nur aus rein operativer und eventuell aus vorgelagerter strategischer Sicht, sondern ganzheitlich und vernetzt begriffen. Eine solche Denkweise wird auch deshalb umso mehr erforderlich, als fundamental im Unternehmen verankerte Faktoren – wie die die Unternehmenskultur prägenden Werthaltungen oder das den Technologieeinsatz mitbestimmende Menschenbild – für die Unternehmensführung an Bedeutung gewinnen.

Die einzelnen Elemente des Integrativen Managementkonzepts, deren Zusammenhang und die Beeinflussung durch die Managementphilosophie verdeutlicht Bild 1.23.

Die drei Ebenen werden durch *Aktivitäten*, *Strukturen* und *Verhalten* integriert. Die *Integration durch Aktivitäten* erfolgt beispielsweise folgendermaßen:

❑ In der *normativen* Dimension werden unternehmungspolitische *Missionen* als „policies", d. h. als Vorgaben für das strategische und operative Vorgehen der Unternehmung, entwickelt.

Managementphilosophie

	Strukturen	**Aktivitäten**	**Verhalten**
Normatives Management	**Unternehmensverfassung** Technologische Know-How-Grundlage	**Unternehmenspolitik** Originäre Willensäußerungen zu Technologie-Grundfragen (Technologie-Leitbild)	**Unternehmenskultur** Diskussion der angestrebten Innovations- und Technologieziele
Strategisches Management	**Organisationsstrukturen** Strukturelle Auslegung und sozio-technische Systemgestaltung	**Programme** Technologie-Portfolio	**Problemverhalten** Innovationsfähigkeit und Effektivität des Technologieeinsatzes
Operatives Management	**Organisationsprozesse** Ablauforganisation und Führungstechniken	**Aufträge** effiziente Umsetzung des Produktprogramms	**Leistungs- und Kooperationsverhalten** Problemlösungsverhalten

Vertikale Integration

Horizontale Integration

Bild 1.23 Konzept „Integratives Management" (St. Galler Management-Konzept) (nach: Bleicher 1992)

❑ Derartige Missionen werden in der *strategischen* Dimension durch *Programme* konkretisiert, die Handlungsträgern zugeordnet werden. Sie gelten für längere Zeiträume und umfassen vielfältige Teilaspekte zum Aufbau, zur Nutzung und zur Pflege strategischer Erfolgspositionen.
❑ Die daraus ableitbaren Einzelhandlungen erfahren in der *operativen* Dimension in Form von *Aufträgen* eine weitere handlungsauffordernde Konkretisierung.

In Bleicher (1992) wird das Konzept weiter expliziert.

1.7 Was macht Technologieunternehmen erfolgreich?

Die grundlegende Herausforderung eines Technologieunternehmens ist die Realisierung nachhaltiger Gewinne aus technischen Innovationen. Technologieentwicklung einerseits und erfolgreiche Umsetzung am Markt andererseits haben aber jeweils eigene Erfolgsparameter.

Für technologieorientierte Unternehmen ist es erfolgsentscheidend, alle drei Aspekte, Generierung von technologischen Innovationen, konsequente Kommerzialisierung und letztlich Aufbau und Pflege einer innovationsfreundlichen Kultur, in die Unternehmenspraxis umzusetzen.

Im folgenden werden zehn als Leitsätze formulierte Erfahrungen aus der Praxis der Unternehmensberatung genannt, die die Gewinner von den Verlierern unter den Technologieunternehmen trennen (vgl. Krubasik 1991).

Generierung technologieorientierter Innovationen

1. *Orientierung am Kundennutzen ist erfolgversprechender als reine Technologieorientierung. Der Kundennutzen ist Kritischer Erfolgsfaktor (Critical Success Factor).*
Spitzenunternehmen konzentrieren sich auf Kundenanwendungen und auf den Zusatznutzen, den der Kunde mit der neuen Technologie erhalten kann. Übermäßiger Technologiefokus ist oft die Ursache für weniger erfolgreiche, unprofitable Innovationen (vgl. Peters/Waterman 1984).

2. *Neue Technologien verändern das gesamte Geschäftssystem, nicht nur die Produkte und die industrielle Leistungserstellung.*
Wird der Kundennutzen mittels einer neuen Technologie verbessert, so ermöglicht dies oft Quantensprünge und nachhaltige Wettbewerbsvorteile. Die Verbesserung des Kundennutzens erfordert aber vom Unternehmen die gemeinsame Definition und Realisierung eines adäquaten Wartungs-, Vertriebs- und Produktionsprozesses. Nur selten bleibt ein Teil des Geschäftssystems von Veränderungen verschont.

3. *Entscheidend sind nicht Erfindungen – entscheidend ist es, technologisches Know-how zu sammeln.*
Eigenentwicklungen, die sinnvoll mit Vorfeldkooperationen und Lizenznahmen kombiniert sind, bringen die größte Effizienz. Die Nutzung externer Forschungsinstitutionen und Kooperationen mit Kunden und Wettbewerbern ermöglichen Technologietransfer

und fördern Innovationsanregungen. Die Technologieentwicklung in eigenen Zentrallabors dauert fast immer länger.

4. *Bei anstehendem Technologiegenerationenwechsel sind Technologiegrenzen die besseren Indikatoren, Marktsignale kommen zu spät.*
Eine Technologie bleibt oft sechs bis sieben Jahre im Labor versteckt, bis die ersten Marktversuche sichtbar werden. Auf den Markteintritt des Wettbewerbers zu warten heißt den Zeitpunkt verschlafen, um eigene Entwicklungen noch rechtzeitig und marktwirksam anzustoßen. Technologiegrenzen sollten daher intern abgeschätzt werden, um bevorstehende Generationenwechsel prognostizierbar zu machen.

Kommerzialisierung technologieorientierter Innovationen

5. *Die Verbesserung der Kommerzialisierungsfähigkeit ist wichtiger als die technologische Pionierleistung.*
Hier liegt vor allem der Nachteil der Europäer gegenüber US- und Fernost-Anbietern. Europäische Unternehmen sind meist zu langsam bei der Technologieumsetzung und -vermarktung. Die Erfolgreichen sind charakterisiert durch: neue Vertriebskanäle, Standardisierung von Konzepten im Abgleich mit Wettbewerbern, frühes Lernen am Markt.

6. *Die Integration aller Funktionen ist nötig, eine lediglich engere Kopplung von F&E an das Marketing oder an die strategischen Funktionen reicht nicht aus.*
Hauptnachholbedarf haben die Europäer bei der integrierten Produkt- und Produktionsentwicklung (Simultaneous Engineering). Konzepte wie Design-to-Cost, Design-to-Quality und Design-to-Serviceability decken ein Drittel bis die Hälfte der Kostenreduktionspotentiale der europäischen Produktlinien.

7. *Entwicklungsstrategien sind situationsspezifisch auszulegen.*
Mehr kleine Schritte und weniger große Sprünge sind erfolgreicher (vgl. KVP). Kleine Schritte ermöglichen kostengünstiges Lernen, große Sprünge hingegen sind teuer und riskant. Durchbrüche sind bei kontinuierlicher Verbesserung und Entwicklung oft zu halben Kosten möglich.

8. *Die Komplexität technologischer Innovationen darf nicht unterschätzt werden.*
Komplexe Produkte, komplexe Produktlinien, komplexe Entwickplungsprojekte treiben – für viele unerkannt – Kosten und Risiko in die Höhe. Konsequente Reduktion der drei Parameter Produktfeatures, Vielfalt und Innovation auf den gewünschten Kundennutzen heißt hier das Erfolgsrezept. Einfachheit siegt.

Weiterentwicklung der Innovationsfähigkeit und Pflege der Innovationskultur

9. *Visionen sind hilfreich.*
Nicht auf detaillierte Aktionspläne kommt es an, sondern auf langfristige, am Kundennutzen orientierte, visionäre Konzepte. Diese ermöglichen auch kurzfristige strategische Anpassungen, wenn der Wettbewerb oder die Marktentwicklung es erfordern. Visionen müssen überzeugend vermittelt werden; gleiches gilt für zu entwickelnde Langfristziele. Die Einbindung aller Bereiche und persönliches Engagement der Mitarbeiter (Commitment) sind anzustreben.

10. *Human Resources – Mitarbeiterqualität und Mitarbeiterfähigkeit – sind entscheidend, nicht Kontrollsysteme.*
Last but not least: Handverlesene Teams, Projektförderer, Champions und „persönliches Unternehmertum" kennzeichnen erfolgreiche Innovationsprojekte. Nachzügler stützen sich meist auf „reguläre" Abteilungen und konzentrieren sich auf das Management durch Systeme.

2 Normative Aspekte des Technologiemanagements

Als soziales, zweckorientiertes System ist ein Unternehmen in eine kulturelle, wertbehaftete Umwelt eingebettet. Durch differierende Wertvorstellungen können Konflikte auf der Wertebene sowohl innerhalb des Unternehmens als auch in den Beziehungen nach außen entstehen. Die Unternehmensführung muß in der Lage sein, damit umgehen und Verhaltensmuster zur Lösung derartiger Konflikte anbieten zu können.

Ein Grundgerüst hierzu stellt das normative Management zur Verfügung. Normatives Management beinhaltet die *Einstellungen, Überzeugungen* und *Werthaltungen*, nach denen ein Unternehmen geführt werden soll. Damit ist es einem Unternehmen möglich, eine eigene *Identität* in einer sich schnell wandelnden Umwelt zu gewinnen und zu erhalten. Zur Sicherung der Lebens- und Entwicklungsfähigkeit des Unternehmens müssen jedoch die jeweiligen normativen Aspekte des Unternehmens nach innen und außen kommunikativ verbreitet, d. h. gegenüber Staat, Kunden, Gesellschaft sowie Mitarbeitern transparent gemacht werden und wandlungsfähig bleiben. Die große Bedeutung und Wirkung normativer Aspekte mag nachfolgende Success/Failure-Story verdeutlichen.

Am 28. Januar 1986 explodierte der US-amerikanische Raumgleiter Challenger. Die Katastrophe, die Millionen Zuschauer am Fernsehbildschirm live mitverfolgten, kostete sieben Astronauten das Leben. Der damalige US-Präsident Ronald Reagan beauftragte eine Expertenkommission damit, die Hintergründe dieser Tragödie aufzuklären. Die nach ihrem Vorsitzenden benannte Rogers-Kommission stellte fest, daß zwei Gummidichtungen (O-Ringe) zwischen den beiden unteren Treibstoffsegmenten der rechten Hilfsrakete (Booster) und der schützende, hitzefeste Kitt aus ihrer Position gerutscht waren. Die Hilfsrakete löste sich vom Shuttle und durchbrach den Treibstofftank. Der aus diesem Leck ausströmende Sauer- und Wasserstoff entzündete sich und führte genau 73,628 Sekunden nach dem Start zur Explosion. Direkte Ursache für das Versagen der Dichtungen war allem Anschein nach die tiefe Umgebungstemperatur, die mit −12 °C an der Außenhaut des Shuttle gemessen wurde; die aus Gummi hergestellten Dichtungen wurden bei diesen Temperaturen spröde. Dieses technische Problem war der NASA und dem Hersteller des Boosters seit vielen Jahren bekannt. So ging im Januar 1985 ein Start, bei dem die Außentemperatur +12 °C betrug, gerade noch gut. Die Rekonstruktion der wichtigsten Entscheidungssituationen vor dem Start der Challenger macht deutlich, daß das Entscheidungsverhalten des beteiligten Managements nicht zweifelsfrei war: Obwohl zwei Ingenieure des Booster-Herstellers die unkalkulierbare Gefahr wegen der Funktionsuntüchtigkeit der Dichtungen bei diesen tiefen Temperaturen beschrieben, sprach die Unternehmensführung des Boosterherstellers nach massiver Beeinflussung seitens der NASA und nach Übergehung des Vorgesetzten der referierenden Ingenieure *(„Handeln Sie endlich als Manager statt als Ingenieur ...")* eine Startempfehlung aus.

Es scheint so, als ob die eigentlich vorauszusetzende Hochachtung des Lebens vor monetären Interessen in diesen konkreten Managemententscheidungen nicht beachtet wurde. Angesichts der transparent gewordenen Entscheidungsverläufe dürfte es sogar schwer sein, grundsätzliche Bedenken an der Qualität der Einstellungen und Wertvorstellungen restlos auszuräumen. Dies mag auch die weitere Entwicklung der Dinge andeuten: Die beiden Ingenieure, die öffentlich vor der Rogers-Kommission ihre Bedenken gegen den Start rekonstruierten, wurden daraufhin von ihrem Arbeitgeber nicht mehr als loyale Mitarbeiter erachtet und mußten infolge beruflicher Repressalien das Unternehmen verlassen; einer davon nach sechs Monaten aus Krankheitsgründen.

An diesem Beispiel zeigt sich auch – neben der Tragik – die Kurzsichtigkeit falscher Werte. Durch die Katastrophe veranlaßt, wurde das bemannte US-Raumfahrtprogramm um drei Jahre unterbrochen und erlitt erhebliche Umsatz- und Prestigeverluste, die den Mitbewerbern aus Europa und der Sowjetunion zugute kamen. Die öffentliche Diskussion fand in dem Vorfall genügenden Verweis zur Ablehnung ambitionierter Raumfahrtprogramme.

Quelle: Löhr 1991

2.1 Umweltverantwortung des Unternehmens

„Technik - Freiheit und Pflicht" steht über der Dankrede von Hans
Jonas zur Verleihung des Friedenspreises des Deutschen Buchhandels 1987. Freiheit und Pflicht sind ethische Motive, an denen sich
auch die Möglichkeiten und Grenzen der Technik bemessen. Diese
Motive sind notwendig, da mit Technik und Wissenschaft zwar viele
Probleme der Menschen gelöst wurden und werden, aber auch neue
entstanden sind und entstehen.

Mit Blick auf unsere Industriekultur wird manchmal von der
„Schicksalsmacht Technik" gesprochen. Wir sind aber weder
schicksalhaft an die Technik gebunden noch können wir frei
entscheiden, ob wir mit oder ohne technischen Fortschritt leben
wollen. Hans Jonas sagte dazu: „Die Wahl einfacher Enthaltung
ist uns versagt. Denn wir müssen ja mit der technischen Ausbeutung
der Natur fortfahren. Nur das Wie und Wieviel davon steht zur Frage;
ob wir dessen Herr sind oder werden können, wird zur ernstesten
Frage an die Menschheit führen." Die in den Unternehmen beschäftigten Naturwissenschaftler und Techniker können im Grunde nur immer wieder versuchen, mit Hilfe der Technik gangbare Wege in die Zukunft zu finden, die sich an vorgegebenen Maßstäben orientieren. Solche (z. B. ethische) Maßstäbe zu
schaffen, ist zu einer wichtigen politischen Aufgabe geworden. In sie
muß so viel Sachverstand wie möglich eingebracht werden (Ganzhorn 1987).

In den letzten Jahren hat sich die gesellschaftliche Umwelt, in der die
Unternehmen agieren, erheblich gewandelt. Neue Einstellungen und
Werte beginnen, unsere Gesellschaft zu prägen (vgl. z. B. Klages
1984). Lange Zeit konnte sich der Privatunternehmer in der klassisch
liberalen und neoliberalen Staats- und Wirtschaftsordnung als relativ
autonom handelndes Wirtschaftssubjekt begreifen. Auch der von ihm
angestellte Manager sah sich nur in der Verantwortung dem Eigentümer (Unternehmer oder Aktionär) gegenüber. Dieser Verantwortung nachzukommen bedeutete in den meisten Fällen, nachhaltige
und maximierte Gewinne zu erwirtschaften. Diese Einstellung ist paradigmatischer Kern vor allem traditioneller US-amerikanischer Managementlehren. Sie spiegelt sich in der Aussage: *„the business of
business is profits"* oder dem klassischen Ausspruch des ehemaligen

Präsidenten von General Motors, Wilson: *„What is good for General Motors is good for the Country"* wider (zit. nach Staehle 1985)[11].

Der Einsatz von Arbeit und Kapital mit dem Ziel der Leistungserstellung und -verwertung wird aber immer weniger als Privatangelegenheit einiger weniger Manager und Kapitaleigner angesehen. Vielmehr wird unternehmerisches Handeln aufgrund der dabei wirksam werdenden wirtschaftlichen, sozialen und politischen Macht immer mehr als ein quasi-öffentlicher Vorgang bewertet. Je größer eine Unternehmung ist, desto größer ist i. d. R. ihre unternehmerische Macht und ihre Handlungsautonomie. Argument ist dann, daß einer solchen Unternehmung auch eine größere gesellschaftliche Verantwortung zuzurechnen ist.

Besonders große Wirtschaftsunternehmen werden folglich immer mehr für viele der Fehlentwicklungen und Probleme in den westlichen Industrienationen verantwortlich gemacht. Dies wird beispielsweise bei Themen des Umweltschutzes, der Umweltverträglichkeit, der Produkthaftung oder auch des Anspruchs der Öffentlichkeit auf richtige und rechtzeitige Unterrichtung deutlich. Die Diskussion in den Medien und auf Fachkongressen macht deutlich, daß berufliches Handeln, das sich gegenüber der Gesellschaft verantwortlich weiß, an Gewicht und Notwendigkeit gewinnt. Die Frage nach der Verantwortung ist somit eine wichtige ethische Fragestellung, die im Rahmen dieser Einführung in das Technologiemanagement anzusprechen ist. Von einem Unternehmen ist zu klären und nach innen und außen transparent zu machen, wie die ethische Basis für das Handeln des Unternehmens und seiner Entscheidungsträger und Mitarbeiter aussieht *(Unternehmensethik)*.

Die ethische Inpflichtnahme des Unternehmens und seiner Entscheidungsträger durch die Gesellschaft führt dazu, daß im Sinne des *Verursacherprinzips* eine Fülle von neuen Auflagen, Anforderungen und Ansprüchen an die Unternehmen herangetragen werden. Neben der bereits oben genannten „klassischen Verantwortung" gegenüber Eigentümern und Gläubigern sind hier vor allem folgende zu nennen (Staehle 1985):

---

11 Auf die Diskussion, ob Unternehmen versuchen, durch Orientierung an den Daten des Marktes ihre Gewinne zu maximieren (Gewinnmaximierungsprinzip) oder versuchen, die Gemeinschaft optimal mit Gütern und Dienstleistungen zu versorgen, kann hier nicht eingegangen werden. Es wäre überdies zu klären, ob sich beide Ziele bedingen oder ausschließen (vgl. Diskussion in Wöhe 1986).

❑ *Verantwortung gegenüber dem Verbraucher:*
Bessere Aufklärung und Beratung; verbesserte Garantieleistungen; keine schädlichen Produktauswirkungen.
Beispiel: Einige Kfz-Hersteller garantieren die Rücknahme ihrer neueren (und entsprechend konstruierten) Modelle.

❑ *Verantwortung gegenüber den Arbeitnehmern:*
Ausbildung; Umschulung; Beschäftigung von Arbeitslosen, Jugendlichen, Behinderten; keine Benachteiligung von Frauen, Gastarbeitern, Vorbestraften.
Beispiel: Gesundheitsförderliche Freizeitangebote der Unternehmen, Fortbildungskurse.

❑ *Verantwortung gegenüber der Region:*
Bereitstellen von Transportmöglichkeiten; Neubau und Sanierung von Stadtteilen; Bereitstellen von Erholungsgebieten.
Beispiel: Kauf des Feldberggipfels durch eine Stuttgarter Brauerei und Bereitstellung als Naherholungsgebiet durch anschließende Schenkung an den Schwarzwaldverein.

❑ *Verantwortung gegenüber der Gesellschaft:*
Umweltfreundliche Beschaffungs-, Produktions- und Vertriebssysteme; Vermeidung von Luft- und Wasserverschmutzung sowie Lärmbelästigung; schonender Umgang mit natürlichen Ressourcen; Verantwortung für neue Technologien und deren Folgen; bessere und rechtzeitige Information der Öffentlichkeit über das Unternehmen.
Beispiel: Einrichten von Recyclingkreisläufen für Polystyrolschaum-Verpackungsmaterial (z. B. Styropor-Chips) durch die Herstellerfirma.
Negativbeispiel: Fehlende oder lückenhafte Information der Bevölkerung nach Unglücksfällen in der chemischen oder kerntechnischen Industrie.

Die Berücksichtigung der gesellschaftlichen Verantwortung eines Unternehmens wird heute hauptsächlich nach zwei Konzepten verfolgt:

1. *Institutionalisierung* der Interessenberücksichtigungen und Kontrolle durch Dritte.

2. Formulierung von *Verhaltensnormen* und freiwillige Selbstkontrolle des Unternehmens.

2.1.1 Ansätze institutionalisierter Unternehmensverantwortung

Institutionalisierte Verantwortung erfordert die Einhaltung rechtlich verbindlicher Normen, die Kontrolle dieser Einhaltung durch neutrale Dritte und die Verhängung von Sanktionen bei Nichtbefolgung. Zu den hier diskutierten und z. T. bereits realisierten Konzepten gehören folgende (vgl. Staehle 1985):

1. Technology Assessment (TA)

Technikfolgenabschätzung beinhaltet die Analyse sekundärer und tertiärer Effekte von neuen Technologien und technologischen Entwicklungen auf *alle* Bereiche der Gesellschaft. Vorgehensweisen und Methoden der TA wurden bereits in Kapitel 1.5 angesprochen.

In den USA wurde Technology Assessment 1973 durch Schaffung eines Amtes beim Kongreß der USA institutionalisiert („Office of Technology Assessment", OTA) (vgl. Dickey u. a. 1973). In der Bundesrepublik wurde im selben Jahr im Bundestag die Einrichtung einer ähnlichen Institution erfolglos beantragt. In Folge wurden mehrfach TA-Enquête-Kommissionen des Deutschen Bundestages gebildet und letztlich 1989 ein „Büro für Technikfolgen-Abschätzung des Deutschen Bundestages", (TAB), beschlossen, das 1990 dann eingerichtet und operativ wurde. In Baden-Württemberg wurde 1991 eine Landesakademie für Technikfolgenabschätzung vom Ministerrat beschlossen und eingerichtet. Wesentliche Aufgabe dieser TA-Institutionen ist die Politikberatung, also die Beratung der Parlamente betreffs TA-Fragen.

Die grundsätzlichen Möglichkeiten und Ziele der TA und ihrer Institutionalisierung werden teilweise konträr diskutiert. Dies erscheint aber bei der Neuheit des Unterfangens und deshalb Uneingeübtheit in der Thematik nicht unbedingt als erstaunlich oder gar kritisch. Es ist notwendig, mit diesen Institutionen weiter Erfahrungen zu sammeln und insgesamt die Diskursfähigkeit der Beteiligten zu verbessern. Das Konzept zeigt bereits heute fruchtbare Ergebnisse.

2. Investitionslenkung

Aufgrund der Tatsache, daß einzelwirtschaftliche Investitionsentscheidungen in einer kapitalistischen Wirtschaftsordnung primär aufgrund privatwirtschaftlicher Rentabilitätsüberlegungen erfolgen und die sozialen Kosten (Umweltkosten, Renten usw.) externalisiert werden, ergeben sich Effekte, die unter gesamtgesellschaftlichen Aspekten unerwünscht sind. Hier kann Investitionslenkung zu einer Berücksichtigung übergeordneter Stabilitäts-, Struktur- und gesellschaftspolitischer Ziele führen. Eine Institutionalisierung kann durch Einrichtung einer staatlichen Stelle erfolgen, bei der Investitionsvorhaben angemeldet, geprüft und genehmigt werden (vgl. Meissner 1974).

3. Mitbestimmung

Ein weiterer Ansatzpunkt zur Durchsetzung der Forderung nach Berücksichtigung gesellschaftlicher Belange bei unternehmerischen Entscheidungen wird in der Nutzung bzw. Ausweitung der bestehenden Mitbestimmungsgesetze gesehen.

In der Bundesrepublik liegt eine interessendualistische Verfassung des Unternehmens vor, keine interessenpluralistische. Aus diesem Grund wird an die Vertreter der Arbeitnehmer oft das Ansinnen gerichtet, auch andere als nur die unmittelbar arbeitnehmerbezogenen Interessen in den Mitbestimmungsorganen zu vertreten. Dies ist natürlich nur beschränkt möglich und erfolgreich. Eine Vielzahl von Reformvorschlägen zielt deshalb auch in Richtung einer pluralistischen Unternehmensverfassung. Aufgrund der gegebenen Rechtslage und politischen Situation haben derartige Ansätze allerdings in absehbarer Zeit keine Chance auf Realisierung.

4. Gesellschaftsbezogene Rechnungslegung

Die Forderung nach Offenlegung auch nicht-ökonomischer Daten einer Unternehmung zur Entscheidungsfindung hat in den USA zum Konzept des *„corporate social accounting"* und darauf aufbauend bei uns zur Erstellung von sog. *„Sozialbilanzen"* geführt. Diese Sozialbilanzen wurden allerdings von den Unternehmen oft als Werbemaßnahme mißbraucht und führten zu massiver gewerkschaftlicher Kritik. Bei eindeutigen rechtlichen Regelungen sind jedoch Sozialbilanzen geeignet, Außenstehenden wertvolle Informationen zu geben. In Frankreich besteht seit 1978 für Unternehmen ab einer bestimmten

Größenordnung die gesetzliche Verpflichtung zur Erstellung einer Sozialbilanz. Sie richtet sich allerdings nur an die betrieblichen Arbeitnehmer und deren Repräsentanten.

2.1.2 Unternehmensübergreifende Verhaltensnormen

Verhaltensnormen (Verhaltenskodices) sind Formulierungen *rechtlich unverbindlicher* ethischer und moralischer Standards gesellschaftlich-sozialen Wohlverhaltens. Die Beachtung dieser Kodices führt zu einer Selbstbeschränkung des Managements bei der Ausübung wirtschaftlicher Macht. Bild 2.1 zeigt beispielhaft Auszüge aus einem sehr bekannt gewordenen Verhaltenskodex, der anläßlich des 3. Europäischen Management-Symposiums (Davos Feb. 73) verabschiedet wurde.

Das Davoser Manifest

Berufliche Aufgabe der Unternehmensführung ist es, **Kunden, Mitarbeitern, Geldgebern** und der **Gesellschaft** zu dienen und deren widerstreitende Interessen zum Ausgleich zu bringen.

- Die Unternehmensführung muß den **Kunden** dienen. Sie muß die Bedürfnisse der Kunden bestmöglich befriedigen. Fairer Wettbewerb zwischen den Unternehmen, der größte Preiswürdigkeit, Qualität und Vielfalt der Produkte sichert, ist anzustreben.
  Die Unternehmensführung muß versuchen, neue Ideen und technologischen Fortschritt in marktfähige Produkte und Dienstleistungen umzusetzen.

- Die Unternehmensführung muß den **Mitarbeitern** dienen, denn Führung wird von den Mitarbeitern in einer freien Gesellschaft nur dann akzeptiert, wenn gleichzeitig ihre Interessen wahrgenommen werden. Die Unternehmungsführung muß darauf abzielen, die Arbeitsplätze zu sichern, das Realeinkommen zu steigern und zu einer Humanisierung der Arbeit beizutragen.

- Die Unternehmensführung muß den **Geldgebern** dienen. Sie muß ihnen eine Verzinsung des eingesetzten Kapitals sichern, die höher ist als der Zinssatz auf Staatsanleihen. Diese höhere Verzinsung ist notwendig, weil eine Prämie für das höhere Risiko eingeschlossen werden muß. Die Unternehmensführung ist Treuhänder der Geldgeber.

- Die Unternehmensführung muß der **Gesellschaft** dienen.
  Die Unternehmensführung muß für die zukünftigen Generationen eine lebenswerte Umwelt sichern.
  Die Unternehmensführung muß das Wissen und die Mittel, die ihr anvertraut sind, zum Besten der Gesellschaft ausnutzen.
  Sie muß der wissenschaftlichen Unternehmensführung neue Erkenntnisse erschließen und den technischen Fortschritt fördern. Sie muß sicherstellen, daß das Unternehmen durch seine Steuerkraft dem Gemeinwesen ermöglicht, seine Aufgabe zu erfüllen. Das Management soll sein Wissen und seine Erfahrungen in den Dienst der Gesellschaft stellen.

Die Dienstleistung der Unternehmensführung gegenüber **Kunden, Mitarbeitern, Geldgebern** und der **Gesellschaft** ist nur möglich, wenn die Existenz des Unternehmens langfristig gesichert ist. Hierzu sind ausreichende Unternehmensgewinne erforderlich. Der Unternehmensgewinn ist daher notwendiges Mittel, nicht aber Endziel der Unternehmensführung.

Bild 2.1   Das Davoser Manifest (Quelle: EMF 1973)

Zur Kontrolle der wirtschaftlichen Macht *internationaler* Unternehmen wurden bereits in der Vergangenheit von mehreren überstaatlichen Stellen Verhaltenskodizes aufgestellt:

1. *OECD[12]-Leitsätze*
   Recht vage Verhaltensregeln für multinationale Unternehmen, formuliert durch den Ministerrat der Organisation für wirtschaftliche Zusammenarbeit und Entwicklung (1973). Verstöße können (rechtlich ohne Konsequenz) gemeldet werden.

2. *ILO Dreier-Erklärung*
   Dreigliedrige Grundsatzerklärung (Arbeitgeber, Arbeitnehmer, Staat) der Internationalen Arbeitsorganisation (ILO[13]) betreffs multinationaler Unternehmungen und Sozialpolitik (1977). Zweijährlich wird ein Bericht über die Einhaltung abgegeben.

3. *Verhaltenskodex der United Nations*
   Der Wirtschafts- und Sozialrat der United Nations (UN) setzte 1977 eine Kommission ein, die einen Verhaltenskodex für transnationale Unternehmungen entwickelte.

Verhaltenskodizes richten einen moralischen und ethischen *Appell* an das Wohlverhalten bei der Ausübung wirtschaftlicher Macht, wobei die Beachtung des jeweiligen Kodexes meist freiwillig ist. Die Hauptkritik an Verhaltenskodices formuliert dann auch, daß ohne Beistand durch Kontrollfunktionen und Sanktionen der Interessenkonflikt zwischen den elementaren ökonomischen Interessen und einem Kodex im Konfliktfall i. d. R. zuungunsten des Kodexes ausfallen wird.

---

12 OECD = Organization for Economic Cooperation and Development (Organisation für wirtschaftliche Zusammenarbeit und Entwicklung). Gegründet 1961 mit den Zielen, hohes Wirtschaftswachstum und hohe Beschäftigungsraten in den Mitgliedsstaaten zu fördern, Entwicklungshilfen zu koordinieren und zu verbessern und den Welthandel auszuweiten. Zu den 23 Mitgliedsstaaten gehören Australien, Deutschland, Frankreich, Japan, Kanada, das U. K. und die USA.

13 ILO = International Labour Organisation (Internationale Organisation für Arbeit; Sitz in Genf). Gegründet 1919, am Ende des Ersten Weltkrieges, mit dem Ziel, den Frieden durch Verbesserung der Bedingungen des Arbeitslebens zu fördern. 1981 waren Mitglieder aus 145 Nationen in der ILO vertreten. Jede Nation ist bei der jährlichen Generalkonferenz mit 4 Delegierten vertreten: 2 Regierungsrepräsentanten und je ein Arbeitnehmer- und Arbeitgebervertreter. Die formale Methode der ILO zur Verbesserung der Arbeitsbedingungen ist die Vorbereitung internationaler Vereinbarungen und Erklärungen, die nach Bestätigung durch die Generalversammlung von allen Mitgliedsstaaten (theoretisch) innerhalb von 18 Monaten ratifiziert und wirksam gemacht werden müssen.

Trotzdem formulieren Verhaltenskodizes konsensgetragene Erklärungen über wünschenswertes Verhalten, Werte und Einstellungen und bieten somit eine wichtige *Orientierungsfunktion*.

2.2 Managementphilosophie

In einer *Managementphilosophie* wird die paradigmatisch geprägte Einstellung eines Unternehmens zur Rolle und zum Verhalten in der Gesellschaft gekennzeichnet. Eine derartige Leitidee ist auch für die Integration der einzelnen Dimensionen des *Managements* wichtig. Sie erleichtert die Wahl unter alternativen Verhaltenskursen und verschafft für die Beteiligten Klarheit über die paradigmatischen Grundlagen ihres Handelns. Bild 2.2 stellt einige Argumente zusammen, warum im Unternehmen eine Managementphilosophie formuliert werden sollte (Probst 1983, zit. nach Bleicher 1992).

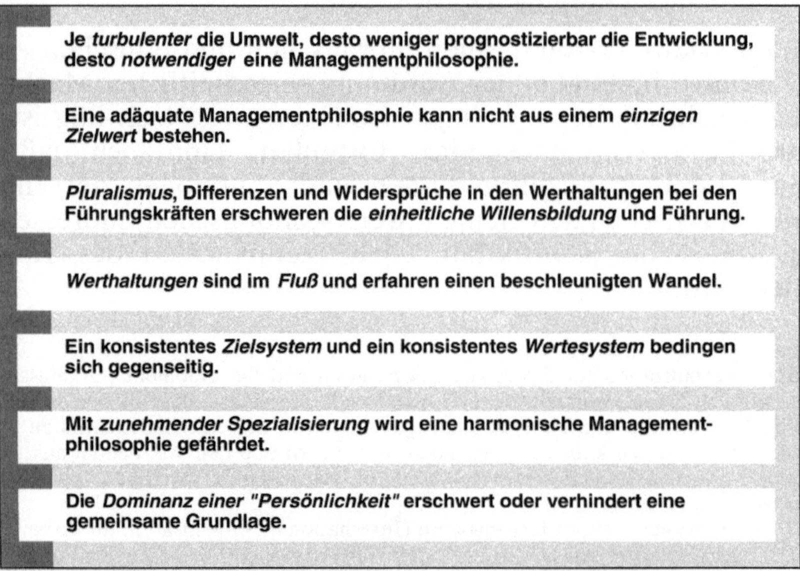

Bild 2.2   Argumente für die Forderung nach einer Managementphilosophie (Probst 1983)

Die *Managementphilosophie* dient also zur Formulierung der *Leitidee*. Nach ihr richten sich die normativen, strategischen und operativen Ebenen, vermittelt durch die Wahl von *Aktivitäten, Strukturen* und *Verhalten* (vgl. Ebenen des Konzepts Integriertes Management, Kapitel 1.6). Wesentliche Voraussetzungen einer Integration durch das Management ist daher die Klärung von *Wesen* und *Inhalten* der Managementphilosophie.

Eine Managementphilosophie liefert Beiträge für die *Werterhellung, Wertbekundung* und *Wertentwicklung* im Unternehmen. Damit bietet sie den Organisationsmitgliedern *Angebote zur Sinnfindung* und zur *Identifikation mit dem Unternehmen.*

Die für eine Managementphilosophie zentralen Wertfragen verbinden sich in praktischer Hinsicht mit der Verantwortung gegenüber Dritten. Die jeweilige Einbindung des Unternehmens in ein bestimmtes Wirtschafts- und Gesellschaftssystem bedingt eine unterschiedliche Wertprägung der gesellschaftlichen Verantwortung. Verantwortung besteht sowohl gegenüber den Mitarbeitern als auch den verschiedensten Gruppen, die ein Interesse am Unternehmen und seinen Leistungen haben. Zur Verdeutlichung zeigt Bild 2.3 beispielhafte Ausschnitte aus der Managementphilosophie eines Konzerns, hier aus dem Bereich „Werte".

Unsere Werte

Unsere Technologien ermöglichen u. a. die Verfügbarkeit und den effizienten Einsatz von elektrischer Energie, zukunftsweisende Verkehrskonzepte, wirtschaftliche Produktionsprozesse und die Bewahrung unserer Umwelt.

Unsere Forschung und Entwicklung genießen einen hohen Stellenwert. Sie sichern die technologische Basis und stehen in einer ethischen Verantwortung. Innovation ist unsere Zukunft.

Unsere Aktivitäten unterliegen allen Geboten des Umweltschutzes und der Arbeitssicherheit. Die umweltschonende Entwicklung, Herstellung, Verwendung und Entsorgung unserer Systeme und Produkte sind ein Unternehmensziel.

Unsere Glaubwürdigkeit wird bestimmt durch unsere Leistung und unser Auftreten nach innen wie nach außen. Wir führen einen offenen, ehrlichen und kooperativen Dialog.

Wir sind ein aktiver Bestandteil unseres kulturellen, ökologischen, politischen, sozialen und wirtschaftlichen Umfeldes. Wir tragen Mitverantwortung für unser freiheitliches, demokratisches Land, für unsere Mitarbeiter und für die pluralistische Gesellschaft, in der wir leben.

Bild 2.3   Beispiel für Unternehmenswerte (ABB) (zit. nach Bugl 1992)

Die Notwendigkeit der Formulierung und der Offenlegung der Managementphilosophie gewinnt für Unternehmen zunehmend an Bedeutung. Managementphilosophien werden so zu einem wettbewerbsdifferenzierenden Faktor im Arbeits- und Produktmarkt. Sichtbar ist dies heute bereits bei der Besetzung von Führungspositionen im Unternehmen, wird sich jedoch in absehbarer Zeit durch alle Bereiche und Ebenen ziehen.

2.3 Elemente des normativen Managements

Die Managementphilosophie besitzt zunächst prägenden und ausrichtenden Einfluß auf alle Elemente des normativen Managements. Durch normatives Management werden die Ziele des Unternehmens im Umfeld von Gesellschaft und Wirtschaft definiert und damit den Mitgliedern des sozialen Systems „Unternehmen" einerseits eine eigene Identität in einer sich schnell wandelnden Umwelt und andererseits ihnen und dem sozialen Umfeld der Sinn und Zweck des Handelns vermittelt.

Ausgehend von der unternehmerischen Vision ist das Handeln und Verhalten im Sinne der *Unternehmenspolitik* der zentrale Bestandteil normativen Managements. Getragen wird die Unternehmenspolitik von der *Unternehmensverfassung* als „hartem" *Gestaltungsaspekt* und der *Unternehmenskultur* als „weichem" *Entwicklungsaspekt*. Die Ziele des Unternehmens, die Prinzipien, Normen und Spielregeln, an denen das Handeln ausgerichtet wird, stellen die Grundlage dar, um die Lebens- und Entwicklungsfähigkeit eines Unternehmens sicherzustellen. Lebens- und Entwicklungsfähigkeit beinhalten die Fähigkeit eines Unternehmens, sich im Sinne eines positiven, überlegten Wandels zu ändern und – wenn nötig – normative Elemente zu hinterfragen und veränderten Umwelt- und Rahmenbedingungen anzupassen. Da alle von der Unternehmensleitung getroffenen Entscheidungen bis zu ihrer Verwirklichung Zeit benötigen, ist es Aufgabe der Führung, zukünftige Umweltveränderungen gedanklich vorwegzunehmen. Die einzelnen konstitutiven Elemente des normativen Managements werden im folgenden näher erläutert.

2.3.1 Unternehmensvision

Die unternehmerische Vision ist das Bewußtwerden, die Formulierung eines Wunschtraumes. Sie soll eine Vorstellung der Zukunft vermitteln, quasi als „Leitstern", der das Handeln in einem Unternehmen prägt. Eine Unternehmensvision ist somit nicht das Ziel, sondern gibt die Richtung vor, die das Denken, Handeln und Fühlen innerhalb eines Unternehmens lenken soll. Die kreative Ausformulierung von Visionen setzt daher Reflexion über gegenwärtige Zustände, zukünftige Entwicklungen und deren Wechselwirkungen voraus.

Visionen in diesem Sinne sind für Unternehmen nur von Nutzen, wenn sie folgende Bedingungen erfüllen:

❑ *Zukunftsbezug:*
Eine Vision muß in der Lage sein, den bisherigen Zustand nachhaltig zu verändern. Sie soll keinen Status quo vorschreiben, sondern eine Aussage darüber geben, wohin sich das Unternehmen entwickeln soll.
❑ *Realitätssinn:*
In einer unternehmerischen Vision sollen konkrete Zukunftsbilder abgebildet werden, d. h. eine Vision darf nicht utopisch, sondern muß erreichbar formuliert werden.
❑ *Ausrichtung auf Wettbewerbsumfeld:*
Durch die Formulierung einer Vision soll eine Vorstellung darüber gegeben werden, in welchem Wettbewerbsumfeld und mit welchem wirtschaftlichen Erfolgspotential sich ein Unternehmen zukünftig bewegen will.
❑ *Offenheit:*
Der Zeitgeist und echte Bedürfnisse des Menschen haben auf Unternehmen entscheidenden Einfluß und sollten daher in eine Vision miteinbezogen werden.

SUCCESS/FAILURE-STORY
Konosuke Matsushita, der Gründer von Matsushita Electric Industrial Company, formulierte 1932 nach folgender Begebenheit seine Vision vom Unternehmen: „Es war ein ungewöhnlich heißer Sommertag. Ich beobachtete einen Landstreicher, wie er vor der Tür eines Hauses Leitungswasser trank und niemand etwas dagegen hatte. Obwohl das Wasser gereinigt und zugeteilt

worden war, nahm niemand Anstoß daran. Da dachte ich über
Überfluß und Reichtum nach und erkannte, daß es die Aufgabe
eines Industriellen ist, die Welt mit Massengütern zu versorgen,
die alle Wünsche befriedigen können."
1968, zum 50jährigen Firmenjubiläum, stellte Matsushita drei
Leitsätze auf:

- *Laßt uns zusammenarbeiten, um die Matsushita Electric zu
  einer der besten Gesellschaften der Welt zu machen.*
- *Laßt uns unsere Produktivität verdoppeln durch schöpferi-
  sches Denken und originelle Ideen.*
- *Laßt uns durch unsere eigenen Techniken und Möglichkeiten
  neue Produkte entwickeln.*

Quelle: Scharnagl 1972

Wie im obigen Beispiel ist häufig zu beobachten, daß erfolgreiche Unternehmen von einer unternehmerischen Vison getragen werden, während diese bei weniger guten Wettbewerbern häufig nicht
vorhanden ist. Eine Unternehmensvision kann entscheidend dazu
beitragen, Ideenpotentiale zu bündeln und Energien im Unternehmen zur Erreichung der Unternehmensziele zielgerichtet freizusetzen.

2.3.2 Unternehmensverfassung

Unternehmen stellen keine isolierten Gebilde dar, sondern unterhal-
ten vielfältige Wechselbeziehungen außer- und innerhalb des Unternehmens. Zudem sind Unternehmen als soziale Gebilde durch Konzentration von Know-how und Kapital ein entscheidender Machtfak-
tor in unserer heutigen Industriegesellschaft. Aus diesem Grund ist es
erforderlich, wesentliche Bezugsgruppen innerhalb der Unternehmen in die Entscheidungsabläufe einzubinden (z. B. Mitbestimmung)
sowie unternehmensinterne Vorgänge von außen zu überwachen
(z. B. Aufsichtsräte). Diese Einbeziehung verschiedenartiger Gruppierungen ist in der Unternehmensverfassung verankert, die alle
rechtlichen bzw. vertraglichen Regelungen der internen (z. B. Be-
triebsverfassung) und externen (z. B. Wettbewerbsrecht, Umwelt-
schutz) Interaktionsbeziehungen umfaßt.

Die Unternehmensverfassung stellt somit eine formale Rahmenord-
nung für die Zielfindung und den Interessenausgleich zwischen Um-

welt und Innensystem dar. Weiterhin sollen interne Auseinandersetzungen bei der ökonomischen und sozialen Zieldefinition und -realisation gelenkt werden. Dies drückt sich in einer Summe von Rechtsnormen aus, die in einem derartigen Regelungsgesamtwerk schriftlich verankert sind. Diese konstitutiven Rahmenregelungen konkretisieren u. a. die Gründung und Beendigung eines Unternehmens, ihr Außenverhältnis, die Verteilung ihres ökonomischen Erfolgs (Gewinn, Wertschöpfung), die Grundrechte der Unternehmensmitglieder allgemein sowie der Organe des Unternehmens, insbesondere deren Beziehung, Zustandekommen, Zusammensetzung, Zusammenwirken und Kompetenzverteilung. Das heißt, Personen und Organe werden legitimiert, Kompetenzen verschafft, aber auch Gestaltungsspielräume und -grenzen definiert. Eine Unternehmensverfassung ist somit fundamental für die Machtstruktur eines Unternehmens.

Damit eine Unternehmensverfassung Einfluß auf das Verhalten der Betroffenen ausüben kann, müssen die Inhalte der verschiedenen Verfassungsdokumente kommunikativ verbreitet werden. Drei Formen von Verfassungsdokumenten sind für die Dokumentation der Unternehmensverfassung von Bedeutung. An erster Stelle sind hier die *Satzung* und die Statuten, die den Zweck, die Aufgabe und die Arbeitsweise wesentlicher Unternehmensorgane beschreiben, zu finden. Der *Geschäftsverteilungsplan* konkretisiert die Zusammensetzung der Spitzenorgane, deren Aufgabe und Verantwortung sowie die Form ihrer Zusammenarbeit. Schließlich ist noch die *Geschäftsordnung* für die Spitzenorgane zu nennen. Diese schlüsselt die satzungsmäßigen und statuarischen Vorschriften in detaillierter Form nach ihrer Verfahrenweise weiter auf.

2.3.3 Unternehmenskultur

Die Unternehmenskultur repräsentiert die *Verhaltensdimension* normativen Managements. So wie Unternehmen einerseits nach außen in einen sie prägenden Kulturkreis, ob japanisch, amerikanisch oder mitteleuropäisch, eingebettet sind, schaffen sie sich andererseits nach innen ihre eigene Unternehmenskultur. Diese soll über die Vermittlung der für das jeweilige Unternehmen wichtigen Werte mehrere Funktionen erfüllen:

❑ *Integration:*
Unternehmenskultur gibt den Mitgliedern des Unternehmens eine wertemäßige Grundorientierung für grundlegende Fragen. Sie erleichtert die Konsensfindung in konfliktären Situationen und wirkt so als sozial integrative Komponente.

❑ *Koordination:*
Die Vermittlung gemeinsamer Werte und Normen macht Handlungsanweisungen teilweise überflüssig und wirkt somit handlungskoordinierend.

❑ *Motivation:*
Eine Unternehmenskultur soll Bedürfnisse wie etwa Sinnvermittlung befriedigen und so die Motivation der Mitarbeiter fördern.

❑ *Identifikation:*
Durch Schaffung eines Wir-Gefühls werden das Selbstbewußtsein der Unternehmensmitglieder gestärkt und Identifikationsmöglichkeiten mit dem Unternehmen geschaffen.

Eine Unternehmenskultur manifestiert sich zwar nach außen durch nachvollziehbare und erkennbare Strukturen, besitzt jedoch eine Basis aus Werten, Normen und Grundannahmen, die der Analyse schwerer zugänglich ist. Diese grundlegenden, impliziten Annahmen werden symbolhaft durch Objekte (z. B. einheitliche Kleidung, Logo, Gebäude), in der Sprache (z. B. Geschichten, Anekdoten), Verhalten (Routinen, Bräuche, Riten) und Gefühlen (Sicherheit, Gleichbehandlung) sichtbar. Dies macht deutlich, daß Unternehmenskultur wesentlich durch vorgelebtes Führungsverhalten getragen wird.

SUCCESS/FAILURE-STORY
Im hartumkämpften Computermarkt verdoppelte HP (Hewlett-Packard Company) den Umsatz von 8,1 Mrd. US$ im Jahr 1987 auf 16,4 Mrd. US$ 1992. Gleichzeitig konnte innerhalb dieser 5 Jahre der Betriebsgewinn von 0,9 auf 1,4 Mrd. US$ gesteigert werden. Im Bereich der Laser- und Tintenstrahldrucker ist der US-Konzern Weltmarktführer. Als Erfolgsgeheimnis wird sowohl die Ingenieurkunst als auch die Firmenkultur - „the HP-way" - angesehen. Der Verzicht auf sichtbare Privilegien bei den Führungskräften ist das herausstechendste Merkmal bei HP. So sitzen beispielsweise die Vorgesetzten ebenfalls in Großraumbüros, sind daher für ihre Mitarbeiter jederzeit sichtbar und zugänglich. Während seiner Einarbeitungszeit zog Menno Harms, seit Anfang 1993 Vorsitzender der Geschäftsführung von Hewlett-Packard Deutschland, mit seinem

Schreibtisch von Abteilung zu Abteilung. Eine „first-name-policy" gehört ebenso zur Firmenkultur wie eine umfassende Information der Mitarbeiter, eine weitgehende Mitbeteiligung bei Entscheidungen und auch die außerordentlich fortschrittliche Arbeitszeitregelung und Ruhestandsversorgung.
Quelle: Behrens 1993

2.3.4 Unternehmenspolitik

Ein Unternehmen wird nicht von einem Selbstzweck geleitet, sondern erfüllt als offenes, autonomes System in einem komplexen und dynamischen Umsystem eine Funktion, d. h. es stiftet für bestimmte Bezugsgruppen einen gewissen Nutzen (Bereitstellung von Arbeit, Gütern usw.). Kann ein Unternehmen dies nicht mehr gewährleisten, so verliert es seine Autonomie. Autonomie, im Sinne von Sinn-, Zeit- sowie Handlungsautonomie, ist jedoch eine wesentliche Voraussetzung für die Lebens- und Entwicklungsfähigkeit eines Unternehmens. Die Sicherstellung der Überlebens- und Entwicklungsfähigkeit eines Unternehmens in einer sich verändernden Umwelt setzt unternehmenspolitische Entscheidungen voraus, die langfristig wirksame Entwicklungstrends berücksichtigen.

Unternehmenspolitik umfaßt originäre, allgemeine und langfristig wirksame Entscheidungen, die das Verhalten des Unternehmens auf lange Sicht bestimmen. Dazu gehören beispielsweise grundlegende Entscheidungen über zu bearbeitende Märkte, anzubietende Marktleistungen und originäre Willensäußerungen zu Technologiefragen *(Technologieleitbild)*. Dies bedeutet, daß unternehmenspolitische Entscheidungen das oberste Zielsystem, das erforderliche Leistungspotential und die anzuwendenden Unternehmensstrategien bestimmen. Unternehmenspolitische Entscheidungen vermitteln eine Grundorientierung für das strategische und operative Verhalten. Die unternehmenspolitischen Entscheidungen müssen jedoch nicht nur getroffen, sondern auch realisiert und auf ihre Wirksamkeit hin kontrolliert werden. Das setzt ein integriertes Führungssystem voraus, das zur Gestaltung und Lenkung der operativen Tätigkeiten unternehmenspolitische mit planerischen und dispositiven Prozessen verknüpft.

Unternehmenspolitik dient somit im Kern zur Harmonisierung externer Interessen und intern verfolgter Ziele und gewährleistet langfristig die Autonomie des Unternehmens und die Überlebens- und Entwicklungsfähigkeit des Systems. Getragen wird die Unternehmenspolitik einerseits formal durch die Unternehmensverfassung und andererseits inhaltlich durch die Unternehmenskultur. Die innerhalb der Unternehmenspolitik definierten generellen Ziele *(Policies)* geben einen Rahmen für die zukünftige Entwicklung des Unternehmens vor. Diese Zukunftspfade beinhalten die Entwicklung einzelner Nutzenpotentiale für die relevanten Bezugsgruppen, die dann in Form strategischer Erfolgspotentiale konkretisiert werden. Das strategische Management gibt so programmatisch Ziele und Wege vor. Der Aufbau, die Stabilisierung oder die Ausbeutung einzelner Erfolgspotentiale führen schließlich zur strategischen Positionierung eines Unternehmens gegenüber relevanten Wettbewerbern (vgl. Ulrich 1987). Auf diese strategischen Aspekte des Technologiemanagements geht das nächste Kapitel detaillierter ein.

3 Strategische Aspekte des Technologiemanagements

Traditionell geprägtes Ingenieurdenken verfällt oft der Faszination, jede gute technische Idee auch in ein funktionierendes technisches Gerät oder Verfahren umsetzen zu können. Die Praxis der technologieorientierten Unternehmen zeigt aber deutlich, daß mit einer hervorragenden technischen Idee oder Lösung noch keinesfalls der wirtschaftliche Erfolg bedingt wird, ohne den ein privatwirtschaftliches Unternehmen nicht überleben kann. Die vorrangigen wirtschaftlichen Fragestellungen werden vom Entwickler allzuoft überschlagen. Sie betreffen die Marktrelevanz der neuen industriellen Leistung (Dienstleistung, Produkt) unter Berücksichtigung der Geschäftsstrategie des Unternehmens.

Technologiemanagement ergänzt das traditionelle Ingenieurdenken nun u. a. insofern, als es systematisch Aspekte der Unternehmensführung, d. h. hier vor allem strategische und wettbewerbsrelevante Aspekte, und Umweltgesichtspunkte explizit hereinbringt.

Unter den *strategischen* Aspekten des Technologiemanagements versteht man dabei vorwiegend jene Aufgaben der Unternehmensführung, die zur Schaffung und Steuerung von *technologischen und marktorientierten Erfolgspositionen* eines Unternehmens dienen. Zu den *technologischen Erfolgspositionen* zählen vor allem:

- ❏ die Definition von technologischen Wettbewerbspositionen (z. B. Entscheidung für Technologieführer oder für Technologiefolger),
- ❏ die Ausrichtung von F&E- und Innovationsprozessen auf wettbewerbsrelevante Technologien und
- ❏ die Einbringung von technologischen Leistungspotentialen in die Wettbewerbsstrategien von Geschäftseinheiten.

In diesem Kapitel werden sowohl markt- als auch technologieorientierte strategische Aspekte des Technologiemanagements beleuchtet. Die operativen (und planerischen) Aspekte des TM werden in Kapitel 4 behandelt.

3.1 Entscheidungsfelder des Strategischen Technologiemanagements im F&E-Bereich

Die Aufgaben des Strategischen Technologiemanagements (STM) im F&E-Bereich lassen sich zu *Entscheidungsfeldern* und diese wieder zu drei Systemen zusammenfassen (Bild 3.1). Die Entscheidungsfelder können auch als *Dimensionen des Technologiemanagements* aufgefaßt werden (Specht/Zörgiebel 1985). Jedes Unternehmen besitzt spezifische Ausprägungen entlang dieser Dimensionen *(Technologiemanagementprofil)*. Die Entscheidungen zur Gestaltung des Technologiemanagementprofils beeinflussen unmittelbar das naturwissenschaftlich-technische Know-how und mittelbar die technologische Basis des Unternehmens. Die technologische Basis des Unternehmens besteht aus solchen Know-how-Komponenten, die durch F&E-Prozesse in Produkten und/oder Produktionsprozessen materiell dargestellt werden können. Die Gestaltung der technologischen Basis bestimmt mittelbar die relative Wettbewerbsposition und das langfristige Erfolgspotential des Unternehmens.

Zum *unternehmenspolitischen System* gehört das Entscheidungsfeld F&E-Politik, das sich in F&E-politischen Grundsätzen und Leitbildern konkretisiert. Die Stellung der F&E in der Gesamtorganisation, die generelle Orientierung der F&E-Aktivitäten, die Personalpolitik im F&E-Bereich, die Finanzierung der F&E-Projekte und die Patentpolitik für intern entwickelte Technologien gehören zu diesem Entscheidungsfeld.

Zum System *Planung und Kontrolle* gehören Entscheidungsfelder betreffs Selektionen, Kompetenzentscheidungen, Technologiequellen und Timing sowie die daraus abgeleiteten Investitionsentscheidungen.

Über die *Selektionsentscheidungen* werden die Bereiche festgelegt, in denen die F&E tätig werden soll. Ferner wird festgelegt, in welchen Technologiebereichen das Unternehmen Kompetenz aufbauen will beziehungsweise aufweisen soll.

Entscheidungsfelder des STM

Unternehmenspolitik

- ❏ **F&E-Politik**
  - F&E-Grundsätze
  - Orientierung
  - Personalpolitik
  - Finanzierungspolitik
  - Patentpolitik
  - Stellung der F&E in der Gesamtorganisation

Planung und Kontrolle

- ❏ **Selektion von Technologiefeldern**
  - Definition von Betätigungsfeldern
  - Strukturierung der technologischen Basis
    des Unternehmens

- ❏ **Kompetenz in Technologieentwicklungseinheiten**
  - outputbezogen
    - ＊ Know-how-Breite bzw. -Tiefe innerhalb eines
      Technologiefeldes
    - ＊ Anwendungsreife der Technologie
    - ＊ Anwendungsgrad in Produkten und Prozessen
  - prozeßbezogen
    - ＊ Beherrschung des Technologietransfers
    - ＊ Entwicklungs-Timing
    - ＊ Entwicklungsgeschwindigkeit
    - ＊ Qualitätsniveau

- ❏ **Quellenentscheidungen/Quellenselektion**
  - Quellenkompetenz
  - Quellenkapazität
  - vertragliche Bindungsart (Lizenz, Patent, ...)

- ❏ **Timing**
  - Technologie-Timing
  - Innovations-Timing

Organisation und Führung der F&E

- ❏ **Aufbauorganisation**
- ❏ **Ablauforganisation**
- ❏ **Planungs- und Kontrollsysteme**
- ❏ **Führungsstil**
- ❏ **Motivations- und Anreizsysteme**

Bild 3.1   Entscheidungsfelder des STM
(nach: Specht/Zörgiebel 1985; Maidique/Patch 1982)

Über die *Kompetenzentscheidungen* werden die qualitativen und quantitativen Ausprägungen der angestrebten technologischen Kompetenz in den verschiedenen Technologiefeldern definiert (Tiefe und Breite des Know-hows; Anwendungsreife; Anwendungsgrad in Produkten und Prozessen). Diese Kompetenzentscheidungen formen das Zielsystem für die Technologieentwicklungseinheiten (TE). Das angestrebte Kompetenzprofil wird output- und prozeßbezogen definiert. Im Forschungsbereich wird der Wissensstand des Fachgebiets als Bezugsgröße verwendet, im Entwicklungsbereich der „state of the art" der Branche und relevanter Mitbewerber. Davon zu unterscheiden sind prozeßbezogene Kompetenzen, die den inner- und außerbetrieblichen Technologietransfer hinsichtlich Zeit, Qualität und Geschwindigkeit betreffen.

Im Entscheidungsfeld Technologiequellen *(Quellenselektion)* wird vor allem entschieden, ob *interne* Technologien eigenentwickelt beziehungsweise weiterentwickelt werden, ob *externe* Technologien beschafft werden oder ob externe F&E-Kapazitäten durch das Unternehmen genutzt werden sollen (Beispiele: Die japanische Firma FANUC, 2.000 MA, finanziert drei Lehrstühle am Massachusetts Institute of Technology (MIT) in den USA. Die Fraunhofer-Gesellschaft wird jährlich mit F&E-Aufträgen im Umfang von über 500 Mio. DM beauftragt). Zur Entscheidung dieser Frage werden sowohl die jeweiligen Quellenkompetenzen und -kapazitäten als auch deren mögliche vertragliche Bindung (Lizenzen, Patente, Auftragsforschung) bewertet.

Beim *Timing* sind technologie- und innovationsbezogene Gesichtspunkte voneinander zu unterscheiden. Während das Technologie-Timing auf der naturwissenschaftlich-technischen Ebene liegt, betrifft das Innovations-Timing die technisch-ökonomische Ebene. Auf beiden Ebenen lassen sich Führer- und Folgerpositionen im Wettbewerb unterscheiden. Dies wird in Kapitel 3.6.1 weiter ausgeführt.

Das *F&E-Investitionsniveau* hängt von den oben genannten Selektions-, Kompetenz-, Quellen- und Timing-Entscheidungen ab. Es muß mit den Finanz- und Investitionsplänen des Unternehmens abgestimmt werden. Einzelinvestitionen werden meist projektspezifisch strukturiert. Es ist darauf zu achten, daß F&E-Investitionen Rentabilitätsgesichtspunkten unterworfen sind und sich langfristig über absatzfähige Leistungen amortisieren müssen. Das F&E-Inve-

stitionsniveau wird daher häufig in einem iterativen Prozess optimiert.

Über das System *Organisation und Führung der F&E* werden die organisatorischen und personellen Rahmenbedingungen gestaltet, unter denen die F&E-Prozesse ablaufen. Im Vordergrund stehen hier die Gesichtspunkte der Aufbau- und Ablauforganisation („Strukturierung des indirekten Bereiches"), der Gestaltung des Planungs- und Kontrollsystems, der abteilungsübergreifenden Zusammenarbeit, des Führungsstils sowie des Motivations- und Anreizsystems.

Das Strategische Technologiemanagement erfüllt somit Funktionen in verschiedenen Ebenen und Systemen der Unternehmenspolitik, der Planungs- und Kontrollebene und der Organisation und Personalführung. Es wirkt dabei idealerweise als *Integrationsmechanismus*. Die übergeordnete Aufgabe besteht darin, die Synergien von Technologien bezüglich strategischer Geschäftsmöglichkeiten aufzudecken und die technologischen Leistungspotentiale für ausgewählte *Strategische Technologiefelder* zu entwickeln und zu steuern. Es bildet damit eine wichtige Voraussetzung für die Konzipierung einer zukunftsgerichteten Unternehmenspolitik in technologieintensiven Unternehmen.

3.2 Potentiale, Strategische Geschäftsfelder und Strategische Geschäftseinheiten

Schon in den vorangegangenen Kapiteln wurde der Begriff *Potential* mehrfach zur Bezeichnung einer Position, die zukünftige Erfolge („potentiell") möglich macht, verwendet. In diesem Kapitel wird zunächst das dahinter stehende Paradigma des *Potentialorientierten Managements* eingeführt und dann zur Definition von Strategischen Geschäftsfeldern und -einheiten verwendet. In Kapitel 3.4 wird dann die strategische Aufgabe der Potentialanalyse und -gestaltung betrachtet.

Der Potentialbegriff geht von der Vorstellung aus, daß ein Unternehmen als offenes ökonomisches System in vielfältiger Beziehung mit seiner Umwelt steht und in dieser Umwelt relativ zu anderen Unternehmen (Systemen) eine bestimmte Position einnimmt. Nach Bain (1968) läßt sich diese Umwelt differenzieren in:

❏ die *institutionale Umwelt* (z. B. Gesetzgebung, Normen);
❏ die *physische Umwelt* (z. B. geographische, geologische, klimatische und demographische Aspekte) und
❏ die *technische Umwelt* (z. B. technisches Grundlagenwissen, Technologien).

Die dynamische Veränderung der Umwelt(en) stellt sich den Unternehmen sowohl als Gelegenheit als auch als Gefahr dar. *Chancen* entstehen für ein Unternehmen, wenn es relative Stärken in bezug auf solche Gelegenheiten aufweist, *Risiken* erwachsen, wenn Gefahren der Umwelt auf relative Schwächen des Unternehmens treffen.

Das Paradigma des *Potentialorientierten Managements* stellt nun sowohl das Unternehmen als auch seine Umwelt als *Potentialfeld* dar.

> *Potentiale* sind die raum- und zeitabhängigen Möglichkeiten eines Systems oder seiner Umfelder, die, um wirksam zu werden, einer Aktivierung bedürfen (Servatius 1985).
>
> *Strategische Potentialfelder* sind analytisch abgrenzbare Räume, in denen *strategische Einheiten* eines Unternehmens plaziert werden können.

Das *Unternehmenspotential* besteht somit aus der Gesamtheit der raum- und zeitabhängigen Möglichkeiten eines Unternehmens in seiner spezifischen Umwelt. Es besteht aus Leistungs- und Erfolgspotentialen.

Das *Leistungspotential* ist die Summe aller potentiellen Aktionsmöglichkeiten des Unternehmens, z. B. in den Bereichen F&E, Marketing, Produktion, Service, Planung, Controlling u. a. Es drückt die potentiellen Fähigkeiten eines Unternehmens aus.

Die *Erfolgspotentiale* hingegen bestimmen die in die Zukunft reichenden Erfolgsmöglichkeiten des Unternehmens, wie sie z. B. durch *Kundengruppen* (Bedarf), *Kundenfunktionen* (Nutzen) oder *Technik* (Alternativen) umrissen werden. Diese Erfolgspotentiale werden stark von der Umwelt geprägt. Bild 3.2 stellt die Struktur beider Potentiale gegenüber und verdeutlicht die Aufgabe des potentialorientierten Managements.

Grundsätzlich besteht diese Aufgabe darin, abgegrenzte unternehmensinterne Leistungspotentiale (also beispielsweise personelle und technische Ressourcen in F&E, Service oder Produktion) auf spezifi-

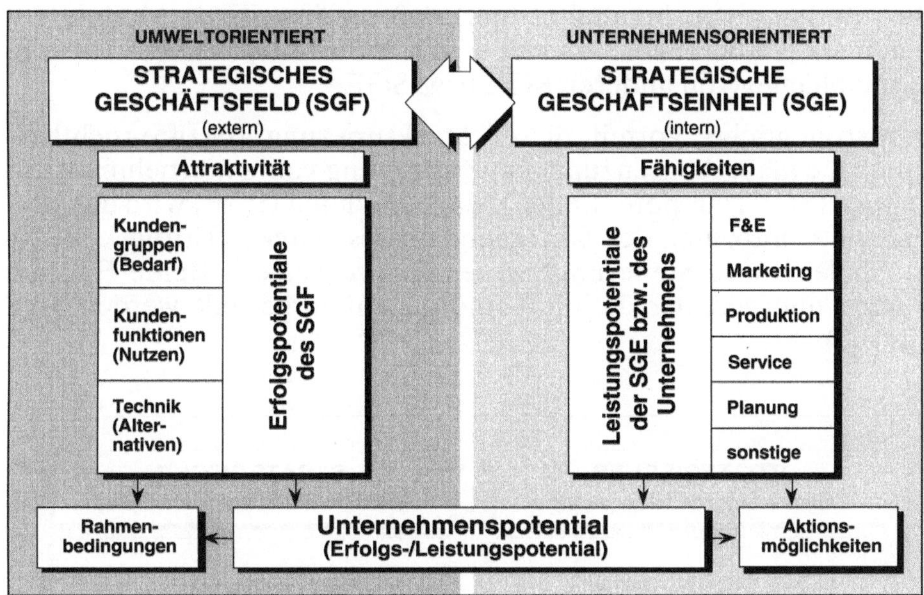

Bild 3.2   Potentialorientiertes Management (nach: Ewald)

sche (potentielle) Teile des Marktes strategisch auszurichten und abzugleichen. Vereinfacht gesprochen, sollen Erfolgspotentiale spezifischer Märkte durch adäquate Leistungspotentiale von Unternehmenssegmenten erschlossen werden.

Zunächst muß dazu der (potentielle) Markt erfolgspotentialorientiert modularisiert werden. Dann werden diejenigen Module identifiziert (sog. Strategische Geschäftsfelder, SGF), die jeweils ein bestimmtes *autonomes Erfolgspotential* aufweisen und in denen sich *spezifische Wettbewerbsvorteile* erzielen lassen.

Das Unternehmen weist nun für jedes derartige SGF Unternehmensressourcen zu, die dem geschätzten Erfolgspotential des jeweiligen SGF entsprechend dimensioniert und qualifiziert werden. Dazu werden auch auf Unternehmensseite die verfügbaren Ressourcen modularisiert, und zwar derart, daß jedes Modul (sog. Strategische Geschäftseinheit, SGE) einem SGF zugeordnet ist und für dieses ein unternehmerisch steuerbares Leistungspotential besitzt.

Das Modulprinzip beinhaltet hier, daß die jeweiligen Module gut voneinander abgrenzbar sind, d. h. jede SGE und jedes SGF ist relativ unabhängig von anderen SGE bzw. SGF.

Der strategische Vorteil dieser Strukturierung ist offensichtlich. Durch die klare Abgrenzung und Zuordnung von Unternehmensressourcen (SGE) zu (potentiellen) Marktmodulen (SGF) wird das strategische Controlling der Unternehmensressourcen (Erfolgskontrolle, Abgleich und Steuerung) wesentlich verbessert. Beide Begriffe können nun genauer definiert und gegenübergestellt werden (vgl. Bild 3.3).

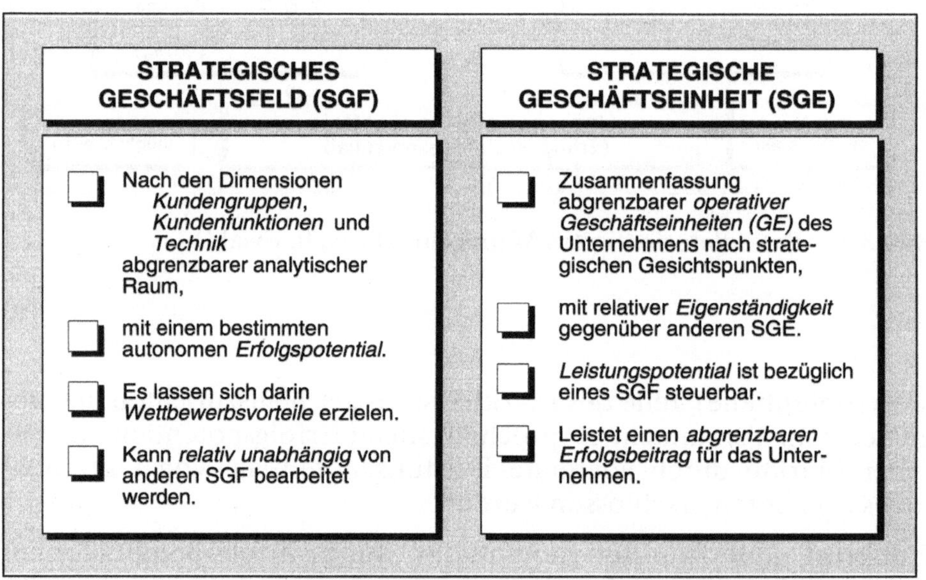

Bild 3.3   Definitionen von SGF und SGE (nach: Ewald 1989)

Strategische Geschäftsfelder (SGF) dienen zur Beschreibung der Attraktivität aktueller und/oder potentieller Aktivitäten eines Unternehmens. Sie werden durch die Dimensionen Kundenfunktion, Kundengruppen und Technik beschrieben (vgl. Ewald 1989), wobei die *Kundenfunktion* die Art des *Nutzens* charakterisiert, den eine Unternehmensleistung bei einer Kundengruppe stiftet. *Technik* stellt in diesem Zusammenhang die unterschiedlichen technischen Realisationen dar, mit denen die Funktion gegenüber dem Kunden erfüllt werden kann. Die *Kundengruppe* ist ein Segment des Gesamtmarktes, das ähnliche oder gleiche Nutzenarten nachfragt und relativ homogene kaufrelevante Verhaltensmerkmale aufweist.

Strategische Geschäftseinheiten (SGE) werden durch die nach strategischen Gesichtspunkten gestaltete Zusammenfassung solcher organisatorischer Basissysteme des Unternehmens gebildet, die Leistungen für Strategische Geschäftsfelder bringen. Sie charakterisieren die *Fähigkeitendimension* des Unternehmens. Die Erfolgspotentiale und Rahmenbedingungen der einzelnen SGE werden stark durch die Umwelt mitbestimmt. Strategische Geschäftseinheiten kennzeichnen abgrenzbare Bereiche des Unternehmens, mit denen sich Wettbewerbsvorteile in Strategischen Geschäftsfeldern erzielen lassen. Sie besitzen relative Eigenständigkeit gegenüber anderen SGE und leisten einen abgrenzbaren Erfolgsbeitrag für das Unternehmen (vgl. auch Servatius 1985).

Das marktorientierte Gesamterfolgspotential eines Unternehmens besteht also aus zwei Teilen: den *Erfolgspotentialen* der einzelnen *Strategischen Geschäftsfelder* und den *Leistungspotentialen* der einzelnen (zugeordneten) *Strategischen Geschäftseinheiten* bzw. des Gesamtunternehmens. Das eine ist ohne das andere nicht lebensfähig.

Diese Struktur kann sich bis auf Konzernniveau durchziehen. Dazu ein Beispiel (Bild 3.4): Nach der Übernahme von Messerschmitt-Bölkow-Blohm (MBB) durch die zum Daimler-Benz-Konzern gehörende Deutsche Aerospace (Dasa) ergab sich folgende neue Unternehmensstruktur, in der die Ausrichtung auf Strategische Geschäftsfelder und die entsprechend marktorientierte Strukturierung in Strategische Geschäftseinheiten erkennbar sind (Schmitz 1991).

Da die Entwicklungen in der Umwelt relativ autonom und vom Unternehmen auf Dauer nur partiell beeinflußbar sind, bleibt den Unternehmen meist nur der Weg zur Anpassung an die Umweltentwicklungen. Beschäftigt sich ein Unternehmen erst dann mit Änderungsmaßnahmen, wenn die Umweltentwicklungen bereits eingetreten sind (reaktives Verhalten), so erleidet es i. d. R. Verluste. Unternehmen sollten daher *vorausschauend* Umweltveränderungen erkennen und geeignete Anpassungsmaßnahmen entwickeln, vorbereiten und zeitgerecht umsetzen.

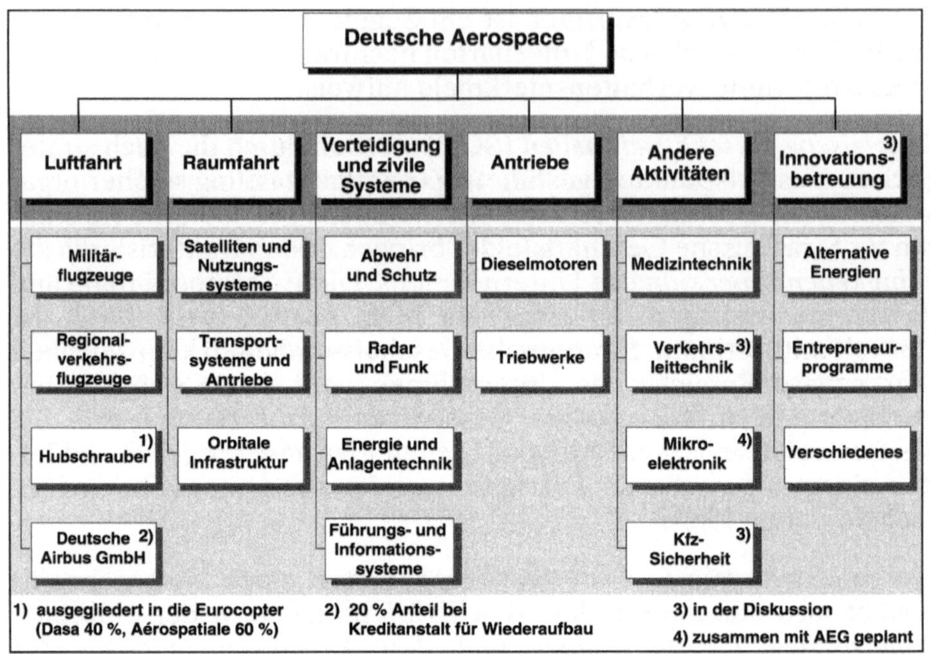

Bild 3.4   Konzernstruktur der Deutschen Aerospace
(Quelle: Schmitz 1991)

Zwei Aufgaben sind hier also vordringlich wahrzunehmen:

❑ *Früherkennung* von Umweltentwicklungen mit *Evaluation* auf Chancen- oder Risikocharakter (z. B.: Ergeben sich neue SGF? Verschwinden bestehende SGF?).

❑ *Steuerung der Leistungspotentiale* des Unternehmens (also z. B. der SGE; s. u.) gemäß der erwarteten Entwicklungen.

Die *direkte* Umsetzung individueller Bedürfnisäußerungen potentieller Nutzer (Kunden, Abnehmer) in die zu ihrer Befriedigung dienenden technischen Objekte oder Dienstleistungen ist nicht immer möglich. Oft sind Bedürfnisse nur latent vorhanden und müssen erst „geweckt" werden (Beispiele: Sony Walkman; 3M Post-it-Klebezettel). Genauso schwer oder unmöglich ist die direkte Zuordnung der Bedarfs- bzw. Nutzenkategorien von Kunden zu Technologien (Knowhow). Im Rahmen der strategischen Planung werden daher zunächst Marktanalysen und -prognosen durchgeführt, die dann zur Selektion geeigneter Strategischer Geschäftsfelder des Unternehmens führen.

Das Strategische Technologiemanagement verwendet dann das Hilfsmittel der Strategischen Verflechtungsmatrix (s. Kapitel 3.4) zur Selektion geeigneter Strategischer Technologiefelder (s. Kapitel 3.3).

3.3 Strategische Technologiefelder und Strategische Technologieeinheiten

Ein *Strategisches Technologiefeld* (STF) ist ein Ausschnitt aus dem *aktuellen* und *potentiellen* technologischen Betätigungsfeld eines Unternehmens, das von anderen Strategischen Technologiefeldern relativ unabhängig geplant wird. Ein Technologiefeld kann methodisch durch die Bezugnahme auf die naturwissenschaftlich-technische und auf die technisch-ökonomische Ebene mit ihren Strategischen Geschäftsfeldern (SGF) charakterisiert werden (Bild 3.5).

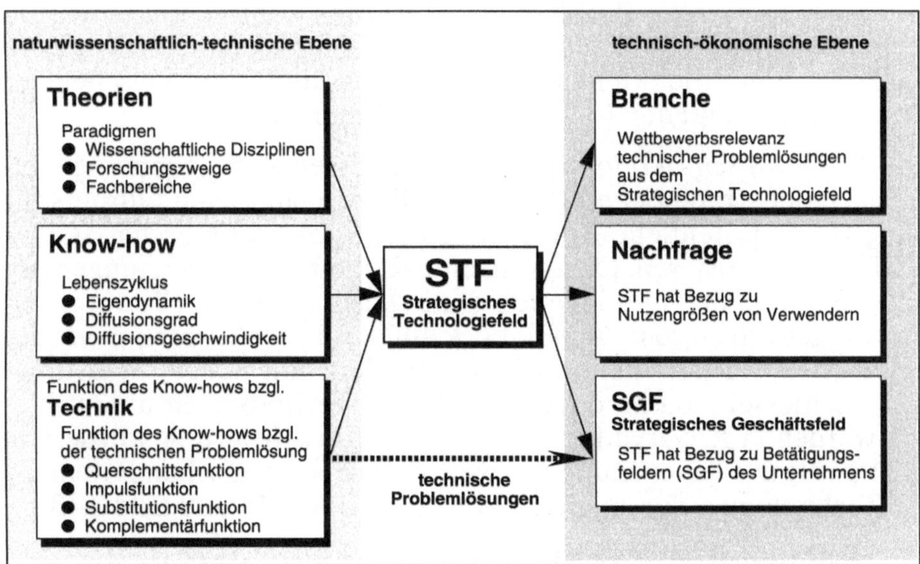

Bild 3.5   Charakteristika von Technologiefeldern (nach: Ewald 1989)

Auf der *naturwissenschaftlich-technischen Ebene* wird ein STF durch die Ausprägung der Dimensionen Theorie, Know-how und Technik definiert. *Theorie* charakterisiert die theoretischen Grundlagen und Paradigmen, auf denen das Technologiefeld aufbaut. Sie stellen aus strategischer Sicht wichtige Größen dar, an denen sich die F&E-Prozesse orientieren. *Know-how* spezifiziert die entwicklungsbestimmende technologische Potentialart, von deren Verfügbarkeit der Fortschritt der Technikdimension abhängt. Sie stellt im Rahmen der F&E-Prozesse meist einen Engpaß dar (*Beispiel:* z. Zt. sind farbige Flachdisplays ein STF für Hersteller tragbarer Spezial- und Universalcomputer; da für diese Technologien bei den Computerherstellern meist nicht das notwendige Know-how vorliegt, sind Joint Ventures und Strategische Allianzen mit Display-Entwicklern zu beobachten).

Da in sozialen Systemen die Geschwindigkeit der Wissensausbreitung endlich ist, durchlaufen Technologiefelder in einem (idealisierten) Schema die Phasen Entstehung, Wachstum, Reife und Alter. Diese Phasen sind abhängig von der Entwicklungsdynamik des Know-hows sowie dem Diffusionsgrad und der Diffusionsgeschwindigkeit des Wissens. Die *Technik* charakterisiert die unterschiedlichen naturwissenschaftlich-technischen Möglichkeiten, mit denen das technische Problem gelöst werden kann. Die Dimension Technik stellt mittels der technischen Problemlösungen (also z. B. den konkreten Produkten und Geräten) das Bindeglied zwischen der Geschäftsfeld- und der Technologiefeldplanung dar.

Auf der *technisch-ökonomischen Ebene* lassen sich Technologiefelder nach der strategischen Bedeutung ihres technischen Outputs für aktuelle und potentielle Branchen, Nachfrage- oder Geschäftsfelder (SGF) systematisieren. Dazu sind eine Reihe von Bezeichnungen üblich geworden, die im folgenden ohne Anspruch auf Vollständigkeit kurz dargestellt werden. Im Hinblick auf die *Wettbewerbsrelevanz* des technischen Outputs kann zwischen Feldern mit neuen, Schrittmacher-, Schlüssel-, Basis- oder verdrängten Technologien unterschieden werden (vgl. Servatius 1985). Diese Klassifizierung wurde von A. D. Little zur Einordnung des wettbewerbsstrategischen Potentials von Technologien durchgeführt (vgl. auch Bild 3.15 und Bild 3.18):

> Bei *neuen Technologien* ist die wettbewerbsstrategische Bedeutung aufgrund technisch-ökonomischer Probleme noch nicht erkennbar oder sehr unsicher. (Bemerkung: Der Begriff *Neue Technologien* ist hiervon zu differenzieren. Er wird seit Ende der 80er Jahre oft zur Bezeichnung der neueren Informations- und Kommunikationstechnologien verwendet.)
>
> Bei *Schrittmachertechnologien (Pacing Technologies)* wird erwartet, daß sie zukünftig großen Einfluß auf Marktpotentiale

und Wettbewerbsdynamik nehmen. Sie befinden sich noch in der Entwicklungsphase, aber es ist absehbar, daß sie das Potential haben, die Wettbewerbsfähigkeit in der Branche entscheidend zu beeinflussen. Aus den Schrittmachertechnologien rekrutieren sich die zukünftigen Schlüsseltechnologien.

Schlüsseltechnologien (Key Technologies) haben aktuell die höchste wettbewerbsstrategische Bedeutung. Sie haben signifikanten Einfluß auf die aktuellen Wettbewerbspositionen in der Branche und sind bereits ein fester Bestandteil des Technologiespektrums der Branche, jedoch noch nicht für alle Wettbewerber zugänglich.

Basistechnologien (Base Technologies) sind aufgrund ihres hohen Verbreitungsgrades und der allgemeinen Verfügbarkeit des Wissens kein Instrument zur wettbewerblichen Differenzierung mehr, das Wettbewerbspotential ist ausgeschöpft. Ohne sie würde allerdings die Branche in ihrer derzeitigen Form nicht existieren, ihr Beherrschen ist Grundbedingung für einen ernsthaften Wettbewerb.

Verdrängte Technologien sind oder werden gerade durch andere Technologien substituiert.

Die *Beziehungen* zwischen den einzelnen Technologien eines Technologiefeldes können *konkurrierend* (einander ersetzend), *komplementär* (einander ergänzend) oder *neutral* sein. *Konkurrenztechnologien* sind in der Lage, aus Sicht der Technikverwender (Nutzer) gleiche oder ähnliche Funktionen zu realisieren. Sie bieten eine rein technische Alternative (Bsp.: Nieten versus Schweißen versus Kleben). Konkurrenztechnologien werden zu *Substitutionstechnologien* (bei erfolgreicher Substitution auch: *Killertechnologien)*, wenn sie auch unter technisch-ökonomischen Gesichtspunkten als alternative technische Problemlösungen in Frage kommen (Bsp.: Unruhgesteuerte Uhren versus quarzgesteuerte Uhren). Ergänzen sich Technologien in bezug auf die technische Problemlösung, so spricht man von *Komplementärtechnologien* (Bsp.: Bohren und Hohnen).

Bezüglich der aktuellen und potentiellen *Anwendungsbreite* sind Felder mit *Querschnittstechnologien* von solchen mit *spezifischen Technologien* zu unterscheiden. *Impulstechnologien* sind Technologien, die einen hohen *Einfluß* auf nachgelagerte Wertschöpfungsstufen des Techniksystems ausüben. Bezogen auf die *Einsatzgebiete* der technischen Problemlösungen kann zwischen Feldern mit Produkt-, System- und Prozeßtechniken (oder -technologien) differenziert werden.

Das Leistungspotential eines Unternehmens in einem Strategischen Technologiefeld wird mit sog. *Strategischen Technologieentwicklungseinheiten* (STE) gestaltet. Strategische Technologieentwicklungseinheiten strukturieren die technologische Basis eines Unternehmens. Sie setzen sich aus abgrenzbaren operativen *Technologieentwicklungseinheiten* (TE) zusammen, besitzen relative Eigenständigkeit gegenüber anderen STE und sind in ihren Leistungspotentialen bezüglich eines STF steuerbar (vgl. Bild 3.6; Ewald 1989). Das Leistungspotential einer Technologieentwicklungseinheit hängt von den Möglichkeiten und Fähigkeiten der in den zugehörigen operativen *Technologieentwicklungseinheiten* (also z. B. der F&E-Abteilungen) verfügbaren materiellen, informationellen und personellen Ressourcen ab. Die quantitativen und qualititativen Ausprägungen der Leistungspotentiale von strategischen Technologieentwicklungseinheiten bilden die technologische Basis des Unternehmens und prägen seine technischen Stärken und Schwächen im Vergleich zu Wettbewerbern. Sie beeinflussen langfristig das Erfolgspotential des Unternehmens.

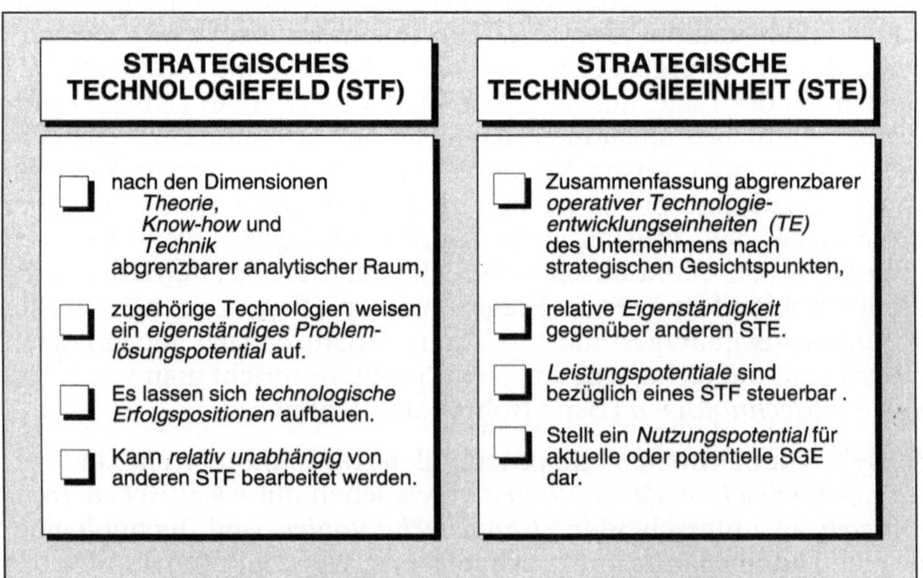

Bild 3.6   Definitionen von STF und STE (nach: Ewald 1989)

3.4 Potentialanalyse und -gestaltung der Strategischen Unternehmensfelder

Die Selektion und Gestaltung der Strategischen Technologiefelder und der Strategischen Geschäftsfelder eines Unternehmens kann nicht unabhängig voneinander durchgeführt werden. Die jeweiligen eher technologieorientierten Entscheidungen des Strategischen Technologiemanagements und die jeweiligen eher marktorientierten Entscheidungen der Strategischen Planung sind miteinander verzahnt und verflochten.

Mit den im folgenden beschriebenen Methoden können Bedarfspotentiale von Kundengruppen als Strategische Geschäftsfelder formuliert und dann in Problemlösungspotentiale im Technologiebereich transformiert werden. Dieser Weg ist auch umgekehrt begehbar.

3.4.1 Strategische Verflechtungsmatrix

Die Strategische Verflechtungsmatrix eines Unternehmens stellt die Verflechtung seiner Strategischen Geschäftsfelder und Strategischen Technologiefelder in einer Matrixübersicht dar (vgl. Sommerlatte/Walsh 1983). Die beiden Dimensionen der STF und SGF werden zunächst in aktuelle und potentielle Bereiche aufgeteilt. In diese Bereiche werden dann die einzelnen Geschäfts- und Technologiefelder eingetragen. Bild 3.7 zeigt, wie sich in der aufgespannten Matrix aktuelle *Innovationsfelder* (IF) und potentielle *Strategische Innovationsfelder* (SIF) lokalisieren lassen.

Innovationsfelder entstehen aus der Überlagerung von Kundengruppen/Kundenfunktions-Kombinationen *aktueller* Strategischer Geschäftsfelder mit der Theorie/Know-how-Kombination von Strategischen Technologiefeldern. *Strategische Innovationsfelder* hingegen entstehen aus der Überlagerung von Kundengruppen/Kundenfunktions-Kombinationen *potentieller* Strategischer Geschäftsfelder mit der Theorie/Know-how-Kombination von Strategischen Technologiefeldern.

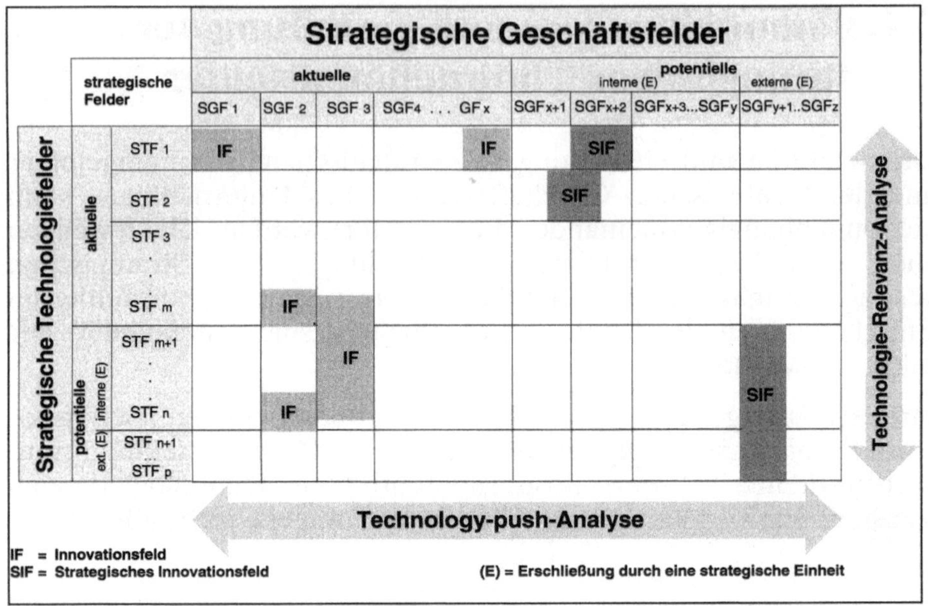

Bild 3.7   Strategische Verflechtungsmatrix

3.4.2 Analyse- und Prognosemethoden

Obwohl sich der Verlauf technischer Entwicklung in der Realität recht komplex darstellt, sind einzelne Gesetzmäßigkeiten oder Prozeßmechanismen bekannt. Zwei der erforschten und beschriebenen Gesetzmäßigkeiten oder Prozeßmechanismen sind die *Bedarfsinduktion* und die *autonome Induktion.*

❑ *Bedarfsinduzierte technische Lösungen* entstehen, weil Individuen oder Gruppen einen subjektiven *Mangel* formulieren. Dieser Mangel „drängt auf Beseitigung" *(Market Pull).*
Bei der Prognose geht man dann von der Veränderung derartiger Bedarfsstrukturen aus und schließt auf die Veränderung der entsprechenden bedarfsinduzierten technischen Lösungen.

❑ *Autonom induzierte technische Lösungen* haben ihre Ursache im Anwendungsdrang eines *technischen Potentials.* Dabei kann es sich um die Deckung schon bekannten oder auch erst durch die Existenz des Potentials entstehenden Bedarfes handeln *(Technology Push).*

Bei der Prognose geht man dann von der Veränderung und Neuschaffung der entsprechenden technologischen Potentiale (vgl. STF) aus und identifiziert dadurch möglicherweise positiv oder negativ tangierten Bedarf.

In Verbindung mit der oben dargestellten Strategischen Verflechtungsmatrix ergeben sich drei Methoden zur *Potentialanalyse*. Alle drei Analysemethoden haben eine unterschiedliche prinzipielle Analyserichtung und sind prognostischer Natur, treffen also Aussagen über die zukünftige Entwicklung dieser Potentiale (vgl. Specht/Zörgiebel 1985 und Michel 1987):

❏ *Technology-Push-Analyse:*
Technology-push ist das Phänomen, daß sich technologische Innovationen oft selbst einen Markt schaffen. Fragestellung ist, ob bestimmte, meist neue Technologien nicht in (weitere) marktfähige Produkte umgesetzt werden können.
❏ *Technologierelevanzanalyse:*
Die Technologierelevanz ist die Frage, welche speziellen (ggf. erst entstehenden) Technologien für ein vorhandenes oder denkbares Problem von potentiellen Kunden problemlösungsrelevant sind bzw. sein könnten.
❏ *Innovationsfeldanalyse:*
Die Innovationsfeldanalyse ermöglicht die gleichzeitige Bewertung einer technologischen Innovation nach technik- und marktstrategischen Grundsätzen.

3.4.2.1 Technology-Push-Analyse

Die Technology-Push-Analyse erfolgt in der Strategischen Verflechtungsmatrix, ausgehend vom Strategischen Technologiefeld, in horizontaler Richtung (vgl. Bild 3.7).

Es werden dabei folgende Analysefragen gestellt:

❏ Über welches *aktuelle* SGF kann das Leistungspotential des STF in Erfolg umgesetzt werden? (→ IF)
❏ Wo liegen neue *potentielle* SGF, die mit Hilfe des STF etabliert werden können? (→ SIF)
❏ Wie hoch ist das eigenständige Erfolgspotential des STF?

Beispiele finden sich in der Kommerzialisierung von Technologien im Consumer-Bereich, die zunächst im Luft- und Raumfahrtbereich entwickelt wurden (Kommunikationstechnologien, Rechnertechnologien aus der Raumfahrt in Fabrik (CIM) und Homeconsumer-Bereich, Navigationstechnologien, Antihaftbeschichtung von Kochgeschirr).

3.4.2.2 Technologierelevanzanalyse

Die Technologierelevanzanalyse erfolgt in der Strategischen Verflechtungsmatrix ausgehend vom Strategischen Geschäftsfeld in vertikaler Richtung (vgl. Bild 3.7).

Es werden dabei folgende Analysefragen gestellt:

❏ Welches STF könnte einen Beitrag zum Erfolgspotential des SGF leisten?
❏ Welches aktuelle STF hat ein Leistungspotential zur Lösung der Bedarfsprobleme im SGF?
❏ Welche *potentiellen* STF müßten zur Problemlösung installiert werden?

Ein Beispiel findet sich im STF Industriekeramik und dem SGF Motorenbau: hochtemperaturfeste, schmierungsarme Motorteile und -module ersetzten solche aus Metall und Legierungen.

3.4.2.3 Innovationsfeldanalyse

Bei der Innovationsfeldanalyse wird das *Erfolgspotential innovativer Kombinationen aus Kundengruppen, Kundenfunktionen und Technik* (d. h. einem potentiellen SGF) untersucht (vgl. Michel 1987).

Hier geht es um folgende Fragenkomplexe:

❏ Wie hoch ist der *Leistungsbedarf* bzgl. des STF?
❏ Welchen *Erfolgsbeitrag* leistet dieses potentielle SGF zu aktuellen Strategischen Geschäftsfeldern?
❏ Bietet das Innovationsfeld Möglichkeiten zur *Diversifikation* in neue SGF, und welches Erfolgspotential weisen diese Felder auf?

3.4.2.4 Möglichkeiten und Grenzen technologischer Prognose

Die oben dargestellten Analysen sind nur dann operable Größen in der Strategischen Planung, wenn es möglich ist, den weiteren Diffusionsverlauf der Technologien zu ermitteln, d. h. es werden verläßliche Prognosen über den Anwendungsgrad und die Anwendungsarten einer Technologie zu mehreren relevanten Zeitpunkten benötigt. Für die Planung ist deshalb nicht nur ein einzelnes Stärken-/Schwächen-Profil interessant, sondern mehrere Profile *entlang einer Zeitreihe*. Aus den Veränderungen über der Zeit können ebenfalls wichtige technologische Voraussagen abgeleitet werden.

An dieser Stelle müssen noch einige grundsätzliche Bemerkungen zu den Möglichkeiten und Grenzen technologischer Prognosen gemacht werden. Als *Prognose* im strengen Wortsinn ist die Deduktion zukünftiger Phänomene aus *gegebenen Theorien* und *bestimmten Randbedingungen* zu verstehen. Prognoseaussagen werden also dort unbrauchbar, wo zwischen Analysezeitpunkt (Erstellung) und Projektionszeitpunkt der Prognose durch objektiv neue Erkenntnisse Theorien oder auch Randbedingungen verändert oder obsolet (d. h. nichtig durch Veraltung) werden.

Das *Prognosedilemma* formuliert, daß man das, was man voraussagen will, eigentlich erst dann weiß, wenn man darauf zurückblicken kann. Manche Prognosen empfehlen Strategien, die erst aus einer Ex-post-Betrachtung (ex post = im nachhinein) verifiziert werden konnten/können.

Ex-post-Analysen historischer Phänomene führen oft (induktiv) zu einer Bildung von erklärenden Hypothesen oder „Theorien", die dann wiederum bei spezifischen Prognosen (deduktiv) Anwendung finden. Es handelt sich also bei dieser Vorgehensweise nicht um Prognosen, die auf fallspezifischen Analysen beruhen. Die Übertragbarkeit der beobachteten ähnlichen Fälle der Vergangenheit auf aktuelle Gegebenheiten in den dynamischen und turbulenten Geschäfts- oder Technologiefeldern ist i. d. R. nicht zweifelsfrei gesichert. Damit ist auch die Richtigkeit und Anwendbarkeit der formulierten „Theorien" und der deduzierten Prognosen unsicher. Aus diesen prinzipiellen Schwierigkeiten erklärt sich der Unsicherheitsgrad in Entscheidungsfragen, die sich auf Prognosen stützen müssen.

Bild 3.8 zeigt (ex post) die historische Entwicklungslinie der Technologie der digitalen Tonverarbeitung. Daß Prognosen und Realität weit auseinanderlaufen können, zeigt Bild 3.9 anhand des Beispiels des Compact Disc-Players.

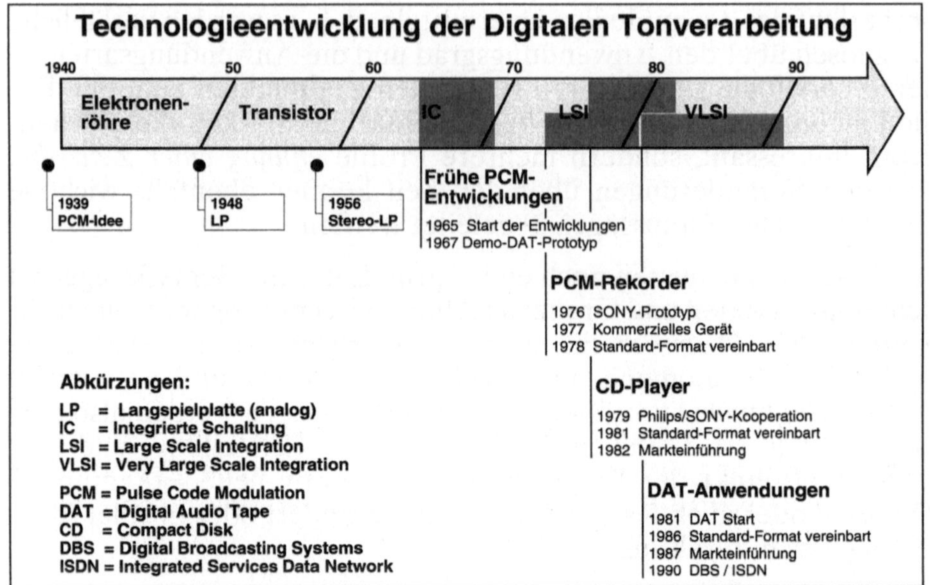

Bild 3.8   Historische Entwicklungslinie digitaler Tonverarbeitungstechnologien (ex post)

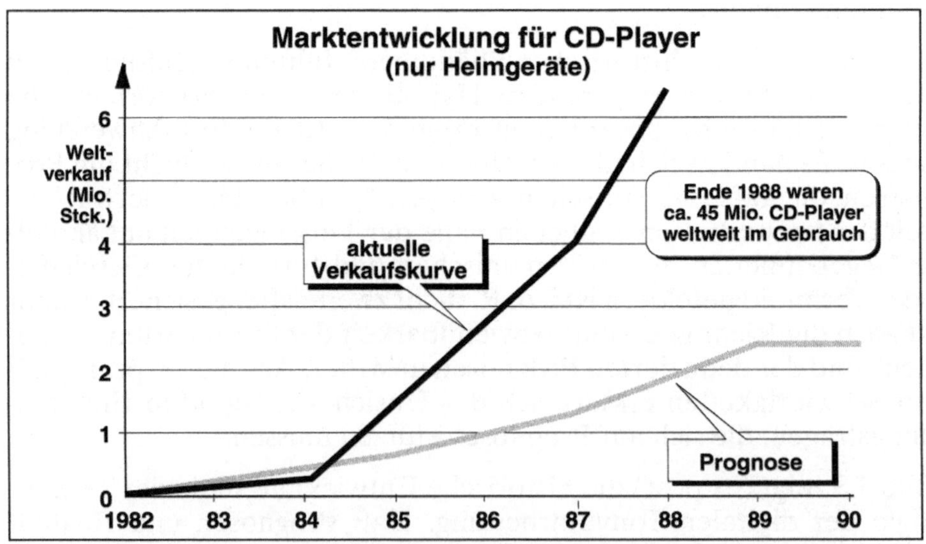

Bild 3.9   Prognose und Wirklichkeit am Beispiel Marktentwicklung CD-Player

Auch die Anwendung wissenschaftlich-formaler Werkzeuge kann bei der technologischen Prognose nicht viel weiterhelfen, wie die folgende Überlegung zeigt: Die Entwicklung der Technik und Technologie geht Hand in Hand mit einem Prozeß der Informationsgewinnung und -verarbeitung. Dieser führt in der Regel zu einer Ergänzung und ggf. zum Umbau der Wissensbasis. Somit ist es prinzipiell nicht möglich, aus einer technischen Entwicklungsstufe S_n eine Entwicklungsstufe S_{n+1} logisch einwandfrei zu prognostizieren. In einem wissenschaftlich-formal strengen Sinn gibt es daher keine Prognosen der technologischen Entwicklung (Pfeiffer u. a. 1983).

Es scheint hingegen möglich zu sein, in systematischen und kreativen Informationsgewinnungs- und -verarbeitungsschritten sich diese *Zukunft selbst zu erschließen*, indem man „Erfindungen dadurch voraussagt, daß man sie selber macht". Gabor (1964) formuliert es so, daß die Zukunft planen auch *die Zukunft erfinden* bedeutet. Diese Einsicht macht den Unterschied zwischen langfristiger Planung und bloßer „Vorwärtsbuchhaltung" deutlich.

3.4.3 Potentialgestaltung des Unternehmens

In den vorigen Kapiteln wurden die Abhängigkeiten der Managementaufgaben entlang der naturwissenschaftlich-technischen und der technisch-ökonomischen Dimension zunächst getrennt betrachtet. Die Verflechtungsmatrix (Kapitel 3.4.1) veranschaulicht jedoch bereits die Abhängigkeit der technologieorientierten und der marktorientierten Dimension (STF bzw. SGF). Beim integrierten Management der technologischen Potentiale eines Unternehmens sind nun jedoch beide Dimensionen *integriert* zu betrachten und zu gestalten. Die Managementaufgabe *„Potentialgestaltung"* umfaßt auch hier eine Reihe sowohl strategischer als auch operativer Aufgaben, die im folgenden mit Rückgriff auf Ewald (1989) anhand von Bild 3.10 skizziert werden. Es geht dabei um die *Gestaltung der Erfolgs-, Leistungs- und Nutzungspotentiale*.

Auf der *strategischen Ebene* geht es vor allem um die *Erfolgspotentialgestaltung* des Unternehmens. Entscheidend sind hier *Effektivitätsaspekte*, d. h. die Frage nach den *richtigen* Entscheidungen, die den gewünschten Effekt (oder: die Zielsetzung; z. B. bestimmter Ge-

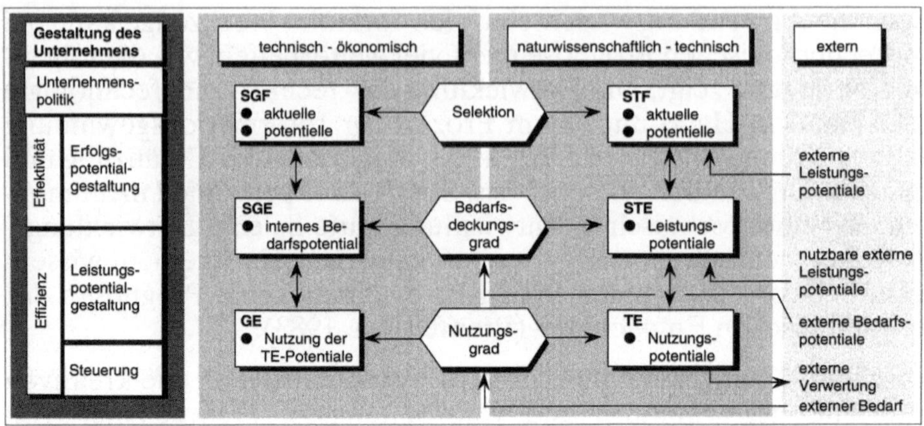

Bild 3.10 Potentialgestaltung des Unternehmens (nach: Ewald 1989)

schäfts-/Markterfolg) möglich machen. Dabei werden die geeigneten Felder, auf denen das Unternehmen tätig werden will (STF und SGF), *selektiert* und die betrieblichen Einheiten (STE bzw. SGE), die die Erfolgspotentiale in (meist ökonomischen) Erfolg umsetzen sollen, *eingerichtet.*

Das Strategische Technologiemanagement zielt dabei auf eine erfolgspotentialorientierte Abstimmung der *technologischen Leistungspotentiale* der STE. Diese technologischen Leistungspotentiale ergeben sich – wie in Kap. 3.3 ausgeführt – letztlich aus den Möglichkeiten und Fähigkeiten der materiellen, informationellen und personellen Ressourcen, die in den jeweils zugeordneten Technologieentwicklungseinheiten (TE) vorhanden sind. Die technologischen Leistungspotentiale der einem STF zugeordneten STE werden nun so gestaltet (abgestimmt), daß die Bedarfspotentiale der betreffenden SGE insgesamt befriedigt werden können. Dies kann einerseits durch die Leistungspotentiale der zugeordneten STE (Befriedigung durch *interne Leistungspotentiale)* oder auch durch externe Leistungspotentiale (Befriedigung durch *externe Leistungspotentiale)* erfolgen.

Faßt man den maximalen Bedarf spezifischer Leistungsarten aller aktuellen und potentiellen SGF, der SGE und den externen Bedarf eines Unternehmens zusammen, so ergibt sich das *unternehmensspezifische Bedarfspotential.* Es wird von der Gesamtheit aller aktuellen und potentiellen STE des Unternehmens (ggf. unter Verwendung nutzbarer externer Leistungspotentiale) befriedigt.

Auf dieser *operativen Ebene* stehen die Aspekte der strukturellen (z. T. aufbauorganisatorischen) und prozessualen (ablauforganisatorischen) Effizienz im Vordergrund. In der Regel stimmen Bedarfs- und Leistungspotentiale qualitativ und quantitativ nicht überein, der *Bedarfsdeckungsgrad* ist ungleich 100 %. Sie müssen deshalb i. d. R. abgeglichen werden. Das Maß des qualitativen und quantitativen Abgleichs bestimmt die *strukturelle Effizienz* des Strategischen Technologiemanagements.

In prozessualer Hinsicht geht es bei der Potentialgestaltung um die Ausschöpfung der *Nutzungspotentiale der Technologischen Einheiten* (TE) durch die *Geschäftseinheiten* (GE). *Nutzungspotentiale* einer TE geben an, inwieweit die vorliegenden Leistungspotentiale dieser TE von Geschäftseinheiten konkret und zweckgerichtet verwendet werden können. In der Regel liegt das Nutzungspotential einer TE unter dem Leistungspotential dieser TE, da u. a. Leerkapazitäten und Fehlnutzungen (z. B. durch Nutzungskombinationen oder Angebots/Nachfrage-Misfits usw.) auftreten können. Angestrebt wird ein hoher *Nutzungsgrad* der TE, also ein großes Verhältnis von tatsächlicher Nutzung zum Nutzungspotential.

In den folgenden Abschnitten werden Methoden vorgestellt, mit denen Positionen und Stärken/Schwächen-Profile eines Unternehmens ermittelt und bewertet werden können. Aufgrund dieser Auswertungen läßt sich der Hintergrund notwendiger strategischer und operativer Entscheidungen leichter veranschaulichen.

3.5 Modelle der Strategischen Planung

Um die Gegebenheiten und Prozesse der Planungsobjekte (Markt, Produkte, Unternehmungen usw.) beschreiben, analysieren, bewerten und planen zu können, bedarf es einer modellhaften, vereinfachten Beschreibung dieser in der Realität sehr komplexen Objekte und Zusammenhänge. Diese Modelle sollen für einen bestimmten Anwendungsfall alle notwendigen Eigenschaften und Objekte der Realität hinreichend genau (pragmatischer Aspekt) und, soweit wie möglich, vereinfacht (Verkürzungsmerkmal) abbilden. Wie bei jeder Modellbildung besteht die Gefahr, daß wesentliche Eigenschaften vergessen werden, unwesentliche hineingenommen werden oder unzulässig abstrahiert wird (idealtypische Darstellungen). Die Aussagen und Verhaltensweisen des Modells (seine Parameter) sind daher stets gegenüber der Realität zu verifizieren und das Modell entsprechend zu korrigieren (vgl. Stachowiak 1973).

Im folgenden werden einige der gebräuchlichsten (meist idealtypischen) Konzepte vorgestellt, mit denen in der Strategischen Planung gearbeitet wird.

3.5.1 Lebenszyklus-Konzepte

3.5.1.1 Traditionelles Marktzyklus-Konzept

In Analogie zu allgemein beobachtbaren biologischen Vorgängen gehen Lebenszyklus-Konzepte davon aus, daß sich auch die Umwelt eines Produktes oder einer Technologie wandelt und somit fast alle Produkte und Technologien eine begrenzte Lebensdauer haben: sie entstehen und vergehen. Das traditionelle Lebenszyklus-Konzept eines Produktes betrachtet nur die Verweildauer des Produktes *am Markt*, wird also korrekterweise *Marktzyklus-Konzept* genannt (Pfeiffer u. a. 1983). In der Literatur werden 3-, 4- und 5-Phasen-Konzepte beschrieben, Bild 3.11 zeigt das sehr verbreitete 4-Phasen-Konzept. Meist wird der Kurvenverlauf des Gewinnes oder Umsatzes über der Zeit als Normalverteilung dargestellt.

Die Grundannahmen dieses Konzeptes sind folgende: In der *Einführungsphase* steigt der Umsatz langsam an, sind jedoch noch große Investitionen in Produktion und Vertrieb notwendig, so daß die Deckungsbeiträge noch negativ sind. In der nächsten Phase, der *Marktdurchdringung,* wachsen die Umsätze und werden die Deckungsbeiträge positiv. In der dritten Phase, der *Marktsättigung,* stagnieren die Umsätze und nehmen dann wieder ab, während die Deckungsbeiträge positiv bleiben (meist erreichen sie hier ihr Maximum, vgl. Erfahrungskurven-Konzept). Schließlich veraltet das Produkt, die Phase der *Marktdegeneration* beginnt, in der negative Wachstumsraten und zurückgehende Deckungsbeiträge charakteristisch sind.

Die Schwäche dieser Darstellung ist die hohe Abstraktion der zugrunde liegenden Modellvorstellung. Die Produktentwicklung am

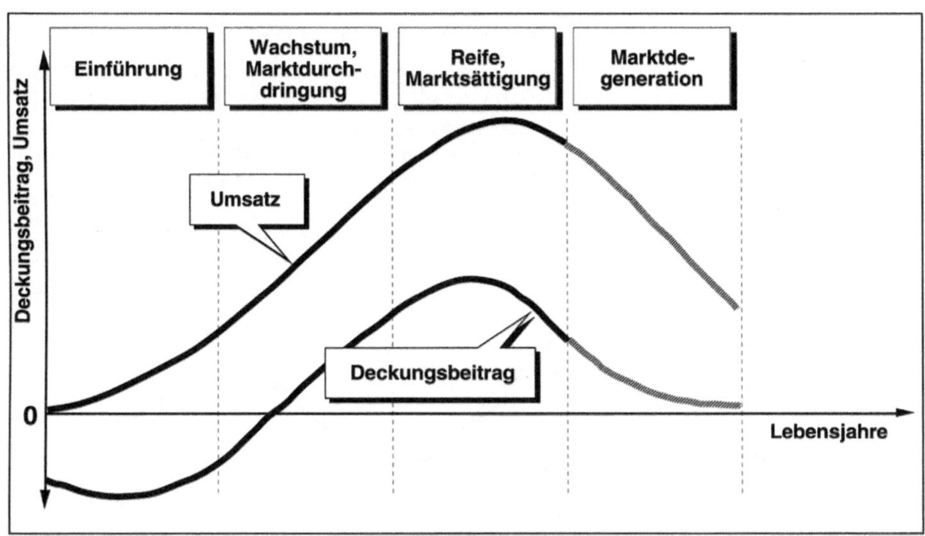

Bild 3.11   4-Phasen-Produktmarktzyklus (idealtypisch)

Markt folgt keinem Naturgesetz, sondern wird stark von unternehmerischen Entscheidungen und Umweltveränderungen (z. B. Konjunktur, saisonale Schwankungen, Mitbewerber, Normen, Trendbrüche) beeinflußt. Reale Kurven (empirisch ermittelt) sehen daher meist komplexer aus, da weitere Effekte hereinspielen (s. Bild 3.12). Insbesondere kann man nicht davon ausgehen, daß ein Produkt stets die Phase der Marktsättigung oder positive Deckungsbeiträge erreicht. In der Praxis wird daher versucht, weitere Wirkungszusammenhänge und Einflußparameter zu ermitteln, sie zu schätzen und das Modell entsprechend zu verbessern.

3.5.1.2 Integriertes Produktlebenszyklus-Konzept

Ein großes Problem des traditionellen Marktzyklus-Konzeptes ist die Beschränkung des Modells auf die Verweildauer des Produktes am Markt, so daß nur die Kosten- und Erlösaspekte *am Markt* erfaßt werden. Jedem Marktzyklus eines Produktes geht jedoch eine kostenintensive Vorbereitungsphase (Beobachtung, Forschung, Entwicklung, Produktions- und Vertriebsvorbereitung) voraus, deren

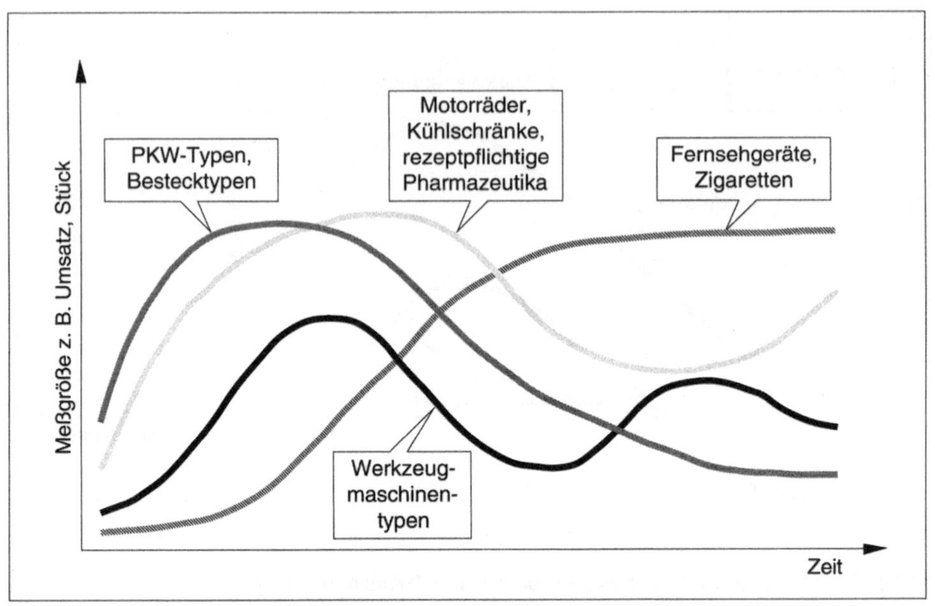

Bild 3.12   Marktzyklusverläufe (empirisch ermittelt)
(Quelle: Pfeiffer u. a. 1983)

Management und Ergebnisse die Marktphase wesentlich beeinflussen. Hinzu kommt der bei vielen Produkten zu beobachtende Trend,
daß diese Vorbereitungsphase immer länger und kostenintensiver,
die reine Marktphase hingegen immer kürzer wird (vgl. Bullinger
1990). Man geht deshalb zu einer *integrierten Betrachtung* des
Lebenszyklusses über.

Das *integrierte Produktlebenszyklus-Konzept* erweitert das traditionelle Konzept durch eine zusammenfassende Hintereinanderstellung
von Beobachtungs-, Entstehungs- und Marktzyklus (vgl. Bild 3.13).
Durch diese gemeinsame Betrachtung gewinnt dieses Modell an stra-
tegischem Charakter. Die im Diagramm getroffene analytische Trennung zwischen den Phasen bedeutet nicht, daß die Phasen in der Realität nicht eine gewisse zeitliche Überlappung und gewisse Iterationen (Produkt- und Produktionsevolution) besitzen können. Die einzelnen Phasen sind wie folgt charakterisiert:

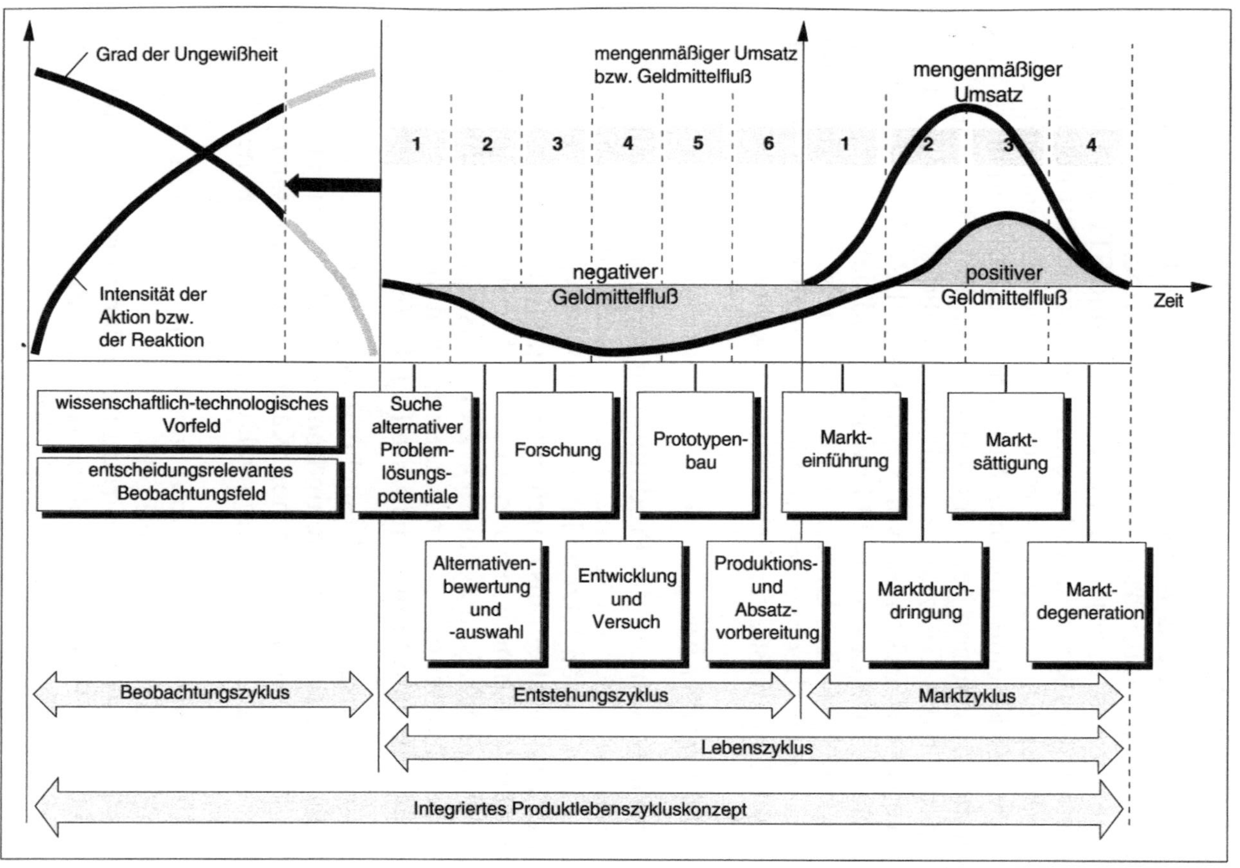

Bild 3.13 Integriertes Produktlebenszyklus-Konzept (nach Pfeiffer u. a. 1983)

(a) Beobachtungszyklus

Im Beobachtungszyklus werden strategisch wichtige Informationen aus dem gesellschaftlichen und wissenschaftlich-technologischen Umfeld gewonnen, die die Zukunft der SGF und STF des Unternehmens beeinflussen können und die für die gezielte Initiierung eines entsprechenden Entscheidungsprozesses notwendig sind. Der Beobachtungszyklus ist eine absolute Notwendigkeit und muß zu einer permanenten Institution gemacht werden (vgl. Kap. 3.7). Ziel dieser Aktivitäten ist das frühzeitige und mit möglichst geringer Ungewißheit versehene Erkennen von Chancen und Risiken für das Unternehmen. Frühzeitigkeit und Gewißheit sind dabei i. d. R. gegenläufig. Ein erfolgreiches Unternehmen muß meist bereits dann aktiv werden, wenn die beobachteten „Signale" noch schwach sind, also immer noch Ungewißheiten bestehen (vgl. Ansoff 1981).

(b) Entstehungszyklus

In dieser Phase werden die Produkte von morgen geschaffen, d. h. Entscheidungen über konkrete strategische Zukunftsgeschäftsfelder getroffen. Erst in den letzten Jahren ist das Bewußtsein gewachsen, daß dieser Zyklus ebenfalls durch eine sorgfältige Planung und Kontrolle der Unternehmensressourcen gelenkt sein muß (Innovations-Management, F&E-Management). Der Entstehungszyklus umfaßt sechs Phasen, wobei die ersten beiden Phasen große Ähnlichkeiten zur wertanalytischen Vorgehensweise (s. DIN 69 910) haben:

1. *Alternativensuchprozeß*: Suche nach neuen und alternativen Ideen für neue Produkte und/oder Verfahren mittels diskursiver (z. B. morphologischer Kasten, Funktionsanalyse) und kreativer (z. B. Brainstorming, Delphi-Methode, Synektik) Methoden.
2. *Alternativenbewertungs- und auswahlprozeß* mittels Nutzwertanalyse oder Scoring-Methode.
3.–6. *Realisierungsprozeß* des Produktes oder Verfahrens, der entsprechende F&E-Aktivitäten bis zu den Produktions- und Absatzvorbereitungsaktivitäten umfaßt.

(c) Marktzyklus

Dieser Zyklus entspricht dem oben besprochenen traditionellen Marktzyklus.

SUCCESS/FAILURE-STORY
Anhand des Lebenszyklusses der Uhr kann eindrucksvoll
aufgezeigt werden, wie die deutsche Uhrenindustrie
substitutionsgefährdende Entwicklungen in der Elektronik, insbesondere deren Miniaturisierung, völlig mißachtete und dann
innerhalb kürzester Zeit den Uhrenmarkt fast völlig an Wettbewerber verlor, die elektronische Uhren anboten (s. Bild 3.14).
Nachdem rein feinmechanische Konstruktionen immerhin über
400 Jahre lang den Markt beherrscht hatten, vollzog sich innerhalb einer Dekade fast vollständig eine Ablösung zugunsten
verschiedener elektronischer Varianten. Dieser Wandel kam
aber nicht ohne Vorzeichen. Bereits 1930 wurden in Deutschland Quarzuhren für wissenschaftliche Zwecke gebaut, damals
noch mit voluminöser, teurer und schwerer Röhrenelektronik.
Aber in den Folgejahren wurden die Bauteile immer kleiner
(Transistor 1947; Integrierter Schaltkreis 1958), so daß die
miniaturisierte Uhr für Unternehmen, die bewußt nach gefähr-
denden und chancenbietenden technologischen Entwicklungen
Ausschau gehalten hatten, absehbar wurde. Diese Ausschau
nach „schwachen Signalen" war aber offensichtlich bei den
deutschen Uhrenherstellern völlig unzureichend oder nicht vorhanden.
Quelle: Pfeiffer u. a. 1983

Die Uhrenindustrie ist nicht der einzige Bereich, in der die Mikroelektronik traditionelle Industrien und Technologien in revolutionä-
rer Geschwindigkeit substituiert hat (vgl. Kameras, Werkzeugmaschinen, Text- und Kommunikationssysteme usw.). Konservative Industrien waren oft zu unsensibel, „schwache" (oder sogar stärkere!)
Signale zu beachten und dann angemessen zu agieren.

3.5.1.3 Technologielebenszyklus-Konzept

Auch Technologien sind einem Lebenszyklus unterworfen. Dieselben
Technologien werden oft in verschiedenen Branchen zeitlich verschoben verwendet: während eine spezielle Technologie in einer
Branche gerade erst zum Einsatz kommt, wird sie vielleicht in einer
anderen Branche bereits durch eine neue substituiert. Der Tech-
nologielebenszyklus innerhalb einer Industrie ergibt sich damit aus
der Aggregation der verschiedenen Diffusionsverläufe der Technologie in den verschiedenen Branchen der Industrie.

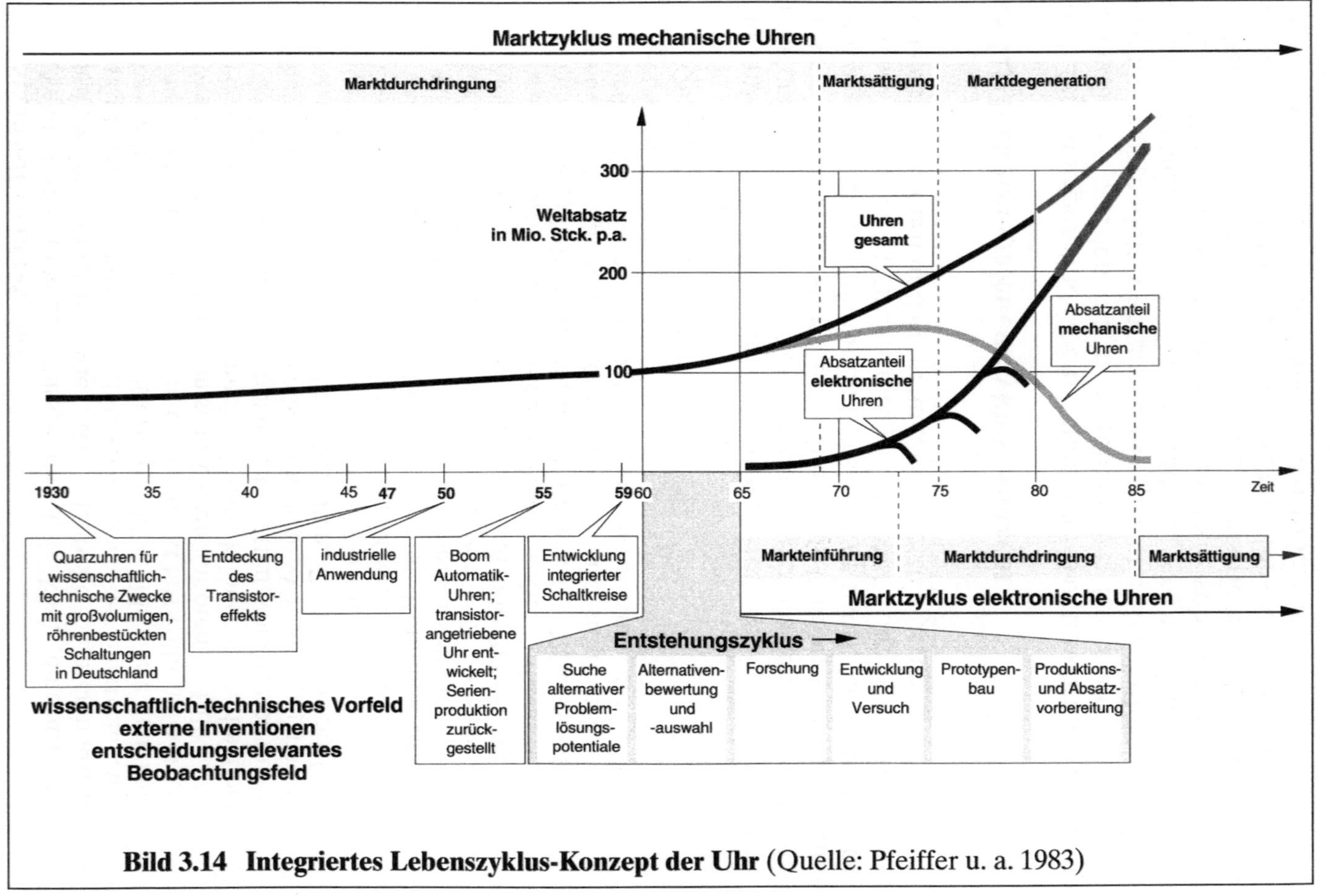

Bild 3.14 Integriertes Lebenszyklus-Konzept der Uhr (Quelle: Pfeiffer u. a. 1983)

Für manche Industrien ist das interindustrielle Diffusionspotential besonders hoch, man spricht dann von *Querschnittstechnologien*, die für viele Anwendungsgebiete relevant sind. Die darauf aufbauenden *spezifischen Technologien* sind im Gegensatz dazu sehr auf die Problemstrukturen und -arten einer speziellen Industrie gerichtet und beschränkt. Das Beherrschen einer Querschnittstechnologie und das Voraussehen des Diffusionspotentials dieser Technologie ermöglicht es einem Unternehmen, ggf. in andere Branchen vorzudringen (Diversifikation).

Die Unternehmensberatung A. D. Little hat eine Klassifizierung von Technologien bezüglich ihres wettbewerbsstrategischen Potentials entwickelt und verbreitet (ADL o. J.). Dabei werden aus den brancheninternen Diffusionsgraden *Technologietypen* abgeleitet, denen wiederum verschiedene Potentiale zugeordnet sind (s. Bild 3.15), vgl. auch die Definitionen in Kap. 3.3.

Einschränkend ist zu bemerken, daß auch reife Technologien Schlüsseltechnologien sein können, vor allem dann, wenn eine reife Technologie in einem neuen Kontext angewendet wird. Die Innovation des Walkman (Sony) basiert im wesentlichen auf zwei *ausgereiften* Technologien, der des Kopfhörers und der des Kassettenrecorders. Hier war die wesentliche Innovationsleistung die Kombination beider Technologien und die Miniaturisierung (Sony 1988).

SUCCESS/FAILURE-STORY
Die Produktidee von SONY war ein miniaturisierter, tragbarer Kassettenrekorder mit hervorragendem Stereosound. Die Umsetzung scheiterte zunächst an dem Platzbedarf geeigneter Stereolautsprecher und der notwendig voluminösen Stromversorgung. Der Einsatz von Kopfhörern wurde bedacht, aber diese waren damals noch zu groß und unhandlich. Deshalb wurde F&E-Aufwand zur Entwicklung miniaturisierter, d. h. leichter und kleiner Kopfhörer eingesetzt. Als nächstes Hindernis zur Markteinführung entpuppte sich das Sony-Marketing. Es war davon überzeugt, daß der Nutzer/Kunde den Zwang zum Gebrauch eines Kopfhörers als störend und nicht akzeptabel empfinden würde. Die Markteinführung wurde schließlich erst durch den CEO Akito Morita (Chief Executive Officer) durchgesetzt, gegen den Widerstand anderer Sony-Gruppen!

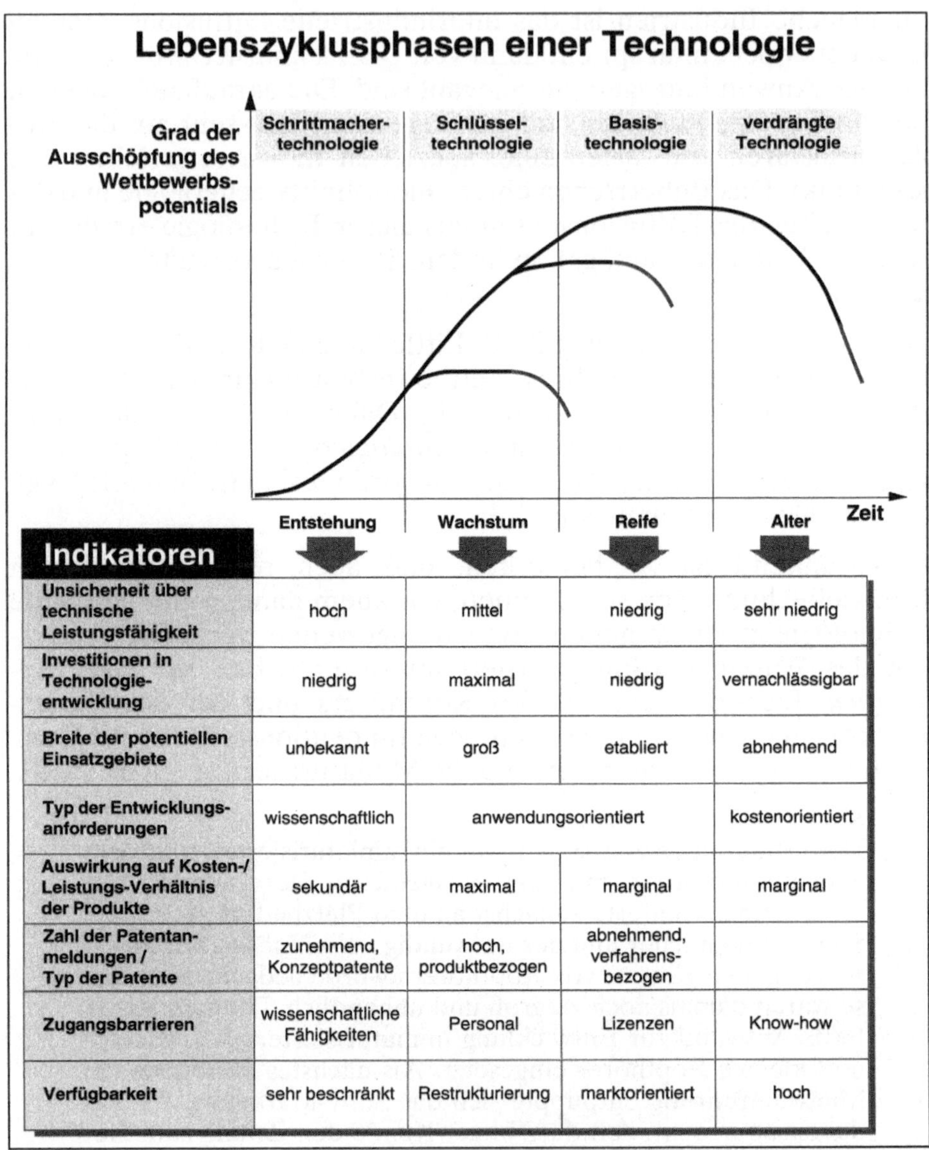

Indikatoren				
Unsicherheit über technische Leistungsfähigkeit	hoch	mittel	niedrig	sehr niedrig
Investitionen in Technologie-entwicklung	niedrig	maximal	niedrig	vernachlässigbar
Breite der potentiellen Einsatzgebiete	unbekannt	groß	etabliert	abnehmend
Typ der Entwicklungs-anforderungen	wissenschaftlich	anwendungsorientiert		kostenorientiert
Auswirkung auf Kosten-/ Leistungs-Verhältnis der Produkte	sekundär	maximal	marginal	marginal
Zahl der Patentan-meldungen / Typ der Patente	zunehmend, Konzeptpatente	hoch, produktbezogen	abnehmend, verfahrens-bezogen	
Zugangsbarrieren	wissenschaftliche Fähigkeiten	Personal	Lizenzen	Know-how
Verfügbarkeit	sehr beschränkt	Restrukturierung	marktorientiert	hoch

Bild 3.15 Typologisierung von Technologien nach der wettbewerblichen Relevanz (nach: Michel 1990)

1979 wurde somit der erste WALKMAN™ auf den Markt gebracht. Die Konkurrenz wartete recht lange ab, ob das neue Produkt einen Markterfolg haben würde. In der Zwischenzeit verbesserte Sony den Walkman intensiv und bereitete Produktvarianten vor. Dies erlaubte Sony, die Position als Marktführer zu stärken und auszubauen. Insgesamt wurden von Sony in den ersten 8,5 Jahren 35 Mio. Walkman verkauft. 1988 gab es bereits 85 verschiedene Modelle. Der Marktanteil in den USA betrug 1988 40 %, in Japan 50 %.
Quelle: Sony 1988

Miniaturisierung der Produkte und das Know-how einer entsprechenden flexiblen, feinmechanischen Fertigungstechnik ist eine der wichtigsten Success Factors von Sony. Produkte schließen ein neues Marktsegment auf, wenn sie miniaturisiert und damit mit erhöhtem Einsatzmobilitätsgrad angeboten werden. Da Miniaturisierungs-Know-how inzwischen von vielen Firmen nachgefragt wird, kann es sogar als eigenständige Dienstleistung vermarktet werden (Bsp.: Der Laptop-Computer *PowerBook™ 100* von Apple Computer, Inc. wurde unter Mitwirkung von Sony miniaturisiert).

3.5.1.4 Abhängigkeit von Produkt- und Prozeßlebenszyklus

Es liegt auf der Hand, daß das Produkt und der zugehörige Produktionsprozeß nicht unabhängig voneinander entwickelt werden können. Vielmehr bestehen hier einige Zusammenhänge. Der Sprung von feinmechanischen Geräten zu solchen mit Mikroelektronik (sog. *Mechatronics*-Produkten) kann nur von den Unternehmen durchgeführt werden, die nicht nur die Substitutions- und Nutzungsmöglichkeiten der Mikroelektronik in ihren Produkten erkennen und umsetzen, sondern auch die Produktions- und Prüfprozesse dafür zu beherrschen lernen.

In der Vergangenheit bestand nicht unbedingt eine direkte Entsprechung zwischen einem Produkt- und dem dazugehörigen Prozeßlebenszyklus. Ein Prozeßlebenszyklus konnte vielmehr viele Produktlebenszyklen umfassen. Die langlebigen Prozeßtechnologien charakterisierten sehr oft das „Leistungsrepertoire" und die Produktionsstruktur (meist Werkstättenstruktur: Bohrerei, Schweißerei, Galvanik usw.) eines Unternehmens.

Zukünftig werden die Produktlebenszyklen noch mehr vom Markt und von neuen, in der Lebensdauer ebenfalls verkürzten, Prozeßtechnologien abhängig sein. Insgesamt ist von einem viel engeren Zusammenhang zwischen beiden Lebenszyklen auszugehen. Im Extremfall entspricht einem Produktlebenszyklus genau *ein* Prozeßlebenszyklus, d. h. der Produktionsprozeß wird nur für die Herstellung eines bestimmten Produkts (oder einer Produktvariantenfamilie) geplant (Bsp.: Chipfertigung).

Die Innovationszeit, d. h. die Zeitspanne von der Produktidee bis zur Markteinführung eines Produkts *(time-to-market)*, wird immer mehr zu einer den kommerziellen Erfolg eines Produkts bestimmenden Größe. Da aber sowohl die Produktentwicklungszeit als auch die Prozeßentwicklungszeit in die Innovationszeit eingehen, lautet die Forderung, *beide* Zyklen zu verkürzen und zu einem *gesamtheitlichen Entwicklungsprojekt* zu integrieren. Diese Integration wird heute durch zwei Ansätze unterstützt:

1. *Computer Integrated Manufacturing* (CIM),
   d. h. Kopplung von Material- und Informationsfluß durch rechnerunterstützte Informationsverarbeitung und *Datenintegration;*

2. *Simultaneous Engineering* (SE),
   d. h. abteilungs- und unternehmensübergreifende *organisatorische* und *zeitliche Integration* von Engineeringaufgaben.

Wenn bestehende Strukturen die integrierte Bearbeitung eines Entwicklungsprojektes oder Produktionsauftrages nur noch mit hohen Reibungsverlusten zulassen, ist – getreu der Maxime *„structure must follow strategy"* – über die Einrichtung spezieller dezentraler Einheiten mit eigener Erfolgsverantwortung innerhalb der Fabrik nachzudenken (*„F&E-Thinktank"*, *„Focused Factory"*, *„Fabrik in der Fabrik"*). Die Struktur dieser Einheiten wird gemäß den jeweiligen Anforderungen optimal gestaltet.

3.5.2 Erfahrungskurven-Konzept

Das *Erfahrungskurven-Konzept* wurde in den 60er Jahren aufgrund empirischer Untersuchungen von Preis- und Kostenentwicklungen bei einer großen Anzahl von US-amerikanischen Unternehmen von der Boston Consulting Group (BCG) entwickelt. Die strategisch interessanten Aussagen dieses Konzepts sind Prognosen über die langfristige Kostenentwicklung eines Produkts, sowohl in der eigenen Unternehmung als auch beim Mitbewerber.

Im Gegensatz zu der in den 40er Jahren entwickelten *Lernkurve*, die feststellt, daß mit zunehmender Produktionsstückzahl die *Fertigungskosten* pro Stück potentiell sinken, umfaßt die Erfahrungskurve *alle* Kostenarten einer Geschäftseinheit. Sie stellt die summierten Kosten, die einem Unternehmen entstehen (z. B. F&E-, Produktions-, Vertriebs-, Verwaltungs- und Entsorgungskosten), dar (Henderson 1974).

Die Kernaussage des Erfahrungskurven-Konzepts ist, daß mit jeder Verdopplung der kumulierten Produktionsmenge eines Produktes die inflationsbereinigten Wertschöpfungskosten eines Stückes potentiell um einen bestimmten, branchen- und produktspezifischen Prozentsatz zurückgehen (s. Bild 3.16 und Bild 3.17).

Die kumulierte Produktionsmenge liefert nach diesem Modell über den unterstellten Erfahrungsgewinn einen potentiellen Vorteil. Die Kostendegressionseffekte resultieren dabei auch aus den *Auflagendegressionseffekten* (größere Lose; Einkaufsrabatte usw.), vielmehr jedoch und entscheidend aus den *Verfahrensdegressionseffekten* (kostengünstigere Fertigungsverfahren). Die Investitionen in F&E für Verfahrensverbesserungen lohnen sich generell um so mehr, je größer die Produktionsmenge ist. Umgekehrt lassen sich aus dem Erfahrungsgewinn detaillierte Rationalisierungspotentiale ableiten.

Aufgrund dieser Effekte führt eine Zeitverschiebung (time lag) zwischen den Markteintritten zweier konkurrierender Anbieter i. d. R. laufend zu Stückkostenunterschieden, was die Marktposition des Erstanbieters *(First)* gegenüber dem Imitator *(Follower)* nachhaltig begünstigt (s. Kap. 3.6.1: Strategien). Zur Wahrung oder gar zum Ausbau der Wettbewerbsposition ist nach diesem Konzept ein dauerndes Ausschöpfen des Erfahrungskurvenpotentials notwendig (unter der Annahme, daß die Mitbewerber nach gleicher Maxime handeln). Bei wachsenden Märkten ist zumindest mit der Geschwindigkeit der Mitbewerber Schritt zu halten, da diese sonst höhere Erfahrungspotentiale aufbauen können. Bei stark wachsenden Märkten führt alleine der zur *Marktanteilswahrung* notwendige Volumenanstieg zu (manchmal kritisch) hohem *Finanzbedarf*. Auch beim Eindringen in bereits bestehende Produktmärkte kann das Modell relativ gute Hinweise auf die Höhe der Anlaufkosten und mögliche erfolgreiche Strategien geben.

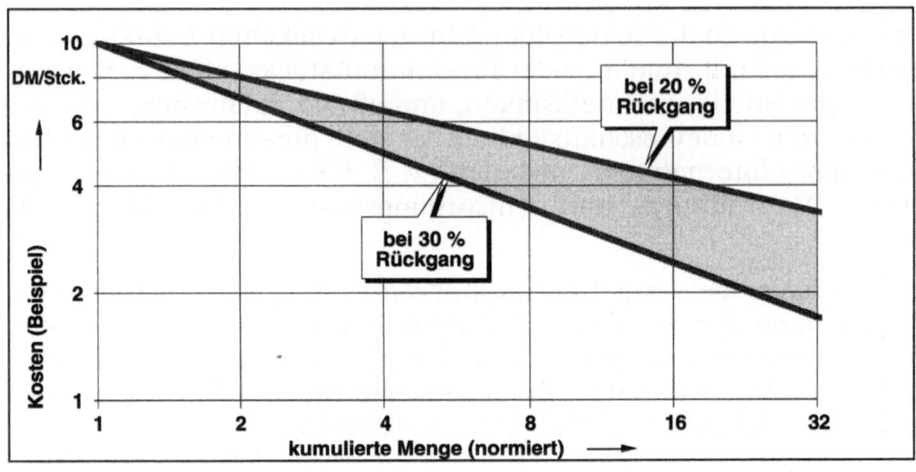

Bild 3.16   Erfahrungskurven-Konzept (schematisch)
(Quelle: BCG, Gälweiler)

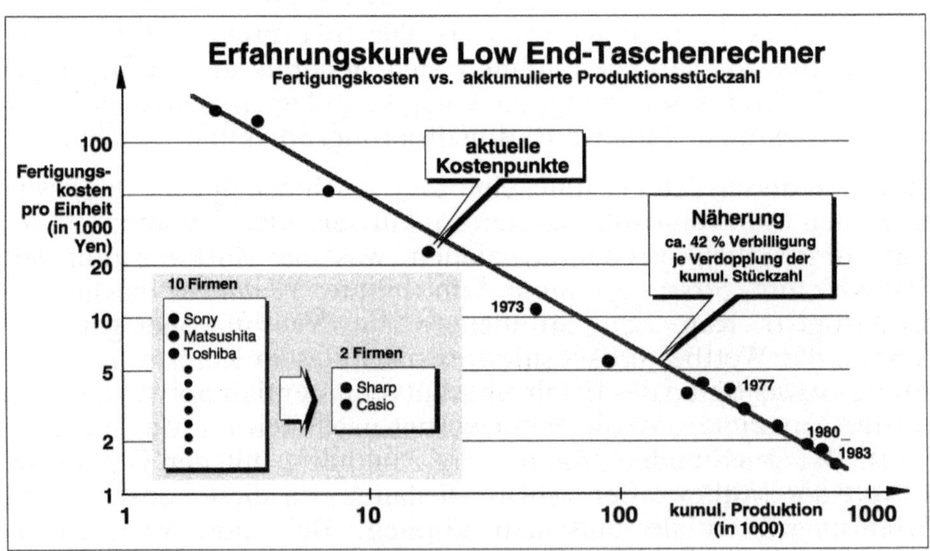

Bild 3.17   Erfahrungskurve von Low End-Taschenrechnern
(Quelle: Sony 1988)

In Bild 3.17 ist die Erfahrungskurve von Taschenrechnern der unteren Preiskategorie (Low End) in Japan abgebildet. Als Folge des deutlichen Preisverfalles trat eine Reduzierung der interessierten Wettbewerber von zehn auf zwei auf.

Das Erfahrungskurven-Konzept ist heute allgemein anerkannt und bewährt. Besonders zu beachten sind jedoch folgende Punkte:

1. Der Erfahrungskurveneffekt weist nur auf *Potentiale* hin. Das Senken der Stückkosten kann also nur unter Ausschöpfung *aller* denkbaren Rationalisierungsmaßnahmen erreicht werden (Potentialausschöpfung).
2. Der als fix angenommene Prozentsatz des Erfahrungszugewinns ist höchstens branchenspezifisch gültig und kann durch einzelne innovative Unternehmen, die nicht einmal Marktführer sein müssen, durchaus überboten werden.
3. Rationalisierungspotentiale sind über *alle* Unternehmensbereiche (neben Konstruktion und Produktion auch Verwaltung, Organisation u. a.) zu realisieren.
4. Es wird unterstellt, daß der Produktionsmenge jeweils Erlösströme gegenüberstehen, die produzierten Erzeugnisse also verkauft werden (Pfeiffer u. a. 1983).

Die beiden Größen *Marktwachstum* und *Marktanteil* müssen im folgenden noch näher diskutiert werden, da sie einen großen Einfluß auf die strategische Planung haben. Sie werden in fast allen Modellen und Analysen direkt oder indirekt verwendet.

Marktwachstum

Das *Marktwachstum* und das *Umsatzwachstum* gehören bei Managern und Planern zu den wichtigsten Größen strategischer Relevanz. Sie werden als Kennzahlen zur Beurteilung der wirtschaftlichen Lage verwendet. Das Erfahrungskurven-Konzept hebt diesen Aspekt besonders heraus, denn je höher diese Wachstumsraten sind, desto schneller wird die kumulierte Produktionsmenge verdoppelt und um so größer werden damit die möglichen günstigen Auswirkungen auf Stückkosten und Gewinne (die natürlich hinsichtlich Preis und Inflation zu bereinigen sind; das Erfahrungskurven-Konzept bezieht sich auf das *Mengenwachstum*).

Bei großem Marktwachstum fallen also die Kosten und deshalb meist auch die Preise stark. Da Marktwachstum aber über Mengenwachstum realisiert wird, bedeutet das i. d. R., daß Kapazitätserweiterungen notwendig werden, sofern nicht ungenutzte Kapazitäten vorhanden sind. Somit sind umfangreiche *Investitionen* im Personal-, Sachmittel- und Organisationsbereich zu tätigen. Dies stellt eine erhebliche Herausforderung an die Unternehmensführung dar und hat Konsequenzen für die Struktur des Unternehmens. Insbesonders an die Funktionen Beschaffung und Finanzierung werden hohe Ansprüche gestellt.

Erstreckt sich eine hohe Wachstumsrate über einen längeren Zeitraum, werden kapitalschwache Unternehmen sehr bald an die Grenzen ihrer Finanzkraft geraten. Vor Eintritt in einen als schnell wachsend prognostizierten Markt muß sich die Unternehmensführung eingehend über die Finanzierungsmöglichkeiten informieren, da in der Wachstumsphase das Produkt selbst noch keine positiven Deckungsbeiträge abwerfen und damit auch nicht sein eigenes Wachstum finanzieren kann.

Das Marktwachstum (oder: *Marktwachstumsrate)* ist damit von entscheidender strategischer Bedeutung bei der Auswahl geeigneter und optimaler Alternativen in der Investitionsplanung bei knappen Ressourcen. Es bildet eine der Dimensionen des BCG-Portfolios (s. Kap. 3.6.2.1).

Marktanteil

Der Marktanteil eines Anbieters mit gleichen Verkaufszahlen wird nur in statischen Märkten gleichbleiben. Da sich aber Märkte meist dynamisch verändern, wird der *Marktanteil* eines Anbieters zur *dynamischen* Größe.

Für einen Anbieter mit hohem Marktanteil ermöglicht der hohe kumulierte Produktionsoutput bestimmte niedrige Stückkosten (Erfahrungskurven-Konzept). Betrachtet man diesen Anteil isoliert, so ergeben sich zunächst keine weiteren Handlungshinweise; setzt man diesen Anteil jedoch in Relation zu der Position der Mitbewerber, so lassen sich deren Stückkosten näherungsweise bestimmen. Mit diesen Erkenntnissen kann das Unternehmen *preispolitische Maßnahmen* am Markt planen und dabei unterschiedliche Strategien verfolgen (vgl. dazu Henderson 1974).

Verfolgt der Anbieter die *Maximierung seines Marktanteils* und erreicht dabei die *Marktführerschaft*, so hat er folgende strategische Vorteile zur Sicherung oder sogar zum Ausbau seiner Marktposition errungen: Erstens könnte er bei allen Preisrückgängen am längsten mithalten, da er die potentiell niedrigsten Kosten aller Mitbewerber hat, und zweitens haben alle Preisveränderungen auf die Preisspanne der nachrangigen Mitbewerber eine relativ stärkere Wirkung als auf die des Marktführers. Pointiert ausgedrückt gilt: *„Geld verdient nur der Monopolist".* Ein Hersteller muß sich also überlegen, welche Eigenschaften seines Produktes (seiner Dienstleistung) *Alleinstellungsmerkmale* und damit eine *Unique Selling Position* (USP) ermöglichen. Der (relative) Marktanteil ist eine besonders wichtige Größe der Langfristplanungsmethoden. Er bildet daher auch die zweite Dimension des BCG-Portfolios (Kap. 3.6.2.1).

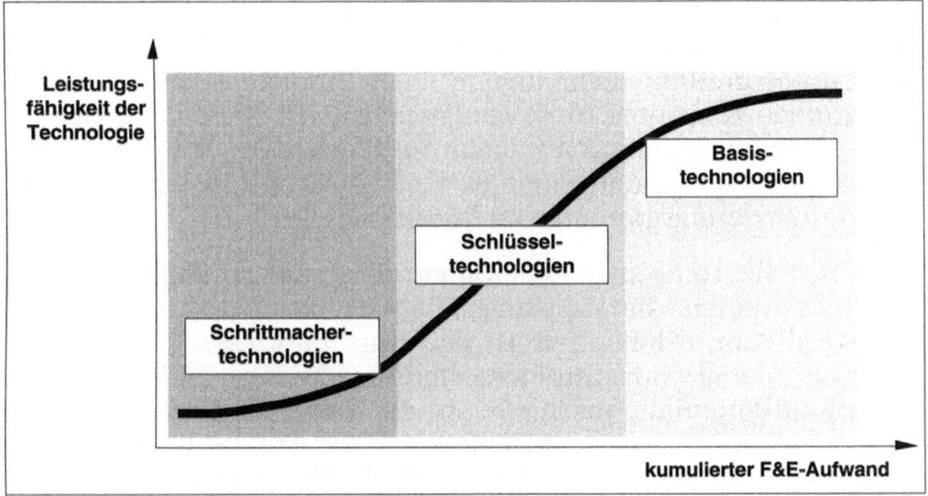

Bild 3.18 Idealtypische Lebenszykluskurve einer Technologie (S-Kurve)
(nach: McKinsey)

3.5.3 Substitutionspotential-Konzept (S-Kurven-Konzept)

In Kapitel 3.5.1.3 wurde bereits dargestellt, daß auch die Technologien in einer Branche einem Lebenszyklus, d. h., einem Wachstums-, Alterungs- und Substitutionsprozeß unterworfen sind. Trägt man in einem Diagramm die Leistungsfähigkeit einer Technologie über dem kumulierten F&E-Aufwand (nicht: Zeit!) auf, so ergibt sich in vielen Fällen idealtypisch eine „S-Kurve" (Bild 3.18).

Die wesentliche Interpretation dieser „S-Kurve" ist, daß das Verhältnis von F&E-Output zu -Input, also die *F&E-Produktivität*, im Verlaufe eines Technologielebenszyklusses einen charakteristischen Wandel durchmacht. Allerdings durchlaufen nicht alle Technologien den gesamten Zyklus, da nur wenige Schrittmachertechnologien zu Schlüsseltechnologien und nicht alle Schlüsseltechnologien zu Basistechnologien werden (vgl. Definitionen in Kap. 3.3).

Eine Zuweisung (Allokation) von F&E-Ressourcen für *Basistechnologien* (also gereiften Technologien) einer Branche ist aufgrund dieses S-Kurven-Konzepts i. d. R. wenig vorteilhaft. Dies ist neben dem oben erwähnten Effekt auch damit zu begründen, daß eine Basistechnologie wegen der allgemeinen Verfügbarkeit in der Branche wenig Differenzierungspotential am Markt bietet.

Deutet sich die Reife einer Technologie dergestalt an, daß zusätzliche F&E-Investitionen die Leistungsfähigkeit der Technologie nicht mehr signifikant erhöhen, so ist die Frage zu klären, ob nicht der Übergang zu einer Substitutionstechnologie bessere F&E-Produktivitäten und Potentiale erschließt. In der Regel wird eine Substitutionstechnologie eine wesentlich bessere F&E-Produktivität besitzen als die ausgereifte Basistechnologie (vgl. „F&E-Effizienzdreiecke" in Bild 3.19). Diesen Übergang bezeichnet man im Rahmen des *„Doppel-S-Kurven-Konzepts"* auch als *„Sprung auf eine andere S-Kurve"*. Die Darstellung der reifen Technologie und ihrer potentiellen Substitutionstechnologien im S-Kurven-Diagramm verdeutlicht das jeweils prognostizierte *Substitutionspotential*.

Ein Beispiel zur Entwicklung der F&E-Effizienz unterschiedlicher Technologien mit vergleichbaren Leistungsmerkmalen bietet Bild 3.20, in dem die Leistungsfähigkeit von Lampen (hier in Lumen pro Watt) über der Zeit aufgetragen wurde. (Da der kumulierte

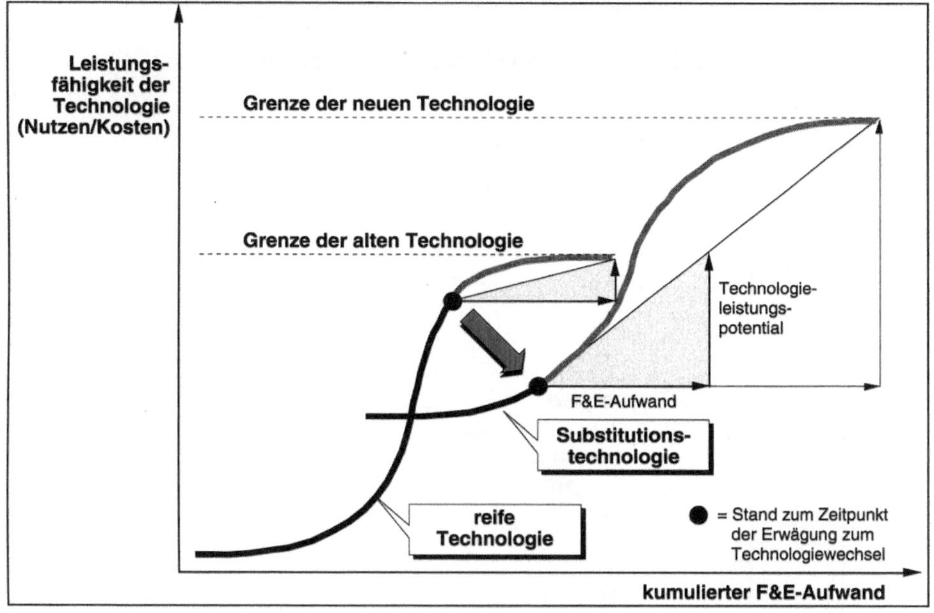

Bild 3.19 Substitutionspotential neuer Technologien (Doppel-S-Kurve)
(Quelle: Krubasik 1982; vgl. Homburg 1991)

F&E-Aufwand im zeitlichen Verlauf zwangsläufig steigt, ergibt sich eine ähnliche S-Kurve wie im klassischen S-Kurven-Diagramm.) Im Diagramm ist deutlich die abflachende S-Kurve der Glühlampe zu erkennen, ein sicherer Hinweis, daß die Technologie Glühlampe an der Grenze ihrer Leistungsfähigkeit angelangt ist. Vergleicht man dazu die S-Kurve der Fluoreszenzlampentechnologie, so deutet die Situation auf eine anstehende Entscheidung „Glühlampe oder Fluoreszenzlampe" hin. Entweder wird der F&E-Aufwand in die bestehende Technologie Glühlampe stark erhöht, oder es findet ein Wechsel der F&E-Anstrengungen in Richtung Fluoreszenzlampen, also ein „S-Kurven-Sprung", statt. Diese Notwendigkeit, sich zwischen Investitionen in alte oder in neue Technologien zu entscheiden, wird auch als „managing discontinuities" bezeichnet.

Selbstverständliche Vorbedingung jedes Sprunges auf eine Substitutionstechnologie ist die Kenntnis potentieller Substitutionstechnologien. Wird eine mögliche Substitutionstechnologie nicht wahrgenommen, so können ganze Geschäftsfelder verloren gehen (s. folgen-

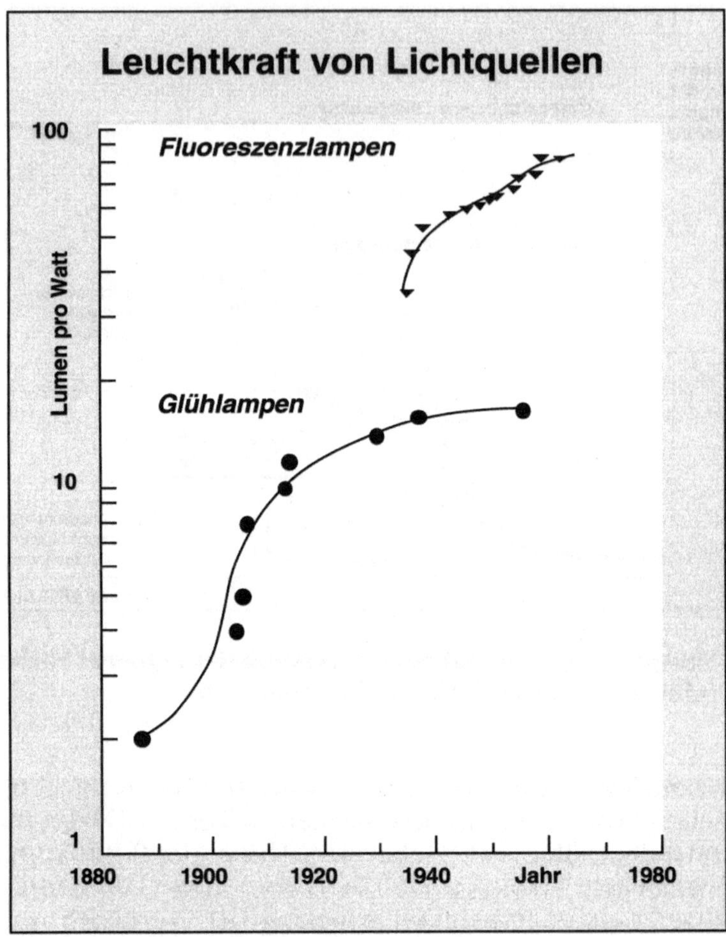

Bild 3.20 Beispiele zu Technologie-Verläufen (Quelle: Martino 1983)

de Success/Failure-Story). Im Kapitel 3.7 werden einige der Methoden genannt, um potentielle Substitutionstechnologien identifizieren
und bewerten zu können.

SUCCESS/FAILURE-STORY

Die schweizerische Uhrenindustrie verpaßte in der ersten Phase den technologischen Sprung auf die neue mikroelektronische
Produkttechnologie, obwohl das Know-how verfügbar gewesen wäre. Nach Einbruch der Märkte fand sie jedoch in der

SWATCH eine günstige Kombination: einen neuen Markt der *Modeuhr für alle Lebenslagen* und eine neue Technologie der *präzisen Billiguhr*, die automatisiert hergestellt werden kann. Die mechanische Uhr hat inzwischen ihre Nische im eher konservativen Prestigebereich gefunden, wohingegen die Uhren mit elektronischen Komponenten alle Moden mitmachen. Der Markt hat sich somit in einen Spezialitätenmarkt (Uhr als Investitionsobjekt) und in einen Volumenmarkt (Uhr als Modeartikel) gewandelt. Prämissen dieser Teilung waren die neuen Produkt- und Prozeßtechnologien und der Wertewandel am Markt.

Eine marktorientierte Variante des „regulären" S-Kurven-Sprungs ist die sog. „Wegelagerer"-Innovation: Eine neue Technologie bzw. ein neues Produkt wird fertig entwickelt, aber so lange nicht auf den Markt gebracht, bis die Konkurrenz mit ähnlichen Technologien/Produkten kommt. Dann erfolgt ein sofortiger, breiter Markteintritt mit einer Variantenpalette reif entwickelter Produkte („Überfall").

SUCCESS/FAILURE-STORY
Manche Geschäftsfelder von Produkten mit mechanischen Elementen wurden im Hochlohnland Deutschland als uninteressant aufgegeben, obwohl kurze Zeit später der „technologische Trendbruch" Mikroelektronik hier wieder konkurrenzfähige Mechatronik- oder Elektronik-Produkte und deren Geschäftsfelder ermöglicht hätte (Schreibmaschinen, Kleinbild-Kameras u. a.).
Die Substitution von Mechanik durch Elektronik veränderte die Kostenstruktur einiger Produkte derart, daß eine Produktion in den westlichen Industrieländern wieder möglich gewesen wäre. Nur wenigen Branchen gelang es allerdings, die aufgegebenen Märkte wenigstens teilweise wieder zurückzuerobern.

Das S-Kurven-Konzept stellt auch noch ein anderes wesentliches Problem des strategischen Technologiemanagements heraus: es besteht eine *zeitliche Verschiebung* zwischen den Technologiepotentialen und den Potentialen der für die entsprechende Technologie relevanten Strategischen Geschäftsfelder (SGF).

Wegen dieser *Inkongruenz der Erfolgspotentiale in den Entstehungs- und Marktzyklen* darf das Umsatzwachstum von Produkten und damit auch der entsprechenden Produktionsverfahren nicht als Indikator für die Investition in die jeweiligen Technologien herangezogen werden (Michel 1990). Wird dies mißachtet, so wird in Konsequenz im F&E-Bereich auf bekannten (am Markt erfolgreichen) Basistechnologien verharrt, und F&E-Ressourcen werden zur Förderung von Projekten mit geringem Weiterentwicklungspotential verwendet. Mit diesen Maßnahmen wird aber in Bereiche niedriger F&E-Produktivität gesteuert. Bereits mittelfristig geht dann der Anschluß an neue Technologien verloren, Marktanteile und Märkte werden von Mitbewerbern übernommen. Es muß also darauf geachtet werden, daß nicht die *aktuellen* Marktanteile und die Erlösströme der Produkte betrachtet werden, sondern die *Leistungspotentiale* der Technologien.

Die *Kritik des S-Kurven-Konzepts* weist auf zwei Schwachstellen hin: Einerseits auf das Prognosedilemma und andererseits auf das Fehlen wettbewerblicher und marktstrategischer Kriterien. Das *Prognosedilemma* macht darauf aufmerksam, daß die genannten Schlußfolgerungen und der als „zukünftig" dargestellte Kurvenverlauf tatsächlich aus einer Ex-post-Analyse resultieren. Erst *im Rückblick* wird sich erweisen, welche technologischen Entscheidungen richtig waren. In *aktuellen* Entscheidungsfragen (ex ante = im voraus), z. B. bei der Auswahl zwischen konkurrierenden neuen Technologien, ist der weitere Verlauf der „S-Kurven" prinzipiell noch unbekannt. Daraus resultiert der hohe Unsicherheitsgrad der Anwendung dieses Konzepts. Die Forderung von Foster (1986), erfolgreiche Unternehmen müßten „rechtzeitig von einer alten S-Kurve auf eine neue springen" erweist sich vor diesem Hintergrund als plakativ vereinfacht. Folgende Fragen weisen auf weitere Prognoseprobleme des S-Kurven-Konzepts hin: Ist die Übertragbarkeit alter Beobachtungen auf die neue Situation gewährleistet? Handelt es sich überhaupt um eine vergleichbare Situation? Wie sind Aufwände neuer Technologien zu schätzen? Wie kann man alte und neue F&E-Aufwendungen vergleichen? Der zweite Punkt kritisiert, daß hier die *technische* Leistungsfähigkeit als zentraler strategischer Indikator gewählt wurde. Die wettbewerblichen Differenzierungsmöglichkeiten auch reifer Technologien werden nicht berücksichtigt. Weiterhin wird die *Wettbewerbsrelevanz* der betrachteten *technologischen Innovation* vernachlässigt. Welche Technologien sind relevant? Nicht jede neu eingebrachte Technologie ist unbedingt auch erfolgskritisch im Wettbewerb. Hier sind bei der Anwendung weitere *marktstrategische Di-*

mensionen zu berücksichtigen (Michel 1990). Berücksichtigt man diese methodischen Schwachstellen, ist das S-Kurven-Konzept eine wertvolle Hilfe bei der Diskussion strategischer Technologiemanagementfragen.

Die Berücksichtigung und teilweise explizite Integration sowohl markt- als auch technologieorientierter Dimensionen in die strategische Gesamtplanung ist bei einigen Portfolio-Methoden in verschiedenen Ansätzen realisiert worden (s. Kap. 3.6.2).

3.6 Strategische Technologieplanung und Strategieformulierung

Es wird allgemein anerkannt, daß die betriebswirtschaftliche Forschung über die strategischen Aspekte des Technologiemanagements noch am Anfang steht. Grundlegend hängt dies damit zusammen, daß es bis heute noch keine gefestigte, handlungsleitende Theorie der Betriebswirtschaft gibt, die die strategischen Aspekte des Technologiemanagements integriert behandelt. Das bedeutet jedoch nicht, daß nicht vielfältiges und bewährtes Erfahrungswissen vorliegt, das zu kennen ausreicht, um zumindest grob beurteilen zu können, wie technische Innovationen gezielt in Wettbewerbsstrategien integriert werden können.

Einige der wichtigsten Konzepte und Methoden der strategischen Technologieplanung und Strategieformulierung, die sich seit Jahren in der Unternehmensberatung und der Praxis der Unternehmensführung bewähren konnten, sollen daher im folgenden vorgestellt und diskutiert werden. Obwohl diese Konzepte und Methoden noch Defizite haben und eine methodische Integration und Geschlossenheit vermißt wird, sind sie in Lehre und Anwendung bereits breit eingeführt. Ohne diese Kenntnisse ist heute das Verständnis markt- und technologiespezifischer Zusammenhänge schwerlich zu vermitteln. Sie bilden geradezu eine Kommunikationsbasis mit betriebswirtschaftlich orientierten Mitarbeitern und sind daher für den Ingenieur unverzichtbar geworden.

3.6.1 Grundstrategien

Strategien bringen zum Ausdruck, wie ein Unternehmen seine bestehenden und potentiellen Stärken dazu nutzt, Umweltbedingungen und deren Veränderungen gemäß den unternehmerischen Absichten zu begegnen. Ziel dabei ist nicht, die unternehmerischen Kräfte an sich zu entwickeln, sondern, immer am Wettbewerb ausgerichtet, eine maximale relative Differenz zu den verschiedenen Mitbewerbern aufzubauen. Nach Clausewitz (1983) geht es beim strategischen Denken also stets darum, durch geschickten Einsatz begrenzter Ressourcen (also auch da, wo kein absolutes Übergewicht aufzubauen ist) einen *relativen Vorteil* auf einem entscheidenden Punkt zu verschaffen. Strategien verfolgen deshalb Ziele, wie sie beispielsweise in den Konzepten einer *Unique Selling Position (USP)* oder einer *Strategischen Erfolgsposition* (SEP; vgl. Pümpin 1986) beinhaltet sind.

In diesem Kapitel werden zunächst allgemeine Wettbewerbs- und Technologiestrategien beschrieben, die in der strategischen Planung große Bedeutung errungen haben. In den Abschnitten des Kapitels 3.7.2 werden verschiedene Strategieformulierungsmodelle beschrieben, die mittels Portfolioanalysen zur Empfehlung sog. Normstrategien kommen.

3.6.1.1 Strategiebegriff

Der Begriff *Strategie* wurde schon in der Antike verwendet. Bereits im 5. Jahrhundert v. Chr. ist in der Drakonischen Verfassung das Kollegium der Athenischen „Strategen" zu finden. Diese waren als militärische Oberbeamte für Fragen der Kriegsführung verantwortlich. Etymologisch stammt das Wort Strategie aus dem griechischen „strategós" = Heerführer, Feldherr, Leiter, das sich aus den Wörtern „stratós" = Herr und „agein" = führen zusammensetzt. Strategie bedeutet somit die Kunst der Heerführung, die geschickte Kampfplanung und die Feldherrenkunst. Unter „strategem" wurde Kriegslist verstanden.

Zu Beginn des 19. Jahrhunderts beschrieb Carl von Clausewitz in seinem Buch „Vom Kriege" die Bedeutung der Strategien im militärischen Bereich (Clausewitz 1983). Unter Strategie verstand er die allgemeine Entwicklungsrichtung eines Heeres. Im Gegensatz dazu bezeichnete der Begriff der *Taktik*, vom griechischen „taktiké" = die Kunst der Anordnung und Aufstellung, das situationsgerechte Verhalten der Truppenführung und der Truppe im Feld (vgl. Kreikebaum 1981). Diese Unterscheidung wird im Sprachgebrauch heute manchmal verwaschen, indem der Strategiebegriff inflationär für jegliche Maßnahme und Regel verwendet wird.

Aus dem ursprünglich militärischen Bereich wurde der Begriff der Strategie in die betriebswirtschaftliche Planungstheorie übernommen. Nach Kreikebaum (1981) lassen Strategien erkennen, wie ein Unternehmen seine vorhandenen und potentiellen Stärken einsetzt, um Veränderungen der Umweltbedingungen zielgerecht zu begegnen.

Unternehmensstrategien lassen sich wie folgt charakterisieren:

❑ Veränderungen der Unternehmensumwelt, die einerseits bereits eingetreten oder andererseits zu erwarten sind, beeinflussen Unternehmensstrategien. Dabei können sich Unternehmensstrategien *reaktiv* in Form von Anpassungsstrategien an Veränderungen anpassen oder die Unternehmensumwelt *proaktiv* mitgestalten.

❑ An Unternehmensstrategien ist ablesbar, wie das im Unternehmen vorhandene Potential unter Ausnutzung der bestehenden und eventuell zukünftig verfügbaren Stärken eingesetzt werden kann, um die Unternehmensziele zu erfüllen.

❑ Unternehmensstrategien geben in detaillierter Form die allgemeine Richtung an, in die sich ein Unternehmen entwickelt. Aus diesem Grund müssen nachfolgend Strategien durch operative Maßnahmen ergänzt bzw. ausgefüllt werden.

Darüber hinausgehend bezieht Chandler (1962) den Prozeß der Zielbildung in den Prozeß der Strategieformulierung mit ein. Demnach beinhaltet die Unternehmensstrategie das Setzen langfristiger Ziele sowie die Zuweisung vorhandener und erwarteter Ressourcen, die für die Erreichung der Organisationsziele wesentlich sind. Desweiteren müssen primäre Vorgehensweisen und geeignete Maßnahmen zur Strategieerreichung ausgewählt werden. Bild 3.21 faßt die Charakteristika des Strategiebegriffs nochmals zusammen.

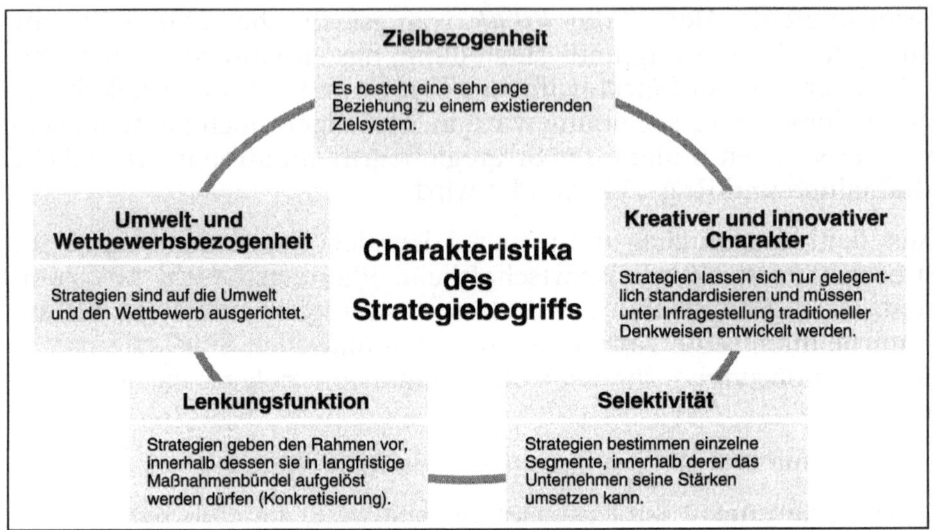

Bild 3.21   Der Strategiebegriff im Unternehmen

3.6.1.2 Wettbewerbsstrategien

Die Notwendigkeit der expliziten Formulierung von Wettbewerbsstrategien auf der Ebene der Geschäftsfelder (SGF) wurde von Porter (1985) mit dem *kompetitiven Planungsansatz* eingeführt. Das traditionelle *Structure-Conduct-Performance-Paradigma der Industrieökonomik* (nach Bain und Mason) postulierte eine lineare, gerichtete Einwirkungskette von der Markt-/Industriestruktur *(structure)* auf die unternehmerische Verhaltensweise (Strategie; hier engl.: *conduct)* und von dort weiter auf das Marktergebnis *(performance)*. Im inzwischen aktualisierten SCP-Paradigma werden die in der Realität beobachtbaren Rückkopplungseffekte vom Marktergebnis auf die Wettbewerbsstrategie und von dieser auf die Markt-/Industriestruktur mit einbezogen, siehe Bild 3.22. Es wird jetzt also berücksichtigt, daß die Markt- und Industriestruktur aktiv durch die Auswahl von unternehmerischen Strategien beeinflußt wird, und daß der strategische Handlungsspielraum des Unternehmens durch die Marktergebnisse der Vergangenheit mit determiniert wird.

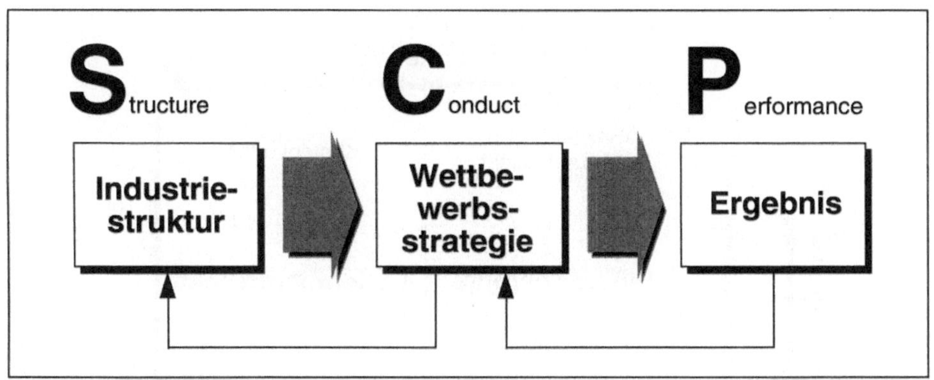

Bild 3.22   Das SCP-Paradigma der Industrieökonomik (nach: Bain, 1968)

Porter (1985) nennt in seinem *kompetitiven Planungsansatz* fünf *Wettbewerbskräfte* (Strukturdeterminanten), die Einfluß auf die Wettbewerbsintensität und Rentabilität einer Branche haben:

❏ Rivalität unter den *etablierten* Unternehmen,
❏ Bedrohung durch *neue Konkurrenten*,
❏ Bedrohung durch *Substitutionsprodukte*,
❏ Verhandlungsstärke und Kaufverhalten der *Abnehmer* und
❏ Verhandlungsstärke und Kaufverhalten der *Lieferanten*.

Die Wahl der Wettbewerbsstrategie wird anhand der situativen Ausprägung dieser Wettbewerbskräfte getroffen. Hierzu stehen folgende *drei strategische Grundverhaltensweisen* zur Verfügung, die die Basis für eine Formulierung adäquater Strategien sind:

1. Kostenführerschaft,
2. Differenzierung und
3. Fokussierung (oder: Spezialisierung, Konzentration).

Wie Bild 3.23 verdeutlicht, werden diese strategischen Grundverhaltensweisen durch zwei Optionen ausgewählt:

1. *Strategisches Zielobjekt:*
   Zielen auf Teilmarkt *oder*
   Zielen auf Gesamtmarkt,

2. *Strategischer Vorteil:*
   Zielen auf Kosten/Preisvorteil *oder*
   Zielen auf qualitative Differenzierung.

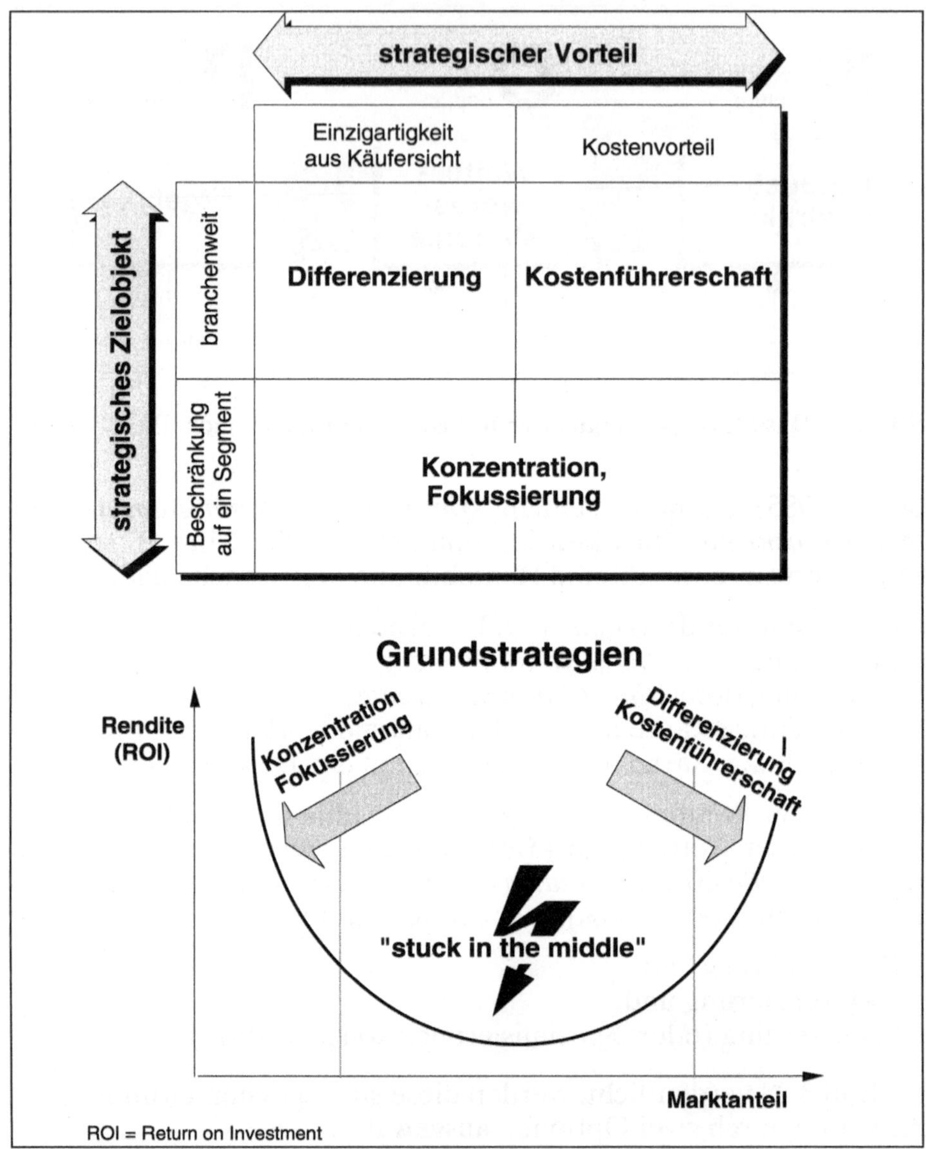

Bild 3.23 Die drei wettbewerblichen Grundstrategien (nach: Porter 1985)

(1) *Strategie der Kostenführerschaft:*
Kostenführer ist der, der die *niedrigsten (Stück-) Kosten vergleichbarer konkurrierender Produkte/Dienstleistungen* hat. Die

Strategie der Kostenführerschaft verfolgt damit das hauptsächliche Ziel, einen Kostenvorsprung vor den Konkurrenten zu erringen. Nach dem *Erfahrungskurven-Konzept* ist dies aber nur mit der Marktführerschaft (größter Mengenumsatz aller Mitbewerber; *economies of scale*) dauerhaft zu realisieren. Je nach Markt dürfen natürlich auch weitere Gesichtspunkte nicht vernachlässigt werden.

(2) *Strategie der Differenzierung:*
Die Differenzierungsstrategie verfolgt das Ziel, die eigenen Produkte durch *qualitative Produkt- und Leistungsvorteile* (Alleinstellungsmerkmale) von denen der Konkurrenten positiv, d. h. im Sinne eines *höheren Kundennutzens*, abzuheben (Ziel: *Unique Selling Position*). Gelingt dieses Vorhaben, so sind aufgrund dieser Produkt- und Leistungsvorteile auch höhere Preise erzielbar (*economies of scope*). In diesem Fall können die Ertragsspannen wachsen. Der Faktor Kosten verliert an Bedeutung, wenngleich er nicht unwichtig wird.

(3) *Strategie der Fokussierung/Spezialisierung:*
Die Fokussierungsstrategie beschränkt sich im Gegensatz zu den beiden o. g. Strategien auf die *Selektion von Marktsegmenten (Marktnischen) und eine Spezialisierung auf diese Nischen.* Teilmarktbezogen können die Aktivitäten hier wieder in Richtung Kostenführerschaft oder Differenzierung gelenkt werden.

Der Herleitung dieser Strategien liegt das *U-Kurven-Konzept* zugrunde, das einen U-förmigen Verlauf zwischen Rendite und Marktanteil feststellt (vgl. Bild 3.23). Wird keine der o. g. Strategien konsequent verfolgt, so droht die Gefahr eines Hängenbleibens in Marktanteilsbereichen niedriger Rendite (sog. *„stuck in the middle"*).

In Bild 3.24 sind die potentiellen Beiträge der Produkt-, Prozeß- und Informationstechnologien zu den drei o. g. generischen Strategien zusammengestellt. Die Tabellenelemente geben Hinweise, welche Beiträge die einzelnen Technologien für die gewählte Strategie leisten können.

Bei einem hohen Informationsverarbeitungsanteil in Produkten oder Prozessen sind die Informationstechnologien meist erfolgreich anwendbar.

		Strategie		
		Kostenführerschaft	**Differenzierung**	**Fokussierung**
Technologieveränderung	**Produkt-technologie**	zur Senkung der Produkt-kosten durch ● Materialreduktion ● Fertigungserleichterung ● Vereinfachung logis-tischer Erfordernisse	zur Erhöhung von ● Produktqualität ● Produktmerkmalen ● Lieferfähigkeit ● Produktvielfalt	zur Befriedigung einer differenzierten Nachfrage durch spezifische ● Produktgestaltung und ● Leistungskonfiguration
	Prozeß-technologie	zur Realisierung von ● Lernkurveneffekten durch Reduktion von Input zur Erzielung von ● "economies of scale"	zur Erzielung von ● engeren Toleranzen ● besserer Qualitäts-kontrolle ● verlässlicherer Zeit-planung ● schnellerer Reaktion zur Erzielung von ● "economies of scope"	zur Anpassung der Wert-schöpfungskette an Markt-nischenbedürfnisse, um ● Kosten zu senken ● Kaufwert zu erhöhen
	Informa-tionstech-nologie	zur kostensenkenden ● Fertigungsintegration und ● Wertschöpfungsketten-optimierung	zur Erhöhung des ● Leistungspotentials und der ● Wertschöpfung	zur Schaffung neuer ● Leistungspotentiale oder ● Marktnischen

Bild 3.24 Technologieveränderung und Portersche Wettbewerbsstrategien
(nach: Zahn 1986)

3.6.1.3 Technologiestrategien

Zur Schaffung und Behauptung von Wettbewerbsvorteilen durch ge-
zielten Technologieeinsatz bieten sich verschiedene Strategien an.
Im wesentlichen sind hier vier Technologiestrategien samt Varianten
zu nennen:

❑ die Pionierstrategien,
❑ die Imitationsstrategien,
❑ die Nischenstrategien und
❑ die Kooperationsstrategien.

Die Diskussion, ob eher der *Pionier* (sog. „First") oder der erste,
schnelle *Imitator* (sog. „Fast Second" oder „Follower") die letztlich
erfolgreichere Strategie verfolgt, ist Gegenstand zahlreicher Untersuchungen. Beide Strategien schließen einander aus, während die
beiden letztgenannten Strategien sowohl miteinander als auch mit
den beiden erstgenannten kombinierbar sind. In den folgenden Ab-

schnitten werden die beiden ersten Strategien veranschaulicht, verglichen und bewertet. Danach werden die in der Praxis häufiger vorkommenden Varianten der Nischen- und Kooperationsstrategien in Anlehnung an Zahn (1986) besprochen.

Pionierstrategien

Die Pionierstrategie ist die *Strategie der Technologieführerschaft*, d. h. das Bemühen, stets als erster technische Innovationen am Markt durchzusetzen. Hier ist besonders die sorgfältige Analyse und systematische Planung notwendig. Die Suche nach technischen Innovationen ist dabei nicht nur auf neue Produkte zu begrenzen, sondern auf den *gesamten* Bereich der Wertschöpfungskette zu erweitern (z. B. Prozeßinnovation). Diese Technologiestrategie kann daher sowohl die Kostenführerschafts- als auch die Differenzierungsstrategie am Markt unterstützen.

Zwei Ausprägungen dieser Strategie sind der *Technologiepionier*, der sein Sachziel im Vorfeld technischer Veränderungen sieht und sofort auf neue technologische Herausforderungen zugeht, wenn eine Technologie reif geworden ist und daher die Märkte preissensibel geworden sind (z. B. Hewlett Packard im Meßgeräte- und oberen Workstation-Markt) und der *Technologieausbeuter*, der über den gesamten Lebenszyklus einer Technologie an der Spitze marschiert, die Erfahrungskurveneffekte konsequent ausnutzt und sich über die Preisgestaltung die Marktführerschaft sichert (z. B. Texas Instruments).

SUCCESS/FAILURE-STORY
Anfang der 80er Jahre war die industrielle Nutzung der *Lasertechnologie* für die *Blechbearbeitung* noch nicht weit verbreitet. Der Werkzeugmaschinenbauer Trumpf erkannte das Potential des Laserschneidens für Bearbeitungsaufgaben und wagte den Einstieg in die Entwicklung der Lasertechnik für die Blechbearbeitung. Da noch keine dominanten Hersteller vergleichbarer Laser auf dem Markt vertreten waren, konnte sich Trumpf durch Laserschneidanwendungen einen erheblichen Vorsprung gegenüber seinen Mitbewerbern sichern.

Imitationsstrategien

Der Imitator lernt aus den Erfahrungen des Pioniers und orientiert sich stärker als dieser am Markt. Auch hier sind zwei Ausprägungen zu beobachten, die *kreative Nachahmung* und das *unternehmerische Judo*.

Die kreative Nachahmung eines erfolgreichen Innovators gelingt vor allem bei noch nicht gut bedientem Markt durch das richtige Erkennen der Kundenprobleme und -wünsche und deren rasche und bessere Berücksichtigung im Leistungsangebot (Strategie des „fast second", des „Schnellen Zweiten").

SUCCESS/FAILURE-STORIES
Der *Personal Computer* wurde zuerst von Commodore Business Machines und kurz danach von Apple als technische Innovation auf den Markt gebracht. IBM trat erst nach längerem Abwarten Anfang der 80er Jahre in den Personalcomputer-Markt ein und gewann trotz eines ersten Rückschlags schnell den größten Marktanteil. Durch diese Marktposition konnte auch die Technologieposition gestärkt werden, insofern sich bis heute fast der gesamt PC-Markt am Merkmal der IBM-Kompatibilität ausrichtet.
Die Firma SEIKO folgte dieser Strategie ebenfalls erfolgreich im Sektor der Quarz-Digitaluhren.
Die Firma Digital Equipment Corp. (DEC), damals weltgrößter Hersteller von Minicomputern, scheiterte trotz immenser Investitionen bei ihrem ersten Ausflug in den PC-Markt 1985 (damals noch nicht IBM-kompatibel). DEC reagierte mit einer neuen Palette von nun IBM-kompatiblen PCs.

Das *unternehmerische Judo*, mit dem vor allem einige japanische Unternehmen in den Märkten für Transistoren, Farbfernsehgeräte, Taschenrechner, Videogeräte, Kopierer u. a. erfolgreich waren (und sind), setzt an schlechten Gewohnheiten der Marktführer an (Neigung zur Hochpreispolitik, zum „Ernten", zur „not invented here"-Haltung), und attackiert diese an besonders empfindlichen Stellen über geschickt eingerichtete Brückenköpfe. Diese Strategie ist sehr risikoarm und meist erfolgreich. Ein Schutz vor dem unternehmerischen Judo ist die beständige eigene Korrektur, der „Angriff" auf die *eigenen* etablierten Technologien und Produkte.

Vergleich: First- versus Follower-Strategie

Bei expandierenden Entstehungszyklen, schrumpfenden Marktzyklen und einer Konkurrenzsituation entscheidet der *Zeitpunkt des Markteintritts* immer mehr über den wirtschaftlichen Erfolg. Die Zeit bis zur Markteinführung („time to market") wird entscheidender Erfolgsfaktor.

Betrachtet man die Verhältnisse zweier Wettbewerber in einem derartigen Markt schematisch über der Zeit, so wird der strategische Vorteil des *First* (Pioniers) deutlich (s. Bild 3.25). Für lange Zeit kann er am Markt wie ein *Monopolist* agieren, d. h. die gesamte Nachfrage absorbieren und später über den Erfahrungskurveneffekt nachhaltig seine Marktführerschaft sichern. Die Zeitdauer des Konkurrenzmarktes schrumpft. Diesem Vorteil steht das vergrößerte Risiko eines verfrühten Markteintritts und unausgereifter Produkte gegenüber. Hier ist die Chance des *Followers* (Imitators). Aber dieser hat nur noch immer kürzer werdende Amortisationszeiten für seine Entwicklungsaufwendungen zur Verfügung. Die Entwicklungskosten des Followers wurden in der Vergangenheit als wesentlich niedriger als die des First bewertet, wovon aber nicht immer ausgegangen werden kann. Hier sind differenziertere und spezifische Untersuchungen notwendig, um so mehr, als heute die Produkt- und Produktionstechnologien eng verzahnt sind.

Diesen Überlegungen liegt eine Reihe von vereinfachenden Voraussetzungen zugrunde, die in der Praxis nicht unbedingt so eintreten müssen. So haben erfolgreiche Imitatoren gezeigt, daß sie nicht nur die Technologie gut zu beherrschen lernten, sondern über geschickte Imitatorenstrategien sogar die Position von Marktführern erobern konnten. Zur Hilfe kommen kann dabei auch die Kombination mit anderen Differenzierungs- und Nischenstrategien, indem z. B. der Erfolg erst in einzelnen Marktsegmenten gesichert wird und dieser Erfolg dann die Basis für den Angriff auf den Branchenmarktführer bildet (Beispiele: Kugellager, PKW). In anderen Fällen ist die Strategie des *„Überholen ohne Einzuholen"*, also des Überholens des aktuellen Marktführers durch vorzeitigen Wechsel auf eine Substitutionstechnologie, der einzige Weg, an einem etablierten Marktführer vorbeizukommen. Dabei wird der Follower allerdings *selbst* zum Pionier, er hat also die Strategie gewechselt.

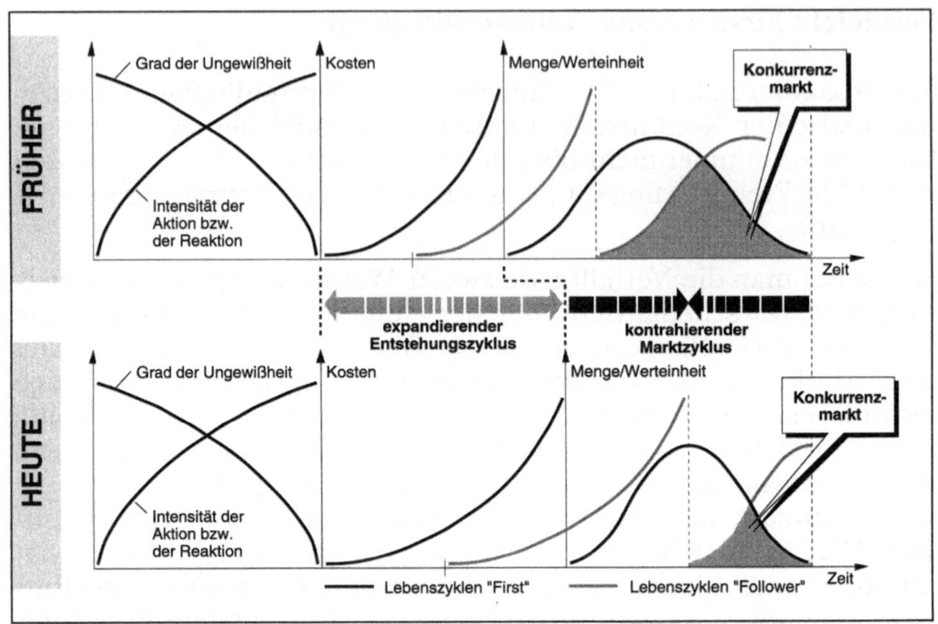

Bild 3.25 First- vs. Follower-Strategie (nach: Pfeiffer u. a. 1983)

Die Strategiewahl „First versus Follower" ist also nicht für alle Fälle generell zu entscheiden. Pfeiffer u. a. (1983) plädieren beispielsweise sehr konsequent für die Überlegenheit der First-Strategie, während Zahn (1986) geschickt operierenden Followern den größeren Erfolg einräumt. Im Bild 3.26 werden nochmals die Vorteile und Nachteile einer Technologieführerschaft zusammengestellt.

Nischenstrategien

Nischenstrategien sind auf das Besetzen möglichst wettbewerbsarmer, aber sehr lukrativer Marktsegmente ausgerichtet. Die Nischenstrategen versuchen, möglichst unauffällig (um keine Konkurrenten anzulocken und unscheinbar) Gewinne zu erzielen.

Auch hier können nach Drucker (1985) drei Varianten beobachtet werden: die *Schlagbaum-Strategie*, die *Spezialkönnen-Strategie* und die *Spezialmärkte-Strategie*.

<table>
<tr><td colspan="2" align="center">Potentiale der Technologieführerschaft</td></tr>
<tr><td align="center">Vorteile</td><td align="center">Nachteile</td></tr>
<tr><td>

❏ Ruf als Pionierunternehmen

❏ Vorerwerb einer attraktiven Produkt- oder Marktposition

❏ Umstellkosten beim Anwender

❏ Wahl des besten Vertriebskanals

❏ Lernkurveneffekte (Erstrealisierung)

❏ bevorzugter Zugang zu Anlagen, Inputs und anderen knappen Ressourcen

❏ Bestimmung von Standards / Normen

❏ Erlangung institutionellen Schutzes gegen Imitatoren (z. B. Patent)

❏ Abschöpfung von Konsumentenrente

</td><td>

❏ Pionierkosten
● Produktionserlaubnis
● Auflagen
● Kundenschulung
● Infrastrukturaufbau
● Ressourcenerschließung
● Entwicklung von Komplementärprodukten

❏ Nachfrageunsicherheit

❏ Änderungen in den Kundenbedürfnissen

❏ Spezifität und Risiko der Überalterung von Erstinvestitionen

❏ Gefahr durch technologische Diskontinuität

❏ Gefahr durch Niedrigkosten-Imitatoren

</td></tr>
</table>

Bild 3.26 Vor- und Nachteile einer Technologieführerschaft
(nach: Porter 1985)

Die *Schlagbaum-Strategie* erfolgt durch vollständiges Besetzen einer Nische, wenn das angebotene Produkt in irgendeinem Prozeß oder bei der Lösung irgendeines Problems von wesentlicher Bedeutung ist. Die Gefahr dieser Strategie liegt oft in den mangelnden Wachstumsmöglichkeiten.

Die *Spezialkönnen-Strategie* wird durch eine nie erlahmende Innovationskraft realisiert, z. B. bei „High-tech"-Firmen und Zulieferern (*Beispiele:* Bosch: von Zündkerzen bis zu Motormanagementsystemen; Mahle: Spezial-Know-how für Kolben). Gefahren erwachsen da, wo externe Veränderungen das entwickelte Spezialkönnen überflüssig machen (z. B. Degeneration des Verbrennungsmotor-KFZ-Marktes).

SUCCESS/FAILURE-STORY
Die als Innovator bekannte Firma 3M hat auf dem hartumkämpften PC-Markt eine Marktnische für PC-Disketten entdeckt und diese „leise" bis zur Marktführerschaft erobert.

Die *Spezialmärkte-Strategie* setzt bei Spezialkenntnissen eines Marktes an. Drucker (1985) nennt als Beispiel automatisierte Backöfen zur Herstellung von Süß- und Salzgebäck. Weitere Beispiele sind in der Freizeitindustrie und in der Rüstungsindustrie zu finden.

Kooperationsstrategien

Kooperationsstrategien sind Strategien auf der Grundlage einer *Lizenzpolitik*, mit Hilfe verschiedener Formen des *Venture Managements* (venture = Wagnis) oder durch *Allianzen*.

Bei *Lizenznahme* besteht die Möglichkeit, schnellen Zugang zu technischem Know-how zu erlangen. Bei *Lizenzgabe* können Einnahmen ohne eigenes Tätigwerden realisiert werden. Beiden Strategien sind differenzierte Chancen/Risikoprofile eigen.

Venture Management tritt in verschiedenen Formen auf. Beim *Venture Capital* wird Kapital durch Großunternehmen an junge „Hightech"-Unternehmen zur Erzielung eines „Window On Technology" vergeben (bereits in den 60er Jahren in den USA praktiziert durch u. a. Exxon, DuPont, 3M, General Electric Corporation). Das *Venture Nurturing* gewährt neben der Kapitalhilfe auch noch Managementunterstützung. Beim *New Style Joint Venture* schließen sich ein großes und ein kleines Unternehmen zusammen. Unter *Sponsored Spin Off* versteht man die Verselbständigung einer technologiebasierten Einheit von der Muttergesellschaft. Das *Venture Merging & Melting* ist ein institutioneller Zusammenschluß verschiedener Venture-Einheiten außerhalb der Muttergesellschaft.

Allianzen (Collaborative Ventures) realisieren Synergien und verteilen das Risiko zwischen Großunternehmen, was jedoch oft einen gewissen Verlust an Managementautonomie nach sich zieht. Beispiele sind internationale technische Großprojekte wie Ariane oder Airbus, oder Kooperationen zum Tausch von Ressourcen, zur gemeinsamen Nutzung von Ressourcen und zur Risikostreuung.

SUCCESS/FAILURE-STORY
Die drei Großen der deutschen Chemiebranche wollen durch weltweite Allianzen die Wettbewerbsfähigkeit erhöhen. Diese neue strategische Ausrichtung verfolgt u. a. das Ziel, die hohen Fixkostenblöcke zu minimieren. Diese liegen in der deutschen

Chemieindustrie bei 51 % und damit um einiges höher als im Fahrzeugbau (46 %) oder Anlagenbau (33 %). Die deutschen Chemiekonzerne konstatierten auch beim Produktivitätszuwachs teilweise erheblichen Nachholbedarf. Er erreichte in Deutschland von 1985 bis 1993 lediglich 11 %, während es im gleichen Zeitraum in Japan 32 % und in den USA 39 % waren. Durch die Kooperation der Degussa mit dem Schweizer Chemiekonzern Ciba-Geigy bei Farben und Glasuren für Fliesen und Sanitär rangieren die Kooperationspartner weltweit hinter dem US-Chemiekonzern Ferro auf Platz zwei. Zugleich erschloß sich Degussa über die Ciba-Geigy-Tochter Drakenfeld den nordamerikanischen Markt. Dies war für Degussa nach starker Präsenz in Europa, Asien und Südamerika eine willkommene Ergänzung.

Nachfolgendes Diagramm (Bild 3.27) ordnet aktuelle Strategische Allianzen in der Chemiebranche unterschiedlichen strategischen Zielen zu.

Quelle: Wilmes 1993

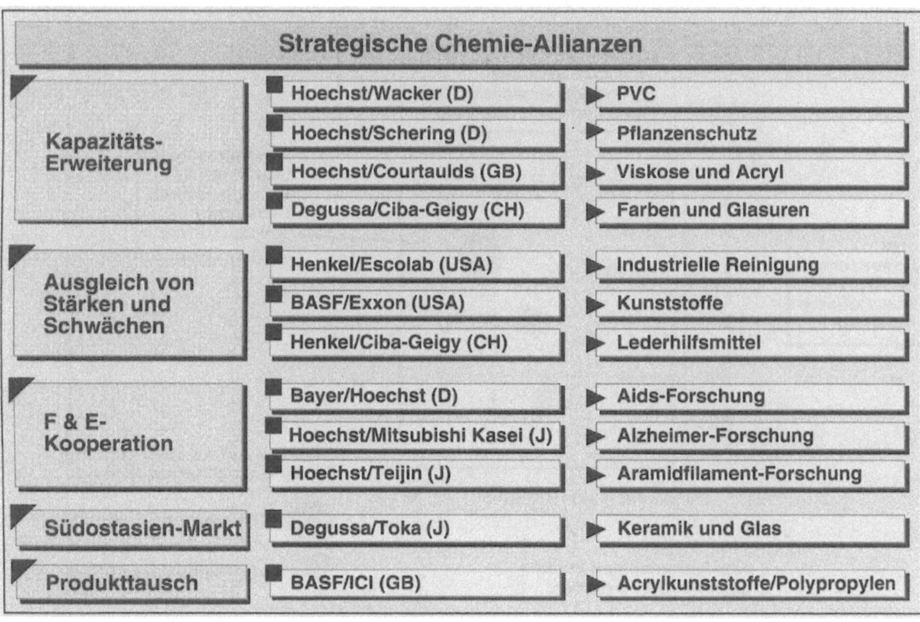

Bild 3.27   Ziele Strategischer Allianzen
(Beispiele aus der Chemiebranche)

3.6.2 Portfoliomethodik, Geschäfts- und Technologiefeldanalyse

Zu den wichtigsten Methoden der strategischen Planung gehören *Umfeld- und Portfolioanalysen.* Die Portfolioanalyse ist eine Methode der Strategieentwicklung und -formulierung. Ein Portfolio ist eine graphische Darstellung einer zweidimensionalen Matrix. In das Portfoliofeld werden die Geschäfte (oder Technologien) eines Unternehmens durch Ermittlung unternehmensexterner, *nicht direkt beeinflußbarer* Kriterien (z. B. Marktattraktivität, s. u.) und unternehmensinterner, mittels Investitionen *direkt beeinflußbarer* Kriterien (z. B. relative Wettbewerbsstärke, s. u.) eingeordnet. Typischerweise berücksichtigt man neben dem analysierten IST-Zustand (IST-Portfolio) auch den gewünschten SOLL-Zustand (SOLL-Portfolio). Durch Zusammenfassung und Transformation der Maße auf die zwei skalierten Achsen des Portfolios (Multifaktorenansatz) ergeben sich die Geschäfts- bzw. Technologiepositionen des Unternehmens, die durch Positionskreise dargestellt werden. Mit dem Durchmesser des Positionskreises kann die *Bedeutung* eines Geschäftes (Technologie) wiedergegeben werden (s. Bild 3.28).

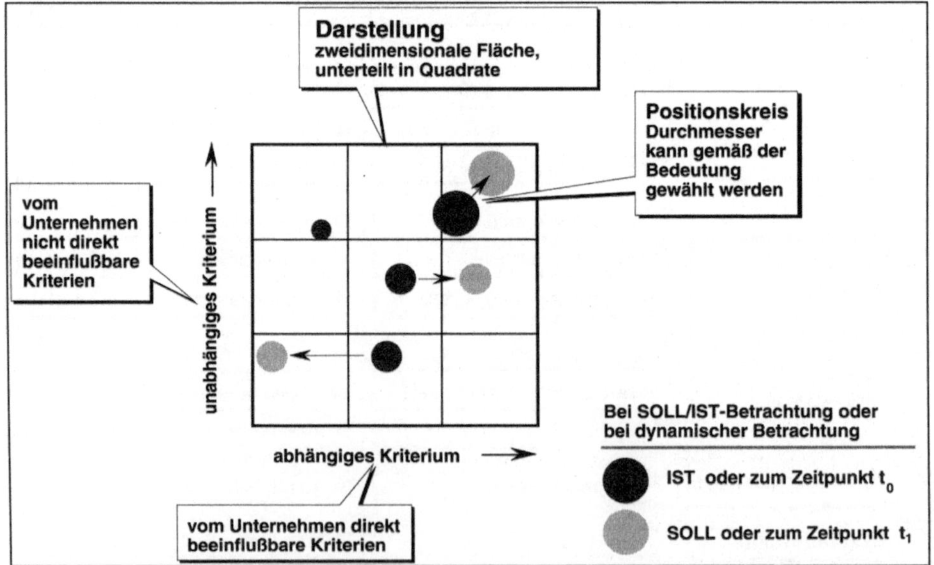

Bild 3.28   Die Portfolio-Darstellung der strategischen Unternehmensplanung

Die Portfoliomatrix wird durch Linien in eine bestimmte Anzahl horizontaler und vertikaler Felder symmetrisch aufgeteilt (meist 3 x 3, manchmal auch 4 x 4 oder 2 x 2 Felder). Die Positionen des Unternehmens fallen nun in jeweils eines dieser Felder, denen strategische Optionen, sog. *Normstrategien*, zugeordnet sind. Diese Normstrategien müssen jeweils analysespezifisch überprüft und verfeinert werden. Davon ausgehend werden für die zugehörigen strategischen Einheiten (Investitions-) Programme entwickelt, die dann den Rahmen für die Durchsetzung und Kontrolle bilden. Die Programme werden in den organisatorischen Einheiten der betreffenden STE bzw. SGE realisiert. Bei der folgenden Darstellung verschiedener Portfoliomethoden werden zugleich auch die zugeordneten Normstrategien vorgestellt.

Historisch gesehen wurde zuerst die *Geschäftsfeldportfolio-Methode* (oder: *Marktportfolio-Methode*) entwickelt und eingesetzt. Die bekanntesten Formen dieser Portfoliomethode wurden aus der Beratungspraxis zweier international tätiger Unternehmensberatungen entwickelt (s. Kap. 3.6.2.1 und 3.6.2.2). Diesen reinen Marktportfolios liegt die Annahme zugrunde, daß sich die Technologietrends von Produkten und Produktionsverfahren relativ konstant entwickeln und daher nicht explizit zu berücksichtigen wären. Da davon in vielen Branchen und Märkten heute i. d. R. nicht mehr auszugehen ist, wurden neue Portfolioformen entwickelt, die einzelne Aspekte der Technologieentwicklung mit in dieses Instrumentarium der strategischen Planung integrieren *(Technologieportfoliomethode)*. Auch das Technologieportfolio wurde in verschiedenen Varianten entwickelt, von denen die wichtigsten ebenfalls noch beschrieben werden. Trotz der breiten Anwendung in der strategischen Planung wird die Portfoliomethodik allgemein keineswegs als hinreichend oder gar vollkommen betrachtet. Von Forschung und Praxis werden daher immer wieder Weiterentwicklungen erarbeitet und erprobt. Vor allem die methodische Integration der einzelnen Instrumente ist noch nicht befriedigend gelungen, was aber dem Technologiemanagement als integrativer und interdisziplinärer Aufgabe ein Anliegen ist.

3.6.2.1 Marktanteil-Marktwachstum-Portfolio

Das Marktanteil-Marktwachstum-Portfolio der Boston Consulting Group (BCG) integriert die beiden im Erfahrungskurven-Konzept als strategisch relevant erkannten Faktoren Marktwachstum und Marktanteil (s. Kap. 3.5.2) in eine Darstellung (Bild 3.29).

Auch hier wird auf der einen Portfolioachse eine vom speziellen Unternehmen nicht beeinflußbare Größe (relatives Marktwachstum), und auf der anderen Achse eine von ihm beeinflußbare Größe (relativer Marktanteil) aufgetragen; d. h., das Unternehmen ist nur dazu in der Lage, die horizontale Position ihrer Produkte (Geschäftsfelder) direkt zu beeinflussen. Die vertikale Koordinate wird vorwiegend durch den Markt, d. h. auch durch mehrere nicht direkt beeinflußbare Mitbewerber, bestimmt.

Das *relative Marktwachstum* ist dabei das Verhältnis des zusätzlichen realen Marktvolumens im zukünftigen Zeitraum zu dem gegebenen realen Marktwachstum im abgelaufenen Zeitraum. Unter *relativem Marktanteil* wird das Verhältnis des eigenen absoluten Marktanteils zu dem absoluten Marktanteil des stärksten Konkurrenten verstanden.

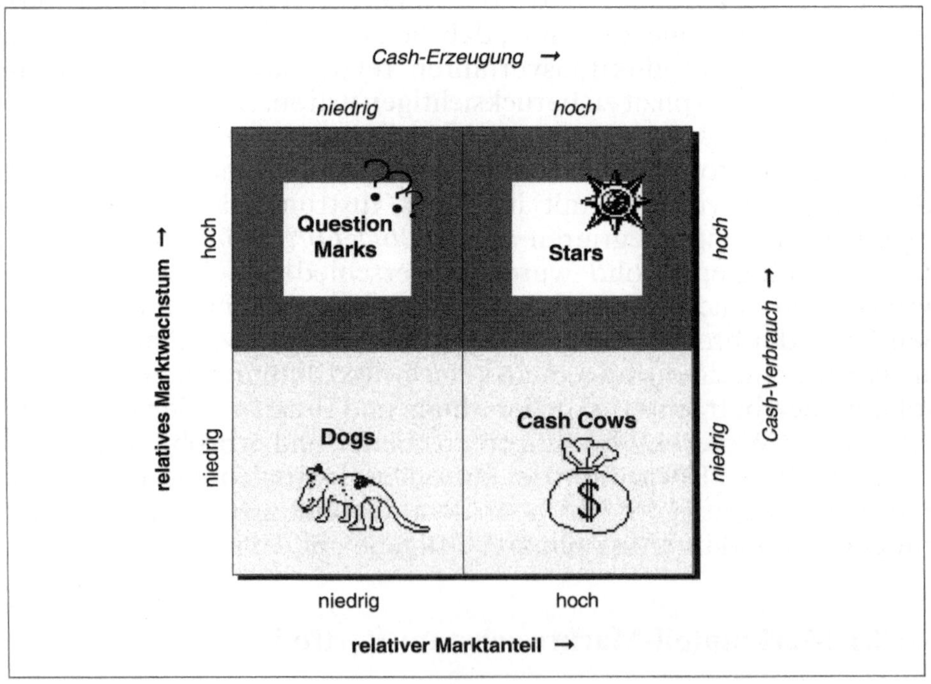

Bild 3.29   Das Marktanteil-Marktwachstum-Portfolio (BCG-Portfolio)

Das BCG-Portfolio wird vorwiegend zur Analyse einzelner Geschäftsfelder hinsichtlich ökonomischer Relevanz, Cash-Erzeugung und Cash-Verbrauch und zur Ableitung entsprechender Normstrategien verwendet. Dazu ist das BCG-Portfolio in 2 x 2 Felder (Quadranten) unterteilt, die man mit typischen US-amerikanischen Begriffen bezeichnet. Die Felder und ihre Charakteristika sind folgende:

(1) *Stars:*

Stars („aufsteigende Sterne") sind Produkte mit hohem Marktwachstum und hohem relativen Marktanteil. Sie erbringen hohe Erlöse, die aber zur Sicherung der Marktposition bei expandierendem Markt reinvestiert werden müssen. Stars sind die Hoffnungsträger eines Unternehmens im Sinne bester Chancen auf Profitwachstum und Investitionsmöglichkeiten. In der Regel sollte deshalb ein Unternehmen alle Anstrengungen unternehmen, um den Star in seiner hervorragenden Wettbewerbsposition zu halten oder gar zu stärken. Kann nämlich die Marktführerposition über eine längere Zeit gehalten werden, so wird der Star bei dann nachlassendem Marktwachstum zur „Cash Cow" und verdient dann die getätigten hohen Investitionen zurück (dieser Cash-flow wird allerdings meist zur Finanzierung neuer Stars verwendet). Kann die Marktführerposition hingegen nicht gehalten werden (z. B. wegen Finanzmangels), so wird er zum „Dog" und kann die getätigten Investitionen nicht wieder erwirtschaften.

(2) *Cash Cows:*

Cash Cows („Geldkühe") sind Produkte mit hohem relativem Marktanteil, allerdings im Feld niedriger Marktwachstumsraten (gereifter Markt). Die erzielten Gewinne werden nur soweit reinvestiert, als damit die Marktführerposition gehalten wird. Der Investitionsbedarf der Cash Cows ist gering, denn die notwendigen Kapazitäten wurden bereits in der Star-Zeit aufgebaut. Somit ergeben sich hohe Überschüsse. Cash Cows bilden damit die finanziellen Grundlagen einer Unternehmung.

(3) *Dogs:*

Dogs („arme Hunde") sind Produkte mit niedrigem relativem Marktanteil in Märkten mit niedrigem Wachstum. Insgesamt ergibt sich eine ungünstige Kostensituation (Erfahrungskurven-Konzept!), die wegen niedrigem Marktwachstum auch kaum zu verbessern ist. Es ist nur begrenzt möglich, Marktanteile hinzuzugewinnen. Andererseits benötigen diese Produkte deshalb auch nur geringe Investitionen, was die Cash-flow-Bilanz i. d. R. ausgleicht. Dogs stellen keine Bedrohung, aber auch keine Chance für ein Unternehmen dar. Sie sollten deshalb nicht zu zahlreich vertreten sein.

(4) *Question Marks:*
Question Marks („Fragezeichen"; auch: „Nachwuchs", „Problemkinder") sind Produkte mit niedrigem relativem Marktanteil, allerdings in einem Markt mit hohem Wachstum. Zur Finanzierung des Mitgehens im Marktwachstum wird ein hoher Cash-flow notwendig, der aber wegen der ungünstigen Marktposition nicht durch entsprechende Erlösströme des Produkts finanziert werden kann. Gelingt es nicht (z. B. über Fremdmittel), die ungünstige Marktposition zu verbessern (in Richtung Star), dann verbraucht das Question Mark zu viele Finanzmittel und wird bei gereiftem Markt schließlich zum Dog. Das Question Mark wird so während seines Marktzyklusses ein „Cash-Verlierer" bleiben, der den Cash-flow des Unternehmens ungünstig gestaltet oder gar bedroht. Question Mark-Produkte liegen also in der ungünstigsten aller vier BCG-Portfolioquadranten.

Den einzelnen Quadranten des BCG-Portfolios sind sogenannte *Normstrategien* zugeordnet. Jeder Quadrant weist dabei unterschiedliche Zielsetzungen auf. Diese Strategien sind schon aus der oben getroffenen Charakterisierung plausibel: *Stars* sollen ihre Marktdominanz erhalten (Marktführer); *Cash Cows* sollen bei Wahrung des Marktanteils Liquidität schaffen; *Dogs* sollen entweder aus dem Markt genommen oder in Marktnischen positioniert werden; *Question Marks* sollen schnell zusätzliche Marktanteile mit den bereitgestellten Ressourcen erringen. Sowohl bei *Dogs* als auch bei *Question Marks* kann alternativ auch der Rückzug mittels Desinvestitionsstrategien, kurzfristigem „Ernten" oder direktem kurzfristigem Rückzug angetreten werden.

Diese Normstrategien sind nicht als absolut verbindliche Verhaltensvorgaben, sondern als heuristische Prinzipien zu verstehen, die die Suche nach den strategischen Stoßrichtungen in Richtung Ziel-Portfolio leiten sollen. Bild 3.30 faßt Zielvorstellungen, Investitionsaufwand und Risikoempfehlungen der einzelnen BCG-Portfolio-Normstrategien zusammen.

| **Portfoliofelder** | | | |
Stars	Question Marks	Cash Cows	Dogs
Halten bzw. leichter Ausbau des Marktanteils	selektiver Abbau bzw. Ausbau des Marktanteils	Halten bzw. leichter Abbau des Marktanteils	Abbau des Marktanteils
hoch: Reinvestition des Netto-Cash-flow	hoch: Erweiterungs-investition oder Verkauf	gering: ausschließlich Rationalisie-rungs- und Ersatz-investitionen	minimal: Verkauf von Anlagen bei Gelegenheit/ evtl. Stillegung
akzeptieren		einschränken	stark reduzieren

Strategisches Element — rows: Zielvor-stellung / Investitions-aufwand / Verhalten gegenüber dem Risiko

Bild 3.30   Die Normstrategien des BCG-Portfolios

Ein interessantes Beispiel für die Anwendung des BCG-Portfolios bietet Weisweiler (1982) mit der Darstellung der Unternehmens- und Investitionspolitik im Hause Mannesmann. Auf der Basis des BCG-Portfolios wird dort der Werdegang des Produktprogramms seit der Gründung des Unternehmens im Jahr 1890 bis 1975 dokumentiert.

Die Stellung der Produktsparte „Stahlrohre" durchlief in diesen rund 85 Jahren die Stadien, die aus der theoretischen Herleitung des Marktportfolios zu erwarten wären. Ohne das Portfolio-Konzept explizit einzubeziehen, führten strategische Überlegungen – wie die Schaffung einer abgerundeten Produktpalette, Diversifikationsüberlegungen sowie Wertschöpfungssteigerung durch Rückwärtsintegration – letztlich zu einem beispielhaften Ablauf der Portfolioentwicklungsstufen. Der vorläufige Endpunkt der Entwicklung bildet mit seiner Anhäufung von Strategischen Geschäftsfeldern (SGF) in den oberen Quadranten sowie im Cash Cow-Feld ein Idealportfolio im Sinne der Theorie.

Ausgangspunkt ist das Jahr 1890, in dem die Gesellschaft aufgrund einer Erfindung der Brüder Max und Reinhard Mannesmann zur Herstellung nahtloser Stahlrohre gegründet wurde. Die Produktinnovation mußte sich auf dem schnell wachsenden Markt dem Wettbewerb mit den schon seit langem etablierten geschweißten Stahlrohren stellen. Dementsprechend war der relative Marktanteil für Mannesmann als „Newcomer" niedrig (vgl. Bild 3.31). Gefragt waren Strategien, um das Question Mark „Stahlrohre" in eine Cash Cow zu wandeln. Durch Erweiterungsinvestitionen wurde der relative Marktanteil bei konstant hohem Marktwachstum ausgebaut. In einem ersten Diversifikationsschritt wurde um 1900 eine eigene Gesellschaft zur Herstellung geschweißter Stahlrohre gegründet; der Weg führte in Richtung Star.

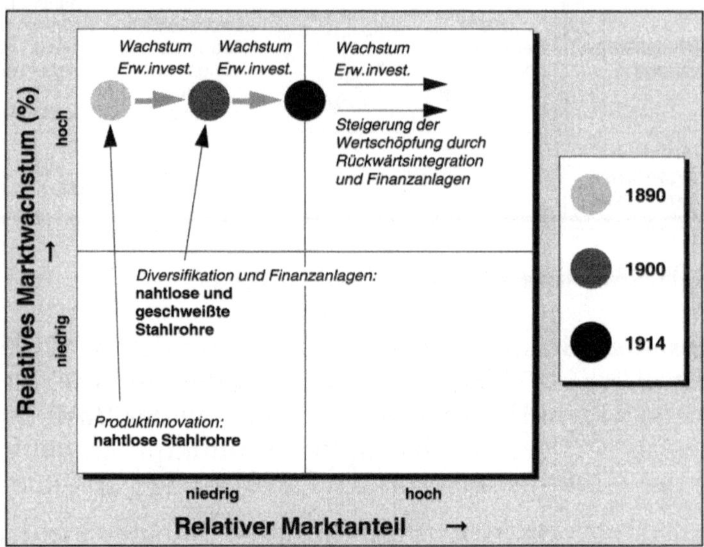

Bild 3.31 Unternehmens- und Investitionspolitik bei Mannesmann 1890–1914 (nach: Weisweiler 1982)

Ab 1914 wandelte sich der Unternehmenscharakter von Mannesmann völlig (vgl. Bild 3.32). Die Unternehmenspolitik verfolgte eine Diversifikationsstrategie, die aus dem reinen Rohrhersteller einen vertikal gegliederten Stahlkonzern machte. Zur Steigerung der Wertschöpfung durch Rückwärtsintegration wurden Stahl- und Walzwerke, Unternehmen der Rohrweiterverarbeitung und Kohlegruben aufgekauft. Der Kauf der auf dem Gebiet der Rohrwerksanlagen tätigen Maschinenfabrik Meer war der Einstieg in den Maschinenbau. Im Zuge einer regionalen Diversifikation baute Mannesmann in Brasilien eigene Produktionskapazitäten auf, die den schnell wachsenden südamerikanischen Markt beliefern sollten. Durch die Substitution von Kohle durch Erdöl nahm bis 1965 die Nachfrage nach heimischer Kohle so weit ab, daß sich die Firmenleitung hier zu einer Desinvestitions-stragie entschloß und die firmeneigenen Bergwerke, die sich mittlerweile im Dog-Bereich befanden, an die Ruhrkohle AG verkaufte.

Da die Finanzkraft von Mannesmann nicht ausreichte, um sowohl bei Walzstahlprodukten als auch bei Stahlrohren Erweiterungsinvestitionen zu tätigen, entschloß man sich 1970 zu einer Arbeitsteilung mit Thyssen. Die eigene Walzstahlerzeugung wurde an Thyssen verkauft und im Gegenzug deren Rohrwerke übernommen. Diese Erweiterungsinvestitionen hatten ein erneutes Wachstum des Bereiches „Stahlrohre" in Richtung Cash Cow zur Folge. Die Mannesmann-röhren-Werke (MRW) wurden zu einem der größten Rohrhersteller der Welt. Die eigenen Aktivitäten der Rohrweiterverarbeitung wurden mit den ebenfalls von Thyssen übernommenen Betrieben der Blech- und Rohrweiterverarbeitung im Mannesmann Anlagenbau (MAB) zusammengefaßt. Die durch den Tausch freigewordenen Finanzmitteln wurden mit dem Erwerb der Aktienmehrheit bei Demag zur Investition in den Maschinenbau genutzt.

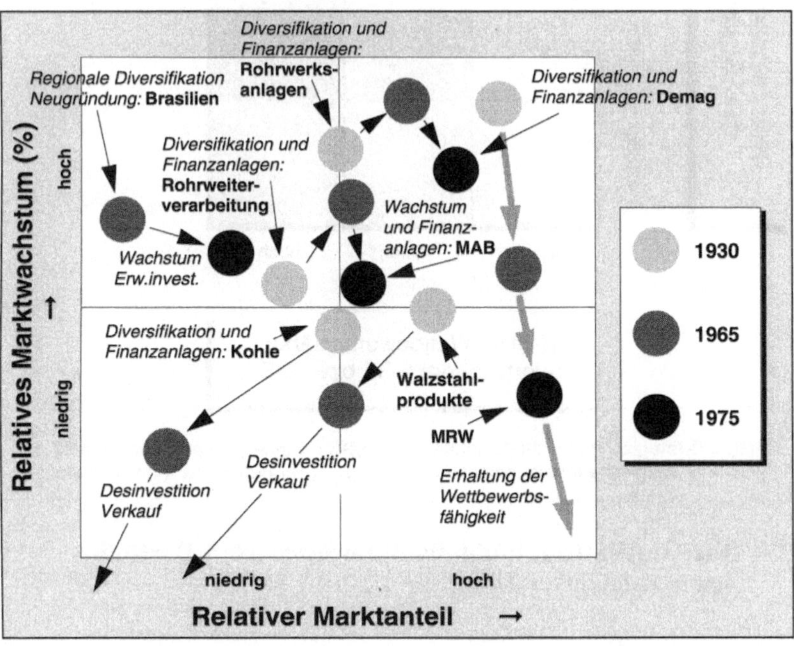

Bild 3.32 Unternehmens- und Investitionspolitik bei Mannesmann 1930–1975 (nach: Weisweiler 1982)

3.6.2.2 Marktattraktivität-Wettbewerbsvorteil-Portfolio

Die Dimensionen dieses von der Unternehmensberatung McKinsey eingeführten Portfolios werden durch die (Multi-) Faktoren *Marktattraktivität* (Geschäftsfeldattraktivität des SGF) und *Wettbewerbsvorteil* (relative Wettbewerbsstärke der SGE) aufgespannt (Bild 3.33). Die Positionen der Felder bzw. Einheiten auf den Hauptachsen des Portfolios werden über umfangreiche Kriterienkataloge ermittelt (Trux u. a. 1984, Bd. 2). Für neue Märkte bzw. Produkte kann dasselbe Portfolio analog modifiziert auch als sog. *Innovationsfeldportfolio* eingesetzt werden.

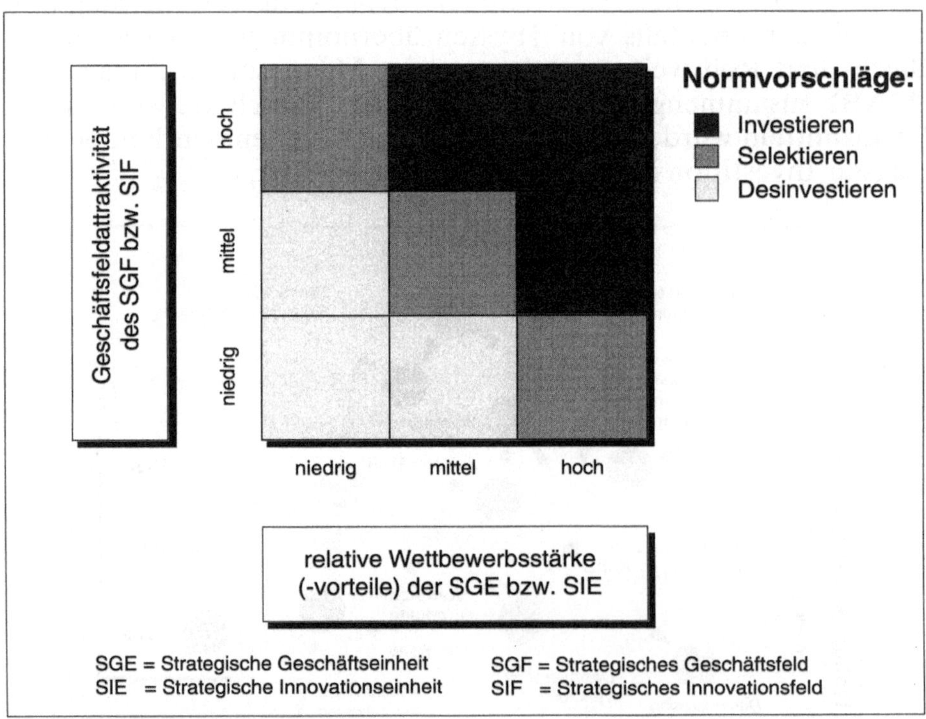

Bild 3.33   Das Marktattraktivität-Wettbewerbsvorteil-Portfolio
          (nach: McKinsey 1982)

Die Messung der *Marktattraktivität* erfolgt anhand der Dimensionen Marktwachstum/Marktgröße, Marktqualität, Ressourcensicherheit (Energie- und Rohstoffversorgung) und Umweltsituation. Der relative Wettbewerbsvorteil wird durch die Faktoren relative Markt- und Technologieposition, relatives Forschungs- und Entwicklungspotential und relative Personalqualifikation im Vergleich zum stärksten Konkurrenten oder Marktführer ermittelt. Der kritische Punkt dieses Portfolios ist das aufwendige und mit Subjektivität behaftete Bewertungssystem (gewichtete Skalierung der Einflußfaktoren). Auch für dieses Portfolio wurden Normstrategien formuliert (Bild 3.34).

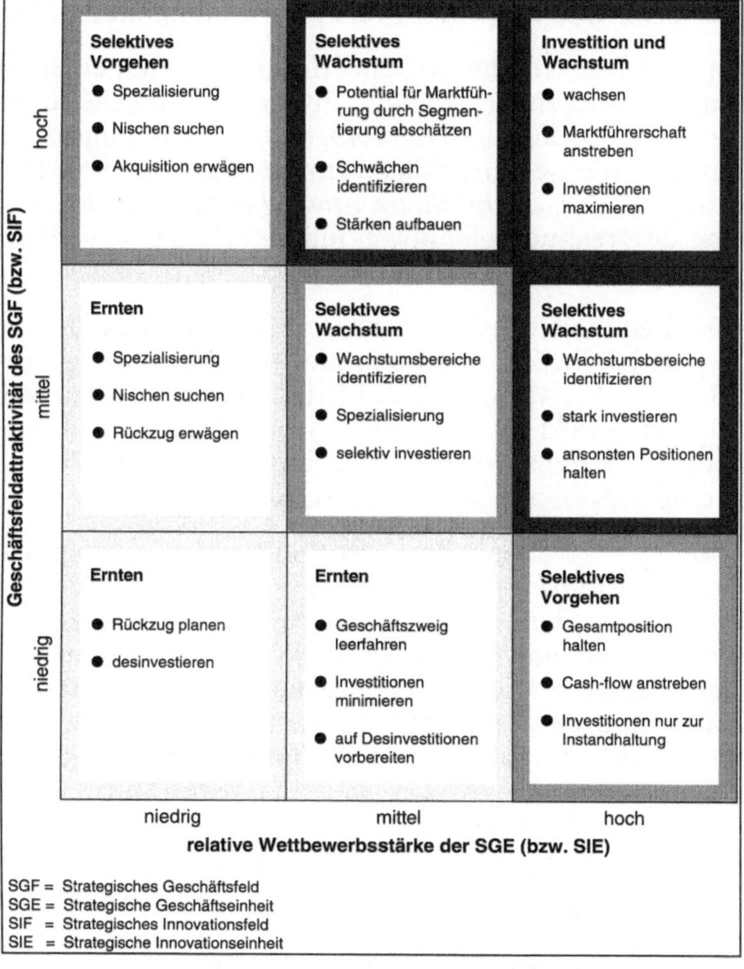

Bild 3.34 Die Normstrategien des McKinsey-Geschäftsfeldportfolios (Quelle: Trux, Müller, Kirsch 1984)

3.6.2.3 Technologiefeldportfolio

Bei der Technologiefeldportfolioanalyse werden die in einem Produkt verwendeten oder auch die in einem Unternehmen insgesamt eingesetzten Technologien in einer zweidimensionalen Matrix, dem Technologiefeldportfolio (kurz: *Technologieportfolio*), abgebildet. Aus den sich ergebenden Positionen und Konstellationen der Technologien im Portfolio lassen sich – in Analogie zum Marktportfolio – differenzierte Strategien für zukünftige F&E-Aktivitäten ableiten. Diese Strategien werden bei der F&E-Programmplanung umgesetzt.

Die Dimensionen des Technologieportfolios sind zum einen die vom Unternehmen weitgehend unbeeinflußbare Umweltsituation im Technologiebereich, die sog. *Technologieattraktivität*, und zum anderen die unternehmenseigene Stärke zur Entwicklung von Technologien, die sog. *relative Technologieentwicklungsstärke der STE*. Die Beurteilung der Technologieentwicklungsstärke erfolgt relativ, d. h. im Vergleich zu den Wettbewerbern.

In der Vergangenheit wurden mehrere Varianten des Technologieportfolios entwickelt. Zu den bekanntesten Ansätzen gehören die von Pfeiffer u. a., McKinsey, A. D. Little und Booz, Allen & Hamilton. Im folgenden wird auf den Ansatz von Pfeiffer u. a. (1983) näher eingegangen, da er dem Anwender neben Portfolio und Normstrategien auch eine detaillierte Vorgehensweise liefert.

Die Technologieportfolioanalyse von Pfeiffer u. a. verfolgt das Ziel, sowohl den dem *Marktzyklus* vorgelagerten *Entstehungs-* als auch den *Beobachtungszyklus* in den Analyseprozeß einzubeziehen, um daraus Hinweise auf eine frühzeitige Investition in relevante Technologien zu ermöglichen. Dies wird um so mehr sinnvoll und notwendig, als die Entstehungszyklen expandieren und die Marktzyklen kontrahieren und daher der Innovationsführer ein deutlich höheres Umsatzvolumen realisieren kann als jeder später auftretende Technologie-Imitator (vgl. 3.6.1.3).

Die Technologieportfolioanalyse von Pfeiffer u. a. durchläuft in vier Schritten folgende *Vorgehensweise*:

1. *Identifizieren und Ordnen* der im Unternehmen verwendeten Produkt- und Prozeßtechnologien. Als Resultat erhält man zwei Listen.

2. *Erfassen, Darstellen und Beurteilen des IST-Zustandes* dieser Technologien in einer Technologieportfoliomatrix (s. Bild 3.37) nach den Kriterien:
   - *Technologieattraktivität*; d. h. technische Bedeutung, gemessen an Potential- und Bedarfsaspekten;
   - *Ressourcenstärke*; d. h. die eigene Position (Vorsprung, Gleichstand, Rückstand) in diesen Technologien aufgrund des eigenen Ressourceneinsatzes, gemessen in Relation zu den Mitbewerbern.

3. *Transformation des Technologieportfolios* vom Zeitpunkt t_0 (IST-Zustand) zu einem zukünftigen Zeitpunkt t_1 durch Erweiterung der Ausgangsanalyse um im Unternehmen bisher nicht verwendete, zukunftsträchtige (Substitutions-) Technologien, die die verwendeten Technologien bedrohen können; Schätzung der ggf. zum Aufholen des Rückstandes benötigten Ressourcen.

4. *Ableiten der „Normstrategien" oder Strategieempfehlungen* aus der Analyse. Zuordnen von Ressourcen mittels konkreter F&E-Programm- und F&E-Projektplanung.

Diese vier Schritte werden im folgenden näher beschrieben.

(1) Identifizierung von Technologien

Effizientes Technologiemanagement setzt voraus, daß nicht nur einzelne Produkte und Verfahren betrachtet werden, sondern vor allem die verwendeten Technologien (s. Bild 3.35). Es sind die gemeinsamen technologischen Grundelemente herauszuarbeiten, um mögliche Synergieeffekte sowie die tatsächliche Breite ihrer Anwendung deutlich zu machen. Dies setzt bei der systematischen Analyse und Zerlegung der Produkte die Wahrung eines adäquaten Abstraktionsniveaus voraus, da sonst eine Anhäufung spezifisch ausgeprägter Technologielösungen ohne Hinweis auf mögliche Synergieeffekte mit anderen Produkten und Verfahren entsteht.

Neben den in Produkten verwendeten *Produktgruppen-* und *Anwendungstechnologien* sind auch die in Produktionsmitteln verwendeten *Produktionstechnologien* zu berücksichtigen. Erst so wird die Relevanz einer Technologie für eine Unternehmung richtig einschätzbar und die strategische Bedeutung der Prozeßinnovation explizit berücksichtigt. Diese Aufgabe ist bei Vorhandensein einer großen Anzahl von Technologien und zahlreichen Produkten sehr anspruchsvoll. Es empfiehlt sich daher eine Beschränkung auf die wichtigen Produktgruppen im Sinne einer ABC-Analyse.

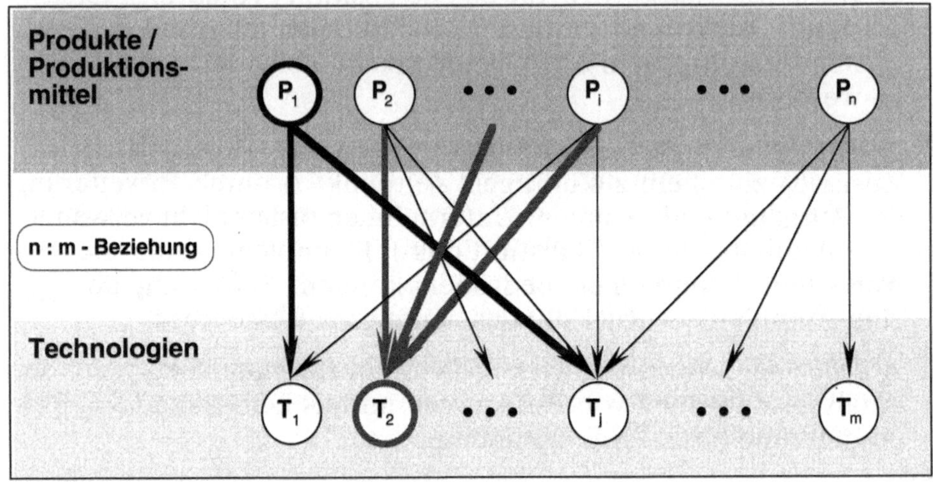

Bild 3.35   Zusammenhang zwischen Produkten und Technologien

SUCCESS/FAILURE-STORY
In Japan weisen viele Unternehmen ein fast ausgewogenes Verhältnis von F&E-Aufwendungen bei Produkt- und Produktionstechnologien auf. Bei führenden deutschen Technologie-Unternehmen werden hingegen nur etwa 10 % bis 15 % des F&E-Budgets für Prozeßtechnologien (in der Produktion) aufgewendet. In japanischen Unternehmen können als Ergebnis u. a. eine größere Prozeßsicherheit, bessere Qualität und niedrigere Fertigungsstückkosten beobachtet werden.

Die identifizierten Technologien werden nach ihrer Bedeutung weiter in *Kerntechnologien, unterstützende Technologien* und *periphere Technologien* geordnet. Kerntechnologien bilden das Herzstück der Gesamttechnologie. Sie sind für ein Unternehmen von zentraler Bedeutung. Die anderen Technologien werden nicht selten durch Zulieferer bereitgestellt. Bild 3.36 veranschaulicht die genannten Begriffe am Beispiel eines Tageslichtprojektors.

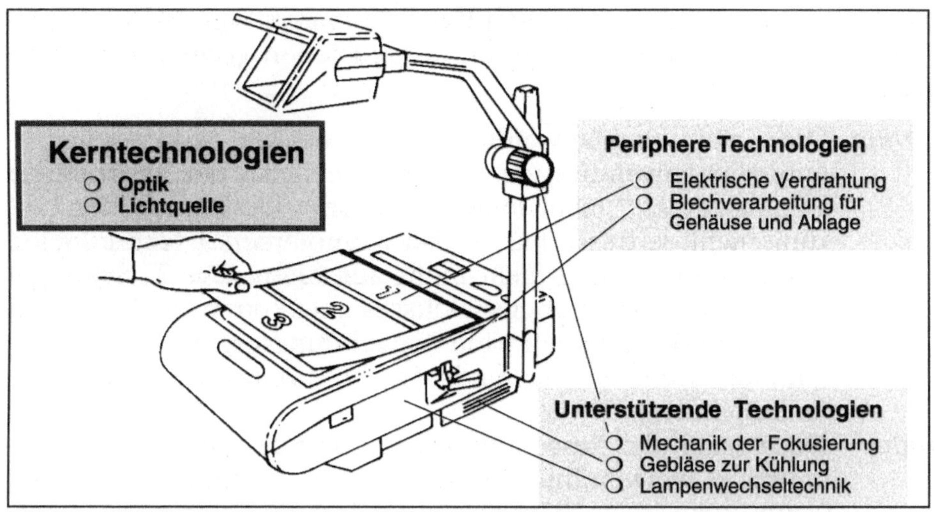

Bild 3.36 **Beispiel der Aufgliederung einer Produkttechnologie in
Teiltechnologien**

(2a) Ermittlung des IST-Zustandes – Technologieattraktivität

Im zweiten Schritt werden die identifizierten Technologien nach ihrer
Potential- und Bedarfsrelevanz gewichtet und in eine Rangreihe gebracht.

Die *Potentialrelevanz* gibt die Entwicklungsmöglichkeiten einer
Technologie anhand der Kriterien Zeitbedarf bis zur nächsten Entwicklungsstufe sowie Weiterentwickelbarkeit an. Die *Bedarfsrelevanz* verdeutlicht den Umfang und die Arten möglicher Anwendungen der Technologie und den möglichen Diffusionsverlauf der Technologie am Markt[14].

Hinter dieser Bewertung steht eine grundsätzlich positive Einstellung
zum technischen Wandel. Hohe Attraktivität haben demnach dynamische Technologien, wohingegen reife Technologien eher unat-
traktiv sind. Auch hier sind wieder die Prozeßtechnologien nicht zu
vernachlässigen, da „unattraktive" Produkte durchaus mit „attrakti-
ven" Prozeßtechnologien hergestellt werden können.

---

[14] Beide Begriffe stellen die beiden grundsätzlichen Induktionsmechanismen der technischen
Entwicklung dar (vgl. technology-push und market-pull).

Die Skalierung auf der vertikalen Portfoliomatrix (vgl. Bild 3.37) erfolgt nominal mit den qualitativen Dimensionen *gering, mittel* und
hoch:

gering: Die Anzahl der Anwendungsarten und der Anwendungsvo-
lumina je Anwendungsart nimmt ständig ab. Die Technologie
ist „ausgereizt", nicht mehr weiterentwickelbar, in der Leistung nicht verbesserbar. Selbst Komplementärtechnologien
können den Abstieg nicht mehr aufhalten. Die Technologie
ist am Ende ihres Lebenszyklusses angekommen, Substitutionstechnologien haben viele Anwendungsarten bereits übernommen (Beispiel: mechanische Schreibmaschine; Lochkar-
tenlesegeräte).

mittel: Die Anzahl der Anwendungsarten und der Anwendungsvo-
lumina je Anwendungsart stagniert auf hohem Niveau. Die
Technologie ist noch in gewissem Umfang weiterentwickelbar. Komplementärtechnologien sind entwickelt und bewir-
ken kaum weitere Diffusionseffekte. Es wird bereits über
Substitutionstechnologien nachgedacht. Die Technologie ist
am Zenit ihres Lebenszyklusses angekommen (Beispiel: Ver-
brennungsmotor).

hoch: Die Anzahl der Anwendungsarten und der Anwendungsvo-
lumina je Anwendungsart nimmt ständig zu. Die Technologie
steht noch am Anfang ihrer Weiterentwickelbarkeit. Komplementärtechnologien werden entwickelt. Die Technologie
ist am Anfang ihres Lebenszyklusses, sie ist Schlüsseltechno-
logie (Beispiel: Sensortechnologie; Gentechnologie).

(2b) Ermittlung des IST-Zustandes – Ressourcenstärke

Die Ressourcenstärke gibt an, ob und inwieweit die im Unternehmen
vorhandenen Mittel (Know-how und Finanzen) im Vergleich mit der
Konkurrenz zur Realisierung des angezielten Technologiepotentials
ausreichend und geeignet sind. Sie beschreibt also die Fähigkeit der
Strategischen Technologieeinheit zur Lösung der technischen Probleme der Strategischen Geschäftsfelder. Die Ressourcenstärke
hängt von humanen und technischen Leistungspotentialen ab, ist also
eine unternehmensintern beeinflußbare Größe, die an der allgemeinen technischen und wettbewerblichen Entwicklung gemessen werden kann.

Die *finanziellen Ressourcen* werden anhand der F&E-Budgets der laufenden Investitionsplanung bestimmt[15]. Auch hier sind Abgrenzungs- und Zuordnungsprobleme zu lösen. Weiterhin wird die Kontinuität und Sicherheit dieser Finanzierung berücksichtigt. Zur Feststellung der *Know-how-Stärke* wird der Leistungsstand und die Stabilität des Know-hows beurteilt. Da es keine direkten Meßmethoden für Know-how gibt, ist diese Aufgabe besonders schwierig zu lösen. Auch eher subjektive und unsichere Aussagen müssen manchmal akzeptiert werden, vor allem bei der Einschätzung von Personen (Know-how-Trägern) und der Situation bei den Mitbewerbern. Die Stabilität der Know-how-Träger, d. h. die Gefahr des Abwanderns oder der Abwerbung der entsprechenden Personen, muß an dieser Stelle ebenfalls berücksichtigt werden.

Die Skalierung auf die horizontale Portfolioachse „Ressourcenstärke" (s. Bild 3.37) erfolgt nominal mit den qualitativen Dimensionen *gering*, *mittel* und *hoch*:

gering: Es besteht eine prinzipielle Ressourcenlücke, die selbst mit hohem finanziellem Engagement nicht geschlossen werden kann. Die Ressource „Zeit" ist der entscheidende begrenzende Faktor.

mittel: Eine der beiden Ressourcenkomponenten (Know-how-Stärke, Finanzstärke) ist nur in ungenügendem Umfang vorhanden. Doch kann diese Ressourcenlücke durch Maßnahmen (Lernprozesse; Budgetumstellungen) in absehbarer Zeit geschlossen werden.

hoch: Know-how und Finanzen sind beide in ausreichendem Umfang vorhanden. Auch der Bedarf der Zukunft ist mit guter Sicherheit prognostiziert und eingeplant.

Aus den Schritten 2a und 2b ergibt sich ein Bild der IST-Situation des Unternehmens für eine Technologie (oder Technologiegruppe) in Form eines Technologieportfolios, wie es schematisch in Bild 3.37 dargestellt ist.

---

[15] Es scheint allerdings nicht plausibel, die Ressourcenstärke teilweise durch die technologiespezifische Budgethöhe und -kontinuität festzusetzen, wenn doch mittels der Ergebnisse der Portfolioanalyse diese Ressourcenzuweisungsstrategien generiert werden sollen. Vgl. den diesbezüglich überarbeiteten Ansatz von Ewald (1989) und die Kritik bei Michel (1990).

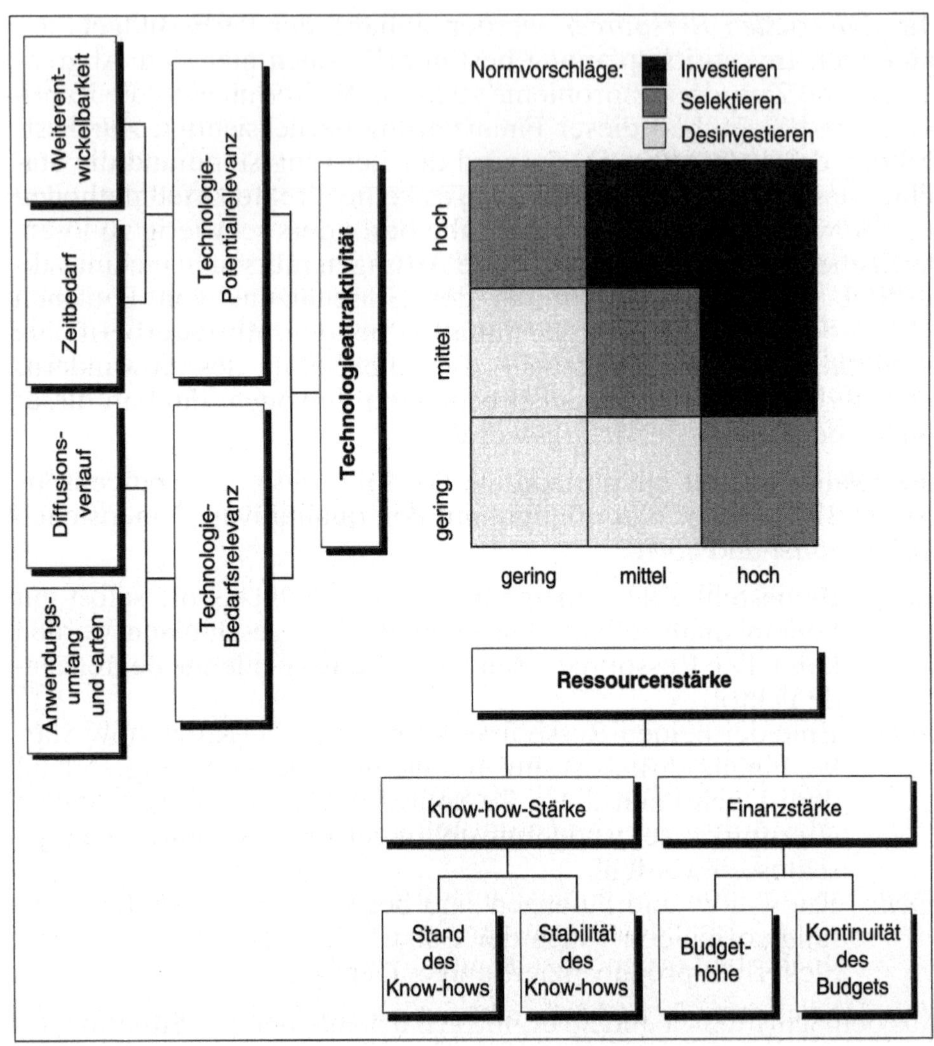

Bild 3.37 Technologieportfolio (nach: Pfeiffer u. a. 1983)

(3) Zeitliche Transformation des Technologieportfolios

Damit die Portfolioanalyse nicht nur den technologiespezifischen IST-Zustand abbildet, sondern auch Hinweise und Empfehlungen für geeignete Strategien zur Erreichung gewünschter zukünftiger Positionen geben kann (Zielportfolio), muß die gegenwärtige IST-Situation auf einen zukünftigen Zeitpunkt des unternehmerischen Interesses transformiert werden. Damit kann festgestellt werden, wo auch in Zukunft Chancen bestehen, Versäumtes nachzuholen und Bestehendes auszubauen, und wo Risiken bestehen, den Vorsprung oder gar den Anschluß zu verlieren. Dazu müssen potentielle konkurrierende Technologien identifiziert und im Portfolio positioniert werden.

Am Beispiel *mechanisches Bohren kleiner Durchmesser* kann die zeitliche Transformation des Technologieportfolios verdeutlicht werden (siehe Bild 3.38). Ein Unternehmen besitzt in dieser Technologie große Ressourcenstärken (Know-how), die Technologie hat aber eine niedrige Attraktivität. Potentielle konkurrierende Technologien könnten das Elektronen- oder das Laserstrahlverfahren oder die Funkenerosion sein. Für diese Technologien hat das Unternehmen wenig oder kein Know-how, diese Technologien besitzen aber aufgrund ihrer Weiterentwicklungsfähigkeit eine große Attraktivität. Die Ressourcenstärke des Unternehmens für das Technologiefeld „Bohren kleiner Durchmesser" verringert sich somit in der Zukunft, ein angemessenes Agieren ist notwendig.

Andere Beispiele liefert der Technologiesprung durch die Mikroelektronik. Steuerungssysteme, z. B. für Werkzeugmaschinen, wurden auf traditionelle Art mittels diskreter Bauelemente und Standard-ICs (IC = Integrated Circuit: Integrierter Schaltkreis) realisiert, werden heute aber immer mehr durch semi- oder voll-kundenspezifische Schaltkreise (ASIC = Application Specific Integrated Circuit, anwendungs-/kundenspezifischer integrierter Schaltkreis) aufgebaut. Auch hier ist die Akquisition des notwendigen Know-hows der am häufigsten beobachtete Engpaß.

Die Portfolioanalyse gibt Hinweise auf entsprechende Know-how-Überschüsse oder -Mängel und kann somit entsprechende Technologietransfer-Aktivitäten initiieren helfen.

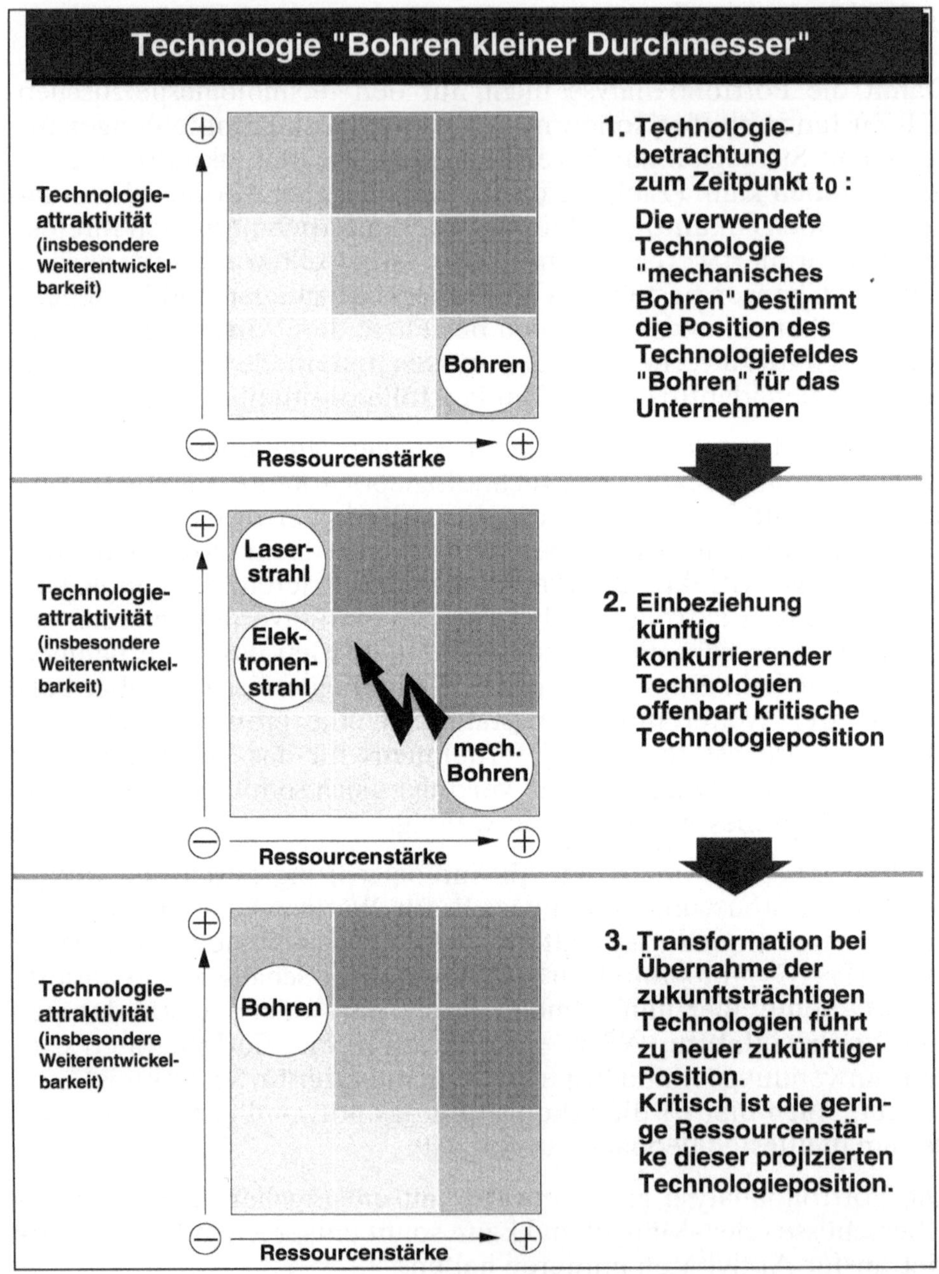

Bild 3.38   Zeitliche Transformation des Technologieportfolios (Beispiel)
(Quelle: Pfeiffer u.a. 1983)

(4) Überführen der Analyse in konkrete F&E-Programme und -Projekte

Das strategische Ziel der Portfolioanalyse ist die Bereitstellung ausreichender und richtig gezielter Ressourcen zur langfristigen Erfolgssicherung des Unternehmens. Das Technologieportfolio bietet für jedes Feld der Portfoliomatrix Handlungsempfehlungen für die strategische Behandlung der untersuchten und positionierten Technologien an.

Diese Strategieempfehlungen können der Ressourcensteuerung sowohl im F&E- als auch im Produktionsbereich dienen. Generell werden dabei attraktive und starke Positionen gefördert, schwache und unattraktive Positionen hingegen vernachlässigt (Bild 3.39). Technologien in den mit dem Vorschlag „Selektieren" markierten Feldern sind auf detaillierterem Niveau nochmals zu betrachten und zu bewerten. Als Normstrategie sind jeweils grundsätzlich zwei Richtungen denkbar, die die entsprechende Technologie in den „Investitions"- oder „Desinvestitions"-Bereich bringen würden.

3.6.2.4 Gestaltung und Anwendung neuer Portfoliovarianten

Die oben dargestellten Portfolioformen werden in der Praxis durch weitere Varianten ergänzt oder ersetzt. Zur Unterstützung beim Entwurf von neuen Portfoliovarianten und zur Anwendung bekannter oder neuer Portfolios werden im folgenden ein detaillierter Ablaufplan (Bild 3.40) und weitere methodische Hilfestellungen gegeben.

Nach dem dargestellten Ablaufplan müssen zuerst *erfolgsrelevante Variablen* identifiziert und selektiert werden. Unterstützen können hierbei vorbereitete Kriterien- und Indikatorenkataloge, Erfolgsfaktorenmodelle und Umfeldstrukturanalysen. Dann sind die gefundenen Variablen zu *operationalisieren* und zu *quantifizieren*. Bei vielen Indikatoren ist es angebracht, sie durch eine Transformation auf eine Ordinatenskala mit ca. 2 bis 5 Klassen zu überführen. Anschließend ist zu überprüfen, ob alle relevanten Erfolgsfaktoren erfaßt und hinreichend genau bewertet sind und ob eine ausreichend große Bewertungsbasis für die Aggregation zum Gesamturteil zur Verfügung steht. Andernfalls sind Iterationen erforderlich.

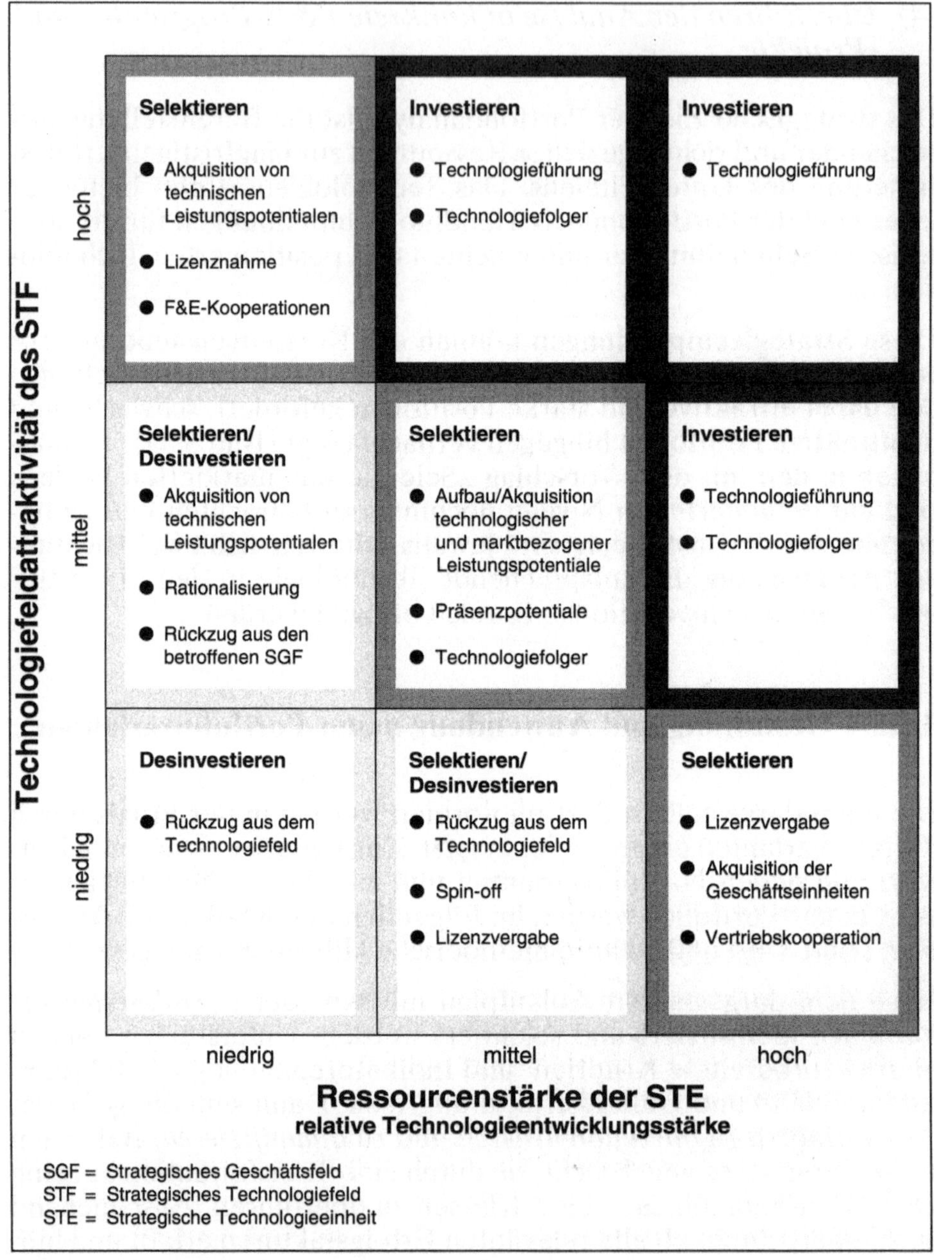

Bild 3.39 Technologieportfolio und strategische Optionen
(Quelle: Pfeiffer u. a. 1983, Ewald 1989)

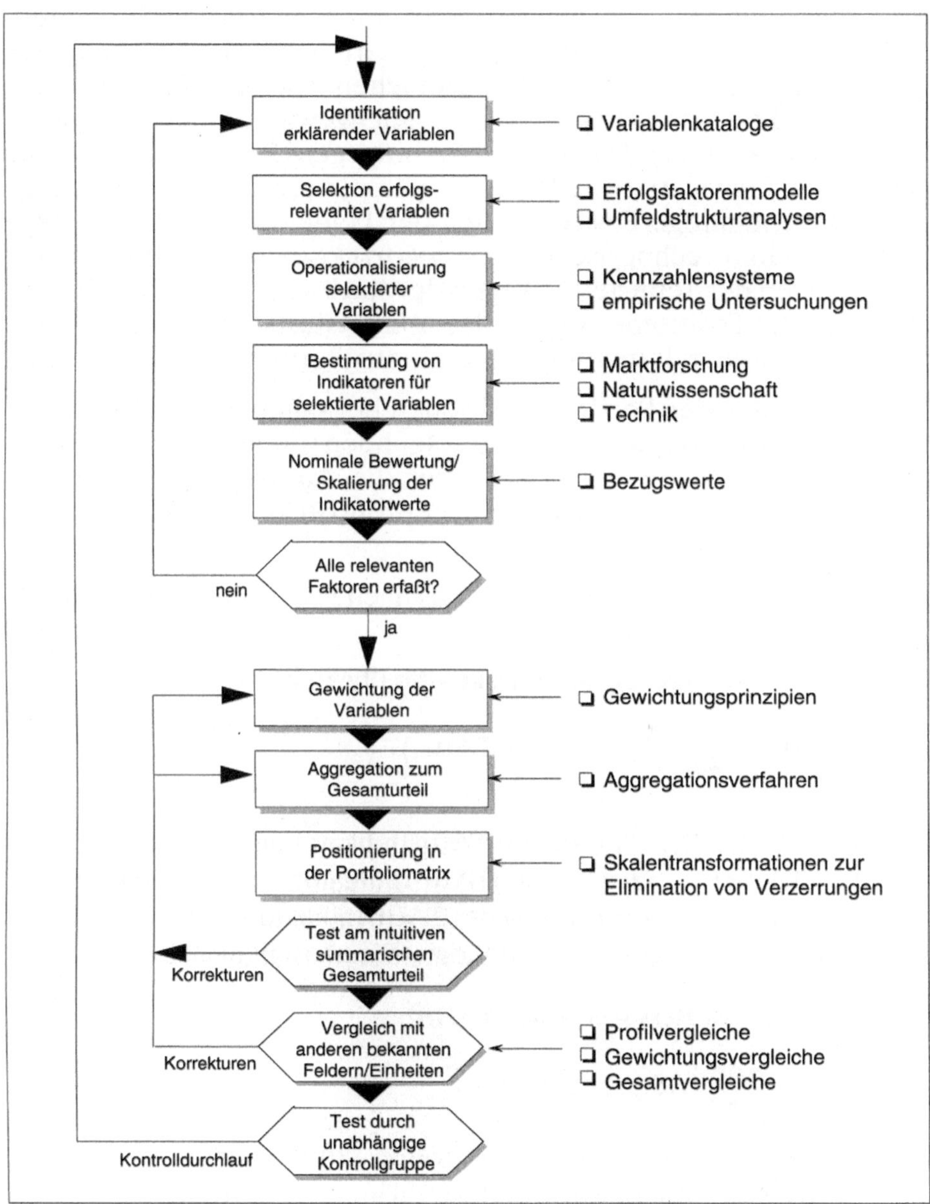

Bild 3.40   Bestimmung der Position auf den Portfoliodimensionen

Nach Abschluß der Einzelbewertung relevanter Einzelgrößen müssen die kritischen Erfolgsfaktoren selektiert, gewichtet und zum *Gesamturteil* aggregiert werden. Bei einfachen *Scoring-Modellen* werden die selektierten Erfolgsfaktoren gleichgewichtig berücksichtigt. Bei *komplexeren Modellen* werden hingegen Zielfunktionen mit spezifischer Gewichtung jedes einzelnen Erfolgsfaktors verwendet (s. u.). Die endgültige Positionierung der Felder im Portfolio erfolgt meist nach einer rechnerischen *Skalenkorrektur* zur Beseitigung von Verzerrungen der Teilurteile. Wegen der starken subjektiven Einflüsse werden die Positionierungen Plausibilitätstests unterzogen. Auch Vorgehensweisen mit unabhängigen Kontrollgruppen sind bekannt.

Die Berechnung der Portfoliopositionen bei komplexeren Modellen erfolgt je Produkt/Technologie (im folgenden: Objekt) nach den Rechenregeln der *Nutzwertanalyse*. Über die Ausprägungen und Gewichte der Indikatoren wird das Flächenzentrum bzw. die Position eines Objektes errechnet.

Am Beispiel des Technologieportfolios nach Pfeiffer ergeben sich folgende Formeln (Pfeiffer u. a. 1989):

Gesamtwert für die **Technologieattraktivität** (TAttr):

$$TAttr = \sum_{i=1}^{t} g(TAttr_i) \times A\,(TAttr_i)$$

wobei: $i \in \{1,2, .. t\}$; t : Anzahl der TAttr-Indikatoren;

          $g(TAttr_i)$:   Gewicht des TAttr-Indikators i (0 % ... 100 %);

          $A(TAttr_i)$:   Ausprägung des TAttr-Indikators i (0 ... d)

und d: Anzahl der Portfoliomatrixunterteilungen ist.

Gesamtwert für die **Ressourcenstärke** (RS):

$$RS = \sum_{i=1}^{t} g(RS_i) \times A\,(RS_i)$$

wobei: $g(RS_i)$:   Gewicht des RS-Indikators i (0 % ... 100 %);

         $A(RS_i)$:   Ausprägung des RS-Indikators i (0 ... d) ist.

Bei durchgeführter Positionierung sowohl im Geschäftsfeld- als auch im Technologiefeldportfolio können erste Strategien für die Strategischen Geschäftseinheiten und die Strategischen Technologieeinheiten formuliert werden. Dabei sind hier vor allem die strategischen Optionen interessant, die zu einer günstigen Beeinflussung der Wettbewerbsposition führen können. In der Regel werden daher Empfehlungen betreffs technischer Innovationen und der wettbewerbsorientierten Steuerung der Leistungspotentiale der zugehörigen Technologieentwicklungseinheiten den einzelnen Portfoliofeldern zugeordnet. Anhaltspunkte für mögliche Strategien bieten die Normstrategien, die bereits bei den Standardportfolios oben verwendet wurden. Für neue Portfoliovarianten müssen jedoch i. d. R. auch neue Normstrategien formuliert werden. Hilfestellungen zur Findung strategischer Optionen bieten u. a. sogenannte strategische Kataloge, die Zusammenfassungen und Beschreibungen verschiedener Strategien enthalten.

3.6.2.5 Zusammenfassende Bewertung der Portfoliomethodik

Eine zusammenfassende Bewertung und Kritik der Portfoliomethodik an dieser Stelle kann nur bzgl. der Anwendbarkeit und des Nutzens im Aufgabenbereich des Strategischen Technologiemanagements erfolgen.

Die vorgestellten Modelle sind meist aus der Praxis der Unternehmensberatung entstanden und daher auch Gegenstand der Überarbeitung und Optimierung. Dem erfahrenen Berater wird es leicht fallen, „seine" Portfoliomethode situationsgerecht modifiziert einzusetzen, wohingegen der Unerfahrene eher Gefahr läuft, „modellgläubig" zu werden oder an den vielfältigen Detailanwendungsproblemen (wie z. B. Wahl der Meßkriterien) hängen zu bleiben. Gerade in den Parameterselektions-, Analyse- und Skalierungsschritten liegt viel Know-how verborgen, das wegen seiner Vermarktungsfähigkeit der Öffentlichkeit nicht frei zugänglich gemacht wird.

Die Beliebtheit der Portfolioanalyse resultiert daraus, daß sie *einfach* und *anschaulich* eine *Gesamtsicht* von Unternehmen, Unternehmensbereichen oder Geschäftsbereichen (und ggf. Technologiefeldern) bietet und damit eine *gute Basis zur Diskussion strategischer Fragen* zur Verfügung stellt. Sie ist geradezu zum Rezeptbuch des Strategen geworden. Grundvoraussetzung für den Einsatz der Portfoliomethode ist natürlich, daß sie zu den jeweiligen Unternehmenscharakteristiken und Problemstellungen paßt. Gerade der Vorteil der Einfachheit in der Darstellung birgt in sich jedoch auch die *Gefahr der Übersimplifizierung.* Die Verwendung dieses Instruments ersetzt nicht eigene Planungserfahrung, wie sie bei jeder technologieorientierten Analyse und Strategieformulierung unabdingbar sein wird. Strategisches und operatives Wissen müssen sich geeignet ergänzen.

Zu reinen *Geschäftsfeldportfolios* können u. a. folgende Kritikpunkte geäußert werden:

❏ Beschränkung auf *finanzielle Dimensionen*; organisatorische, rechtliche und vor allem technologische Faktoren werden vernachlässigt;
❏ es werden *unabhängige* strategische Geschäftseinheiten vorausgesetzt;
❏ eine ständige *Wachstumsorientierung* wird vorausgesetzt;
❏ Beschränkung auf die strategische *Marktstellung* eines Unternehmens;
❏ es fehlt eine *Dynamisierung* des Planungsinstruments;
❏ Beschränkung auf den Marktzyklus von *vorhandenen Produkten*; der Entstehungszyklus von potentiellen Substitutionstechnologien und damit -produkten wird vernachlässigt;
❏ die postulierten Normstrategien sind keine stets optimalen Verhaltensweisen;
❏ es wird ein ausgeglichener Cash-flow des Gesamtportfolios gefordert.

Bei den sog. *Technologiefeldportfolios* werden technologische Aspekte (im Gegensatz zu reinen Geschäftsfeldportfolios) explizit berücksichtigt. Aber auch hier ist die Überbrückung der F&E/Produktion/Marketing-Schnittstelle noch nicht oder nicht vollständig genug verwirklicht. Michel (1990) kritisiert bei *Pfeiffer u. a.* die isolierte Untersuchung der Technologieposition und damit das Fehlen von instrumentellen Hinweisen zur Integration in die Gesamtplanung. Neben Technologiepotentialen (d. h. der Betrachtung der Technik an sich) ist stets auch die Betrachtung des *Nutzens,* den ein potentieller Anwender/Kunde einer innovativen Problemlösung zumißt, entscheidend wichtig. Auch die Bedeutung von Komplementärmaßnahmen (z. B. Verkaufs- und Vertriebsvorbereitungen) wäre mehr zu berücksichtigen.

Die meisten Modelle unterstellen in dem Gebrauch des Lebenszyklus-Konzepts eine Ausbreitung und Durchsetzung neuer Technologien als quasi naturgesetzlichen Ablauf (Diffusionstheorie), wobei fallspezifisch nur noch dessen Parameter zu schätzen seien. Um die Aufgabe der Parameterschätzung operational zu halten, beschränken sich diese Modelle auf wenige Größen, was bis zur Verfremdung der Realität vereinfachend und abstrahierend sein kann. Dieser Tendenz zur strukturellen Armut steht manchmal ein überdifferenzierter Strategieempfehlungskatalog gegenüber. Daher sind die Forderungen nach fallspezifischen Detailanalysen wohl zu beherzigen.

Die betriebswirtschaftliche Forschung hat sich dieses Problems angenommen und arbeitet an weiteren Konzepten zur Integration der Geschäftsfeld- und Technologiefeldbetrachtungen (s. z. B. Michel 1990 und Kunert/Lang 1991).

Bei aller Kritik an der Portfoliomethodik muß doch bedacht werden, daß sie ein hervorragendes Visualisierungsmittel für die Strategieplanung ist. Die Übersimplifizierung muß wohlbekannt sein, damit nicht undifferenzierte, methodengläubige Schlüsse gezogen werden. Der weite Gebrauch und die Flexibilität dieser Methode macht ihre Kenntnis für die Führungskraft unumgänglich.

3.7 Strategische Früherkennung

Häufig kündigen sich langfristige Veränderungen nur durch „schwache Signale" an, die aber zur rechtzeitigen Einleitung unternehmerischer Gegen- oder Anpassungsmaßnahmen früh erkannt werden sollten. Ansoff (1981) führte daher in die strategische Früherkennung das Konzept „schwacher Signale" (weak signals) ein. Während sich das Strategische Controlling (Überwachung) auf bereits ausgewählte Strategien, strategische Geschäfts- und Technologiefelder und Stoßrichtungen beschränkt, muß der Aufmerksamkeitshorizont der strategischen Früherkennung weit über diese Fokussierung hinausgehen.

Nach Müller (1987) werden bei der strategischen Früherkennung konzeptionell *indikator-, modell-, analyse-, informationsquellen-* und *netzwerkorientierte Ansätze* unterschieden. Zu den modellorientierten Ansätzen gehören z. B. *Systems Dynamics Modelle* und *Sze-*

narios. Bei den informationsquellenorientierten Ansätzen steht die Beschaffung relevanter Quellen im Vordergrund (s. u.). Bei netzwerkorientierten Ansätzen wird das Früherkennungsproblem von kleinen informellen Gruppen kontinuierlich verfolgt.

Generell ist die Abfolge der Arbeitsschritte zur Analyse schwacher Signale folgende (vgl. Ewald 1989):

1. *Signalexploration:*
   Beobachtung der relevanten Umweltbereiche auf Veränderungen; Orten, Erfassen und Kategorisieren von „schwachen Signalen".
2. *Signaldiagnose:*
   Untersuchung der Ursachen „schwacher Signale", ihrer auslösenden Momente sowie Aufbereitung für Prognosezwecke.
3. *Prognose von Ereignisauswirkungen, Test auf unternehmensspezifische Einflüsse:*
   Wann werden bestimmte Unternehmensfelder von den ermittelten Ereignissen und deren Folgewirkungen erfaßt? Wie entwickeln sich Umweltfaktoren?
4. *Signalevaluation:*
   Gefahr oder Gelegenheit?
5. *Generierung von Reaktionsoptionen:*
   Chancen- und Risikoplanung.

Jedes Unternehmen steht als offenes ökonomisches System in vielfältiger Beziehung mit seiner Umwelt, wobei nach Bain (1968) (vgl. Kap. 1.6 und 3.2) insbesonders die *institutionale Umwelt*, die *physische Welt* und die *technische Umwelt* zu beachten sind. Hier sollen explizit *soziologische und ethische Phänomene* hinzugefügt werden, zu denen z. B. der gesellschaftliche Wertewandel, veränderte Verhaltensweisen sowie gewandelte Bedürfnisse gehören. Solche Entwicklungen der Umwelt sind zwar oftmals nur schwer prognostizierbar, sie sind jedoch von großer, langfristig wirkender Bedeutung für die Unternehmen. Sie treten ihnen sowohl als Gelegenheit als auch als Gefahr entgegen, sie bieten den Unternehmen Chancen, bergen aber auch Risiken in sich.

In den folgenden Abschnitten werden einzelne Bereiche dieser generellen Vorgehensweise herausgehoben und bzgl. Technik- und Umweltentwicklungen beschrieben.

3.7.1 Beobachtung der Technologieentwicklung

Bei Analyse der in manchen Branchen und Märkten durch Substitutionstechnologien ausgelösten Trendbrüche wird deutlich, daß jedes Unternehmen dem Beobachtungszyklus (vgl. Kap. 3.5.1.2) besondere Bedeutung zukommen lassen sollte. Dies gilt generell dort, wo durch Expansion der Entstehungszyklen und Kontraktion der Marktzyklen die Risiken des Markterfolges allgemein zunehmen, insbesonders aber in solchen Branchen, wo bereits längere Zeit traditionelle Technologien und Produkte erfolgreich angewendet bzw. vermarktet wurden und so die Aufmerksamkeit gegenüber möglichen Substitutionsgefährdungen erlahmt sein mag.

Ziel der Aktivitäten des Beobachtungszyklusses im Rahmen der strategischen Früherkennung ist das frühzeitige und mit möglichst geringer Ungewißheit versehene Erkennen von durch Technologien erwachsenden Chancen und Risiken für das Unternehmen. Frühzeitigkeit und Gewißheit des Erkennens sind auch hier i. d. R. gegenläufig. Hat sich ein Unternehmen für die Strategie eines Technologie- oder Marktführers entschlossen, so muß das vorrangige Ziel sein, alle potentiellen Substitutionstechnologien vor den Mitbewerbern zu erkennen, zu bewerten und dann aufmerksam zu verfolgen, um ggf. Innovationen zu generieren und zuerst auf den Markt bringen zu können. *Zeit ist hier die wesentliche strategische Waffe.* Eine erfolgreiche Unternehmung muß also bereits dann aktiv werden, wenn immer noch Ungewißheiten bestehen, die beobachteten „Signale" also schwach sind (vgl. Ansoff 1981).

Ein Beispiel für proaktives Technology Forecasting ist die Entwicklung von digitalen Audiogeräten. Verfolgt man die Entwicklung der Audiotechnologie, so sind hier regelmäßig signifikante Technologieschübe zu beobachten (vgl. Bild 3.41). Es stellen sich also die Fragen, mit welchen Technologien z. B. in 5 oder 10 Jahren die bekannten und neuen Funktionen zu leisten sind, welche Preise zu erzielen wären und welche Kostenanteile auf jedes Produktmodul entfallen sollen (Target Pricing).

Aber auch für Technologien, die keine besonders großen Technologiesprünge machen, sondern eher kontinuierlich durch viele einzelne Innovationsschritte weiterentwickelt werden, sind Technologieprognosen wichtig. Dies gilt beispielsweise für die Speicherbaustein-

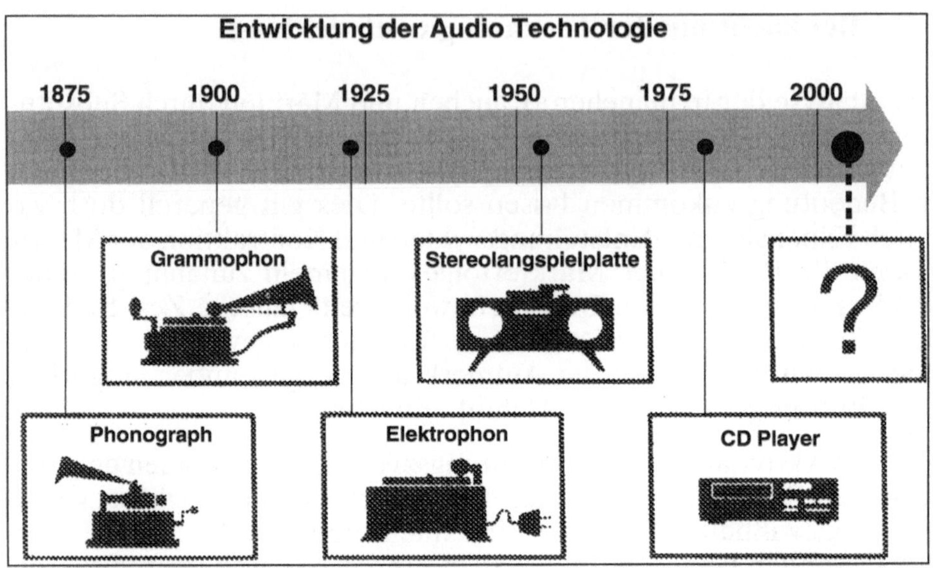

Bild 3.41 Beispiel für regelmäßige Technologieentwicklungsschübe
(Quelle: Sony 1989)

Technologie, die durch neue Schaltungsarten, elektronische Speicherprinzipien und Fertigungstechnologien (also teilweise Komplementärtechnologien) konstant weiterentwickelt wird (s. Bild 3.42). Bereits Anfangs der 70er Jahre prognostizierte der Silicon-Valley-Pionier G. Moore, Leiter eines der größten Chiphersteller der Welt (Intel), eine stete Verdopplung der Leistung von RAM-Chips (RAM = Random Access Memory; Speicherbausteine in Computern) alle zwei Jahre *(Moores Gesetz)*. Für das Jahr 1991 prognostizierte er damals die Massenproduktion von 1-Megabit-Speicherchips. Diese Prognose war damals sehr umstritten, wurde aber bekannterweise durch die historische Entwicklung bestätigt (Davidow/Malone 1993). Man hat beobachtet, daß das Gesetz von Moore auch für andere integrierte Schaltungen und Speichertechnologien gilt, teilweise mit anderen Entwicklungsraten. Inzwischen spricht man von einer Vervierfachung etwa alle drei Jahre – bei weiterhin leicht steigender Rate. Sieht man von durch normative Eingriffe (z. B. Handelsbeschränkungen) und Katastrophen verursachte Marktverzerrungen ab (z. B. wurde im Sommer 1993 in Japan eine Fabrik zur Herstellung von Kunststoffen für die Speicherindustrie durch Feuer zerstört; daraufhin stiegen die Weltmarktpreise für Speicherelemente kurzfristig rasant an), so war bisher auch die Preisentwicklung pro Speichereinheit relativ exakt vorhersagbar. Von Anfang der 70er Jahre bis Anfang der 90er Jahre reduzierte sich der Preis je Bit (Bit = binary digit; kleinste Informationseinheit) von etwa 0,10 DM auf 0,00001 DM, also in 20 Jahren um 4 Größenordnungen. Aber auch bei sich derartig relativ konstanten Technologietrends muß ständig nach „schwachen Signalen" exploriert werden, da ggf. auftretende Diskontinuitäten der Technologieentwicklung durch den Überraschungseffekt besondere Chancen und Risiken für die Unternehmen aufweisen.

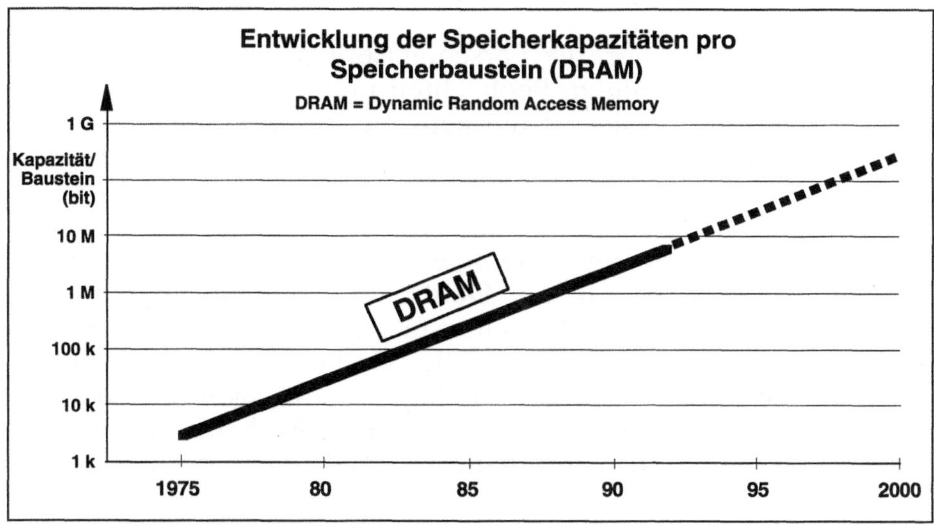

Bild 3.42 Beispiel für die Prognose von Technologieleistungsmerkmalen (Quelle: Sony 1989)

Ein bedeutendes Hindernis zur Erkennung „schwacher Signale" ist die Verhaftung mit der phänomenologischen Darstellung einer Innovation und der deshalb nicht erkannten Substitutionsgefahr durch eine neue Technologie. Innovationen sollten daher *abstrakt* auf ihr strukturelles und funktionales Leistungsvermögen analysiert werden (wie es heute ansatzweise z. B. in der Konstruktionssystematik gelehrt wird), das dann am (potentiellen) Leistungsangebot neuer Technologien gespiegelt werden kann.

SUCCESS/FAILURE-STORY
Die *Hersteller von Türschlössern* hätten bei abstrakter
Formulierung ihrer traditionellen Problemlösungen erkennen
können, daß die Mikroelektronik eine Gefährdung darstellt. Eines der Subsysteme eines Schlosses ist abstrakt gesehen ein In-
formationsverarbeitungssystem, und genau das leistet abstrakt
auch ein Mikroprozessor.
Quelle: Pfeiffer u. a. 1983

Eine *Teilnahme an der Grundlagenforschung* ist der beste Weg, rechtzeitig neue Technologien zu entdecken und vorauszusehen *(Technology Forecasting)*. Dieser Weg steht aber wegen der meist notwendig
hohen Investitionen nicht allen Unternehmen offen.

Ein anderer Weg ist der, die Forschungsergebnisse und Erfindungen *anderer* aufmerksam zu beobachten und zu analysieren *(Technology Monitoring)*. (Dies ist übrigens ein Grund dafür, daß nicht
alles Schützenswerte patentrechtlich geschützt und damit veröffent-
licht wird.) Die *Patentbeobachtung* ist eine der wichtigsten lega-
len, prinzipiell allen Unternehmen und Einzelpersonen zugängli-
chen Möglichkeiten, technologische Früherkennung durchzuführen.
Zu diesem Zweck bieten das Deutsche Patentamt und andere
öffentliche Stellen Informationsdienste an. Neben Patentanwälten
bieten auch weitere kommerzielle Stellen spezielle Patent-
recherchendienste an, z. B. Unternehmensberatungen oder die Pa-
tentstelle der Fraunhofer-Gesellschaft in München. Von diesen
Stellen aus können auch internationale Recherchen durchgeführt
werden.

Zur Beobachtung der Technologieentwicklungsumwelt steht inzwischen auch eine Reihe von Datenbanken zur Verfügung. Geeignete
Datenbankrecherchen geben Hinweise auf die eigene Position im internationalen Wettbewerb. (In Kapitel 1.1.2 wurden für einige wichtige Technologien prognostische Aussagen zusammengestellt.)

Zu den neueren Entwicklungen zur Beurteilung von Techno-
logieentwicklungsvorhaben zählen *Expertensysteme*, die aber z.Zt.
noch weit von echtem praktischen Anwendungsnutzen entfernt sind.
Ein Grund dafür liegt im kreativen Aspekt und der Komplexität der
Technologiebeobachtung. Das Urteilsvermögen eines menschlichen
Experten kann hier noch nicht ersetzt werden.

3.7.2 Beobachtung der Unternehmensumwelt

Eine permanente strategische Aufgabe bleibt es, die Produkt- und Technologieportfolios des Unternehmens zu überprüfen und neu zu gestalten. Die Überprüfung muß auch auf der Basis von Umweltanalysen und -prognosen erfolgen, die sowohl die Markt- und Technologieattraktivität als auch die *Ökologieattraktivität* und die *Absatzmarktattraktivität* bewerten (vgl. Hahn 1989).

Die *Absatzmarktattraktivität* wird u. a. durch die politisch-normative Entwicklung (z. B. Einfuhr/Export-Gesetze und EU-Richtlinien), durch die sozio-kulturelle, die binnen- und außenwirtschaftliche und die technologische Entwicklung beeinflußt.

Im folgenden sollen einzelne wichtige Entwicklungen genannt werden (vgl. auch Kapitel 1.5 und 2.1).

Politisch-normative Entwicklungen

(1) *Abfall:*
Durch die Gesetze zur Abfallvermeidung wurden und werden umweltverträgliche, „umweltfreundliche" und recyclingfähige Produkte normativ begünstigt und erzwungen.
Neue *Präsentationskonzepte* (weniger und umweltverträgliche Verpackungen) und neue *Entsorgungskonzepte* (z. B. Erweiterung des traditionellen Pfandsystems auf Produkte wie z. B. Batterien, Autos) sowie die Planung und Einrichtung von *Recyclingkreisläufen* (z. B. Autoverwertung, Materialkennzeichnung aller Teile, Polystyrolschäume, Glas, Kompost, Papier) öffnen und schließen Märkte.
Durch die normativen Einflüsse werden auch dort Veränderungen eintreten müssen, wo sie aus rein marktwirtschaftlichen Gesichtspunkten bisher nicht vorhersehbar waren. Neben die traditionellen Lebenszyklusphasen Entstehung, Markt und Nutzung tritt als vierte Phase konzeptionell bindend die *Entsorgungsphase.* Unternehmen werden sich dort langfristige Vorteile schaffen, wo sie durch erhöhte F&E-Aufwendungen eine vereinfachte und verbesserte Entsorgung ermöglichen, was tendenziell die Senkung der Eigen- und Fremdentsorgungskosten ermöglicht. Die Vorteile einer *ökologieorientierten Imageverbesserung* werden

heute durch die Sensibilisierung des Konsummarktes eher realisiert.

(2) *Erweiterte Produkthaftung:*
Die Verantwortung und Haftung im Schadensfall verschiebt sich immer mehr von der Allgemeinheit auf den Hersteller. Die Haftung für Schäden, die sich beim Gebrauch eines Produktes ergeben, werden in weit mehr Fällen als früher dem Hersteller angelastet. Dazu gehören auch Schäden, die aufgrund falscher Bedienungsanleitungen oder aufgrund fehlender ausdrücklicher Anwendungswarnungen entstehen. Verbraucherfreundlich dabei ist, daß die *Beweispflicht beim Hersteller* liegt. Dies führt zu einer großen Ausweitung der Produkt- und Produktionsdokumentationspflicht beim Hersteller und i. d. R. zu höheren F&E-Kosten.

Soziologische und ethische Entwicklungen

(1) *Wertewandel:*
Die Wertegruppe der Pflicht- und Akzeptanzwerte (z. B. Disziplin, Gehorsam, Ordnung, Fleiß, Pünktlichkeit u. a.) verliert zunehmend an Dominanz, dafür gewinnen Selbstentfaltungswerte (z. B. Kreativität, Selbstverwirklichung, Genuß, Abenteuer, Abwechslung, Demokratie, Partizipation u. a.) immer mehr an Bedeutung (Klages 1984; vgl. Höhler 1989). Von diesem Wertewandel werden Bedarfsstrukturen *innerhalb* und *außerhalb* der Unternehmen verändert (Produktions- oder Arbeitswelt und Konsumwelt).

(2) *Freizeitgesellschaft:*
Der Trend zu immer größerer Freizeit und kürzerer Lebensarbeitszeit scheint zumindest in Europa ungebrochen zu sein. Freizeit ist wesentlicher Lebens- und Selbstverwirklichungsbereich neben oder sogar vor dem Berufsleben geworden. Dies gilt vor allem dort, wo Betriebe die Realisierung der gewandelten Bedürfnisse und Einstellungen nicht oder nur beschränkt ermöglichen. Die Nachfrage nach „Freizeit" hat einen großen und wachsenden Markt (Berufe, Produkte und Dienstleistungen) geschaffen.

(3) *Der „Neue Manager":*
Eine Anzahl der jüngeren Leistungsträger hat den Wertewandel

bereits verinnerlicht. Bei ihnen wird ein Wandel von der asketischen Motivation der Nachkriegszeit, die Leistung an Erfüllungsaufschub koppelte, hin zum leistungswilligen Entfaltungsdrang festgestellt. Arbeitszeit soll nicht nur *entlohnte Zeit*, sondern *lohnende Zeit* sein (Höhler 1989). Dies hat weitflächige Auswirkungen auf Arbeitsgestaltung, Führung, Anreizsysteme usw.

Soziodemographische Entwicklungen

Die *Überalterung der Bevölkerung* in den westlichen Industrienationen und die *Zunahme des Bildungsniveaus* führen gemeinsam zu neuen Alters- und Qualifikationsstrukturen und zu neuen Qualifizierungsanforderungen (vgl. Brödner 1988). Zukünftig werden die Betriebe mit weniger jungen und mit mehr älteren Menschen auskommen müssen. Lag der Anteil der über 50jährigen Erwerbstätigen bei 20–25 %, so wird er im Jahr 2030 bei 30–40 % liegen. Haben heute zwei Drittel der Erwerbstätigen als höchsten Schulabschluß den Hauptschulabschluß, so wird in 40 bis 50 Jahren die Mehrheit das Abitur haben. Da die unterschiedlichen Altersgruppen eine unterschiedliche Vorbildung und ein unterschiedliches Qualifizierungsverhalten erworben haben, steht wahrscheinlich ein Wandel in den Qualifizierungsmethoden und in der Gestaltung der Arbeit (inhaltliches Profil, Art und Umfang) bevor.

Ökologiefreundliche Entwicklungen

Die *Umweltverträglichkeit* und *Recyclingfähigkeit* werden auch beim Abnehmer und Nutzer zu einer immer mehr geschätzten Produkteigenschaft. Deshalb sind diese Aspekte nicht nur reaktiv aufgrund der Gesetzgebung (s. o.), sondern vielmehr proaktiv in die strategische Markt- und Technologieplanung einzubeziehen.

3.7.3 Organisation der strategischen Früherkennung

Die durch die strategische Früherkennung geschaffenen Entscheidungssituationen können in zwei Klassen differenziert werden. Einerseits treten in der Praxis häufig Routinesituationen auf, für die meist auch vergleichsweise zuverlässige Verfahren existieren. Andererseits kommen auch Situationen mit Erstmaligkeit, prinzipieller Unvorhersehbarkeit und entsprechend geringer Zuverlässigkeit der Prognose vor (vgl. Kap 3.4.2.4). Derartige Ausnahmesituationen erfordern daher meist andere Verfahren und Strukturen (Organisationsformen).

Viele Unternehmen haben für die Aufgabe „Strategische Früherkennung" *Stabsabteilungen* (namens „Technologieplanung", „Technologiebewertung" o. ä.) eingerichtet, die durch Analyse aller verfügbaren Technologieinformationen aus Datenbankabfragen und aus anderen Medien die relevanten Technologietrends erfassen und regelmäßig an die Unternehmensleitung berichten. Diese Analysen beeinflussen maßgeblich die Festlegungen der F&E-Ressourcen des Unternehmens. Die derart institutionalisierte Früherkennung eignet sich vor allem für Unternehmen und Geschäftsfelder, in denen eine gewisse Technologiereife erreicht ist und bewährte, teilweise spezialisierte Technologieanalyse- und -bewertungsverfahren im Einsatz sind. Bei allen anderen Situationen hingegen besteht bei diesem Ansatz jedoch die Gefahr, daß die Planungen und Entscheidungen an marktorientierten Aspekten vorbeigehen und daß eine Kopplung mit den laufenden Marktaktivitäten nicht gegeben ist. Durch den Mehrfachabgriff von zur Zeit aktuellen, meist allgemeinen und unverbindlichen Trends kann es geschehen, daß diese Trends überbetont werden und eine Analyse zu wenig auf die spezifischen Kenntnisse, Stärken und Marktaktivitäten des betreffenden Unternehmens zielt.

Im Gegensatz dazu haben einige Unternehmen die strategische Früherkennung als *unternehmensweiten Prozeß* implementiert, der im gesamten Unternehmen beachtet wird und das auf allen Ebenen vorhandene Know-how nutzt. Normalerweise ist in jedem Unternehmen ein großer Wissensschatz vorhanden, der zur Identifikation und Beurteilung von Technologieentwicklungen dienlich ist. Dieses *Insiderwissen* gilt es zu nutzen, zumal es oft eher präsent ist, als die am Markt oder in Datenbanken allgemein erhältlichen Informationen. Die Realisierung der strategischen Früherkennung erfolgt hier schwerpunktmäßig auf der operativen Unternehmensebene und durch die laufende Zusammenarbeit zwischen Linienfunktionen. Das Verfahren sieht bereichsübergreifende Teamarbeit aller an der Wertschöpfung Beteiligten (F&E, Vertrieb, Produktion) vor. Auf diese Weise können z. B. durch den Vertrieb detaillierte Kundenanforderungen und Ertragspotentiale und durch die Produktionsspezialisten z. B. frühzeitige Abschätzungen der Kostenreduktionspotentiale eingebracht werden. In Situationen, in denen die im Unternehmen vorhandenen Informationsquellen zur Beurteilung von neuen Technologien nicht ausreichen, ist der Prozeß der strategischen Früherkennung über die Unternehmensgrenzen hinaus auszuweiten. Empfehlenswert ist hier der systematische Aufbau von *Informationsnetzwerken* mit anderen Akteuren: Kunden, Zulieferern, Wettbewerbern, Beratern und Forschungseinrichtungen. Die Verwendung externer Informationsquellen erweitert den Beobachtungshorizont und vermeidet Fehleinschätzungen.

Die *integrierte, kooperative Bearbeitung der strategischen Früherkennung* wird von der Unternehmensleitung nur noch durch die Festlegung der unternehmerischen Zielvorstellungen und der Unternehmensstrategie beeinflußt. Innerhalb dieses Rahmens können nach Strategischen Geschäftsfeldern differenziert Bedarfsanforderungen (F&E-Projekte), Erfolgsfaktoren und Technologien ermittelt und entschieden werden. Diese bottom-up-organisierten Prozesse funktionieren nur in einer innovationsfreundlichen Unternehmenskultur zufriedenstellend und erfolgreich. Für die Organisation der strategischen Früherkennung gelten daher sinngemäß die gleichen organisatorischen Empfehlungen wie für das Strategische Technologiemanagement insgesamt (vgl. Kap. 3.8).

3.8 Abstimmung mit den operativen Systemen

Die Strategieplanung des Strategischen Technologiemanagements bleibt reines Papierwerk und ohne wirtschaftlichen Erfolg, wenn sie nicht von den operativen Einheiten des Unternehmens richtig und konsequent durchgesetzt wird.

Die operativen Systeme sind also auf die gewählten Strategien auszurichten und die vielen täglichen Handlungen und Entscheidungen des Unternehmensgeschehens sind strategiegerichtet und strategiegerecht durchzuführen bzw. zu treffen.

Andererseits werden die von den operativen Systemen eines Unternehmens realisierten Ergebnisse Einfluß auf die langfristige und stra-

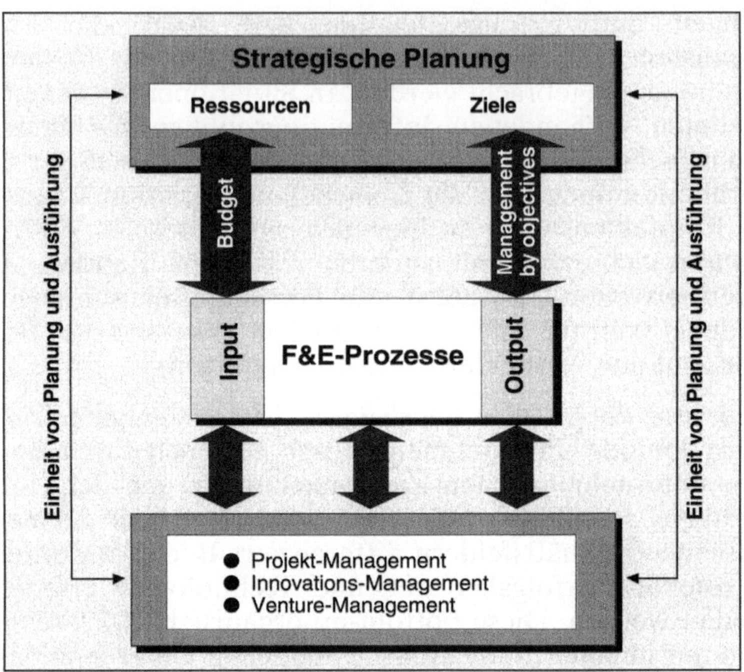

Bild 3.43   Konzept zur integrierten Koordination von strategischer Planung und Strategiedurchsetzung (Quelle: Ewald 1989)

tegische Ressourcenzuweisung und Zieldefinition des Unternehmens haben. Strategische Planung und operative Systeme sind also miteinander im Sinne eines Regelkreises zu koordinieren (vgl. Bild 3.43).

Es wird zunehmend versucht, eine personale Einheit von Planung und Ausführung herzustellen bei der Durchsetzung von Strategien. Dies bedingt jedoch, daß das Strategische Technologiemanagement weitgehend *dezentralisiert* wirkt und *nicht als organisatorische Einheit institutionalisiert* wird (z. B. als Stab). Eine weitere Konsequenz ist, daß Personen mit eher operativen Führungsaufgaben in den Prozeß der strategischen Planung eingebunden werden müssen. Diese „Technologiemanager" sind über ihre eigentliche Fachkompetenz hinaus auch für die Bearbeitung und Lösung strategischer Fragestellungen auszuwählen und zu trainieren.

Strategische und operative Managementprozesse werden von traditionell *unterschiedlichen Denkweisen* charakterisiert: das langfristigstrategische Denken in Potentialen steht dem eher buchhalterischen, budget-orientierten und programmgebundenen operativen Denken gegenüber. Zur Koordination beider Prozesse ist es daher nötig, sowohl die Übertragung von strategisch formulierten Zielen in zeitlich und inhaltlich konkretisierte Aufgaben (Programme) zu leisten als auch die erzielten operativen Ergebnisse (Erfolg/Mißerfolg) im Sinne der strategischen Zielvorgaben zu bewerten. Der Output der F&E-Prozesse wird über Zielvorgaben (z. B. Management by Objectives-Prozesse) sachlich und zeitlich grob fixiert vorgegeben und im Prozeßverlauf schrittweise verfeinert. Durch diese Vorgehensweise wird eine vorzeitige Einengung auf bestimmte strukturelle Optionen verhindert, sie können prozeß- und problemabhängig neu gewählt und verändert werden: was zählt, ist das *Ergebnis*, nicht die Struktur des Lösungsweges.

Aus konzeptioneller Sicht lassen sich zur Lösung der Koordinationsaufgabe von Strategieplanung und Strategiedurchsetzung *technokratische*, *strukturelle* und *personale* Ansätze unterscheiden (Staehle 1980). In Bild 3.44 wird dieses Gestaltungsfeld stichwortartig gezeigt.

Nicht alle Planungsfälle sind für das Strategische Technologiemanagement gleich relevant. A. D. Little hat eine Darstellung gefunden, die es erlaubt, verschiedene Innovationsfelder mit ihren jeweils spezifischen Managementanforderungen zu charakterisieren (vgl. Mueller/Deschamps 1985). Ist die Technologieintensität der Innovation eher gering, so scheint das STM nicht gefordert zu sein. In den Fällen hoher Technologieintensität hingegen ist das STM mit unterschiedlichen Managementmechanismen einzusetzen (vgl. Bild 3.45). Bei *kapitalintensiven Innovationen* ist es wegen des großen unternehmerischen Risikos günstiger, Top-down-Prozesse zu verwenden. Bei *weniger kapitalintensiven Innovationen* spielt hingegen der Bottom-up-Innovationsprozeß eine entscheidende Rolle.

Der *Bottom-up-Innovationsprozeß* funktioniert aber nur dann zufriedenstellend, wenn in einem Unternehmen eine *innovationsfreundliche Kultur* herrscht, das sich u. a. durch innovationsfreundliche Organisationsformen und offene informale Kommunikationsbeziehungen auszeichnet. Besonders bei Bottom-up-Prozessen ist dafür Sorge zu tragen, daß die Entscheidungswege kurz sind, da sonst die Gefahr der Entscheidungsverschleppung und Informationsverzerrung groß wird. Das Bemühen um eine bottom-up-getragene

		Phasen	
		Strategieplanung	**Strategiedurchsetzung**
Ansätze	**techno-kratische Ansätze**	● Planungsrahmen 　◆ integrierte nachfrage- und wettbewerbsorientierte Methodik	● operative Programmplanung 　◆ Budgetierung 　◆ Investitionsplanung
	strukturelle Ansätze	● Institutionalisierung des 　◆ Technologie-Managements 　◆ Innovations-Managements ● integrierte organisatorische Infrastruktur für 　◆ Bottom-up-Prozesse 　◆ Top-down-Prozesse ● verkürzte Entscheidungswege für Bottom-up-Prozesse	● Führungskonzeptionen 　◆ Management by objectives 　◆ Projekt-Management 　◆ Venture-Management ● Nutzung des gesamten Spektrums an Umsetzungs-mechanismen
	personelle Ansätze	● weitgehende Einheit von Planung und Durchsetzung ● innovationsorientiertes Klima ● flankierende Personalentwicklung von Mitarbeitern in operativen Bereichen	

Bild 3.44   Koordination des STM mit den operativen Systemen
(nach: Ewald 1989)

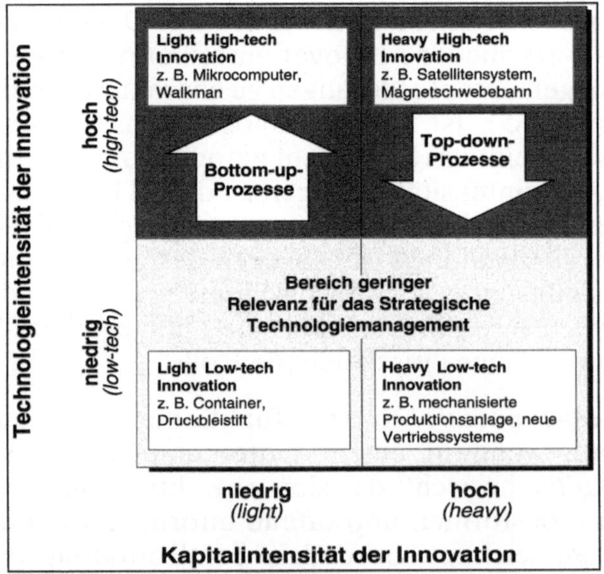

Bild 3.45   Geeignete Managementprozesse bei Innovationen
(nach: Sommerlatte/Layng/Oene 1987; Zahn 1986)

Prozeßoptimierung in den Geschäfts- und Technologiebereichen hat sich z. B. bei japanischen Unternehmen signifikant bewährt (vgl. dazu Innovation und Kaizen, Kap. 1.2.2).

Die größte Aufmerksamkeit genießen meist die Innovationen von Unternehmen im Bereich der Spitzentechnologien. Das Innovieren ist aber gerade hier besonders schwierig und risikoreich wegen längeren Zyklusphasen, hohen Investitionen, unbekannten Märkten. Die gewählte Darstellung darf also nicht zur Annahme verführen, daß nur Unternehmen, die in „High-tech"-Bereichen operieren, erfolgreich sein können. Die Innovationskraft der im „Low-tech"-Bereich positionierten Unternehmen wird oft unterschätzt. Gerade aber diese Unternehmen können oft nach relativ kurzer Zeit mit systematischen Innovationen bei relativ geringen Risiken große Erfolge erzielen. In den USA sind regelmäßig die Mehrzahl der neu gegründeten und schnell wachsenden Unternehmen (Aktiengesellschaften) dem Low-tech-Bereich zuzuordnen.

4 Organisatorische und funktionale Aspekte des Technologiemanagements

Durch die rasch fortschreitende technische Entwicklung, die eine Verkürzung der Produktlebenszyklen, eine Expansion der Produktentwicklungszyklen und einen dramatischen Anstieg der Produktentwicklungskosten mit sich bringt, erhöht sich für Unternehmen die Gefahr, nicht mehr konkurrenz- und wettbewerbsfähig zu sein. Die Anforderungen zur raschen Änderung alter Strukturen, kurz: zur flexiblen Aktion und Reaktion, erfordern von einem Technologieunternehmen nicht nur auf strategischer, sondern auch auf organisatorischer und funktioneller Ebene ständig Anpassungen und Weiterentwicklungen. Wer sich in dynamischen und turbulenten Märkten erfolgreich behaupten will, muß die Gestaltung der unternehmensinternen Leistungspotentiale fortlaufend überprüfen und versuchen, diese ständig zu verbessern. Nur so kann das Unternehmen den Anforderungen der Zukunft gerecht werden und relative Vorteile vor den Wettbewerbern gewinnen.

An dieser Stelle darf nicht der Eindruck entstehen, daß das Ziel organisatorischer Weiterentwicklung und Erneuerung allein dadurch erreicht würde, daß alte und bewährte Konzepte und Strukturen blindlings, ggf. nur einem modischen Trend folgend, durch neue ersetzt würden. Erfolgreiches Technologiemanagement ist vielmehr oft dadurch gekennzeichnet, daß geänderten Umwelten und Anforderungen mit sachgerecht modifizierten Konzepten und Ideen begegnet wird, die sich aus der Verknüpfung von Bewährtem mit Neuem ergeben. Ziel jeder Veränderung muß sein, die *Verbesserung der Wettbewerbsfähigkeit* des Unternehmens und die Erreichung der Unternehmensziele nachvollziehbar zu fördern. Diese Geschäfts- und Wettbewerbsorientierung wird weiter unten noch beispielhaft verdeutlicht. Die Praxis lehrt, daß Unternehmen, die sich ständig durch inneren Wandel und Weiterentwicklung den neuen Herausforderungen stellen *(learning organization)*, auch signifikante Veränderungen der Wettbewerbsumwelt weniger schmerzhaft und unter kleineren Risiken erleben, als erstarrte, schwerfällige Organisationen, für die größere Veränderungen durchaus existenzgefährdend sein können.

Evolutionäre und kontinuierlich stattfindende Veränderungen können punktuell überall im Unternehmen initiiert werden. Erweist sich allerdings das System von grundlegender, ausrichtender Unternehmensphilosophie, Modellen, Methoden und Verfahren eines Unternehmens insgesamt als zunehmend inadäquat zur Erreichung der Unternehmensziele, so werden auch radikalere, revolutionäre Veränderungen notwendig. Diese können sich über alle Ebenen des Managements erstrecken und bringen dabei auch die vollständige Veränderung organisatorischer und funktionaler Aspekte mit sich. Erlebt eine ganze Branche derartig radikale Veränderungen, so spricht man in Anlehnung an Kuhn (1967) auch von einem *Paradigmenwechsel* (vgl. Bullinger 1991c, 1991d, 1992e).

Die Umsetzung der Unternehmensstrategien in operativen Vollzug bedarf eines großen analytischen, theoretischen, aber auch praktischen Instrumentariums, aus dem die für die betreffende Aufgabe jeweils geeigneten Elemente ausgewählt werden. In diesem Kapitel wird für die organisatorischen und funktionalen Aspekte *Organisationsmanagement, Personalmanagement (Führungsaspekte)* und *Informationsmanagement* eine Auswahl herkömmlicher, bewährter sowie neuer, innovativer Ansätze und Methoden des Technologiemanagements dargestellt und bewertet. Die genannten Schwerpunkte können durch folgende drei Fragestellungen charakterisiert werden:

1. Welche *Aufbau- und Ablauforganisationsformen* stehen dem Technologiemanagement eines Unternehmens zur Verfügung?
2. Welchen Beitrag können das *Personalmanagement* und das *Führungsverhalten* für die Aufgaben des Technologiemanagements leisten?
3. Wie kann *Informationsmanagement* ein Technologieunternehmen und seine Führungskräfte unterstützen?

4.1 Organisationsmanagement

4.1.1 Begriff und Grundsätze der Organisation

Unternehmen sind Organisationen, in denen Menschen und technische Einrichtungen zur Erreichung wirtschaftlicher Ziele arbeitsteilig zusammenwirken (sozio-technische Systeme). Damit alle Aufgaben, die im Unternehmen anfallen, vollständig, effektiv und effizient erfüllt werden können, ist eine bestimmte Ordnung und Infrastruktur, in der das betriebliche Geschehen vollzogen werden kann, wichtige Voraussetzung. Diese Voraussetzung zu schaffen, ist Aufgabe des Organisationsmanagements.

Der Begriff „Organisation" (bzw. „Organisieren") wird in diesem Zusammenhang mit unterschiedlicher Bedeutung verwendet. Mit *Organisieren* wird zunächst jenes Gestalten bezeichnet, das zum Ziel hat, durch generelle Dauerregelungen eine Ordnung zu schaffen *(funktionaler Aspekt)*. Damit wird die unübersichtliche Vielfalt an Möglichkeiten des Zusammenwirkens im Unternehmen vorgedacht, strukturiert und meist stark reduziert. Ordnung – als Ergebnis organisierenden Handelns – führt damit zur Komplexitätsreduktion im Unternehmen. (Eigenschaften und Leistungsfähigkeit solcher Ordnungen werden weiter unten diskutiert.) Ergebnis des organisierenden Handelns ist einerseits ein System, die *Organisation (institutionaler Aspekt),* und andererseits ein Satz an *Organisationsregeln (instrumentaler Aspekt).* Das Ergebnis des organisierenden Handelns schlägt sich damit sozusagen in „Hardware" (Institution) und in „Software" (Regeln) nieder.

Wie Bild 4.1 schematisch zusammenfaßt, werden mit Organisation somit drei verschiedene Aspekte bezeichnet:

❑ soziale, sozio-technische Systeme, in denen Menschen und technische Objekte *dauerhaft* in einem *Strukturzusammenhang* stehen,
❑ *Regeln,* die das Handeln in solchen Systemen festlegen sowie
❑ die Tätigkeit des Gestaltens derartiger Systeme.

Alle drei Aspekte sind Gegenstand des Organisationsmanagements.

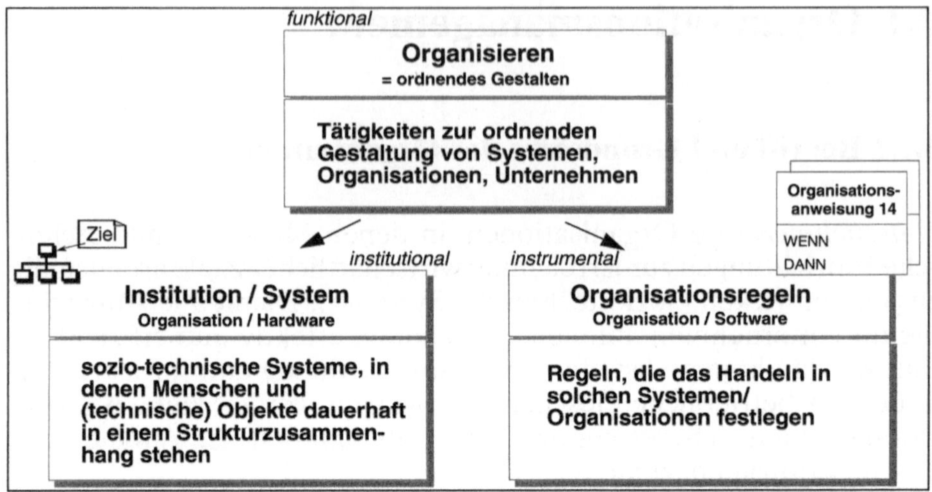

Bild 4.1   Begriff Organisation

Abzugrenzen vom Begriff der Organisation im engeren Sinn sind die Begriffe *Improvisation* und *Disposition* (vgl. Bild 4.2). Die Regelungen und Strukturen der Organisation im engeren Sinn sind dauerhaft und fest angelegt und machen ein Unternehmen auf längere Zeit nach innen stabil. Naturgemäß können derartige Organisationsregeln und -strukturen meist nur die Regelfälle und Standards abbilden.

Treten unvorhergesehene Ereignisse oder unplanbare Aufgaben auf, so helfen diese Festlegungen oft nicht weiter, es muß *improvisiert* werden. Konkret könnte es sich dabei um Versuche, Provisorien oder andere vorläufige Lösungen handeln. Improvisatorische Regelungen und Strukturen sind dadurch gekennzeichnet, daß sie vorübergehend, vorläufig und nicht gefestigt sind. Sie ermöglichen es einem Unternehmen, elastisch und flexibel auf Unvorhergesehenes zu reagieren. Improvisatorische Regelungen werden temporär Teil der Organisation. Bewähren sie sich und wird ihr Gebrauch häufiger notwendig, so können sie für dauerhaft erklärt und somit fester Teil der Organisation werden.

Im Unternehmensgeschehen können auch *regelmäßig* Vorgänge auftreten, die prinzipiell nicht fix vorweg organisierbar sind, da sie von konkreten Aufträgen abhängig sind, z. B. der Einsatz von Taxi- oder

Speditionsfahrzeugen, Bereitstellung von Bauteilen am Arbeitsplatz. Für derartig einmalig und nur fallweise auftretende Vorkommnisse und Aufträge, die zumal oft keine ähnliche Struktur besitzen, wird disponiert. *Disposition* ist die nach Art und Zeit abgestimmte Einteilung und Verfügung über Einsatzgüter (Ressourcen; z. B.: Geld, Material, Mitarbeiter, Betriebsmittel).

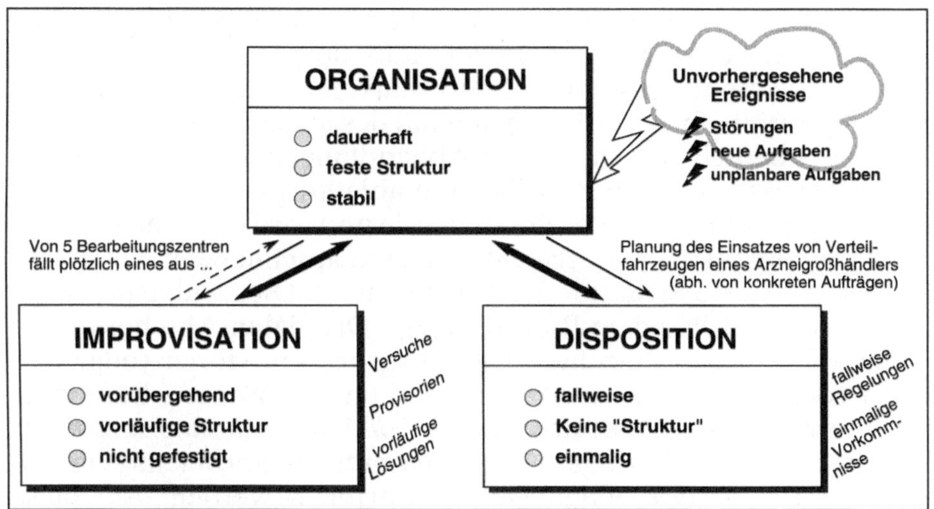

Bild 4.2   Begriffe Organisation, Improvisation und Disposition
(Quelle: Weidner 1987)

Die Betriebswirtschaft, die sich vorrangig mit den Fragen der technisch-ökonomischen Effizienz und Effektivität von Unternehmen beschäftigt, unterteilt die Unternehmensorganisation klassisch in Aufbau- und Ablauforganisation. Die *Aufbauorganisation* bezieht sich auf die Gliederung des Unternehmens in aufgabenteilige Einheiten und deren Koordination. Sie beschreibt dabei die verschiedenen Grundelemente des Unternehmens (Aufgaben, Rollen, Stellen, Stelleninhaber usw.) und die Zusammensetzung, Beziehungen und Kommunikationsstrukturen zwischen diesen Elementen (Gruppen, Instanzen, Dienstweg usw.). Die *Ablauforganisation* hingegen regelt innerhalb des Unternehmens *raum-zeitlich* die Arbeits- und Prozeßabläufe zur Aufgabenerfüllung.

Aufbau- und Ablauforganisation sind nicht als getrennte Organisationen, sondern vielmehr als statischer bzw. dynamischer Aspekt der Organisationsstruktur des Unternehmens zu verstehen. Als zwei verschiedene Betrachtungsweisen *eines* Phänomens, der Organisation, fügen sie den Betrieb zu einer auf den Unternehmenszweck ausgerichteten, strukturierten Einheit zusammen. Als Folge der gedanklichen Abstraktion und Trennung zwischen Aufbau- und Ablauforganisation existiert oft die Erwartung, daß diese beiden Aspekte der Organisation je einer isolierten Gestaltung zugänglich wären. Dabei wurde dem Aspekt der Aufbauorganisation in der Vergangenheit wesentlich mehr Aufmerksamkeit zuteil als dem der Ablauforganisation. Dies wird auch anhand des in der Vergangenheit zu beobachtenden Übergewichts von Abhandlungen aufbauorganisatorischer Aspekte gegenüber solchen mit ablauforganisatorischen Fragestellungen deutlich. In der Praxis wurde und wird dann meist zuerst die Aufbauorganisation festgelegt, um dann anschließend die Abläufe in diese fixierte Struktur „hineinzuplanen". Dies widerspricht jedoch in vielen Fällen dem Prozeßprinzip. Die vielen Abschnitte und Trennstellen in den einzelnen Betriebsprozessen stören (oder zerstören sogar) wesentliche Arbeitsbeziehungen. Werden Leistungs- und Informationsprozesse nach deren *Ablaufanforderungen* strukturiert, so kann eine Verringerung der Schnittstellenprobleme und ein Abbau abteilungsbezogenen Denkens erreicht werden. Auf diese Problematik wird in den folgenden Abschnitten noch näher eingegangen. Zunächst sind jedoch weitere Grundbegriffe einzuführen.

Aufgaben sind *dauerhaft* wirksame Aufforderungen, bestimmte Verrichtungen an Objekten zur Erreichung von Zielen durchzuführen. Eine Aufgabe wird stets zumindest durch die zugehörige Verrichtung und das zugehörige Objekt beschrieben. Sie ist stets mit entsprechender Kompetenz und Verantwortung zu versehen, wobei der Grundsatz der Einheit von Aufgabe, Kompetenz und Verantwortung gilt. Eine Aufgabe kann daher nur einem Menschen übertragen werden, da Sachmittel keine Verantwortung tragen können. *Aufgabenträger* ist also stets der Mensch.

Sachmittel unterstützen den Aufgabenträger bei der Verrichtung seiner Arbeiten und werden deshalb auch *Arbeitsträger* genannt. Sachmittel sind körperliche Gegenstände und können schon deshalb keine Aufgaben mit Kompetenz und Verantwortung tragen. Dies bleibt dem Mensch vorbehalten.

Zu unterscheiden von der Aufgabe ist der *Auftrag*, der eine *einmalige* Aufforderung darstellt, Verrichtungen an Objekten zur Erreichung von Zielen durchzuführen.

Arbeit ist die Erfüllung von Aufgaben und Aufträgen. Bei diesem Begriff steht also die Durchführung im Vordergrund (vgl. Kap. 4.1.3).

Die Gestaltung und Bewertung der Organisation eines Unternehmens orientiert sich an einer Reihe von *allgemeinen* und *speziellen Grundsätzen*. Der erste allgemeine Grundsatz ist das *wirtschaftliche Prinzip (ökonomisches Prinzip)*. In seiner ersten Form legt es als Ziel organisierenden Handelns fest, Strukturen und Abläufe zu finden, die geeignet sind, aus gegebenem Input einen maximalen Output zu erzeugen *(Maximalprinzip)*. In seiner zweiten Form fordert es, einen vorgegebenen Output mit dem geringst möglichen Input zu erreichen *(Minimalprinzip)*.

Der zweite allgemeine Grundsatz diktiert die *Zweckmäßigkeit* allen organisierenden Handelns. Da Organisationen (Unternehmen) Systeme sind, die Ziele (vor allem wirtschaftliche Ziele) verfolgen, sind alle organisatorischen Maßnahmen so zu treffen, daß das gesetzte Ziel (Zweck) in bester Weise erfüllt werden kann. Jeder Mitteleinsatz im Unternehmen hat dieser Ziel-/Zweckorientierung zu genügen. Organisation ist nicht Selbstzweck.

Der dritte allgemeine Grundsatz betrifft das sog. *organisatorische Gleichgewicht*. Diesem Grundsatz zu entsprechen, erfordert ein den Umweltanforderungen und Organisationszielen angemessenes Gleichgewicht zwischen starren und flexiblen organisatorischen Regelungen, zwischen formaler und informeller Organisation und ebenso zwischen Überorganisation (Bürokratie) und Unterorganisation (Chaos) zu finden (vgl. Bild 4.3).

In diesem Zusammenhang ist auch das Phänomen der informellen Organisation zu erwähnen. Neben der gewollten (organisierten) formalen Organisation wird nämlich jedes Sozialgebilde von informellen Erscheinungen durchzogen, die sich aus den besonderen Eigenschaften *menschlicher Aufgabenträger* herleiten lassen. Dieser auftretende Komplex formal unbeabsichtigter sozialer Phänomene und Abläufe wird als *informelle Organisation* bezeichnet. Er entsteht dadurch, daß sich die Mitglieder einer Organisation als soziale Wesen verhalten. Beispiele für das entsprechende Sozialverhalten sind

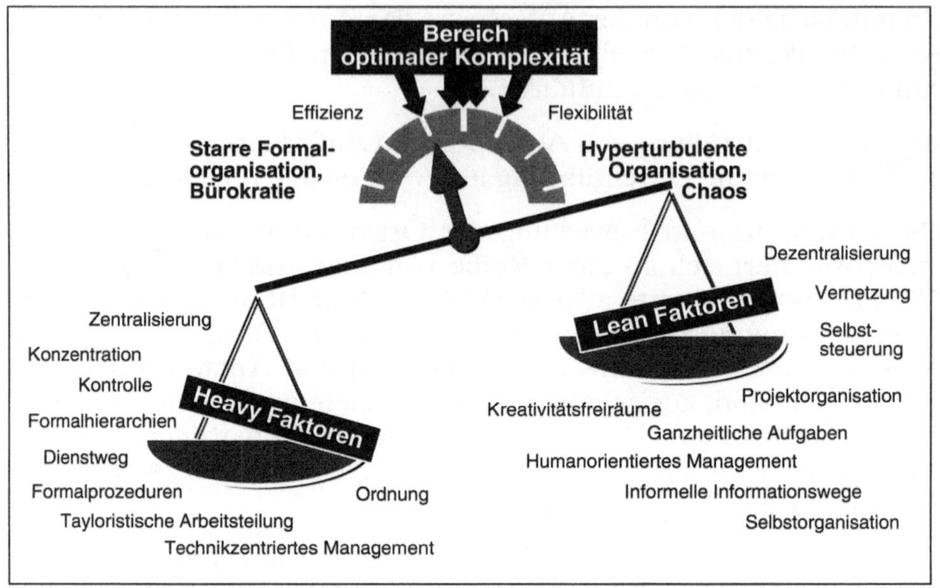

Bild 4.3   Mit Komplexitätsmanagement zum organisatorischen Gleichgewicht

(nach Mayntz): informelle Kommunikation, sozialer Status, subjektive Autorität, informelle Einstellungen und Normen, informelle Macht und Führerschaft, persönliche Beziehungen (auch außerhalb der Organisation) und informelle Gruppenbildung. Formale und informelle Strukturen existieren parallel und können sich gegenseitig positiv, aber auch negativ beeinflussen. Es ist Aufgabe des Organisationsmanagements, abhängig von den aktuellen Geschäftsprozessen, Mitarbeitern und Umweltbedingungen des Unternehmens, den Organisationsgrad durch entsprechende Maßnahmen nachzuregeln *(Komplexitätssteuerung)* und damit das organisatorische Gleichgewicht zu sichern. Im Rahmen der *Lean Management*-Diskussion bezeichnet man die entsprechenden organisatorischen Maßnahmen auch als *Heavy Faktoren* und *Lean Faktoren* (Bild 4.3).

Über diese allgemeinen Grundsätze der Organisation hinaus gelten fallweise weitere *spezielle Grundsätze*. Kennzeichnend für diese speziellen Grundsätze ist, daß sie nur für einen speziellen Anwendungsfall oder -bereich gelten (z. B. nur für den Gestaltungsbereich in Aufbau- oder Ablauforganisation oder nur für den Verhaltensbereich), nicht aber für die gesamte Organisation. Beispiele für solche speziellen Grundsätze sind: Stellenbildung soll durch exakte Aufgabengliederung erfolgen; Maximierung der Durchlaufgeschwindigkeit; kein autoritärer, sondern kooperativer Führungsstil (Verhaltensbereich).

4.1.2 Aufbauorganisation

Mit Aufbauorganisation eines Unternehmens wird seine dauerhaft wirksame aufgabenteilige organisatorische Struktur bezeichnet. Sie gibt u. a. an, welche *Organisationseinheiten* (Stellen, Abteilungen, Sachmittel) vorhanden sind und welche *statischen Beziehungen* (Kompetenz, Weisungsbefugnis, Kommunikation) zwischen diesen Einheiten *formal* existieren. Mit aufbauorganisatorischen Regelungen wird die Gesamtaufgabe eines Unternehmens auf die verschiedenen organisatorischen Einheiten arbeitsteilig zugewiesen. Die Zusammenfassung und Zuweisung von analytisch gewonnenen Teilaufgaben auf Aufgabenträger führt zur Stellenbildung (vgl. Kap. 4.1.2.7).

4.1.2.1 Begriffe

Die *Stelle* ist die kleinste aufbauorganisatorische Einheit. Stellen sind Zusammenfassungen analytisch gewonnener Teilaufgaben für gedachte oder konkrete *Aufgabenträger*. Eine *Stellenbeschreibung* beschreibt Inhalt, Spielraum und Umfang der Aufgabe des jeweiligen Stelleninhabers (Aufgabenträger).

Eine Stelle, die Leitungs- und Weisungsbefugnis gegenüber anderen untergeordneten Stellen oder einer einzelnen Stelle besitzt, wird als *Instanz* bezeichnet.

Eine Instanz und die ihr zugeordneten rangniederen Stellen werden zu einer *Abteilung* zusammengefaßt.

Stabsstellen (Stäbe) werden Instanzen zur Unterstützung zugeordnet. Sie besitzen keine Fremdentscheidungskompetenz. Ihre Tätigkeit erstreckt sich auf informatorische und beratende Entscheidungsvorbereitung und auf die Kontrolle der Entscheidungsdurchführung.

Die Aufbauorganisation eines Unternehmens läßt sich durch unterschiedliche Beschreibungsmethoden und -modelle darstellen. Zu den *verbalen Techniken* gehören Stellenbeschreibungen, Verzeichnisse und Organisationsanweisungen. Vorteile besitzen jedoch *graphische* und *tabellarische Darstellungstechniken* wie Organigramme (Leitungsbeziehungen), Funktionendiagramme (Aufgabenbeziehungen) sowie Kommunikationstabellen, -diagramme und -matrizen (Kommunikationsbeziehungen). Soziogramme und -matrizen (soziale Beziehungen) werden für Aspekte der informellen Organisation verwendet.

Sehr verbreitet ist das sog. Organisationsschaubild oder *Organigramm*. Die Knoten solcher Graphen stellen die organisatorischen Einheiten, die Kanten die Beziehungen zwischen den organisatorischen Einheiten dar. Das Organigramm gibt Auskunft über die Aufgabengliederung (Stellenbildung), die Über- bzw. Unterordnung der Stellen (Leitungsbeziehungen, hierarchische Position der Stelleninhaber) sowie über den Dienstweg. Die in der Hierarchie von oben nach unten verlaufenden Linien sind die Befehlslinien *(Instanzenweg)* und die von unten nach oben verlaufenden Linien, die für Berichte, Mitteilungen und Beschwerden benützt werden, sind die *Dienstwege*. Nicht deutlich werden im Organigramm Kompetenzverteilung und -umfang der Stellen sowie die konkrete Aufgabenverteilung.

Je nach Art und Prinzipien der Verknüpfungen ergeben sich unterschiedliche Organisationsformen. In den folgenden Abschnitten werden einige klassische Formen der Aufbauorganisation vorgestellt und bezüglich ihrer charakteristischen Vor- und Nachteile diskutiert. Abschließend wird eine systematische Vorgehensweise zur Gestaltung der Aufbauorganisation beschrieben.

4.1.2.2 Einlinienorganisation

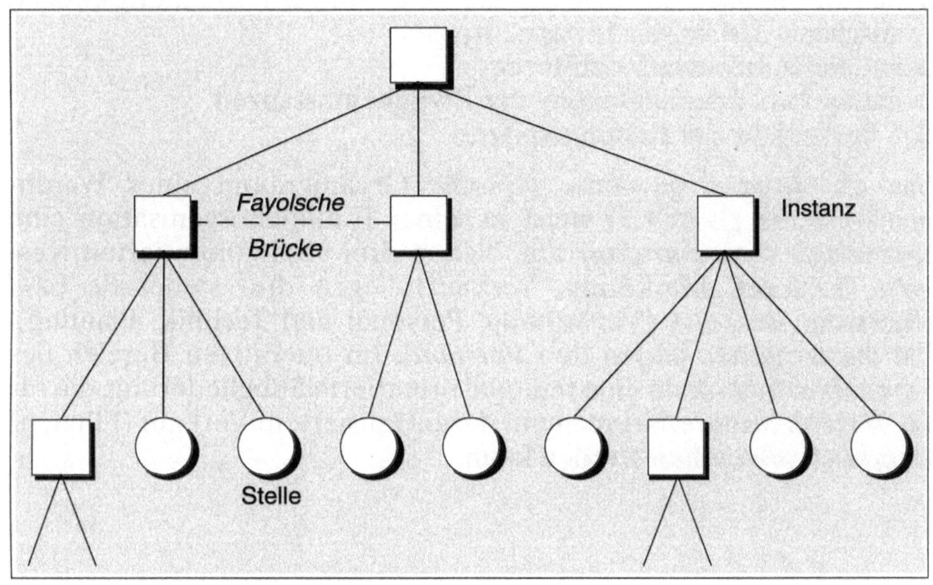

Bild 4.4   **Einlinienorganisation (schematisch)**

Merkmale: Jede Stelle erhält Weisungen ausschließlich von *einer* unmittelbar übergeordneten Instanz (Einheit der Auftragserteilung; Fayol 1916). Ein Untergebener hat nur *einen* Vorgesetzten, ein Vorgesetzter jedoch mehrere Untergebene. Es entsteht eine Hierarchie mit dem klassischen Bild einer *Organisationspyramide* (s. Bild 4.4). Die Kommunikation erfolgt i. d. R. nur *vertikal*, ausnahmsweise auch *horizontal* (sog. Fayolsche Brücke).

Vorteile:

❑ Einfach und übersichtlich,
❑ klare Unterstellungsverhältnisse,
❑ eindeutige Abgrenzung der Kompetenzen („keine Konflikte"),
❑ eindeutige Festlegung der Kommunikationsbeziehungen.

Nachteile:

❑ Schwerfälligkeit im Kommunikations- und Entscheidungsprozeß aufgrund des langen Instanzenweges,
❑ mögliche Informationsfilterung,
❑ mangelnde Spezialisierung der Zwischeninstanzen,
❑ Überlastung der Leitungsspitze.

Das als Beispiel gewählte typische Organigramm eines Warenhauskonzerns (Bild 4.5) weist in seiner Einlinienorganisation eine *funktionale Grundstruktur* auf. Neben drei absatzorientierten Ressorts (Einkauf, Marketing, Verkauf) liegen drei steuernde bzw. logistische Ressorts (Verwaltung, Personal und Technik, Planung). Die Ressortleiter bilden den *Vorstand.* Im operativen Bereich des Verkaufs erfolgt dann eine regional orientierte Subgliederung, die für ein Warenhausunternehmen mit dezentralisiertem Verkauf (Filialen) als typisch angesehen werden kann.

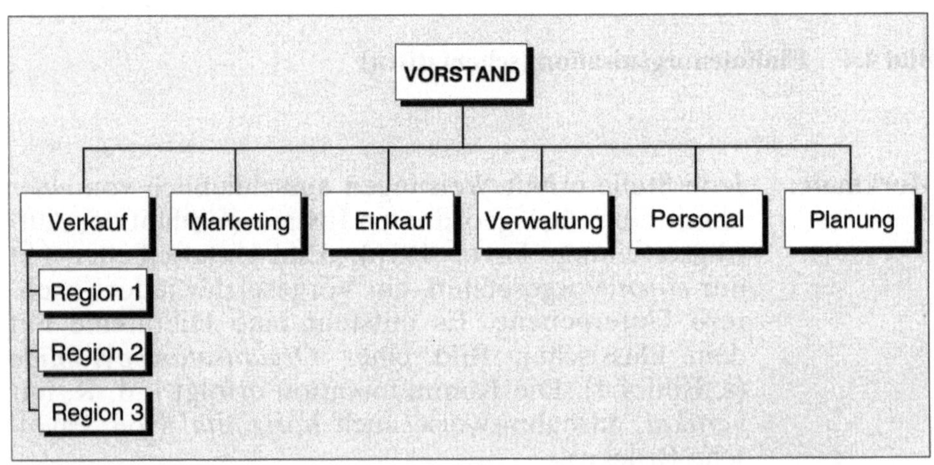

Bild 4.5   Beispiel für eine Einlinienorganisation (Warenhauskonzern)

4.1.2.3 Mehrlinienorganisation

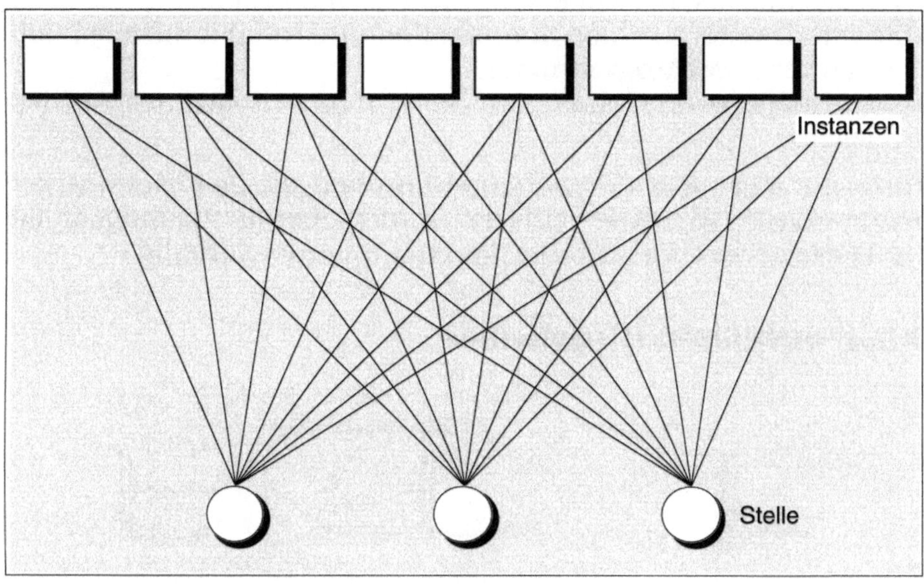

Bild 4.6   Mehrlinienorganisation (schematisch)

Merkmale: Eine Stelle ist durch *mehrere* Linien mit mehreren hierarchisch höheren und meist funktional unterschiedlichen Stellen (Instanzen) verbunden. Das Prinzip der Einheit in der Auftragserteilung (s.o.) wird ersetzt durch die Koordination der Mitarbeiter nach dem *Funktionsprinzip*, d. h. der auf eine Funktion spezialisierte Vorgesetzte erteilt nur für diesen Bereich Weisungen.

Vorteile:

❑ Abkürzung und Flexibilisierung der oft langen Anordnungswege des Einliniensystems,
❑ Entlastung und Spezialisierung der Instanzen,
❑ Einschränkung einer möglichen Informationsfilterung,
❑ Entlastung der Leitungsspitze.

Nachteile:

❑ Gelegentliche Überschneidung der Zuständigkeiten,
❑ Schwierigkeiten bei der Koordination in Großunternehmen aufgrund der komplexen Struktur,
❑ statt Kooperation Gefahr von Konkurrenz zwischen den Fachbereichen.

Historisch geht diese Organisationsform auf das *Funktionsmeisterprinzip* nach F. W. Taylor (1911/17) zurück, der die Funktionen des Universalmeisters auf acht sog. Funktionsmeister verteilte.

4.1.2.4 Stab-Linien-Organisation

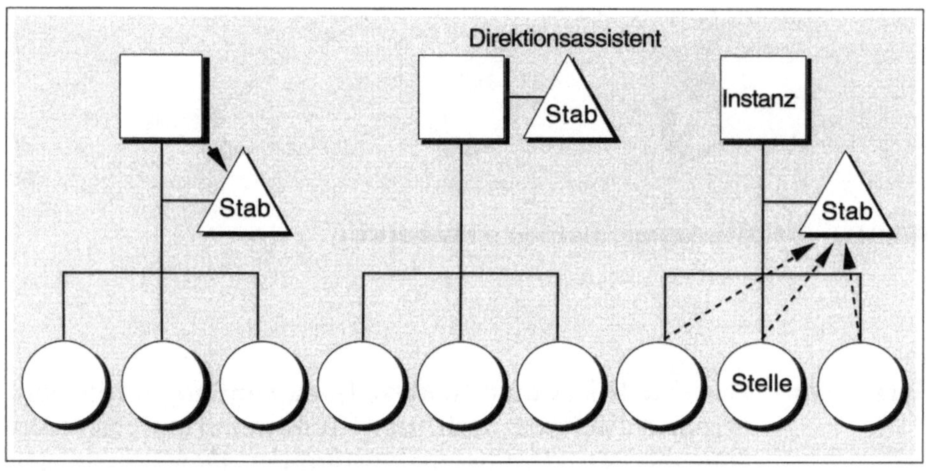

Bild 4.7   Stab-Linien-Organisation (schematisch)

Merkmale: Stabsstellen werden einzelnen Instanzen zugeordnet, entweder zur *Unterstützung einer Instanz (Delegation;* Bild 4.7 links und Mitte) oder zur Zusammenfassung gleichartiger Stabsaufgaben *(Zentralisation;* Bild 4.7 rechts). Der Stab hat *keine Weisungsbefugnis.*

Vorteile:

❑ Entlastung der Leitungseinheiten,
❑ Qualitätsverbesserungen der Entscheidungen mit Hilfe detaillierter Entscheidungshilfe durch den Stab,

❏ klare Kompetenzabgrenzung durch das zugrundeliegende Einliniensystem.

Nachteile:

❏ Verlust der Transparenz der Entscheidungsprozesse,
❏ mögliche Frustration des Stabes wegen fehlender direkter Entscheidungskompetenzen,
❏ Reibung der *„Professionals"* (Stab) mit den *„Bürokraten"* (Linie),
❏ informelle Abhängigkeit der Instanz von ihrem Stab.

Die Stab-Linien-Organisation ist ein Versuch, die Vorteile des Einliniensystems (Fayol) mit den Vorteilen der funktionalen Spezialisierung (Taylor) zu kombinieren. Ihren historischen Ursprung hat diese Organisationsform im militärischen Bereich (ab 17. Jahrhundert). Anfang des 20. Jahrhunderts wurde sie dann auf privatwirtschaftliche Organisationen übertragen. In Bild 4.8 werden die typischen Aufgaben- und Kompetenzunterschiede von Stab und Linie nebeneinander gestellt.

Linie	**Stab**
● Verantwortung für die Realisierung der Unternehmensziele	● Unterstützung der Linie bei der Zielerreichung
● Routineaufgaben	● Spezialaufgaben
● Kompetenz der Anordnung	● Kompetenz der Ideen
● Entscheiden	● Beraten
● Realisieren	● Planen
● Initiative ergreifen	● Analysieren

Bild 4.8   Aufgaben- und Kompetenzunterschiede zwischen Linie und Stab

Als Beispiel für eine Stab-Linien-Organisation ist in Bild 4.9 eine produkt(gruppen)orientierte divisionale Gliederung mit einer Unterteilung in Funktionsreferate und Geschäftsbereichsgruppen abgebildet. Die fünf Funktionsreferatsleiter und die Hauptverantwortlichen der

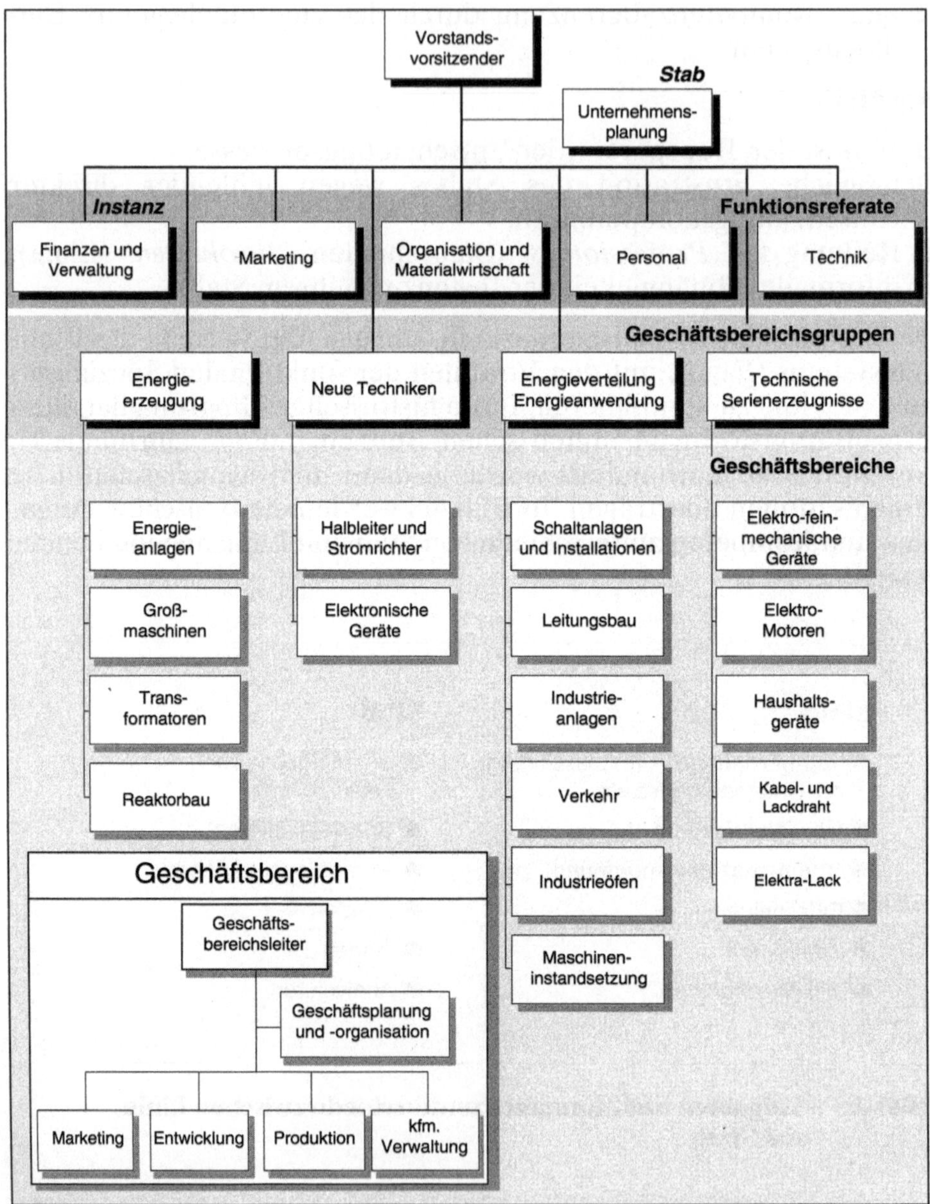

Bild 4.9   Stab-Linien-Organisation (Beispiel Elektro-/Energiekonzern)

vier Geschäftsbereichsgruppen bilden gemeinsam mit dem Vorstandsvorsitzenden den Vorstand der Gesellschaft. Die einzelnen Geschäftsbereichsgruppen gliedern sich in jeweils zwei bis sechs Geschäftsbereiche, deren allgemeine Struktur exemplarisch ebenfalls in Bild 4.9 (links unten) dargestellt ist.

4.1.2.5 Matrixorganisation

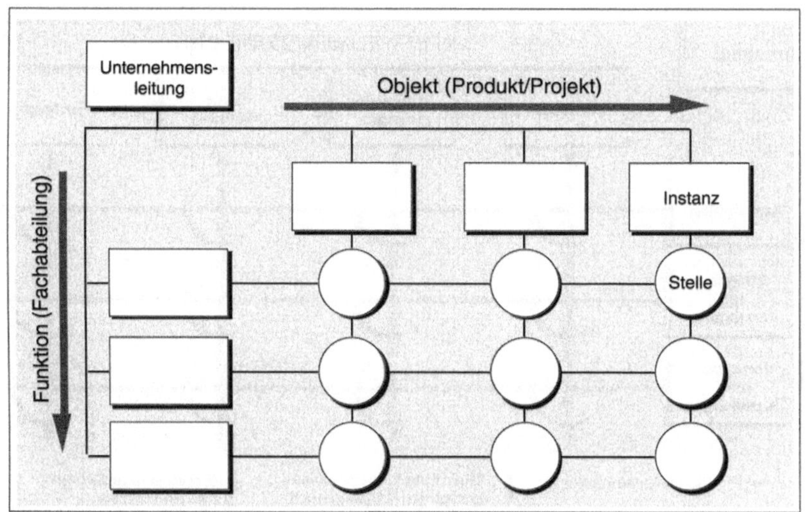

Bild 4.10   Matrixorganisation (schematisch)

Merkmale: Eine sowohl nach *Funktion* (Fachabteilung) als auch nach *Objekt* (Produkt oder Projekt) gegliederte Organisation überlappt sich zur *Matrixorganisation.* (Bei der *Tensororganisation* wird sogar nach *drei* Aspekten gegliedert, z. B. Funktion, Objekt und Region.)

Vorteile:

❑ Mögliche Verbesserung der Entscheidungsqualität durch Vermeidung von Einseitigkeiten,
❑ keine Belastung von Zwischeninstanzen durch direkte Wege,
❑ permanente Teamarbeit der Leitung,
❑ Ausschaltung der Stab-Linien-Konflikte.

Nachteile:

❏ Kompetenzüberschneidungen der Entscheidungseinheiten,
❏ großer Leitungskräfte- und Kommunikationsbedarf,
❏ Gefahr zu vieler Kompromisse, da uneinheitliche Leitung.

Bild 4.11 zeigt die divisionale Matrixorganisation einer Unternehmensgruppe (KHD, 1980).

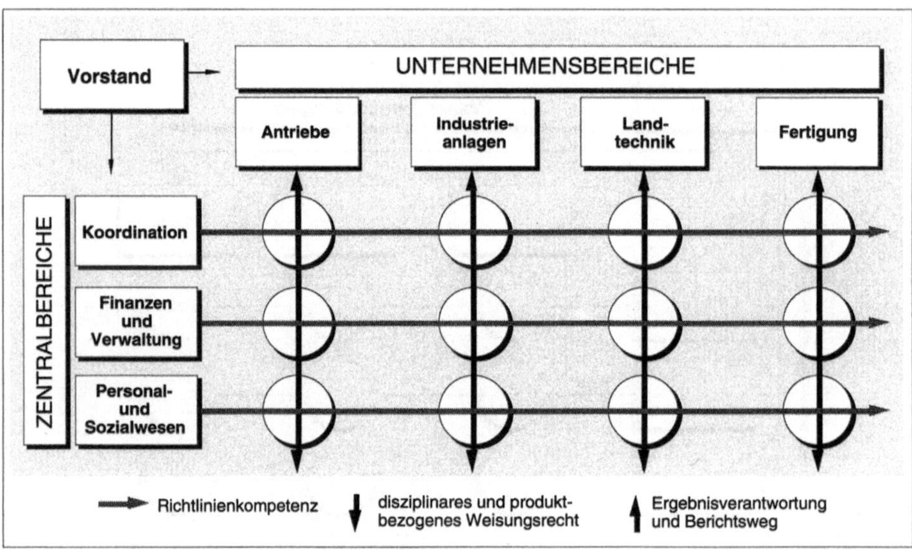

Bild 4.11   Matrixorganisation (Beispiel Unternehmensgruppe)

Zunächst wurden vier *Unternehmensbereiche* gebildet (Antriebe, Industrieanlagen, Landtechnik, Fertigung). Diese Gliederung entspricht nicht vollständig dem Schema einer Matrixorganisation, denn drei objektorientierten Bereichen wurde aus historischen Gründen eine zentral ausgerichtete „Fertigung" (funktionaler Bereich) nebengeordnet. Die Unternehmensbereiche haben die personelle und die produktbezogene Weisungskompetenz.

Dem gegenüber stehen drei funktional orientierte *Zentralbereiche* (Koordination, Finanzen und Verwaltung, Personal- und Sozialwesen). Die Zentralbereiche haben funktionsbezogene Weisungsrechte und Richtlinienkompetenzen, die hauptsächlich durch Verfahren und Methoden festgelegt werden.

4.1.2.6 Vergleichender Überblick

In Bild 4.12 werden die Grundprinzipien, Eigenarten und praktischen Auswirkungen der bisher vorgestellten klassischen Organisationsformen vergleichend gegenübergestellt.

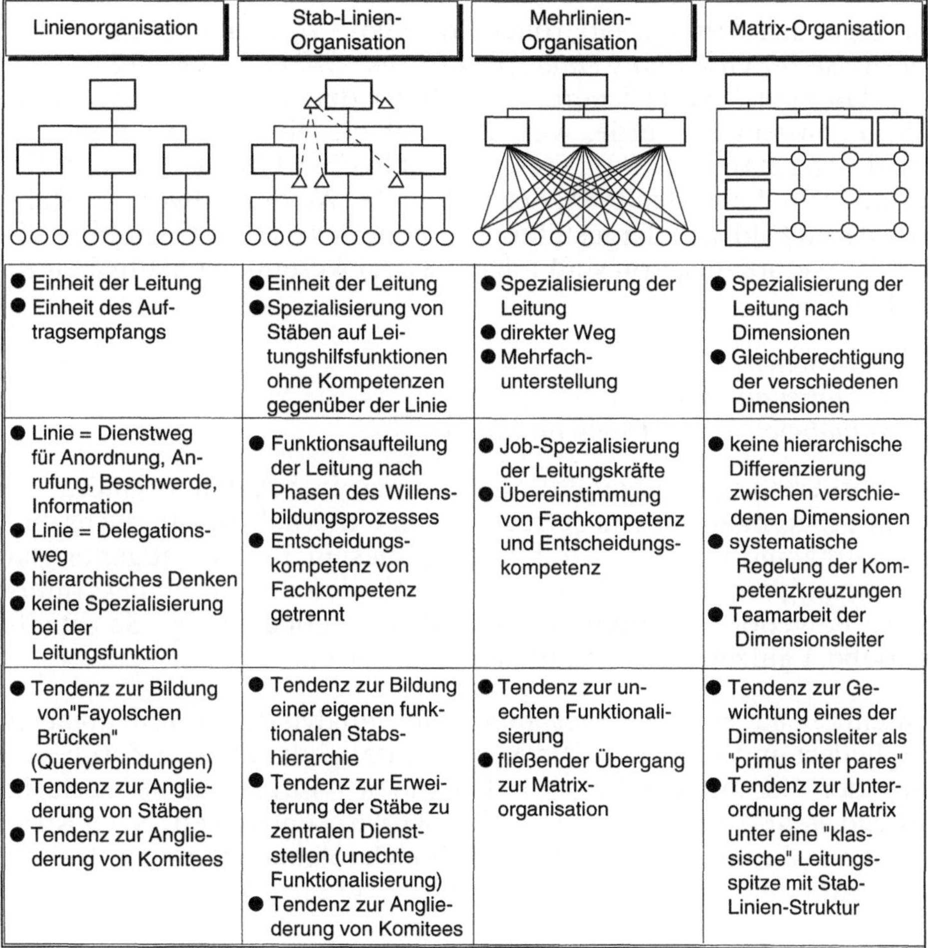

Linienorganisation	Stab-Linien-Organisation	Mehrlinien-Organisation	Matrix-Organisation
• Einheit der Leitung • Einheit des Auftragsempfangs	• Einheit der Leitung • Spezialisierung von Stäben auf Leitungshilfsfunktionen ohne Kompetenzen gegenüber der Linie	• Spezialisierung der Leitung • direkter Weg • Mehrfachunterstellung	• Spezialisierung der Leitung nach Dimensionen • Gleichberechtigung der verschiedenen Dimensionen
• Linie = Dienstweg für Anordnung, Anrufung, Beschwerde, Information • Linie = Delegationsweg • hierarchisches Denken • keine Spezialisierung bei der Leitungsfunktion	• Funktionsaufteilung der Leitung nach Phasen des Willensbildungsprozesses • Entscheidungskompetenz von Fachkompetenz getrennt	• Job-Spezialisierung der Leitungskräfte • Übereinstimmung von Fachkompetenz und Entscheidungskompetenz	• keine hierarchische Differenzierung zwischen verschiedenen Dimensionen • systematische Regelung der Kompetenzkreuzungen • Teamarbeit der Dimensionsleiter
• Tendenz zur Bildung von"Fayolschen Brücken" (Querverbindungen) • Tendenz zur Angliederung von Stäben • Tendenz zur Angliederung von Komitees	• Tendenz zur Bildung einer eigenen funktionalen Stabshierarchie • Tendenz zur Erweiterung der Stäbe zu zentralen Dienststellen (unechte Funktionalisierung) • Tendenz zur Angliederung von Komitees	• Tendenz zur unechten Funktionalisierung • fließender Übergang zur Matrixorganisation	• Tendenz zur Gewichtung eines der Dimensionsleiter als "primus inter pares" • Tendenz zur Unterordnung der Matrix unter eine "klassische" Leitungsspitze mit Stab-Linien-Struktur

Bild 4.12 Grundprinzipien, Eigenarten und praktische Auswirkungen unterschiedlicher Aufbauorganisationsformen
(Quelle: Staehle 1985)

4.1.2.7 Gestaltung einer Aufbauorganisation

Die Aufbauorganisation muß für jedes Unternehmen entsprechend der vorliegenden Unternehmensaufgabe, der Unternehmensgröße usw. speziell gestaltet werden. Dabei können die oben dargestellten idealtypischen Aufbauorganisationssysteme zwar als Gestaltungsvorschläge dienen, sie sind jedoch in reiner Form in die Unternehmenspraxis nur selten direkt übernehmbar.

Im folgenden wird ein Überblick über die *Aufgaben und die Vorgehensweise zur Gestaltung einer spezifischen Aufbauorganisation* gegeben. Da eine ausführlichere Darstellung den Rahmen dieser Einführung sprengen würde, wird hier auf die einschlägige Literatur verwiesen (z. B. Eiff 1991, Frese 1984, Grochla 1982, Hill u. a. 1981, Kosiol 1976, Schertler 1985, Schmidt 1983, Weidner 1990). Im Rahmen der in Bild 4.13 dargestellten Vorgehensweise zur Gestaltung einer Aufbauorganisation sind folgende drei wesentliche Aufgaben zu leisten:

❏ *Vorarbeiten,*
❏ *Aufgabenanalyse* und
❏ *Aufgabensynthese (Stellenbildung).*

Die vorbereitende Aufgabe zur Gestaltung einer Aufbauorganisation ist die Abgrenzung des zu betrachtenden Unternehmensbereichs und die Aufnahme und Beschreibung der diesem Bereich zugehörigen *Gesamtaufgabe.* Unterschiedlichste Methoden der Erhebung (Interview, Fragebogen, Dokumentenanalyse, Beobachtung, Selbstaufschriebe, Laufzettel usw.) sind hier einzusetzen.

Anschließend wird die Gesamtaufgabe analytisch in Teilaufgaben zergliedert und geordnet. Die Methode der gedanklichen Zergliederung der Gesamtaufgabe in Teilaufgaben *(Aufgabenanalyse;* auch: *Aufgabenauflösung)* wurde von Kosiol (1962) entwickelt. Nach Kosiol können die einzelnen Teilaufgaben nach folgenden organisatorisch relevanten *Merkmalen* weiter gegliedert werden:

❏ *Verrichtung* (z. B. Schreiben, Prüfen, Einkaufen, Berechnen, Schleifen),
❏ *Objekt (Gegenstand)* (z. B. Erzeugnis X, Erzeugnis Y, Formular C),
❏ *Rang* (z. B. Entscheidungsaufgaben und Ausführungsausgaben),

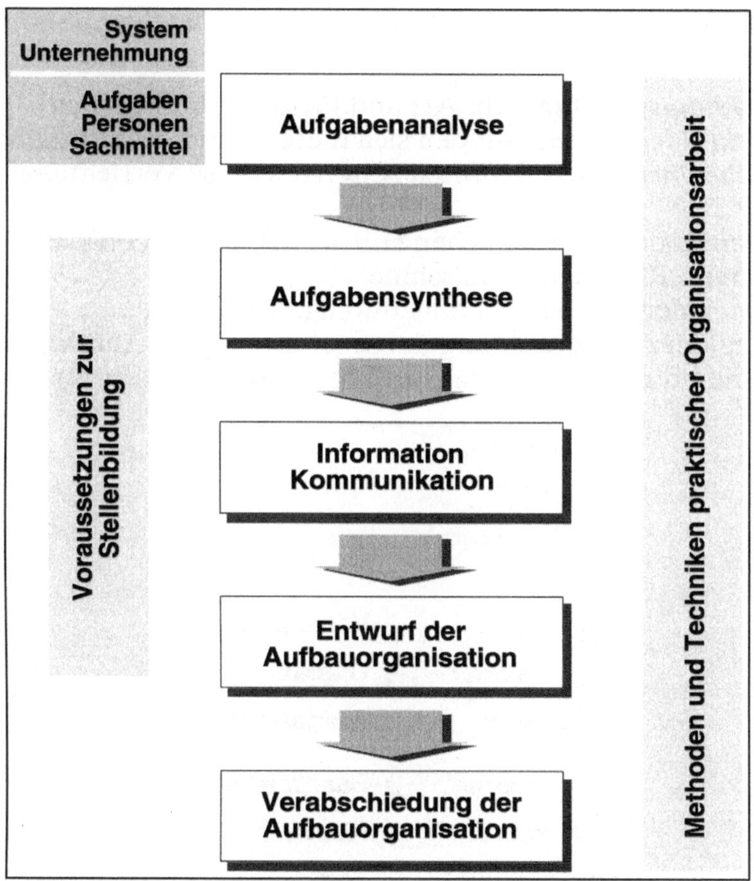

Bild 4.13   Vorgehensweise zur Gestaltung der Aufbauorganisation

❏ *Phase* (z. B. Planen, Durchführen, Kontrolle),
❏ *Zweckbeziehung* (z. B. direkt und indirekt produktive Tätigkeiten).

Die entsprechenden Analysen werden mit *Verrichtungs-, Objekt-, Rang-, Phasen- und Zweckbeziehungsanalyse* bezeichnet. Die einzelnen Aufgaben kann man jedoch ebenso (auch teilweise parallel zu obiger Struktur) in folgende sechs *Aufgabenelemente* (oder: Aufgabendimensionen) zerlegen (vgl. Bild 4.14), die zur Gestaltung der

Aufbauorganisation und zur Gestaltung der Ablauforganisation verwendet werden:

❏ *Verrichtungsvorgang*, d. h. Art und Prozeß der Tätigkeit,
❏ *Objekt (Gegenstand)*, auf den sich diese Verrichtung bezieht,
❏ *Aufgabenträger*, d. h. der Mitarbeiter, der diese Verrichtung durchführt,
❏ *Sachmittel*, d. h. die sachlichen Hilfsmittel für die Verrichtung, z. B. Rechner, PKW, Schreibmaschine,
❏ *Raum*, in dem die Verrichtung durchgeführt wird,
❏ *Zeit*, zu der die Verrichtung durchgeführt wird (Ausführungszeit) oder die für die Verrichtung notwendig ist (Ausführungsdauer).

Bild 4.14   Die sechs Dimensionen einer Aufgabe

Ziel der Aufgabenanalyse ist die vollständige Erfassung, systematische Gliederung sowie übersichtlich und hierarchisch (grob zu fein) gegliederte Darstellung der Aufgaben als Kommunikations- und Datenbasis für den folgenden Syntheseschritt.

Sind alle in Betracht kommenden Teilaufgaben beschrieben und analysiert, beginnt die Zusammenfassung der einzelnen Teilaufgaben *(Aufgabensynthese)*. Ziel dabei ist es, sinnvolle Aufgabenumfänge für je *eine* Stelle zu bilden *(Stellenbildung)*. Leitprinzipien dieses

Syntheseschritts sind *Zentralisation* und *Dezentralisation*, wobei unterschiedlichste Zentralisierungs- bzw. Dezentralisierungsformen möglich sind. Übliche Zentralisierungsformen sind beispielsweise *persönliche Zentralisation, Verrichtungs- oder Objektzentralisation, Mittel-, Raum- und Zeitzentralisation.* (*Artteilung,* auch: Verrichtungsorientierung, wäre ein Beispiel für Verrichtungszentralisation.)

In der Regel wird bei der Stellenbildung nicht auf konkrete Personen Rücksicht genommen (sog. *freie Organisation*), vielmehr werden Stellen für fiktive Personen oder bestimmte Berufstypen gebildet. Dies schafft weniger Probleme bei der Rekrutierung und Neubesetzung der Stellen. Zugrundegelegt wird ein normaler Leistungsgrad. Wird bei der Stellenbildung auf vorhandene Menschen (oder Sachmittel) Rücksicht genommen – in der Praxis kommt dies bei der Einplanung besonders befähigter Mitarbeiter durchaus vor –, ist von einer *gebundenen Organisation* die Rede. Bei der Stellenbildung ist auf die *Einheit von Aufgabe, Kompetenz (Befugnisse) und Verantwortung* zu achten.

Das Ergebnis der Stellenbildung wird in der *Stellenbeschreibung* niedergelegt, die vor allem Aufgaben, Kompetenzen und Verantwortung der Stelle bzw. des *Stelleninhabers* beschreibt (nicht jedoch seinen Arbeitsplatz und die Sachmittel). Zwischen den einzelnen Stellen werden formelle Kommunikationskanäle geschaffen. In sog. *Arbeitsplatzbeschreibungen* werden dann später die Arbeitsprozesse und die zugehörigen Sachmittel festgelegt. (Analog zur Stellenbildung wird bei der Bildung von Abteilungen vorgegangen, nur daß hier die Aufgaben entsprechend höher aggregiert werden.)

Zu beachten ist, daß es in einem Unternehmen durchaus angebracht sein kann, verschiedene organisatorische Lösungen mit divergierenden Formalisierungs- und Effizienzgraden zeitgleich in unterschiedlichen Bereichen der Organisation zu installieren. Eine effiziente Organisation ist zwar *eine* der Voraussetzungen für erfolgreiches Operieren und Agieren am Markt. In Unternehmen mit hohem Innovationsgrad werden jedoch besondere Anforderungen an die Organisation gestellt, die nicht nur nach Effizienzkriterien ausgerichtet werden können. Für die Kreativität und Ideengenerierung sind vielmehr informeller, ungehinderter Informationsaustausch und die Einbeziehung des externen Wissensfortschritts entscheidend. An Innovationen arbeitende Mitarbeiter sollten durch Routineaktivitäten nur gering belastet werden, um ihnen dadurch großen Spielraum für kreatives Arbeiten einzuräumen. Weiterhin sollten Anreize oder Motivationsimpulse zur Lösung schlecht strukturierter Probleme gegeben werden.

Eine „innovationsfreudige" Organisationsstruktur zeichnet sich dadurch aus, daß sie Mitarbeitern einen hohen Professionalisierungsgrad mit einer *hohen Entscheidungsdezentralität* gewährleistet (Intrapreneurship; „Unternehmer im Unternehmen"). Darüber hinaus sollten in einem solchen Unternehmen die Aktivitäten durch einen *geringen Routinisierungsgrad* gekennzeichnet und informelle Strukturen vorhanden sein. Nach dem Objektprinzip gestaltete Organisationsstrukturen sind für die Ausprägung und Förderung derartiger Merkmale besonders geeignet.

Im Gegensatz dazu sind Abteilungen, in denen Ideen „nur" strikt und effizient umgesetzt werden sollen, tendenziell in höherem Maß von einer personellen und bürokratischen Autorität abhängig (z. B.: Konstruktion, *nicht* Produktfindung; Produktion, *nicht* Produktionsplanung). Bewährt haben sich für diese Abteilungen die vorgestellten klassischen Strukturen (Michel 1990; Otala 1991).

Als Ergebnis der Aufgabenanalyse und -synthese ergibt sich im Entwurf das zu verabschiedende *aufbauorganisatorische Gliederungsgefüge des Unternehmens.* Es stellt sich als organisatorischer Gesamtzusammenhang der Stellen dar. Nach Kosiol können fünf unterschiedliche Zusammenhänge unterschieden werden, die jeweils eines der folgenden fünf *Teilsysteme der Aufbauorganisation* erzeugen:

❏ *Verteilungssystem:*
  Die Teilaufgaben werden auf die Aufgabenträger verteilt. Es entstehen Stellen.
❏ *Leitungssystem:*
  Entscheidungsaufgaben, die als solche die *besonderen Merkmale* der Entscheidung, Anordnung, Initiative, Verantwortung und Repräsentation tragen, werden klassischerweise von Ausführungsaufgaben getrennt und diesen übergeordnet. (Das Prinzip der Trennung von Ausführung und Entscheidung hat sich jedoch teilweise als äußerst problematisch erwiesen.) Entsprechend werden die betreffenden Stellen rangmäßig geordnet und verbunden. Dabei entstehen Instanzen und Abteilungen. Die *Leitungsspanne* ist die Anzahl der einem Leiter direkt unterstellten Mitarbeiter.

❑ *Stabssystem:*
Ausgliederung von Linienhilfsfunktionen in Stäbe und Eingliederung dieser Hilfssysteme in das Leitungssystem.

❑ *Arbeitssystem:*
Festlegung der dauerhaften *materiellen* und *informationellen* Beziehungen zwischen Stellen und Abteilungen.

❑ *Kollegiensystem:*
Kollegien sind zeitlich befristete, hierarchiefreie Gruppierungen von Stellen zur Bearbeitung von Aufträgen. Sie werden bei Bedarf gebildet und dann wieder aufgelöst. (Beispiele: Konferenz, Vorbereitungsteam für Sonderauftrag). Kollegien werden häufig bei Einzelereignissen und Projekten gebildet. (Im Unterschied dazu sind *Ausschüsse* zeitlich *unbefristete* Gruppierungen von Stellen zur Erledigung von wiederkehrenden *Aufgaben.* Auf *Projektgruppen*, eine andere Form zeitlich begrenzter Organisation, wird weiter unten eingegangen.)

4.1.3 Ablauforganisation

Die Ordnungsstruktur der in Raum und Zeit ablaufenden Arbeit *(Arbeitserfüllung)* wird als Ablauforganisation bezeichnet. Sie beschreibt den dynamischen Beziehungszusammenhang der Aufgabenerfüllungsprozesse. Die Ablauforganisation ergänzt damit die Aufbauorganisation mit den dynamischen, raum-zeitlichen Aspekten. Vereinfacht kann gesagt werden, daß die Aufbauorganisation *inhaltlich* klärt, was zu tun ist, während die Ablauforganisation beschreibt, *wie* die Aufgabe zu erfüllen ist.

4.1.3.1 Ziel und Aufgaben der Ablauforganisation

Ziel der Ablauforganisation ist es, den gesamten Arbeitsablauf in bezug auf *Arbeitsinhalt, Arbeitszeit, Arbeitsraum* und *Arbeitszuordnung* raum-zeitlich so zu gestalten, aufeinander abzustimmen und zu ordnen, daß ein Unternehmen in der Lage ist, seine Unternehmensziele auf operativer Ebene bestmöglich zu erreichen.

Elemente der Ablauforganisation sind Verrichtungen, die ein Aufgabenträger an Objekten wahrnimmt *(Arbeitselemente).* Diese Elemente werden durch Analyse einer *gegebenen* Aufgabenerfüllung gewonnen oder aus den bei der Aufgabenanalyse und -synthese *geplanten* Teilaufgaben abgeleitet.

Diese Arbeitselemente (auch: Arbeitsteile) müssen zu Arbeitsgängen zusammengefaßt werden *(Arbeitssynthese)*, wobei ein *Arbeitsgang* der Aufgabe einer Stelle entspricht. Auf dem nächsten Niveau sind dann Arbeitsgänge zu Arbeitsgangfolgen (Prozessen) zusammenzufassen. Weiterhin sind die Belastungen der Sachmittel und der Mitarbeiter zu planen und festzulegen.

Kann auf eine adäquate Technologie und gut ausgebildetes Personal im Unternehmen zurückgegriffen werden, lassen sich die ablauforganisatorischen Maßnahmen im wesentlichen auf drei Kernprobleme reduzieren (vgl. Bild 4.15):

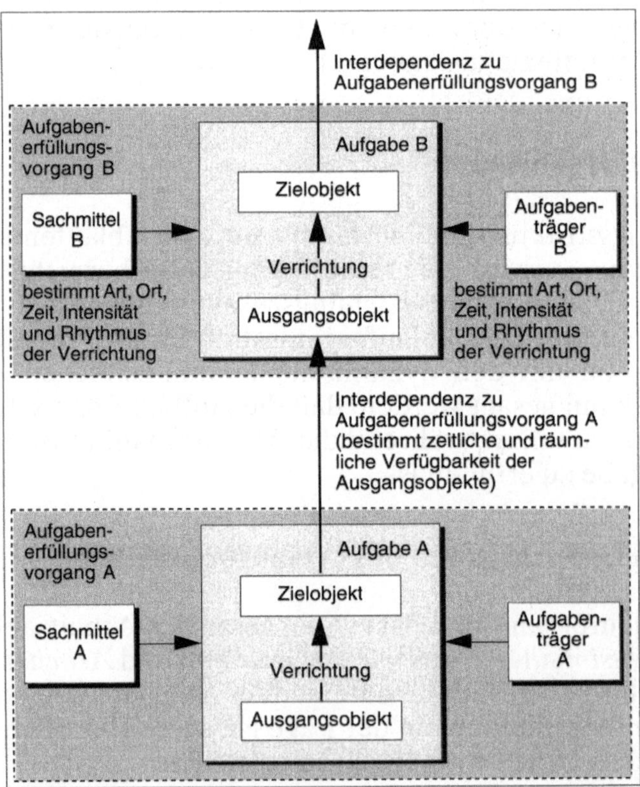

Bild 4.15 Struktur des ablauforganisatorischen Gestaltungsfeldes
(Quelle: Gabler 1988)

1. Können mehrere Arbeitsschritte bzw. Arbeitsprozesse parallel durchgeführt werden? *(logische Ablaufstruktur)*
2. Wie werden die einzelnen Arbeitsschritte innerhalb eines ganzen Arbeitsprozesses in zeitlicher Reihenfolge festgelegt? *(zeitliche Ablaufstruktur)*
3. An welchen Arbeitsplätzen werden die Arbeitsschritte durchgeführt, und wie erfolgt der Transport zwischen den Arbeitsplätzen? *(räumlich-kapazitive Struktur, „Ablauflogistik" zwischen Aufgabenträger, Sachmittel usw.)*

Für die Analyse, Gestaltung und Beschreibung der Ablauforganisation eines Unternehmens lassen sich unterschiedliche Beschreibungsmethoden und -modelle einsetzen. Zu den *verbalen Techniken* gehören geblockte Texte und verbale Rasterdarstellungen (vgl. z. B. Schmidt 1983). Vorteile besitzen jedoch auch hier *graphische* und *tabellarische Darstellungstechniken* wie Ablaufkarten, Balkendiagramme (Gantt-Charts), Blockdiagramme nach DIN 66001, Netzpläne, Ablaufdiagramme, Blockschaltbilder, Regelwerke und Entscheidungstabellen.

4.1.3.2 Gestaltung einer Ablauforganisation

Auch die Ablauforganisation muß speziell für die spezifischen Geschäftsprozesse und Gegebenheiten eines Unternehmens gestaltet werden. Im folgenden wird ein Überblick über die *Aufgaben und die Vorgehensweise zur Gestaltung der Ablauforganisation* gegeben. Auch hier wird für eine ausführlichere Darstellung auf die einschlägige Literatur verwiesen (vgl. Kapitel 4.1.2.7). Drei Aufgaben fallen bei der Gestaltung einer Ablauforganisation im wesentlichen an:

❏ *Vorarbeiten,*
❏ *Arbeitsanalyse* und
❏ *Arbeitssynthese.*

Vorbereitende Aufgabe für die Gestaltung der Ablauforganisation ist die Aufnahme und Beschreibung der bestehenden Arbeitsabläufe. Anschließend sind diese Arbeitsabläufe zu analysieren *(Arbeitsanalyse)*. Die *Arbeitsanalyse* gliedert die beobachtbare Aufgabenerfüllung nach organisatorischen Grundsätzen in Elementarteile *(Arbeitselemente)*, z. B. Schrauben, Lesen, Hören, Verarbeiten usw. Ziel der Arbeitsanalyse ist es, einen qualifizierten und quantifizierten Überblick über alle anfallenden Arbeiten und deren Verteilung auf die Aufgabenträger zu erhalten. Die Arbeitsanalyse der Ablauforganisation entspricht dabei einer Fortsetzung der Aufgabenanalyse der Aufbauorganisation, die sie effektiv um die raum-zeitlichen Aspekte ergänzt. Die analytische Zerlegung ermöglicht die spätere zweckmäßige Zusammenfassung der Arbeitselemente zu *Arbeitsteilen* höherer Ordnung bis hin zu Arbeitsgängen, die Stellen zugeordnet werden. Wird die Arbeitsanalyse ohne Berücksichtigung der Stelle betrieben, so wird von *reiner Arbeitsanalyse*, sonst von *Arbeitsganganalyse* gesprochen. Ein *Arbeitsgang* besteht aus den Verrichtungen, die eine Person oder ein Sachmittel an einem Arbeitsgegenstand *in Erfüllung der Stellenaufgabe* durchführt und nach deren Erledigung die Person oder das Sachmittel in die Ausgangsposition zurückkehrt (*Abgeschlossenheit* der Aufgabe).

Bei der *Arbeitssynthese* werden aus Arbeitselementen und Arbeitsteilen niedrigerer Ordnung Arbeitsteile höherer Ordnung gebildet, die von einer Person an einem Arbeitsobjekt – ggf. mit der Unterstützung durch Sachmittel – in Raum und Zeit erledigt werden können *(Aufgabenerfüllung)*. Eine Aufgabe ist dann erfüllt, wenn das *Aufgabenziel* erreicht ist; danach kann eine weitere Aufgabe begonnen werden.

Die Ablaufstrukturen von Aufgaben lassen sich durch die fünf *Elementarablaufstrukturelemente* darstellen: unverzweigte, UND-verzweigte, Exklusiv-ODER-verzweigte, Inklusiv-ODER-verzweigte und rückgekoppelte Abläufe. Mit diesen Ablaufelementen lassen sich *Aufgabenfolgepläne* zeichnen.

Die Arbeitssynthese erfolgt in dreierlei Hinsicht: in personeller Hinsicht *(Arbeitsverteilung; personelle Arbeitssynthese)*, in zeitlicher Hinsicht *(Arbeitsvereinigung; temporale Arbeitssynthese)* und in lokaler Hinsicht *(räumliche Arbeitssynthese)*. Beim ersten Punkt wird für eine fiktive Person geklärt, *wer* die Arbeit qualitativ (Qualifikationsanforderungen) und quantitativ leisten könnte und *wieviel* jeder Mitarbeiter unter normalen Bedingungen ohne Überlastung und über längere Zeit leisten kann *(Normalpensum)*. Beim zweiten Punkt geht es darum, die einzelnen Arbeitsgänge zeitlich so zusammenzufügen und aufeinander abzustimmen, daß die Leistungen mehrerer im Sinne der Gesamtarbeitsaufgabe voneinander abhängiger Mitarbeiter zeitlich in Einklang gebracht werden können *(Leistungsabstimmung)*. Die Leistungsabstimmung erfolgt meist in vier Schritten: Reihung von Arbeitsgängen zu *Arbeitsgangfolgen* (= Reihe von Arbeitsgängen, die Personen oder Sachmittel an wechselnden Objekten ausführen), *Taktabstimmung* für jede Arbeitsgangfolge, Abstimmung der Durchschnittstakte mehrerer Arbeitsgangfolgen und schließlich Verminderung der organisatorisch (nicht: technisch) bedingten Puffer- und Liegezeiten der Arbeitsobjekte. Beim dritten Punkt geht es um die Schaffung kürzester Wege und damit Verkürzung der Durchlaufzeit für das Arbeitsobjekt durch die Organisation. Erreicht werden kann dies beispielsweise durch eine Anpassung von Arbeitsplatzanordnung und Objektfluß.

Als *Ziele der Arbeitssynthese* gelten: Minimierung von Leerzeiten (d. h. hohe Auslastung der Mitarbeiter und Sachmittel), Minimierung der Durchlaufzeiten aller Güter, Minimierung von Terminabweichungen, Minimierung von Rüstzeiten (und damit -kosten) sowie Minimierung der Zwischenlagerbestände. Diese Ziele sind teilweise konkurrierend und deshalb entsprechend der spezifischen Gegebenheiten zu gewichten.

Die praktische Anwendung dieser Überlegungen in der Produktion führt zu bestimmten Organisationstypen der Fertigung wie *Fließfertigung* (z. B. Fließband; Reihenfertigung) und *Werkstattfertigung*.

Bild 4.16 stellt die Aufgaben und die Vorgehensweisen zur Gestaltung der Aufbau- und der Ablauforganisation gegenüber.

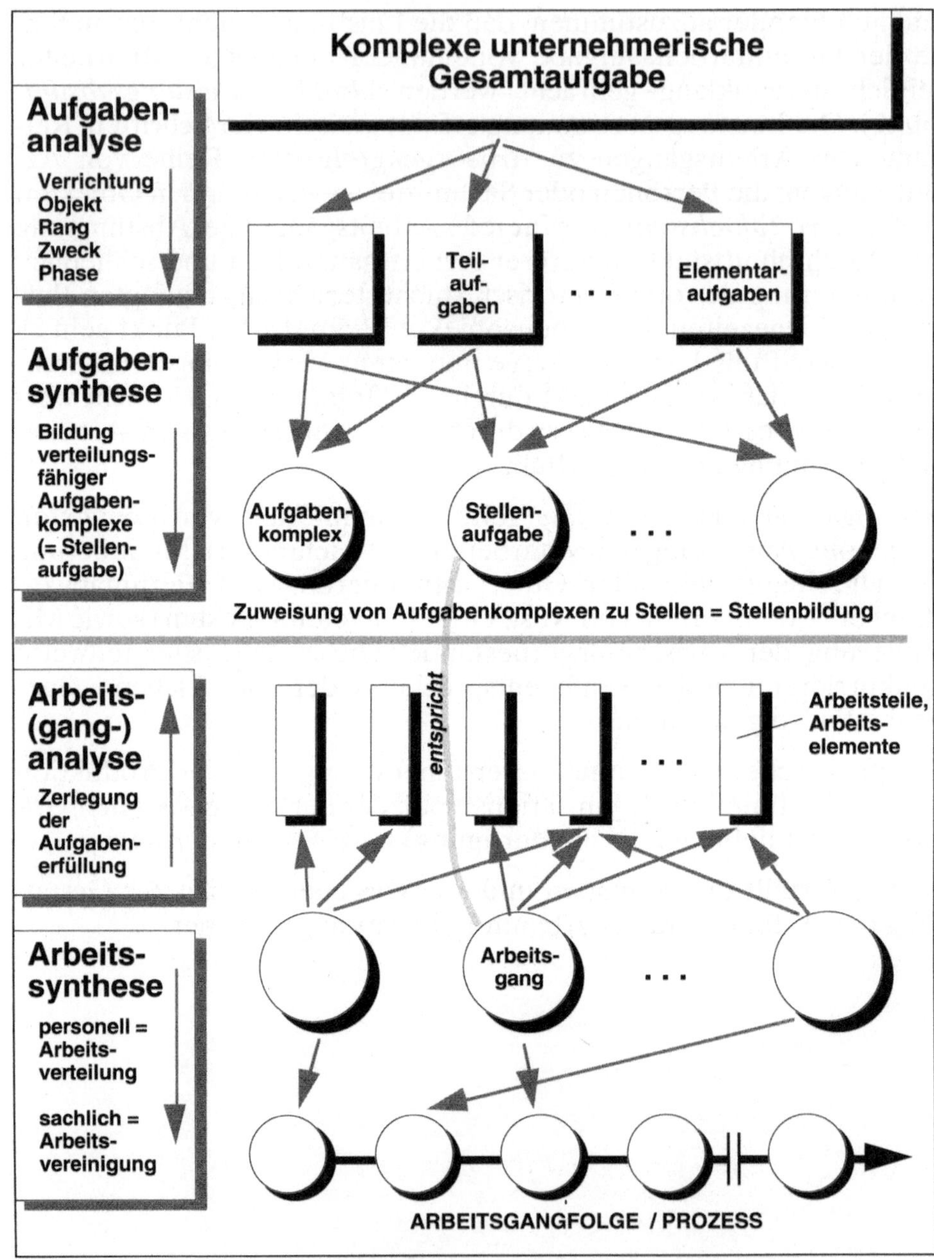

**Bild 4.16 Aufgaben und Vorgehensweisen zur Gestaltung der Aufbau-
und der Ablauforganisation**

4.1.3.3 Organisationshandbuch

Das Organisationshandbuch faßt alle bestehenden Regelungen aufbau- und ablauforganisatorischer Art zusammen. Es dient als Nachschlagewerk für alle Mitarbeiter. Inhaltlich besteht es, wie Bild 4.17 deutlich macht, aus vier Teilen.

Das Organisationshandbuch

Zusammenfassung aller bestehenden Regelungen und Vorschriften der Aufbau- und Ablauforganisation

Allgemeiner Teil
- **Unternehmensziele**
- **Unternehmenspolitik**
- **generelle Organisationsprinzipien**
- **Führungsgrundsätze**
- **(ggf. historischer Überblick)**
- Anleitungen zur Benutzung des Organisationshandbuches

Aufbauorganisation
- **Organisationsplan (Organigramm)**
- **Stellenbeschreibungen, Besetzungsplan**
- **Geschäftsordnung**
- **u. a.**

Ablauforganisation
- **Ablaufbeschreibungen (Arbeitsanweisungen)**
- **Verfahrensregelungen, z. B.:**
  - ❑ Postordnung
  - ❑ Urlaubsregelung
  - ❑ Arbeitszeitordnung

Anhang
- **Abkürzungsverzeichnis**
- **Formularverzeichnis**
- **Nummernsystem**
- **Organisationsmittel-Verzeichnis**
- **Bedienungsanleitungen**

Bild 4.17 Inhaltliche Struktur des Organisationshandbuches

4.1.4 Beispiele prozeßorientierter Organisationsformen

Im Rahmen der Diskussion um die Verringerung der Durchlaufzeit von Aufträgen, sei es im indirekt oder direkt produktiven Bereich, steht meist zuerst die Ablauforganisation im Blickfeld. Diese Schwerpunktlegung wird auch aus anderen Gründen bevorzugt. Analysen haben gezeigt, daß die *Vorgangsorientierung* und die *Konzentration auf die erfolgstragenden Geschäftsprozesse* klare Wettbewerbsvorteile ermöglicht. Auch im Rahmen der *Lean Management*-Diskussion wird u. a. unter dem Stichwort *Prozeßorientierung* auf die Ablaufplanung fokussiert.

Im Bürobereich werden teilweise bereits Werkzeuge zur Ablaufplanung und -steuerung, sog. *Workflow Management Tools*, eingesetzt. Im technisch-produktiven Leistungserstellungsbereich des Unternehmens existieren ebenfalls zahlreiche Methoden zur Ablaufplanung (Fabrikplanung, Materialflußplanung, Auftragsplanung, PPS, Fertigungs- und Montageablaufplanung), auf die hier aber nicht eingegangen werden soll.

4.1.4.1 Integrierte Vorgangsbearbeitung

Grundsätzlich führt jede Arbeitsteilung entlang einer Wertschöpfungskette zunächst zu einem Mehraufwand an Koordination (vgl. Transaktionskostenkonzept). Ein zentraler Ansatzpunkt zur Verbesserung der Leistung einer Organisation ist daher die Integration der Ablauforganisation.

Ansätze zur Integration liegen beim betrieblichen Informationssystem, den indirekt produktiven Prozessen sowie den Produktionsprozessen. Auch eine verbesserte Integration von Aufbau- und Ablauforganisation und die unternehmensübergreifende Integration sind wichtige Ansatzpunkte.

Unter *integrierter Vorgangsbearbeitung* versteht man das Konzept der Konzentration auf die kritischen Geschäftsprozesse (Vorgänge) und deren ablauforganisatorischen Integration. Sie erfordert die Verbesserung der Kooperation über mehrere Stellen, Bereiche, Arbeitsplätze und Unternehmen hinweg sowie ein Denken in Prozessen. Rationalisierungspotentiale bestehen in der Vermeidung von Koordinations-, Rüst- und Kommunikationsaufgaben sowie von Doppelarbeit.

Auf technischer Seite wird die integrierte Vorgangsbearbeitung vom Konzept der *Vorgangsunterstützung durch technische Informationssysteme* mitgetragen. Vorgangsunterstützung bedeutet hier die Integration *statischer* Informationsobjekte (Dokumente) mit der Definition und Automatisierung *dynamischer* Sequenzen von Tätigkeiten (Arbeitsgangfolgen). Die reine Automatisierung einzelner Informationsverarbeitender Tätigkeiten spielt dabei eine untergeordnete Rolle, entscheidend ist die Verknüpfung von Informationen mit Tätigkeiten und die rechnergestützte, ganzheitliche Verfolgung und Unterstützung eines gesamten Vorganges.

Notwendige Vorarbeiten für die Einführung einer integrierten Vorgangsunterstützung sind eine Vorgangsklassifikation, Vorgangserhebung (erkennen, beschreiben, bewerten), Vorgangsmodellierung und die Vorgangsverwaltung. Letztlich wird aber erst in der verbesserten, integrierten Vorgangsausführung das Rationalisierungspotential erschlossen. Es hat sich als sinnvoll erwiesen, sich zunächst auf die erfolgskritischen Vorgänge (Geschäftsprozesse) zu beschränken (partielle Integration). Undifferenzierte Gesamtkonzepte sind im Gegensatz dazu meist überteuert. Die integrierte Vorgangsunterstützung führt meist zu Strukturen, die von Objektzentralisation gekennzeichnet sind. Dies ist sowohl im indirekt-produktiven Bereich wie auch im Fertigungsbereich zu beobachten (vgl. Bullinger, Kläger, Roos 1992).

4.1.4.2 Projektmanagement

Komplexe Vorhaben können wegen ihrer Größe, Dauer sowie personellen und inhaltlichen Komplexität oft nicht mehr ohne methodische Unterstützung durchgeführt werden. Besonders für innovative Vorhaben technologieorientierter Unternehmen, die sowohl mit *Einmaligkeit, Neuartigkeit* und *zeitlicher Begrenzung* als auch mit einem gewissen Risiko bezüglich des Erfolgs behaftet sind, bietet sich eine *prozeßorientierte Führungsform* an. Derartige einmalige Vorhaben werden (im Gegensatz zu ständigen Aufgaben) als *Projekte* bezeichnet. *Projektmanagement* stellt das organisatorische Instrumentarium (Planung, Steuerung und Kontrolle) zur Durchführung solcher Vorhaben dar.

Damit ergeben sich organisatorische Vorteile. Kreativität, Innovation, Einmaligkeit und Flexibilität lassen sich in starren Strukturen nur uneffektiv organisieren und realisieren. In dem Maße, wie soziale und inhaltliche Indeterminiertheit zunehmend die Handlungsabläufe der Fabrik- und Büroarbeit bestimmt, versagen klassische Organisations- und Leitungsfunktionen. Gefragt sind u. a. flache, durchlässige Hierarchien und ein offener Handlungsstil. Dies ist mit Projektmanagement möglich.

Im allgemeinen lassen sich die vielfältigen Ziele, die mit dem Projektmanagement verfolgt werden, auf die drei grundlegenden Ziele Qualität, Termin und Kosten beschränken (vgl. Bild 4.18). Diese Ziele können nur erreicht werden, wenn zum einen die *Zusammenarbeit* aller am Projekt Beteiligten und die *Delegation* von unternehmerischer Verantwortung gewährleistet ist, und zum anderen, wenn eine *Anpassung der Aufbau- und Ablauforganisation* an die speziellen Probleme und Eigenarten des Projektes stattgefunden hat.

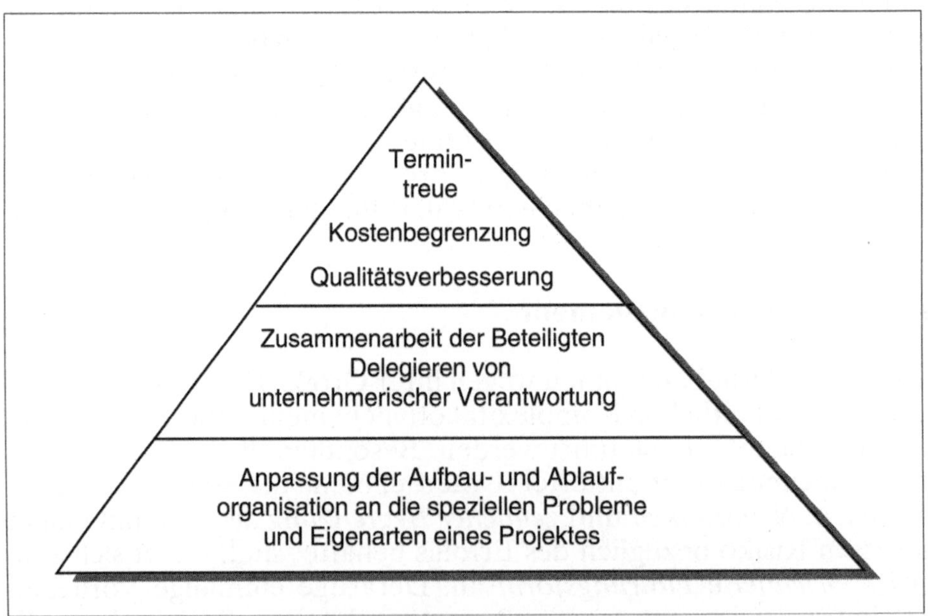

Bild 4.18 Ziele und Aufgaben des Projektmanagements

Für die Unternehmensleitung ist das Projektmanagement ein *Leitungsinstrument*, das die Zukunft überschaubar macht und damit die Führungsaufgaben erleichtert. Projektmanagement ist ein System von mehreren Komponenten, deren erfolgreiches Zusammenspiel das Erreichen des Projektzieles ermöglicht. Dazu gehören *Projektorganisation*, *Projektlenkung* und die *Instrumente des Projektmanagements*. Das System des Projektmanagements muß bei den Mitarbeitern und in der Unternehmenskultur verankert sein (Bild 4.19).

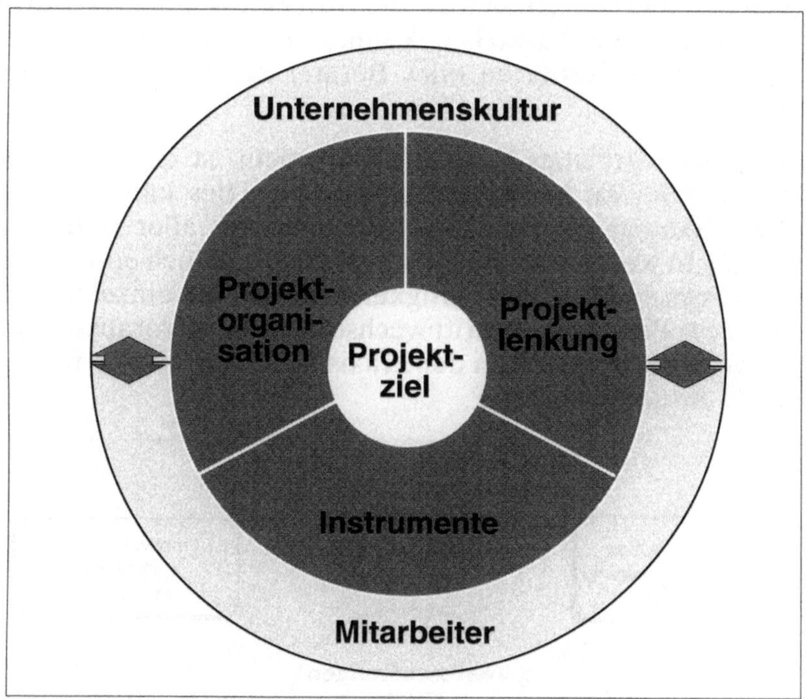

Bild 4.19 System des Projektmanagements (Quelle: Platz 1986)

Mit dem Trend zur Übertragung von möglichst großen Auftragseinheiten durch Auftraggeber an Auftragnehmer und dem Trend zu immer kürzeren Realisierungszeiten nimmt das *Auftragnehmerrisiko* heute in der Regel stark zu. Dies trifft besonders für umfangreiche Auslandsprojekte zu, die außer den technischen und wirtschaftlichen teilweise auch politische und sozio-kulturelle Risiken in sich bergen. Diese können bei dem Auftragnehmer, wenn sie nicht rechtzeitig,

d. h. möglichst bereits in der *Angebotsphase*, erkannt und abgesichert werden, zu erheblichen wirtschaftlichen Schwierigkeiten führen (Rinza 1985). Viele Probleme, die während des Projektablaufs auftreten und das planmäßige Erreichen der drei Hauptziele (Leistung, Gesamtkosten und Endtermin) in Gefahr bringen, können mit den Methoden des Projektmanagements rechtzeitig erkannt werden.

Basis des Projektmanagements ist die Arbeit in *interdisziplinär besetzten Projektteams*. Diese Projektteams werden von einem Projektleiter geführt und setzen sich in der Regel aus fünf bis acht Mitgliedern zusammen. Zusätzlich können zu bestimmten Problemstellungen externe Experten oder Berater zeitweilig hinzugezogen werden.

Wichtig für erfolgreiches Projektmanagement ist eine *phasenübergreifende Kontinuität* in der Projektgruppe. Dies kann durch eine phasenunabhängige, permanente Mitgliedschaft aller Gruppenmitglieder erreicht werden. Erforderlich ist hierzu jedoch eine hohe Mobilität des Personals, da der Tätigkeitsbereich der einzelnen Mitarbeiter mit dem Projektfortschritt wechselt. Weitere Voraussetzungen, damit Projektmanagement in der Praxis auch zum Erfolg führt, sind in Bild 4.20 zusammengefaßt.

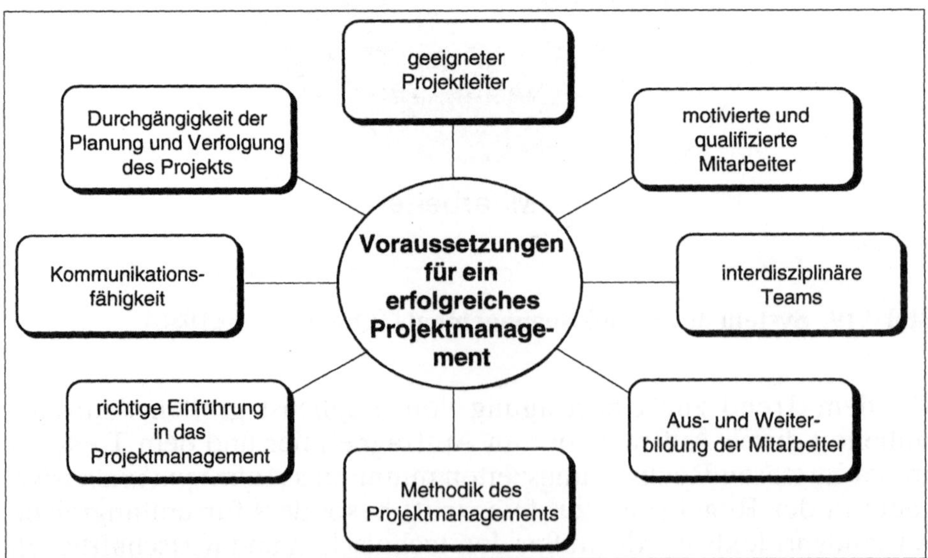

Bild 4.20   Voraussetzungen für ein erfolgreiches Projektmanagement

Die Arbeit in den Projektgruppen erfolgt meist nach einem *Phasenmodell*, in dem unterschiedliche Instrumentarien zur Anwendung kommen. In Bild 4.21 wird als Beispiel das Phasenmodell zur Produktinnovation eines elektrotechnischen Konzerns (Geschäftsbereich Elektrowerkzeuge) vorgestellt. Es besitzt vier Grobphasen (Schürle 1991):

1. *Problemerkennungsphase:*
   In dieser Phase ist in erster Linie das Marketing gefordert, das bisher ungelöste Probleme der Kunden festzustellen hat und daraufhin einen Produktvorschlag erarbeitet und vorlegt.

2. *Produktfindungsphase:*
   Konstruktion und Versuch müssen qualitäts- und kostenmäßig optimierte Problemlösungen vorstellen. Zum Abschluß dieser Phase wird ein Pflichten- und Lastenheft erstellt und die Konstruktionsfreigabe erteilt.

3. *Realisierungsphase Technik:*
   Die Produktidee wird durch die Fertigungsbereiche bei vorgegebenen Kosten- und Qualitätszielen definiert.

4. *Realisierungsphase Marketing:*
   In dieser abschließenden Phase haben Marketing und Vertrieb die Aufgabe, das Produkt professionell einzuführen und breite Käuferschichten rasch zu erschließen.

Projektmanagement hat sich vielfach bewährt, z. B. in der Luft- und Raumfahrttechnik. Ganz allgemein ist Projektmanagement überall dort erfolgreich, wo negative Vorurteile und Anfangsschwierigkeiten beseitigt sind, und es mit letzter Konsequenz und Disziplin angewendet und verwirklicht wird.

Projektmanagement stellt zwar als temporäre Parallelorganisationsstruktur einen Eingriff in die klassische hierarchische Unternehmensstruktur dar, aber mit einigen Änderungen im Kommunikations- und Kooperationsverhalten können sich *Projektmanagement und Linienorganisation ideal ergänzen.* Heute mag es noch als Schwierigkeit erscheinen, daß ein Projektleiter führen muß, ohne Weisungsbefugnis zu besitzen. Dies ist jedoch im Grunde eine Chance zur Weiterentwicklung unserer Arbeitsbeziehungen: Projektmanagement funktioniert nicht nach dem Prinzip Befehlen und Gehorchen, sondern es beruht auf Überzeugung und Akzeptanz.

Phase	Instrumentarien
1. Problemerkennung	O Pflichtenheft (Marktforschung, Feldtests, Konkurrenzanalysen) O Meilenstein-Terminplanung
2. Produktfindung	O Lastenheft O Funktionskostenanalyse (Wertanalyse) O FMEA 1 (Voranalysen von Produkt-, Prozeß- und Montagetechnologien)
3. Realisierung in der Technik	O Spezifikation/Design/Konstruktion/Prototypen O FMEA 2, Kostenschätzung O Prozeßentwicklung (intern, bei Lieferanten) O FMEA 3 (Logistik)
4. Realisierung im Marketing	O zielgruppenorientierte Markteinführungs- strategien (USP=Unique Selling Position)

FMEA = Failure Mode and Effect Analysis (Fehlermöglichkeiten- und -einfluß-Analyse)

Bild 4.21 Phasenmodell des Projektmanagements (Quelle: Schürle 1991)

4.1.4.3 Simultaneous Engineering

Um Produkte erfolgreich am Markt plazieren zu können, sind die klassisch in Konkurrenz stehenden Zielgrößen Herstellqualität, Kosten und Termintreue unter Berücksichtigung der Marktbedürfnisse, des Wettbewerbsumfeldes sowie der technologischen Produkt- und Prozeßinnovation miteinander in Einklang zu bringen (s. Bild 4.22).

Eine weitere Beobachtung ist, daß die Wettbewerber in vielen Hochtechnologiebranchen in einen starken Zeitwettlauf getreten sind. Der erste am Markt besitzt bis zum Eintritt weiterer Wettbe- werber eine monopolähnliche Marktposition. Der Faktor Zeit ge- winnt daher immer mehr an strategischer Bedeutung. Für die Unter- nehmen bedeutet dies als Zielsetzung, entweder als erster Anbieter auf dem Markt zu erscheinen, oder zumindest als „Schneller Zwei- ter" zu fungieren (vgl. Kap. 3.6.1.3: „Technologiestrategien").

Dem steht jedoch die konventionelle Entwicklungsweise entgegen, die durch einen überwiegend sequentiellen Produktentstehungsprozeß, d. h. durch einen stufenweisen Durchlauf der am Gesamtprozeß beteiligten Abteilungen, gekennzeichnet ist. Aufgrund der starren Schnittstellen und den daher meist unzureichenden bereichsübergreifenden Informationsflüssen sind intern verursachte Produktänderungen vorprogrammiert. Besonders nachteilig bezüglich Zeit und Kosten wirken sich die langen Iterationsschleifen aus.

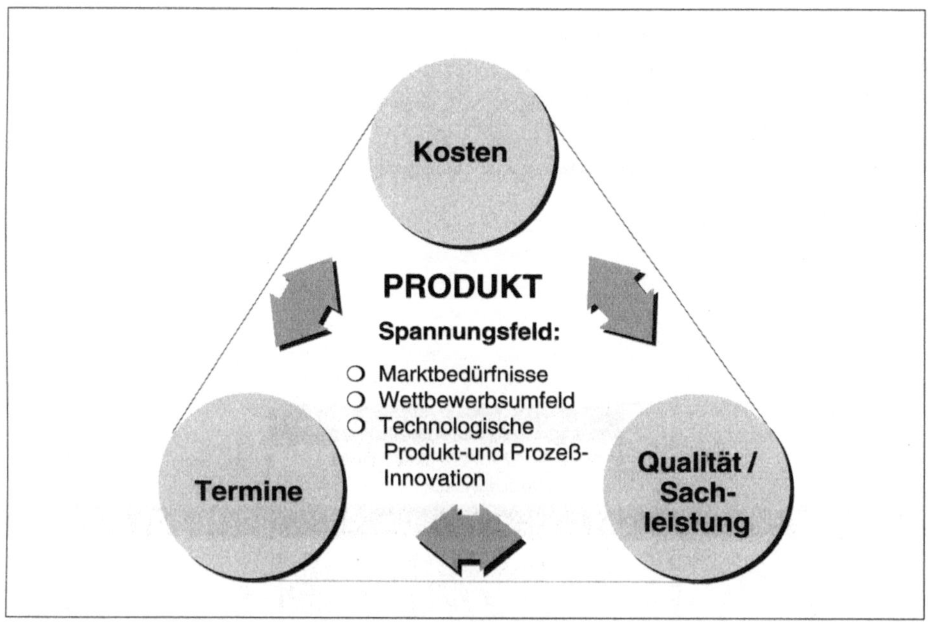

Bild 4.22 „Magisches Dreieck" des Markterfolges

Simultaneous Engineering liefert hierzu ein Gegenkonzept, in dem voneinander unabhängige Teilzeitaufgaben „zeitgleich" bearbeitet werden. Damit keine Fehlentwicklungen aufgrund unzureichender Informationsflüsse auftreten, bedarf es organisatorischer Hilfsmittel. So werden Simultaneous Engineering-Teams eingerichtet, die interdisziplinär besetzt sind. Neben Fachleuten aus den am Entwicklungs- und Engineeringprozeß beteiligten betriebsinternen Abteilungen können auch externe Teilezulieferer, Produktionsmittelhersteller und Abnehmer (Kundenvertreter) involviert sein.

Vergleicht man die konventionelle, sequentielle Entwicklungweise mit der Vorgehensweise des Simultaneous Engineering (Bild 4.23), so ergibt sich eine deutliche Entwicklungszeitverkürzung, die im wesentlichen auf

❑ hohe Konzentration der Produktdefinition,
❑ Meilensteinsitzungen (Steuerungskomitee),
❑ Parallelisierung der Tätigkeiten,
❑ konsequente Nutzung des Kosten- und Qualitätsinstrumentariums,
❑ Minimierung des Änderungsaufwands,
❑ Nutzung/Kapazitätsbelegung von internem/externem Know-how,
❑ vorgezogene Fertigungsfreigaben der Entwicklung,
❑ Verfolgung zeitkritischer Baugruppen/Teile sowie
❑ schnelle Logistik/Informationsfreigabe

zurückzuführen ist.

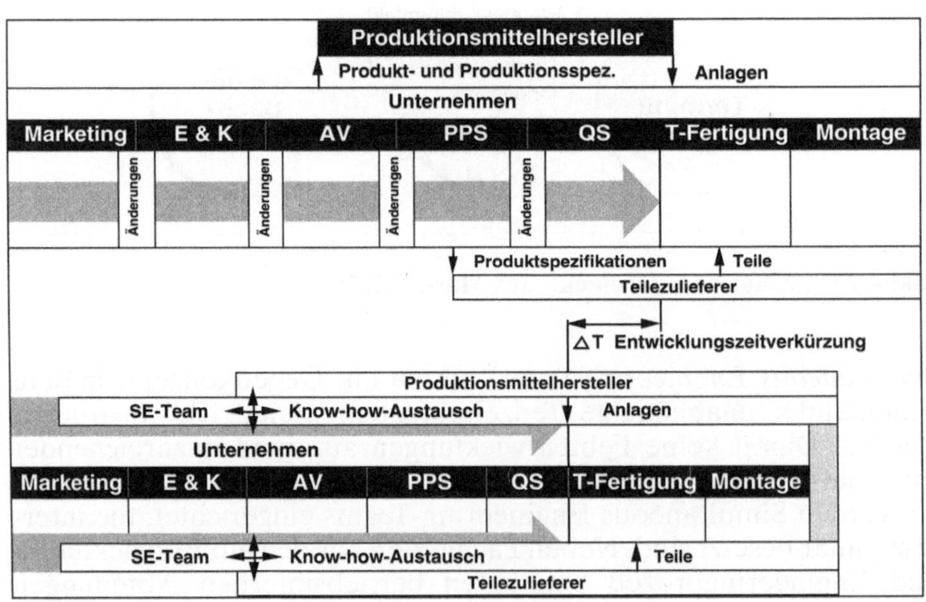

Bild 4.23 SE-Terminplan (Beispiel) (Quelle: Schürle 1991)

4.1.4.4 Fertigungsinseln

Unter Fertigungsinseln werden einerseits technisch-integrierte Konzepte – wie flexible Fertigungssysteme – und andererseits *integrierte Organisationsstrukturen* verstanden. Folgt man der Definition des AWF (AWF 1984), der sich für die Verbreitung des Fertigungsinsel-Gedankens in Form eines Organisationskonzepts eingesetzt hat, dann hat

> „... die Fertigungsinsel die Aufgabe, innerhalb des Gesamtsystems der Fertigung Produkte oder Produktteile vom Ausgangsmaterial ausgehend möglichst vollständig zu fertigen. Die notwendigen Betriebsmittel sind räumlich in der Fertigungsinsel nach dem Objektprinzip konzentriert".

Fertigungsinseln zeichnen sich durch ihre spezifischen Formen der Prozeß- und Arbeitsorganisation aus. In der *Prozeßorganisation* werden die Ideen der Gruppentechnologie aufgegriffen, die in Deutschland Anfang der 60er Jahre unter dem Begriff Teilefamilienbildung bekannt wurden. Das bedeutet, daß alle zur vollständigen Produktion von fertigungsähnlichen Objekten wie Baugruppen, Teilefamilien oder auch Endprodukten notwendigen Einrichtungen räumlich-organisatorisch zusammengefaßt werden. Durch diesen Integrationsschritt entfallen Schnittstellen, die Durchlaufzeiten lassen sich meist signifikant verkürzen.

Fertigungsinseln orientieren sich in ihrem Aufbau an Objekten wie Teilefamilien, Produkten oder Aufträgen. Die *verrichtungsorientierte* Werkstatt, die gekennzeichnet ist durch die Zusammenfassung von gleichen Maschinen und Verfahren, wird durch eine *objektorientierte* Organisation ersetzt, in der alle zu einer Komplettbearbeitung fertigungsähnlicher Teile notwendigen Maschinen vorhanden sind. Hierdurch wird eine große Flexibilität bezüglich des zu produzierenden Objektes erzeugt. Gegenüber traditionellen Lösungen ist eine nicht unerhebliche Umstrukturierung in der Fertigung zu leisten.

Aus *arbeitsorganisatorischer* Sicht werden mit Fertigungsinseln sog. *Dezentrale Verantwortungsbereiche* installiert, die durch

❑ Dezentralisierung von Entscheidungskompetenz und Verantwortung (Kongruenz von Aufgabe, Kompetenz und Verantwortung),

❑ Übertragung bereicherter oder ganzheitlicher Arbeitsinhalte, d. h. Integration von planenden, steuernden, ausführenden, kontrollierenden und produktionsunterstützenden Tätigkeiten (geringe vertikale und horizontale Arbeitsteilung),
❑ hohe Autonomiegrade,
❑ Arbeiten im Team in überschaubaren Einheiten (vier bis zehn Mitarbeiter pro Schicht) und
❑ hohe zeitliche und räumliche Entkoppelung des Menschen vom Fertigungsprozeß

gekennzeichnet sind (REFA MLB 1987). Die in der Fertigungsinsel beschäftigten Mitarbeiter arbeiten als eigenverantwortliches Team mit der für ihre Arbeit erforderlichen Planungs-, Entscheidungs-, Ausführungs- und Kontrollkompetenz. Die starre und strenge tayloristische Arbeitsteilung wird aufgehoben, der einzelne Inselmitarbeiter bekommt erweiterte Dispositionsspielräume zugewiesen.

Hiervon ist nicht zuletzt auch die Interaktion zwischen Mensch und Maschine berührt. Automatisierungsmittel wie die EDV werden hier im Gegensatz zu den klassischen, technikzentrierten Ansätzen ergänzend in das Fertigungssystem eingebracht, so daß die unterschiedlichen Eigenschaften von Mensch und Maschine positiv vereinigt werden. Die routineorientierten, rechen- und zugriffsintensiven Aufgaben werden der Technik, die kreativen und außergewöhnlichen Aufgaben dem Menschen zugeordnet. Die Technik ist Werkzeug des Menschen.

Der Nutzungsvorteil einer Fertigungsinsel kann auch so erklärt werden, daß hier die Vorteile größerer Unternehmenen mit den Vorteilen kleinerer Einheiten in Einklang gebracht werden (*„Fabrik in der Fabrik"*). Zu den erwarteten *Vorteilen* von Fertigungsinseln zählen u. a. (vgl. Auch u. a. 1988; Brödner 1987; Engroff 1987):

❑ kürzere Durchlaufzeiten und geringere Lagerbestände,
❑ höhere Arbeitsproduktivität,
❑ größere Übersichtlichkeit bezüglich der Kostentransparenz, des Material- und Informationsflusses sowie
❑ höhere Arbeitsplatzattraktivität.

Weitere mit Fertigungsinseln *angestrebte Ziele* sind folgendermaßen zu umreißen:

❑ Reduzierung der Durchlaufzeiten,
❑ Steigerung der Termintreue,
❑ Verringerung der Bestände,
❑ Verbesserung des Qualitätsbewußtseins,
❑ Einsparpotentiale in produktionsnahen Gemeinkostenbereichen,
❑ Steigerung der Personalproduktivität,
❑ höhere Flexibilität im Sinne von Reaktionsfähigkeit,
❑ gesteigerte Personaleinsatzflexibilität,
❑ höhere Motivation der Mitarbeiter,
❑ Identifikation mit den Produkten und den Zielen des Unternehmens.

Die *Voraussetzungen* für eine umfassende organisatorische Neustrukturierung der Fertigung sind (nach Ertingshausen 1991):

❑ Wiederholfertigung,
❑ Klein- oder Mittelserien (Losgröße 20 – 200),
❑ sich oft wiederholende Bearbeitungsfolgen,
❑ ähnliche Fertigungsfolgen mit geringer Streuung in den geometrischen Abmessungen,
❑ mittlere Anzahl von Fertigungsstufen.

Infolge der beschriebenen Eigenschaften ist das betriebliche Einsatzfeld von Fertigungsinseln sehr breit. Fertigungsinseln eignen sich vor allem für die überwiegend auftragsgebundene Klein- und Mittelserienfertigung, wie sie z. B. für die Investitionsgüterindustrie typisch ist (Brödner 1987). Bild 4.24 zeigt ein Realisierungsbeispiel einer nach dem Inselprinzip (Dezentrale Verantwortungsbereiche) komplett neu strukturierten Produktion eines mittelständischen Herstellers weitgehend kundenspezifischer Rührwerke.

Die große Einsatzbreite von integrierten Produktionsstrukturen läßt vermuten, daß es *die* typische Fertigungsinsel nicht gibt. Vielmehr wird durch das betriebsspezifische Zusammenwirken von Prozeß- und Arbeitsorganisation eine Bandbreite möglicher Organisationsstrukturen definiert. So treten Fertigungsinseln in unterschiedlichen technischen, organisatorischen und personellen Varianten auf, da sowohl bei fixer Prozeßorganisation zwischen unterschiedlichen Formen der Arbeitsorganisation als auch bei fixer Arbeitsorganisation zwischen unterschiedlichen Formen der Prozeßorganisation variiert werden kann (vgl. Bullinger 1992c).

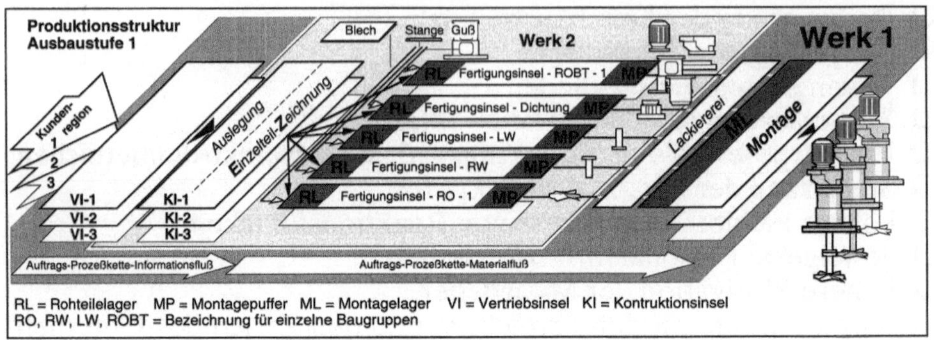

**Bild 4.24   Integrierte Organisationsstrukturen in der Produktion
(Beispiel)**

4.1.4.5 Vertriebsinseln

Das Vertriebsinsel-Konzept ist durch Übertragung des Fertigungsinsel-Konzepts der Produktion in die Auftragsabwicklungsbereiche entstanden.

Eine Vertriebsinsel verfolgt die ihr zugeteilten Kundenaufträge eigenverantwortlich von der Anfrage bis zur Auslieferung. In ihr sind deshalb die tagesaktuell arbeitenden auftragsbezogenen Funktionen aus den einzelnen Fachbereichen – z. B. Auftragsannahme, Auftragsklärung, Einkauf, Auftragskonstruktion und Arbeitsplanung – zu einer gemeinsamen organisatorischen Einheit zusammengefaßt. Die Anzahl der Schnittstellen im Auftragsdurchlauf wird somit i. d. R. stark reduziert. Doppelarbeiten, verursacht durch Defizite im Informationsfluß, sowie das Einarbeiten vieler Mitarbeiter in den gleichen Auftrag werden ebenso abgebaut wie Übergangs- und Liegezeiten (Bild 4.25).

In einem Unternehmen können eine oder mehrere parallele Vertriebsinseln existieren. Die Aufteilung der *Auftragsverantwortlichkeit* auf die einzelnen Vertriebsinseln erfolgt unternehmensspezifisch. Neben marktorientierten (z. B. Absatzgebiet, Kundenkreis) können produkt- (z. B. Größe, Volumen), herstellungs- (z. B. Sonderkonstruktion) oder auftragsstrukturbedingte (z. B. Großserie, Kleinserie, Einzelprodukt) Kriterien eine Rolle spielen. Wichtig ist nur, daß jeder Vertriebsinsel ein eindeutiger Verantwortungsbereich zugeteilt ist.

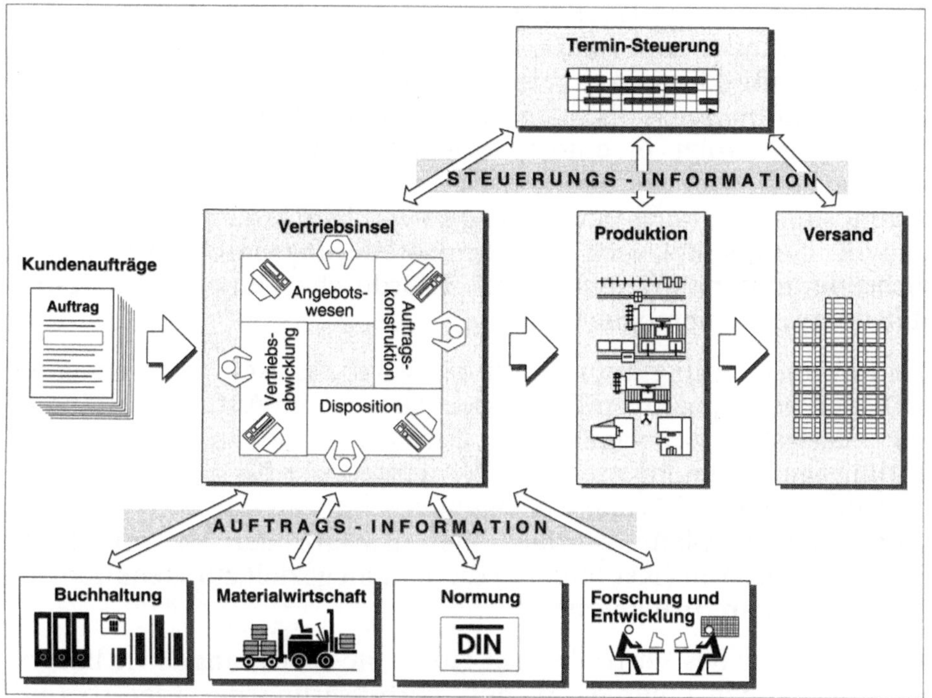

Bild 4.25   Auftragsabwicklung mit Vertriebsinseln

Drei bis zehn Mitarbeiter, die in einem gemeinsamen Büro zusammenarbeiten, bilden eine Vertriebsinsel. Die gruppendynamischen Effekte, die durch die räumliche Nähe auftreten, verhindern das Entstehen von Bereichsegoismen und ermöglichen eine an ganzheitlichen Zielen orientierte Auftragsabwicklung. Eine angepaßte Entlohnung in Form einer leistungsbezogenen Gruppenprämie, welche die Mitarbeiter am Erfolg bzw. Mißerfolg ihrer Arbeit beteiligt, schafft zusätzliche Motivation zur Erreichung der angestrebten Unternehmensziele.

Mittel- und langfristige Aufgaben sind ebenso wie auftragsneutrale Funktionen – z. B. Buchhaltung, Normung, Forschung und Entwicklung – nicht in die Gruppen der Vertriebsinsel integriert. Diese Aufgaben verlangen fachspezifisches Know-how oder bilden Routinetätigkeiten. Beides verbleibt in den weiterhin existierenden Fachbereichen, u. a. aus Effizienzgründen und auch, um wichtiges Spezialwissen gebündelt im Unternehmen zu halten.

Die *Terminsteuerung* (Auftragszentrum) der Kundenaufträge wird im Unternehmen zentral für alle Fachbereiche durchgeführt. Sie ist als Linienfunktion direkt der Geschäftsleitung unterstellt und hat sowohl Informations- als auch Durchsetzungskompetenz. Die Terminplanung erfolgt in einem verhältnismäßig groben Raster. In Abhängigkeit von der unternehmensspezifischen Auftragsstruktur ist eine stunden-, tage- oder wochenweise Einplanung der Aufträge sinnvoll. Unterstützt wird die Terminsteuerung durch eine fachbereichsübergreifende Zeitwirtschaft. Hierdurch ist eine genaue Kapazitätsüberwachung möglich.

Die Terminsteuerung koordiniert die Vertriebsinseln untereinander und regelt bei kapazitiven Engpässen variabel die Auftragszuständigkeit. Auslastungsschwankungen lassen sich so im Sinne eines Störungsmanagements meistern. Voraussetzung für das Funktionieren eines solchen Störungsmanagements ist, daß nur 70 – 80 % der Kapazitäten verplant werden. Der Einsatz der so gebildeten Kapazitätsreserven (Redundanz) dient dann gezielt zur Reaktion auf unvorhersehbare Ereignisse.

Die Erprobung des Vertriebsinsel-Konzeptes in der Industrie hat gezeigt, daß neben einer deutlichen Verbesserung der Lieferbereitschaft eine erhebliche Reduzierung der Durchlaufzeiten und des Umlaufvermögens erreicht werden kann.

Vertriebsinseln können sowohl in, nach Materialflußgesichtspunkten strukturierten, Unternehmen der Konsumgüterbranche („Logistik-Inseln") als auch in Unternehmen der Investitionsgüterbranche, in denen der schnittstellenarme Informationsfluß ein wichtiger Erfolgsfaktor ist („Informations-Inseln", „Konstruktions-Inseln"), erfolgreich eingesetzt werden. Das Insel-Konzept läßt sich somit flexibel der spezifischen Situation des Unternehmens anpassen. Auch im Dienstleistungebereich sind ähnliche Konzepte umsetzbar.

4.2 Führungsaspekte des Personalmanagement

Der Erfolg technologieorientierter Unternehmen hängt in entscheidendem Maße von den darin arbeitenden Menschen ab. Menschen stellen erfolgskritische Fähigkeiten und Potentiale zur Verfügung – für viele Unternehmen die entscheidende Ressource überhaupt.

Die Führungskraft im innovativen Unternehmen, der „Technologiemanager", hat es also nicht nur mit Technik und Technologie, sondern auch mit Menschen, mit Mitarbeitern zu tun. Er muß dafür sorgen, daß diese ihre Qualitäten und Fähigkeiten motiviert einbringen können, um den Unternehmenserfolg zu ermöglichen und zu fördern. Dazu bedarf es des Erwerbes von Grundqualifikationen in Personalführung, zu dem dieses Kapitel Anregungen geben will.

In diesem Sinn werden im folgenden wichtige Aspekte der Mitarbeiterführung angesprochen, wobei sich die Ausführungen auf die direkte, persönliche Beeinflussung des Verhaltens zugeordneter Mitarbeiter konzentrieren. Es soll nicht Anliegen dieser Einführung sein, hier nur modernistische oder aktuelle Rezepte weiterzugeben. Vielmehr soll ein Überblick über wesentliche, unterschiedliche Ansätze verschafft werden.

Führung per se bedeutet die Ausrichtung des Handelns von Individuen und Gruppen auf die Realisation vorgegebener Ziele (Gabler 1988). Dieses zielgerichtete Einwirken kann in verschiedenen Ausprägungen zum Ausdruck kommen, da der Mitarbeiter durch *materielle* (Geld, Rabatte) oder *immaterielle* Anreize (Aufgabe, Urlaub, Verantwortung, Statussymbole) motiviert werden kann.

Es gibt keine festliegende „optimale Führung". Führung muß sich vielmehr immer wieder neu orientieren, um effektiv zu sein. So sind beispielsweise nicht nur die in Kapitel 4.1 beschriebenen Organisationsformen der Unternehmen Veränderungen unterworfen, auch der wirksame *Wertekodex* der Mitarbeiter wandelt sich: Arbeit wird zunehmend nicht mehr als lästige Pflicht betrachtet, sondern als ein Lebensbestandteil, der Befriedigung durch eigene Leistung verschafft bzw. verschaffen soll (Höhler 1989). Diese Veränderungen wirken sich auf die Personalführung aus. Die Führungskraft im technologieorientierten Unternehmen muß Führungsqualitäten besitzen, um

Leistung, Kreativität und Initiative bei den Mitarbeitern stimulieren und fördern zu können (vgl. Bild 4.26). Sie muß aber darüber hinaus auch bereit sein, diese Führungsqualitäten ständig weiterzuentwickeln, anzupassen und somit effektiv zu halten.

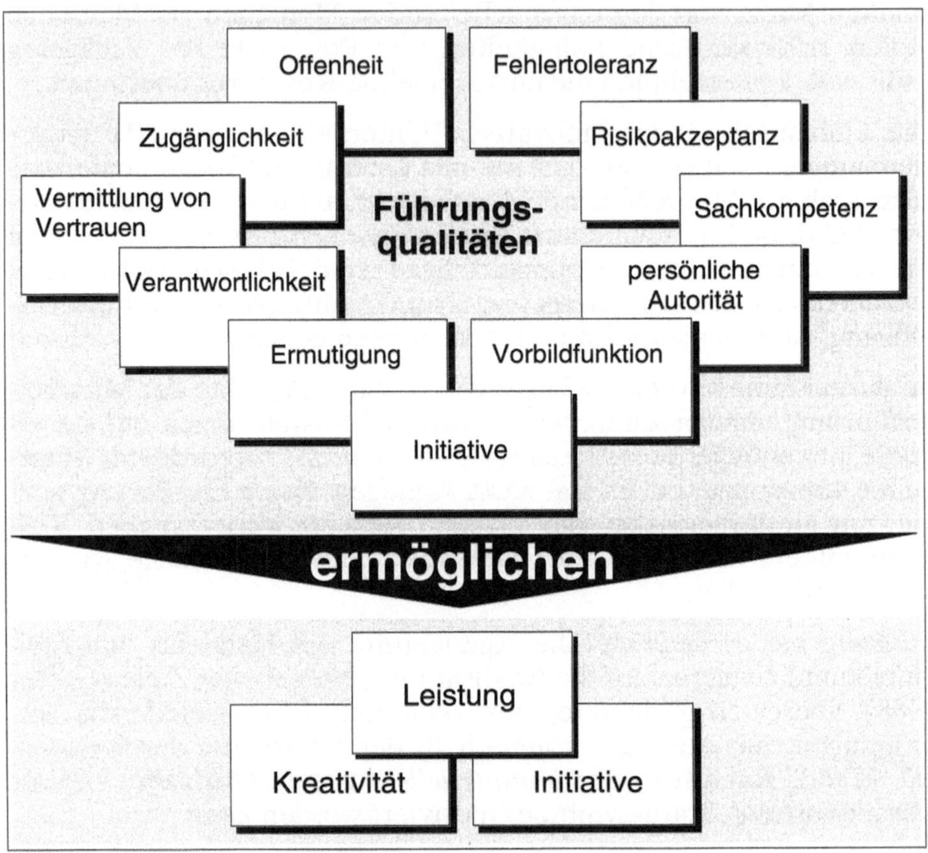

Bild 4.26 Erwünschte Führungsqualitäten (Quelle: Spur 1989)

4.2.1 Menschenbild, Personalführung und Motivation

Personalführung ist Verhalten gegenüber Menschen, ist Führung von Menschen. Sie orientiert sich daher zwangsläufig und entscheidend am Bild, das man allgemein vom Menschen und speziell vom Mitarbeiter hat. Als Wissenschaftsdisziplin hat sich die *Anthropologie* (unter Rückgriff auf weitere Fachdisziplinen) zur Aufgabe gemacht, das Bild vom Menschen zu beschreiben und zu lehren. Zu den betrachteten Aspekten gehören individuelle Aspekte, wie z. B. die Beschreibung der Lebensvorgängen *(Physiologie)*, des menschlichen Wesens, seines Verhaltens, seiner Motive und seiner Bedürfnisse *(Psychologie)* und soziale Aspekte, wie z. B. sein Sozialverhalten *(Psychologie, Soziologie usw.)*.

Das Bild vom Menschen wird generell durch neue wissenschaftliche, philosophische und vorwissenschaftliche Erkenntnisse und Wertungen geprägt. Es differenziert sich deshalb über Kulturkreis und Zeit aus. Ein Wandel im Menschenbild hat Auswirkungen auf die Wirksamkeit bzw. Gültigkeit von Führungsstilen, Führungstheorien, Führungsmodellen und Führungstechniken. Beispielsweise kann Führung durch Leistungs- und/oder Mitarbeiterorientierung gekennzeichnet sein, wobei *Leistungsorientierung* die Leistungserbringung durch Zielvorgaben und Kontrolle der Arbeitsergebnisse beinhaltet und *Mitarbeiterorientierung* bedeutet, daß auf persönliche Ziele des Mitarbeiters eingegangen wird. Nicht zuletzt deshalb, weil man dabei eine höhere Motivation und Leistungsentfaltung feststellen kann, ist in den Industrienationen ein Trend zu höherer Mitarbeiterorientierung zu beobachten. Hintergrund dieses Wandels ist jedoch ein Wandel im Menschenbild, wie noch aufgezeigt werden wird.

Im folgenden werden deshalb zunächst einzelne wichtige anthropologische und psychologische Erkenntnisse vorgestellt, die den Hintergrund für die weiteren Erklärungen erhellen: den Wandel vom Bild des Mitarbeiters, die Bedürfnisse des Menschen und das Phänomen der Motivation.

4.2.1.1 Das Bild vom Mitarbeiter

Das Bild vom Mitarbeiter und das allgemein herrschende Menschenbild prägen das Miteinander der Menschen einer Organisation. Wandeln sich diese Bilder, so hat dies früher oder später deutlich feststellende Konsequenzen auch für die Personalführung.

In der Praxis herrschte bis zu den 60er Jahren im Management die Ansicht vor, daß die Mitarbeiter primär durch ökonomische Anreize und in zweiter Linie durch einen sicheren Arbeitsplatz und gute Arbeitsbedingungen motiviert seien. Die Grundlagen dieser heute als traditionell bezeichneten Sichtweise des *Scientific Managements* wurden maßgeblich durch F. W. Taylor (1911/17) erarbeitet, dessen Führungsempfehlungen sich als „Zuckerbrot und Peitsche"-Ansatz *(carrot and stick approach)* charakterisieren lassen. Die Personalpolitik in den USA wurde lange Zeit von *Hire and Fire* gekennzeichnet.

Im Zuge der *Human Relations Bewegung* wurde erkannt, daß es neben den ökonomischen auch andere Bedürfnisse gibt, die das Leistungsverhalten bestimmen. Letztere sind vor allem in der sozialen Dimension sowie in informellen Phänomenen zu suchen (z. B. informelle Gruppen, informelle Beziehungen usw.). Die dieser Erkenntnis zugrundeliegenden sog. *Hawthorne-Experimente* im Hawthorne Werk der Western Electric Company (1927–1932) werden seitdem als Ausgangspunkt der neoklassischen Managementansätze betrachtet. Die zentrale Annahme lautete, daß hohe Zufriedenheit auch zu hoher Leistung führt und daß diese Zufriedenheit vor allem durch adäquate Gestaltung der Sozialbedingungen erreicht werden kann.

Das *Human Resources Modell* geht von einem nach Selbstverwirklichung strebenden Individuum aus, das für das Unternehmen ein Reservoir einer Vielzahl potentieller (managementdienlicher) Fähigkeiten und Fertigkeiten einbringt. Es ist Aufgabe und Verantwortung des Managers herauszufinden, wie diese Anlagen am besten zu aktualisieren, zu fördern und weiterzuentwickeln sind. Inhaltsreicher Arbeit wird besonders motivierende Wirkung zugesprochen (Staehle 1985).

Im folgenden Bild 4.27 sollen nur diese drei Modelle einander gegenübergestellt werden. Die Tatsache, daß die moderneren (humanistischen) Modelle schon relativ lange bekannt sind (1923 bzw. 1965), darf nicht darüber hinweg täuschen, daß in der betrieblichen Praxis das „traditionelle Modell" wahrscheinlich immer noch am weitesten verbreitet ist. Die Ansätze des Human Resources Modells werden jedoch immer mehr operationalisiert (vgl. Management by Objectives) und in der Praxis umgesetzt.

Traditionelles Modell (z. B. Taylor 1911)	Human Relations Modell (Mayo 1923)	Human Resources Modell (Miles 1965)
Annahmen		
1. Die meisten Menschen empfinden Abscheu vor der Arbeit.	Menschen wollen sich als bedeutend und nützlich empfinden.	Menschen wollen zu sinnvollen Zielen beitragen, bei deren Formulierung sie mitgewirkt haben.
2. Lohn ist wichtiger als die Arbeit.	Menschen brauchen Zuneigung und Anerkennung; dies ist im Rahmen der Arbeitsmotivation wichtiger als Geld.	Die meisten Menschen können viel kreativere und verantwortungsvollere Aufgaben übernehmen, als es die gegenwärtige Arbeit verlangt.
3. Nur wenige können oder wollen Aufgaben übernehmen, die Kreativität, Selbstbestimmung und Selbstkontrolle erfordern.		
Empfehlungen		
1. Der Manager hat seine Untergebenen eng zu überwachen und zu kontrollieren.	Der Manager sollte jedem Mitarbeiter ein Gefühl der Nützlichkeit und Wichtigkeit geben.	Der Manager sollte verborgene Anlagen und Qualitäten der Mitarbeiter nutzen.
2. Er soll Aufgaben in einfache, repetitive, einfach zu lernende Schritte aufteilen.	Er soll seine Mitarbeiter gut informieren, auf ihre Einwände hören.	Er soll eine Atmosphäre schaffen, in der die Mitarbeiter sich voll entfalten können.
3. Er soll detaillierte Arbeitsanweisungen entwickeln und durchsetzen.	Er soll den Mitarbeitern Gelegenheit zur Selbstkontrolle bieten.	Er soll Mitbestimmung praktizieren und dabei die Fähigkeit zur Selbstbestimmung und Selbstkontrolle entwickeln.
Erwartungen		
1. Menschen ertragen die Arbeit, wenn der Lohn stimmt und der Vorgesetzte fair ist.	Informationen und Mitsprache befriedigen die Bedürfnisse nach Anerkennung und Wertschätzung.	Mitbestimmung, Selbstbestimmung und Selbstkontrolle führen zu Produktivitätssteigerungen.
2. Wenn die Aufgaben einfach genug sind und die Mitarbeiter eng kontrolliert werden, erreichen sie das Soll.	Die Befriedigung dieser Bedürfnisse führt zur Zufriedenheit und baut Widerstände gegen die formale Autorität ab.	Als Nebenprodukt kann auch die Zufriedenheit steigen, da die Mitarbeiter all ihre Fähigkeiten nutzen können.

Bild 4.27 Das Bild vom Mitarbeiter im Wandel
(Quelle: Steers/Porter 1975)

4.2.1.2 Die Bedürfnisse des Mitarbeiters

Ein *Bedürfnis* ist ein individuelles Gefühl (Empfinden) eines Mangels mit dem Streben nach Beseitigung. Bedürfnisse können im Gegensatz zu Wünschen nicht frei gesetzt werden. Das Empfinden eines derartigen Mangels motiviert den Menschen zu Handlungen, die direkt oder indirekt dem Mangel abhelfen sollen.

Die Aussicht auf Bedürfnisbefriedigung ist damit ein natürlicher Motivationsmechanismus des Menschen. Das bekannteste Modell zur Erklärung der Motivation dürfte die von *Maslow* (1943/1954) auf der Grundlage seiner klinisch-psychologischen Erfahrungen entwickelte *Bedürfnispyramide* sein. Maslow gilt als Begründer der „Humanistischen Psychologie". In seinem Modell integrierte er funktionalistische Ansätze der Psychologie, gestaltpsychologisches Gedankengut und psychoanalytische Aspekte zu einer Bedürfnispyramide mit fünf hierarchisch geordneten Bedürfnisklassen (Bild 4.28). Dabei unterstellt er mit seinem hierarchischen Konzept, daß Bedürfnisse (engl.: *needs)* einer nächsthöheren Stufe erst dann dominant und damit motivierend werden, wenn die Bedürfnisse der jeweils darunter befindlichen Ebene als befriedigt angesehen werden können (vgl. Maslow 1977).

Die Ebenen der individuellen Bedürfnispyramide nach Maslow sind folgende:

1. *Physiologische Bedürfnisse:*
   Darunter fallen die *Grundbedürfnisse*, die der Mensch befriedigen muß, um zu überleben: Schlaf, Hunger, Durst usw.

2. *Sicherheitsbedürfnisse:*
   Maslow differenziert dabei in *physische* und *ökonomische* Bedürfnisse. Als physische zählt er das Verlangen nach Geborgenheit, nach Schutz und Ordnung. Die Befriedigung ökonomischer Bedürfnisse soll dem Menschen den bisher erreichten ökonomischen Stand sichern und ihm weitgehend die Angst vor Einkommensverlusten aus Altersgründen oder wegen Arbeitslosigkeit nehmen.

3. *Soziale Bedürfnisse:*
   In dieser Stufe wird der Wunsch nach Kontakt, Identifikation, Zugehörigkeit, aber auch Zuneigung laut. Im Unternehmen bedeutet

dies, daß der Mensch von der Gruppe akzeptiert und als integrierter Bestandteil anerkannt werden will.

4. *Ich-Bedürfnisse:*
   Jeder Einzelne strebt danach, von anderen anerkannt zu werden. Durch Prestigeerfolg, Ansehen, Leistung und Wertschätzung will er seinen sozialen Status im Unternehmen sichern und verbessern.

5. *Selbstverwirklichung:*
   Die höchste und letzte Stufe in der Hierarchie ist das Bedürfnis nach Selbstverwirklichung. Der Wunsch nach eigener Lebens-, Umwelt- und Persönlichkeitsgestaltung findet hier seinen Ausdruck. In der Organisation wird eine eigenverantwortliche und anspruchsvolle Tätigkeit angestrebt.

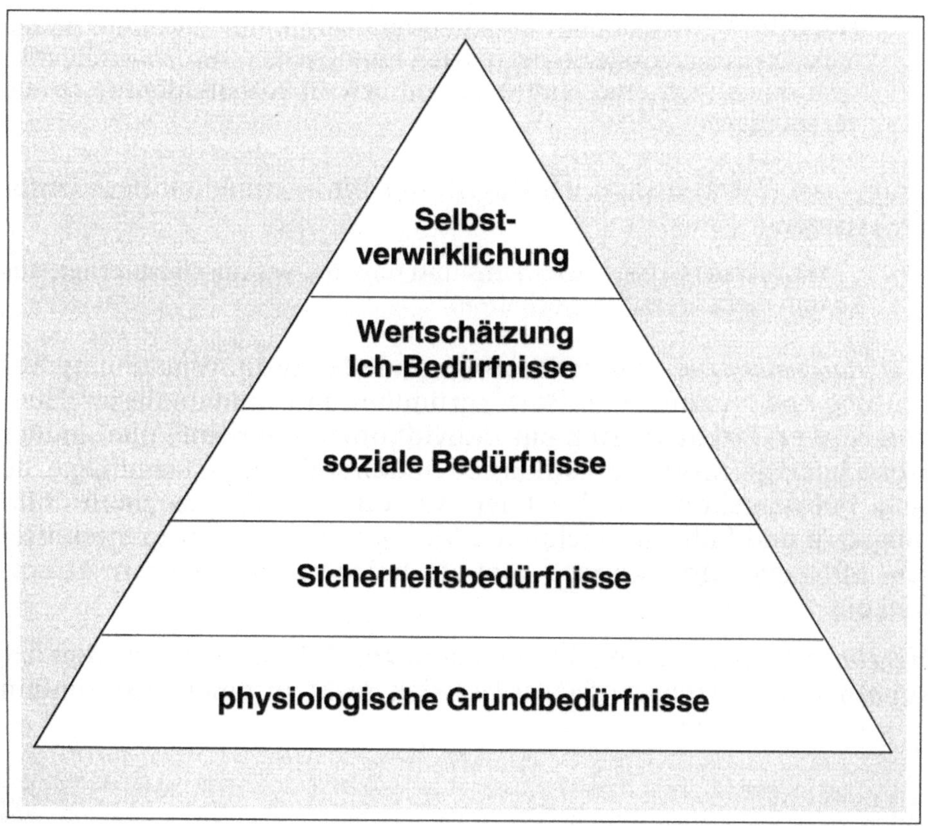

Bild 4.28   Die Bedürfnispyramide nach Maslow (Quelle: Maslow 1954)

Wenngleich auch Konzepte, Begriffe, fehlende empirische Evidenz, inhaltliche Logik usw. des Maslowschen Modells starker und begründeter Kritik ausgesetzt wurden, so besteht heute doch Einigkeit darüber, daß Bedürfnisse höherer Ordnung nicht dominant werden, solange Grundbedürfnisse (physiologische und z.T. Sicherheitsbedürfnisse) nicht befriedigt sind.

4.2.1.3 Die Motivation des Mitarbeiters

Motivation ist ein psychologischer Begriff, der auf die Erklärung und Prognose der Antriebskräfte des menschlichen Handelns abzielt. Gabler (1988) definiert Motivation als:

> „... die Summe aktivierender und orientierender Beweggründe für Handeln, Verhalten und Verhaltenstendenzen. Im Gegensatz zu den beim Menschen ohnehin begrenzten biologischen *Antrieben* sind Motivation und einzelne Motive gelernt bzw. in Sozialisationsprozessen vermittelt."

Graumann (1974) bringt den Begriff der Motivation auf diese einfache Formel:

> „Motivation ist dasjenige in uns und um uns, was uns dazu bringt, uns so und nicht anders zu verhalten."

Motivationstheorien sind Erklärungsmodelle für die Entstehung, Bedeutung und Nutzung von Beweggründen. Im Rahmen dieser Theorien wird erklärbar, warum ein Individuum auf die eine oder andere Weise handelt. Motivationstheorien bilden somit eine Grundlage, die eine Führungskraft in die Lage versetzt, durch geeignete Führungsstile und Führungstechniken Motivationsreserven zu mobilisieren und neue Motivationspotentiale bei den Mitarbeitern zu entwickeln.

Herzberg kam in seinen Untersuchungen[16] (um 1959) zu der Erkenntnis, daß *Arbeitszufriedenheit* sich nicht in einem Kontinuum

---

[16] Eine typische Frage des teilstrukturierten Interviewfragebogens war: „Können Sie möglichst exakt eine Situation schildern, in der Sie ihre Arbeit außergewöhnlich gut/schlecht fanden?"

von „Unzufriedenheit" bis „Zufriedenheit" bewegt, sondern nur durch zwei *unabhängige* Dimensionen charakterisiert werden kann:

❏ Die *erste* Dimension beschreibt er so: Das Gegenteil von Zufriedenheit ist nicht Unzufriedenheit, sondern das *Fehlen* von Zufriedenheit, demnach Nicht-Zufriedenheit.
❏ Die *zweite* Dimension sieht er analog dazu in dem Gegensatz von Unzufriedenheit vs. Fehlen von Unzufriedenheit (Nicht-Unzufriedenheit).

Daher vermutete Herzberg, daß die Arbeitssituation von zwei Faktoren beeinflußt wird, den *Hygiene-Faktoren* und den *Motivatoren* (sog. *2-Faktoren-Theorie*):

1. Hygiene-Faktoren *(Dissatisfiers):*
   Sie verhindern lediglich Unzufriedenheit, stellen jedoch darüber hinaus keine Zufriedenheit her; sind also für den Übergang von Unzufriedenheit nach Nicht-Unzufriedenheit zuständig.

2. Motivatoren *(Satisfiers):*
   Diese Faktoren können den Übergang von Nicht-Zufriedenheit zu Zufriedenheit auslösen.

Während sich Hygienefaktoren, wie Bild 4.29 zeigt, mehr im Arbeitsumfeld ansiedeln lassen, sind Motivatoren in der Regel im Arbeitsinhalt selbst zu finden.

Auch Herzbergs *2-Faktoren-Theorie* konnte durch eine Vielzahl von Replikationen wissenschaftlich nicht validiert werden. Sie war und ist jedoch darin sehr erfolgreich, daß sie eine „wissenschaftliche" Begründung für *Job Enrichment*-Programme abgibt. Das Hauptgestaltungsinteresse der Manager wurde vom *Kontext* der Arbeit (Arbeitsumgebung; Hygienefaktoren!) auf die Arbeit *selbst*, den Arbeitsinhalt (job content) gelenkt.

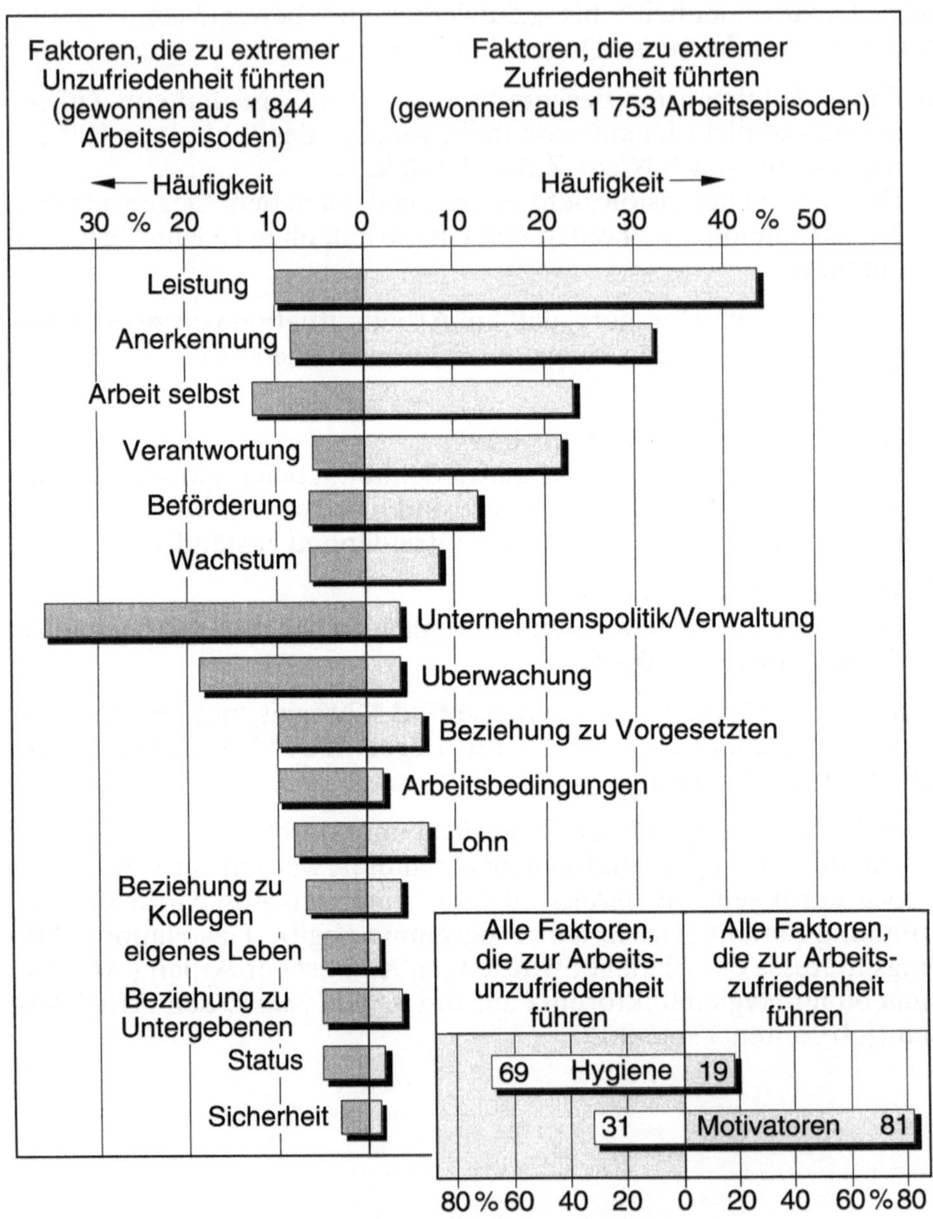

Bild 4.29 Einflußfaktoren auf die Arbeitseinstellung
(Quelle: Herzberg 1968)

4.2.2 Führungsstile

Als *Führungsstil* wird ein auch in unterschiedlichen Situationen relativ stabiles Verhaltensmuster bei der Wahrnehmung von Führungsaufgaben bezeichnet. Dieses Verhalten ist durch persönliche Grundeinstellungen geprägt und drückt sich im Extremfall in einem autoritären oder in einem demokratischen Führungsstil aus.

Im allgemeinen treten aber nicht nur diese beiden Extremfälle auf, sondern auch eine Reihe von Zwischenformen, die entweder mehr auf die herausragende Person der Führungskraft oder aber mehr auf die geführte Mitarbeitergruppe ausgerichtet sind. Traditionell werden fünf *Grundtypen* von Führungsstilen unterschieden. Diese idealtypisch dargestellten Führungsstile treten abhängig von der Persönlichkeit des Vorgesetzen, der Stärke seiner Positionsmacht, den Kompetenzen der Mitarbeiter u. ä. wiederum nicht in Reinform, sondern eher als Mischformen auf (vgl. Kontinuum-Theorie, s. u.).

4.2.2.1 Patriarchalischer Führungsstil

Grundlage dieses vor allem Ende des 19. Jahrhunderts und zu Beginn des 20. Jahrhunderts oft vorzufindenden Führungsstils ist das persönlichkeitsbezogene Leitbild der *Vaterfigur*. Die Autorität fußt auf dem Generationen- und damit dem Reifeunterschied zwischen Führer und Geführtem. Der Patriarch geht deswegen davon aus, daß der Untergebene unmündig ist, daher geführt werden muß, und er selbst als Patriarch zusätzlich soziale Verantwortung für seinen Untergebenen übernimmt. Im Extremfall werden zwischen dem Patriarchen und dem Geführten keine Zwischeninstanzen aufgebaut, ein unmittelbarer Zugang ist daher jederzeit vorhanden. Die Geführten müssen jedoch alle Detailanordnungen befolgen.

4.2.2.2 Charismatischer Führungsstil

Dieser ebenfalls stark persönlichkeitsabhängige Führungsstil beruht auf der Ausstrahlungskraft des Führungsberechtigten. Diese Ausstrahlungskraft, verbunden mit besonderen Fähigkeiten, wird auf eine (manchmal göttliche) Berufung, Auserwähltheit oder Begabung

(Charisma) des Führenden zurückgeführt. Daher beruht das Verhältnis Führer/Geführter auf dem psychologischen Phänomen einer gläubigen Gefolgschaft und Begeisterung.

4.2.2.3 Autokratischer Führungsstil

Hier geht – wie bei den beiden vorangegangenen Führungsstilen – die Führung von einem *souveränen Alleinherrscher* aus. Dieser bedient sich eines hierarchisch gestaffelten Machtapparates. Grundlage ist eine strikte Trennung von Entscheidung und Ausführung.

4.2.2.4 Bürokratischer Führungsstil

Dieser gilt als Fortführung des autokratischen Führungsstils. Die Führung wird versachlicht und auf mehrere spezialisierte Kompetenzträger aufgeteilt. Entscheidungen und Ausführung der Entscheidungen sind stark reglementiert. Dies hat zur Folge, daß Kooperation oder Kommunikation zwischen den Geführten formell nicht vorgesehen ist.

4.2.2.5 Kooperativer Führungsstil

Im Kernpunkt dieses Führungsstils steht die *Motivation der Mitarbeiter*. Die Geführten werden als vollwertige Mitarbeiter und nicht als ausführende Organe behandelt und sind daher auch an Führungsentscheidungen mitbeteiligt. Diese Mitbeteiligung geht von einer rein beratenden Funktion bis zu einem demokratischen Willensbildungsprozeß, an dem Führer und Geführte mitwirken. Der Vorgesetzte muß jedoch dabei einen Teil seiner Kompetenzen an die Untergebenen abtreten.

4.2.2.6 Kontinuum-Theorie

In Bild 4.30 ist die sogenannte *Kontinuum-Theorie* von Tannenbaum/Schmidt (1958/1973) dargestellt, die über die oben dargestellten fünf Grundtypen hinausgeht. In der Realität zu beobachtende

Führungsverhalten sind ihrer Ansicht nach entweder von einem höheren Entscheidungsspielraum des Vorgesetzten oder von einem höheren Entscheidungsspielraum der (geführten) Gruppe gekennzeichnet. Dem Entscheidungsspielraum entsprechend ordnen sie auf einem Kontinuum Führungsstile einem eher Ich-bezogenen bzw. einem eher Wir-bezogenen Verhalten zu.

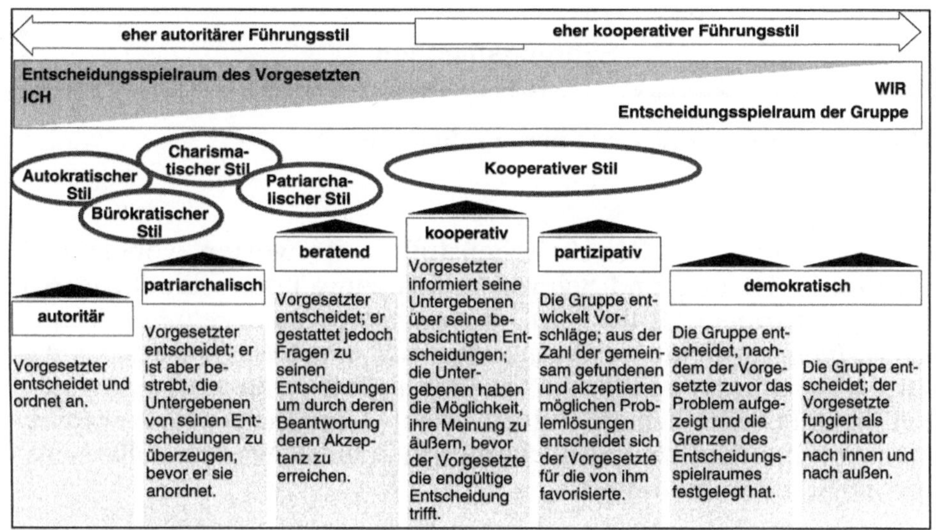

Bild 4.30 Führungsstil-Kontinuum nach Tannenbaum/Schmidt (1958/1973)

4.2.3 Führungstheorien

Führungstheorien sollen Bedingungen, Strukturen, Prozesse und Konsequenzen von Führung beschreiben, erklären und vorhersagen (Bea/Dichtl/Schweitzer 1991). *Führungstheorien* entstehen aus der *Analyse* der Auswirkungen eines bestimmten Führungsstils. Validität vorausgesetzt, können diese Theorien auch *Prognosen* für zukünftige Auswirkungen des betrachteten Führungsstils liefern und somit Führungsstile bewerten und beeinflussen. *Führungstheorien* bilden daher eine Grundlage für Führung (vgl. Bild 4.31).

Bis heute existiert keine allgemeingültige Führungstheorie, die sämtliche Merkmale von Führungskräften beschreibt. Die Ansätze der Führungstheorien waren vielmehr in der Vergangenheit einem Wan-

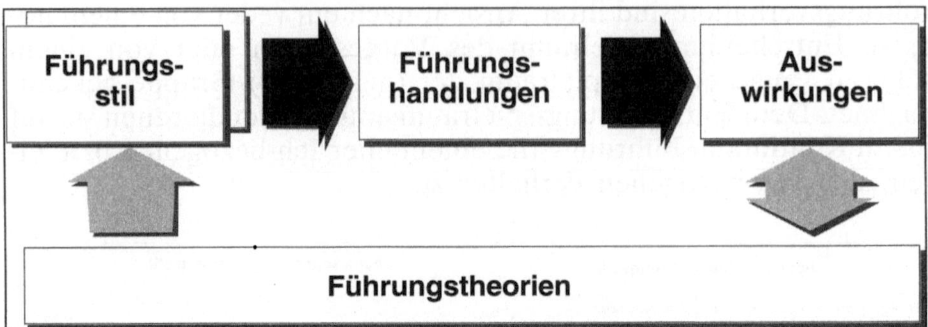

Bild 4.31   Führungsstile und Führungstheorien

del mit charakteristischen Zwischenstufen unterworfen, wobei vor allem drei in Theorie und Schwerpunktsetzung unterschiedliche Ansätze herausragen (Bild 4.32), der *eigenschaftstheoretische* Ansatz, der *verhaltensorientierte* Ansatz und der *situationstheoretische* Ansatz. Neben dieser Zeitvarianz ist aber auch hier zu beobachten, daß sich in unterschiedlichen Kulturkreisen (Gesellschaften, Unternehmen, Abteilungen) zeitparallel unterschiedliche Ansätze differenzieren und etablieren können.

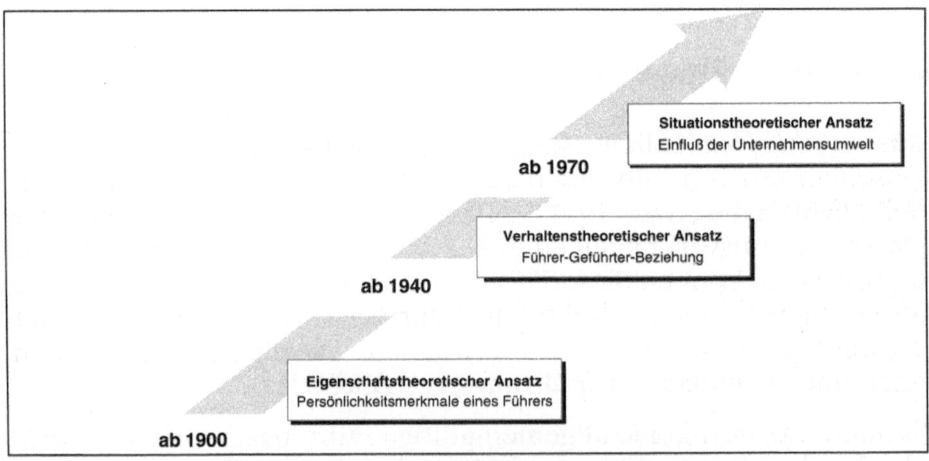

Bild 4.32   Führungstheoretische Ansätze im Wandel der Zeit

4.2.3.1 Eigenschaftstheorie

Die zu Beginn dieses Jahrhunderts entstandene Eigenschaftstheorie besagt, daß Führung von *spezifischen Persönlichkeitsmerkmalen* der jeweiligen Führungskraft abhängt. Ein Führer unterscheidet sich von einem Geführten in bestimmten, ihm angeborenen Eigenschaften und kann somit die ihm gestellten Aufgaben erfolgreich erledigen: *„Führung ist angeboren"*.

Anfangs ging man davon aus, daß diese Eigenschaften allein in den *physischen* Merkmalen (z. B. Alter, Körpergröße) zu finden sind. Diese verloren in späteren Untersuchungen zugunsten *psychischer* Fähigkeiten (z. B. Intelligenz, Belastbarkeit, Kreativität, Selbstbewußtsein, Risikobereitschaft, Rhetorik) an Bedeutung.

4.2.3.2 Verhaltenstheorie

Dieser Ansatz hält Führung für einen interaktiven Prozeß, der einerseits von den Persönlichkeitsmerkmalen des Führers, andererseits jedoch auch von den Persönlichkeitsmerkmalen des Geführten abhängt.

Erforscht wurden die Reaktionen von geführten Mitarbeitern bei unterschiedlichen Führungsstilen. Ziel war es, über das *Verhalten* der Gruppenmitglieder herauszufinden, welcher Führungsstil der effizientere ist.

4.2.3.3 Situationstheorie

Anfang der 70er Jahre dieses Jahrhunderts gewann die Erkenntnis an Bedeutung, daß auch die *Unternehmensumwelt* Einfluß auf die Führung besitzt. In empirischen Untersuchungen wurde nachgewiesen, daß Planung und Organisation in verschiedenen *Situationen* unterschiedlich effizient sein können. Dies bedeutet, daß der Führungserfolg dadurch verbessert werden kann, daß auch spezifische Aspekte der Situation, wie Merkmale der Aufgabe oder der Gruppe, berücksichtigt werden. Führungskräfte müssen daher ihr eigenes Verhalten flexibel den Umweltveränderungen wirtschaftlicher, politisch-rechtlicher und gesellschaftlicher Art anpassen.

4.2.4 Führungsmodelle

Durch *Führungsmodelle* soll Führungskräften Handlungsempfehlungen hinsichtlich ihrer Personalführungsaufgaben gegeben werden. Sie stellen *normative Denkmodelle* dar, die Aussagen darüber treffen, wie unter bestimmten Bedingungen im Unternehmen Mitarbeiter geführt werden sollen. Werden diese Handlungsempfehlungen befolgt, bilden sich charakteristische Führungsstile aus.

Zwei der bekanntesten Führungsmodelle sollen hier skizziert werden: das *Verhaltensgitter von Blake/Mouton* sowie das *3-D-Modell von Reddin*. Im anschließenden Kapitel werden Führungstechniken zur Umsetzung solcher Führungsmodelle vorgestellt.

4.2.4.1 Das Verhaltensgitter von Blake/Mouton

Blake und Mouton (1964, 1985) gehen von der Annahme aus, daß Führungskräfte ihren Führungsstil entweder auf die *Produktion* oder auf den *Menschen* ausrichten. Aus dieser Überlegung heraus entwickelten sie ein zweidimensionales Verhaltensgitter *(Managerial Grid)*, das auf einer jeweils 9-stufigen Skala die Betonung des Menschen über der Betonung der Produktion abträgt (s. Bild 4.33).

Theoretisch werden im Verhaltensgitter 81 Möglichkeiten gebildet, die für 81 verschiedene Führungsstile stehen. Blake und Mouton beschränken sich jedoch auf *fünf charakteristische Führungsstile*. Diese beschreiben, ob es dem Vorgesetzten gelingt, seine Mitarbeiter zur Leistungserbringung zu bewegen, und/oder ob er es erreicht, die Bedürfnisse und Erwartungen des Mitarbeiters bei der Arbeit zu befriedigen.

Blake/Mouton *präferieren* unter den 5 Alternativen den 9.9-Führungsstil. Sie lassen dabei jedoch außer acht, daß dieser Führungsstil sehr idealisiert ist und somit die konkrete Führungssituation meist nur sehr unzureichend berücksichtigt. Unter Umständen kann ein anderer Führungsstil der effektivere sein.

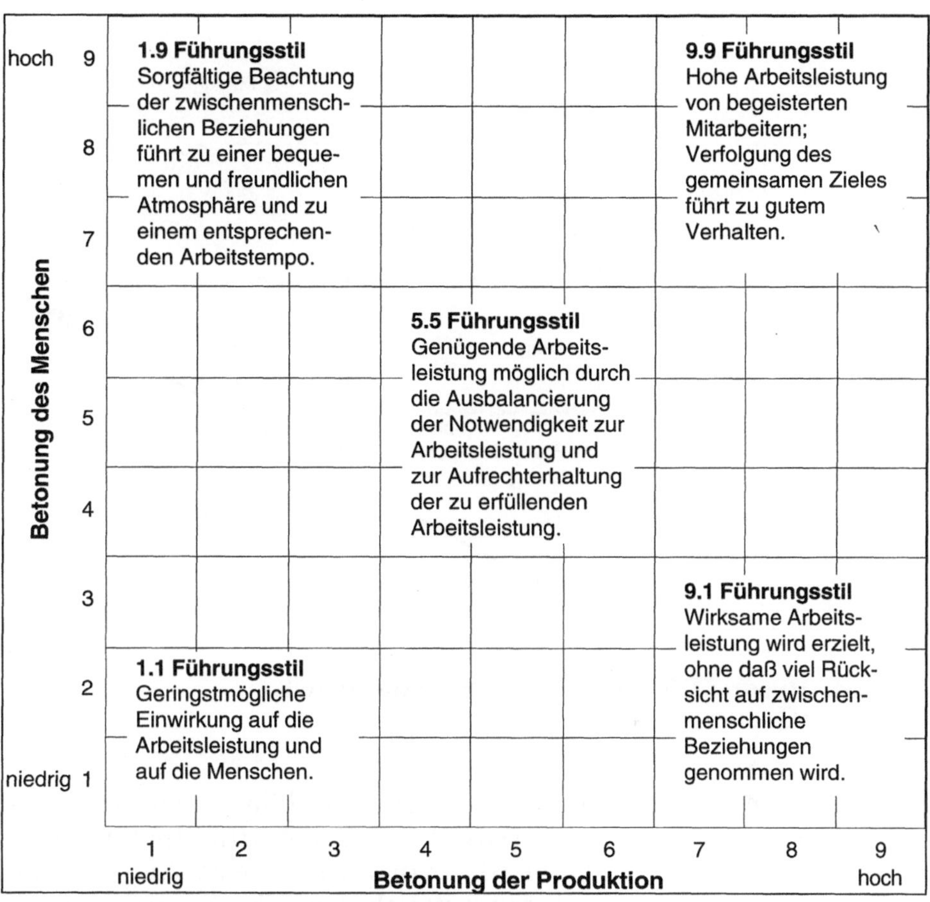

Bild 4.33 Verhaltensgitter nach Blake/Mouton
(Quelle: Blake/Mouton 1968)

4.2.4.2 Das 3-D-Modell von Reddin

Reddin (1970/1977) benutzt für sein Modell die drei Dimensionen *Aufgabenorientierung*, *Beziehungsorientierung* und *Effektivität*. Die ersten beiden Dimensionen seines Modells entsprechen dabei den Dimensionen des Modells von Blake/Mouton und sind hier die Grundlage für die vier Grundformen *Verfahrensstil, Beziehungsstil, Aufgabenstil und Integrationsstil.* Die dritte Dimension bildet zusätzlich die *Effektivität* dieser Führungsstile ab (s. Bild 4.34).

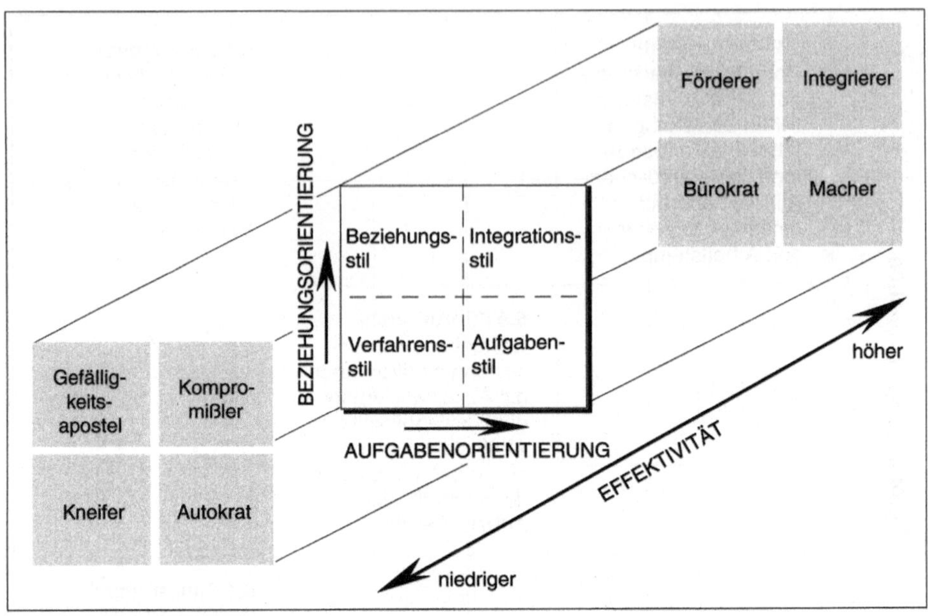

Bild 4.34 Die drei Dimensionen des Reddin-Modells
(Quelle: Staehle 1985)

Im Gegensatz zu Blake/Mouton präferiert Reddin keinen bestimmten Führungsstil. Er ist der Ansicht, daß die Effektivität dieser Führungsstile von der *Situation* (d. h. von Arbeitsweise, Aufgabenanforderung, Mitarbeiter, Kollegen usw.) abhängig ist. So ordnet Reddin jedem Führungsstil je nach dem Effektivitätsgrad einen bestimmten *Typus von Führungskraft* (s. u.) zu.

Erweist sich beispielsweise der *Aufgabenstil* in einer bestimmten Situation als effektiv, so entspricht der Vorgesetzte eher dem „Macher", ist die Effektivität eher gering, so führt ein „Autokrat" durch seine Amtsautorität.

4.2.5 Führungstechniken

Zur Umsetzung der Führungsmodelle in die Praxis kann sich die Führungskraft verschiedener Techniken bedienen. Diese *Führungs-*

techniken sind jedoch nicht völlig isoliert zu betrachten. Vielmehr können sie sich ausschließen, ergänzen, gegenseitig bedingen oder auch völlig unabhängig voneinander sein.

Durch Führungstechniken sollen vor allem *drei Ziele* verfolgt werden, wobei jede Technik meist ein Teilziel besonders in den Vordergrund stellt (Wöhe 1990):

❏ Führungstechniken sollen Führungskräfte *von Routinearbeiten entlasten* und für echte Führungsaufgaben freistellen. Damit sollen ihre dispositiven Fähigkeiten effizienter zum Einsatz kommen.
❏ Den einzelnen Mitarbeitern soll *mehr Selbständigkeit* zugestanden werden, um damit ihre kreativen Kräfte freizusetzen.
❏ Insgesamt sollen die unternehmerische *Leistung und Anpassungsfähigkeit an veränderte Umweltbedingungen* im Hinblick auf den langfristigen unternehmerischen Erfolg gefördert werden.

Es darf jedoch nicht übersehen werden, daß die Einführung einer oder die Kombinationen mehrerer Führungstechniken durch bereits bestehende Organisationsstrukturen, Macht- und Interessenverhältnisse in der Praxis mit Problemen behaftet sein kann. Die an der Einführung beteiligten bzw. von ihr betroffenen Personen müssen sich mit der Führungstechnik identifizieren können und sie muß mit der Unternehmenskultur harmonieren. Die Auswahl der „richtigen" Führungstechnik ist somit ein schwieriges Entscheidungsproblem, das gut zu durchdenken und zu planen ist (Bea/Dichtl/Schweitzer 1991).

Die im folgenden skizzierten Führungstechniken werden klassischerweise mit angelsächsischen Begriffen „Management by ..." bezeichnet.

4.2.5.1 Management by Exception

Prinzip: *Führung durch Abweichungskontrolle und mit Eingriffen in Ausnahmefällen*

Merkmale: Diese Führungstechnik hat eine weitgehende Dezentralisierung zur Folge. Alle Aufgaben, die im Unternehmen anstehen, werden im Normalfall von den dafür zuständigen Mitarbeitern selbständig erledigt.

Der Vorgesetzte greift nur dann ein, wenn vorgegebene Toleranzwerte überschritten werden. Daher ist es erforderlich, daß Aufgabenbereiche klar abgegrenzt werden können und daß für diese Aufgaben, wenn möglich, meßbare Toleranzwerte festgelegt werden. Bei dieser Führungstechnik werden Vorgesetzte von Routinearbeiten, die nun die unteren Stellen ausführen, entlastet.

4.2.5.2 Management by Delegation

Prinzip: *Führung durch Aufgabenübertragung*

Merkmale: Der Mitarbeiter bekommt von seinem Vorgesetzten weitgehende Entscheidungsfreiheit und Verantwortung für bestimmte Aufgaben übertragen. Dadurch werden einerseits übergeordnete Führungsstellen von Routinearbeiten entlastet, andererseits können Entscheidungen schneller getroffen werden. Diese partizipative Führungstechnik setzt allerdings voraus, daß die Aufgaben klar definiert und die Kompetenzen abgegrenzt sind.

4.2.5.3 Management by Decision Rules

Prinzip: *Führung durch Vorgabe von Entscheidungsregeln*

Merkmale: Diese Führungstechnik verbindet den Gedanken, Mitarbeiter durch Delegation zu motivieren, mit der Vorgabe von präzisen Regeln, nach denen die delegierten Aufgaben zu bewältigen sind. Somit kann dieser Führungsstil nur auf Routineentscheidungen angewandt werden, da nur dann alle in Frage kommenden Entscheidungssituationen vorhersehbar sind.

4.2.5.4 Management by Results

Prinzip: *Führung durch Ergebnisüberwachung*

Merkmale: Der Vorgesetzte gibt dem Mitarbeiter klare Leistungsergebnisse vor. Diese Vorgaben (z. B. zu erreichende Umsätze, Stückzahlen oder einzuhaltende Budgets) werden dabei mehr oder weniger ständig überwacht. Die Gefahr ist, daß Bereichsegoismus und Zahlenfetischismus die Folge sein können.

4.2.5.5 Management by Objectives

Prinzip: *Führung durch Zielvereinbarung*

Merkmale: Im Gegensatz zu Management by Results werden beim Management by Objectives (MbO) die *Ziele gemeinsam von der Führungsinstanz und dem betreffenden Mitarbeiter festgelegt*. Im Idealfall sind diese Ziele den Fähigkeiten des Mitarbeiters angepaßt. Eine Unter- bzw. Überforderung soll damit vermieden werden. Dem Mitarbeiter wird bewußt ein *Ermessensspielraum bezüglich seiner Vorgehensweise zur Aufgabenerfüllung* eingeräumt. Dabei wird inhaltsreicher Arbeit besonders motivierende Wirkung zugeschrieben.
Diese Führungstechnik besitzt in der Praxis große Bedeutung. Dies ist unter anderem darauf zurückzuführen, daß *kein Führungsstil bevorzugt* wird und Management by Objectives auch andere Führungstechniken einbezieht. Dem MbO liegt das Menschenbild des nach Selbstverwirklichung strebenden Individuums zugrunde (Human Resources Modell). Es wurde 1954 erstmals durch Peter Drucker vorgestellt.

Bild 4.35 zeigt den periodischen Prozeß der Zielvereinbarung, bei dem Oberziele bis hin zu operationalen Abteilungszielen konkretisiert und vereinbart werden.

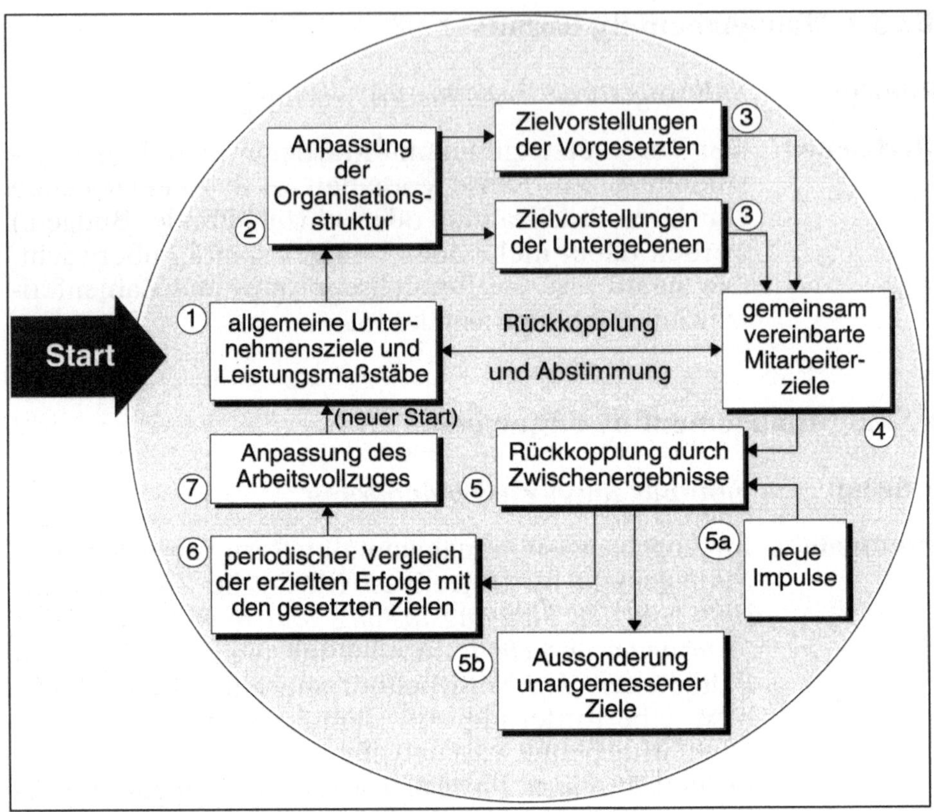

Bild 4.35 Management by Objectives (Ablaufdiagramm)
(Quelle: Staehle 1973)

4.2.6 Führertypen

Führungskräfte, die die oben angesprochenen Führungsstile und/oder Führungstechniken anwenden, besitzen bestimmte Eigenschaften und verkörpern damit einen bestimmten *Führertyp*. Ausgehend von dieser Überlegung wurde versucht, Führerpersönlichkeiten zu erfassen und typologisch zu beschreiben. Die *idealtypischen Ansätze* systematisieren dabei verschiedene abstrakte Auffassungen über den arbeitenden Menschen, während bei *realtypischen Ansätzen* die Typologie aufgrund empirisch erhobener Daten (z. B. offene Interviews und Tests) formuliert wurde.

4.2.6.1 Visionäre Führung vs. Budgetorientiertes Management

Zwischen den Aufgabenprofilen der *Führung* und des *Managements* bestehen charakteristische Unterschiede. Dies ist auch in unterschiedlichen idealtypischen Ausprägungen von Führungskräften wiederzufinden. Dies gilt nicht nur für die technischen und organisatorischen Aufgabenbereiche, sondern auch im Bereich der Personalführung. Auch wissenschaftliche Untersuchungen haben auf diesen Unterschied zwischen *Führer* und *Manager* hingewiesen.

Manager stehen Unternehmenszielen eher unpersönlich und distanziert gegenüber, bevorzugen bekannte Problemlösungen und orientieren sich an sachlich-materiellen Rahmenvorstellungen (meist Budget). Ihre Mitarbeiter betrachten sie lediglich als Funktionsträger. Im Gegensatz dazu sind Führer von neuen Ideen begeistert, risikofreudig und denken in Visionen. Sie sind stärker an Personen und Verhaltensfragen interessiert (s. Bild 4.36).

Auf einen Nenner gebracht: „Managers do things right, leaders do the right things" (Bennis/Nanus 1987). Anders ausgedrückt: *Führer sind Strategen, Manager beschäftigen sich mit operativen Entscheidungen.*

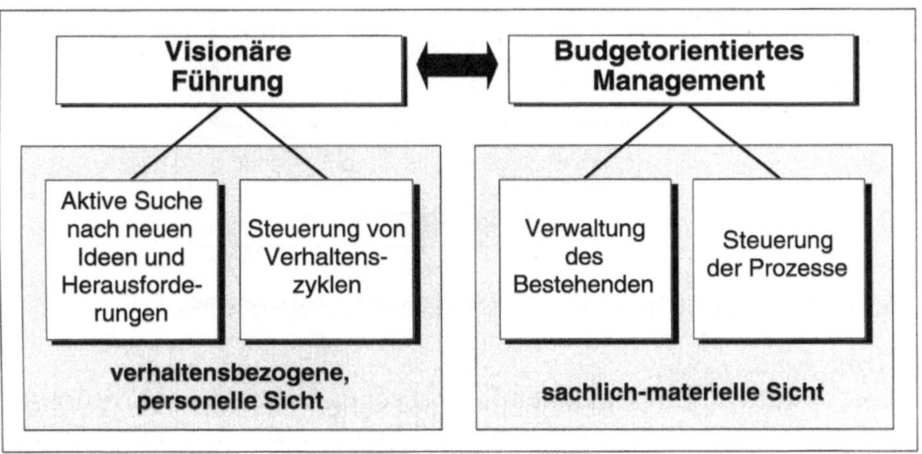

Bild 4.36 Visionäre Führung vs. Budgetorientiertes Management

4.2.6.2 Idealtypischer Ansatz nach Kakabadse

Grundlage der 1984 von Kakabadse entwickelten Klassifikation ist die Auffassung, daß die Führereigenschaften auf die *Persönlichkeitsstruktur* des Menschen zurückzuführen sind. Kakabadse unterscheidet zwischen *Wahrnehmungs- und Handlungsprozessen.* Wahrnehmung kann entweder *außengeleitet*, d. h. von der Meinung anderer abhängig, oder *innengeleitet*, d. h. selbstgerichtet sein. Das Handlungsspektrum ist beim Menschen entweder *komplex/kohärent* oder *einfach/konsistent.* Kakabadse erhält somit als Ergebnis seiner Unterscheidung vier unterschiedliche Führertypen (s. Bild 4.37), die unten erläutert werden.

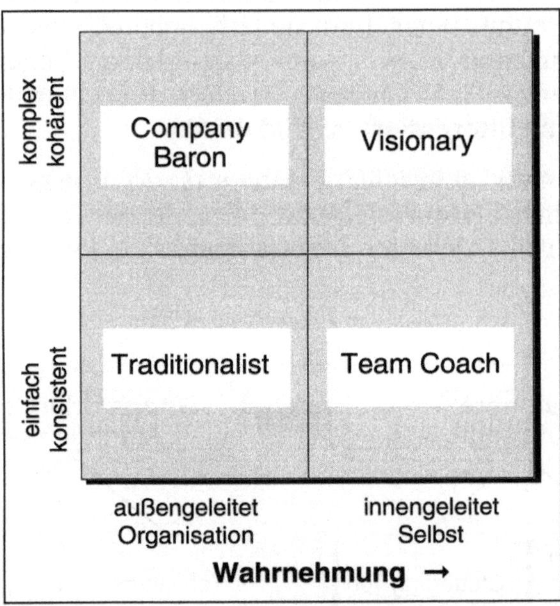

Bild 4.37 Idealtypischer Führertyp-Ansatz nach Kakabadse

(1) *Traditionalists:*
Sie bewahren das Bestehende und sehen deshalb jede Veränderung als Bedrohung an. Dies drückt sich in der Loyalität gegenüber der Organisation und gegenüber anderen aus. Sie sind vor allem durch Detail- und Spezialkenntnisse sowie durch Genauigkeit und Penibilität der Garant für Stabilität. Leider sind sie auch Garant für Inflexibilität.

(2) *Team Coaches:*
Ihr Arbeitsfeld sehen sie am liebsten in der Gruppe Gleichgesinnter. In diesen Gruppen agieren Team Coaches flexibel und informell als Missionare für Neues. Loyal denken sie vor allem nur der Gruppe gegenüber.

(3) *Company Barons:*
Sie verfügen über keine Detailkenntnisse, denken jedoch als Generalisten ganzheitlich in großen Dimensionen und entwerfen daher auch strategische Pläne. Veränderungen wollen sie lediglich auf evolutionärem Wege erreichen und verfügen darüber hinaus über einen ausgeprägten Opportunismus und Statusbewußtsein.

(4) *Visionaries:*
Visionaries besitzen wie Company Barons eine ganzheitliche Denkweise, wollen jedoch die Organisation über Visionen ändern. Dies soll über dramatische Veränderungen erfolgen. Ihre Loyalität ist gering ausgeprägt, sie arbeiten daher auch meist isoliert.

4.2.6.3 Realtypischer Ansatz nach Maccoby

In einer sozialpsychologisch-psychoanalytischen Untersuchung, die M. Maccoby mit Führungskräften in Großunternehmen vornahm, kam er zum Ergebnis, daß Führungskräfte sich in folgende vier verschiedene *Realtypen* einteilen lassen (Maccoby 1976):

(1) *Craftsman:*
Der Craftsman besitzt einerseits ein Streben nach Qualität und Perfektion, ist andererseits aber sehr selbstgenügsam, jedoch inflexibel und ein Anhänger konservativer Vorstellungen. Der Craftsman neigt nicht zu einer kooperativen Arbeitsweise.

(2) *Jungle Fighter:*
Dieser Typus von Führungskraft hat einen ausgeprägten Drang zur Macht und versucht, dominant zu sein.

(3) *Company Man:*
Er wird als sehr leistungsorientiert und loyal beschrieben. Seine vorsichtige Vorgehensweise kann bis zur Ängstlichkeit gehen.

(4) *Gamesman:*
Ein sehr wettbewerbs- und neuerungsorientierter Typus, der auch ein kalkuliertes Risiko eingeht und sich flexibel zeigt. Diesem Typ gab Maccoby den Vorzug.

Im weiteren Verlauf seiner Untersuchungen betonte Maccoby, daß eine Unternehmung nicht nur *einen* kompetenten Führer an der Unternehmensspitze besitzen soll, sondern daß *auf allen Ebenen* Führungskräfte mit einem „*social character*" vorhanden sein müssen. Den „Sozialcharakter" beschreibt er folgendermaßen:

❏ Respekt und Verantwortung gegenüber Mitarbeitern,
❏ Flexibilität gegenüber Personen und Organisationsstrukturen,
❏ Bereitschaft zur partizipativen Führung und zur Machtteilung.

4.2.7 Zehn Leitsätze zur erfolgreichen Führung

Immer wieder unterliegt man der Versuchung, Erfolgsfaktoren anhand einiger Leitsätze einprägsam zu formulieren. Dabei geht sicher eine Verkürzung der Problemkomplexität vonstatten, die aber den praktischen Nutzen solcher Leitsätze nicht verhindern muß. Um der Herausforderung, zukunfts- und marktorientiert ein Unternehmen und Personen zu führen, begegnen zu können, sind die nachfolgenden 10 Leitsätze für Führungskräfte sicher nützlich:

1. *Management-Einsatz: Unternehmer statt Verwalter.*
   Für eine erfolgreiche Führungskraft genügt es nicht, bisher Erreichtes auf dem bisherigen Stand zu halten, es zu verwalten, sie sollte vielmehr unternehmerisch denken und handeln. Unternehmertum bedeutet Werte schaffen, wo bisher keine waren.

2. *Strategien: harmonisches Gesamtkonzept statt Teiloptimierung.*
   Wer sich in Einzelaufgaben verstrickt, erschöpft sich. Für den erfolgreichen Strategen ist ganzheitliches Denken Voraussetzung.

3. *Organisation: Handlungsfreiheit in Verantwortung statt Bürokratie.*
   Mitarbeiter des Unternehmens sollen eigenverantwortlich entscheiden und handeln dürfen, statt in bürokratischen Normen zu ersticken.

4. *Managementmethoden: ergebnisorientiert statt methodengläubig.*
   Letzten Endes zählen die Ergebnisse. Mit welcher Methode diese erzielt werden, sollte – im Rahmen der Firmenethik – jedem selbst überlassen werden.

5. *Planung: Entwicklung von Fähigkeiten statt Zahlenfortschreibung.*
Bei Planungsentscheidungen soll die bisherige Planung nicht unverändert fortgeführt werden. Jede Planung muß schon in den Ansätzen nochmals überdacht werden, um innovative Ideen in die neue Planung zu integrieren.

6. *Disposition und Delegation: bewußte Ressourcenteilung statt emotionaler Gefühlsentscheide.*
Jeder soll für die Tätigkeit, für die er geeignete Qualifikationen mitbringt, eingesetzt werden. So können falsche Entscheidungen, die durch mangelndes Fachwissen zustande gekommen sind, vermieden werden.

7. *Führungsstil: konstruktiv aufbauend statt chefbezogen.*
Wichtig für eine Führungskraft ist es, Mitarbeiter für die ihnen gestellten Aufgaben innerlich zu gewinnen. Deshalb ist es besser, einen Mitarbeiter zu überzeugen, als ihm etwas zu befehlen.

8. *Zielbetonung: gemeinsame Ziele verfolgen statt Interessen- und Machtkonflikte.*
Ein Unternehmen kann nur durch ständige Verbesserung auf allen Ebenen erfolgreich sein; Stillstand ist Rückschritt. Voraussetzung hierfür ist ein Arbeiten nach klar herausgestellten und betonten Zielsetzungen, die mit der Geschäftsleitung abgestimmt sein müssen.

9. *Mitarbeiterkonflikte: themenzentriert statt persönlich.*
Konflikte sind nicht nur negativ zu bewerten; sie können zu einer Verbesserung und damit zu einem Fortschritt beitragen, solange sie auf Themen konzentriert sind.

10. *Berichtswesen: konzentriert und problemgerichtet statt überflutet.*
Planung setzt die Kenntnis von Tatsachen voraus. Für eine systematische und damit auch effektive Arbeitsweise müssen Tatsachen jedoch in komprimierter und auf den Punkt gebrachter Form dargestellt werden. Mitarbeitern zuhören ist besser, als lange Berichte zu lesen.

4.3 Informationsmanagement

Unternehmerisches Handeln beruhte schon immer primär auf dem Erwerben, Erkennen und Ausnutzen von Informationsvorsprüngen. Wo keine derartigen Vorteile gegeben sind, ist kein Platz für unternehmerische Initiative. Auch die effiziente Aufgabenbewältigung innerhalb eines Unternehmens verlangt eine sachgerechte *Gewinnung, Verarbeitung, Speicherung* und *Weitergabe* von Information. Information zieht sich wie ein Strom durch das ganze Unternehmen (und darüber hinaus!) und beeinflußt alle Wertschöpfungsaktivitäten. Informationsmanagement (IM) bedeutet in diesem Zusammenhang nichts anderes als das Management von Informationsprozessen, den „Umgang mit Wissenswertem", wobei sich die Frage erhebt, was zur Erreichung der Unternehmensziele und zur Erfüllung der Aufgaben im Unternehmen wirklich wissenswert ist.

Die Begriffe *Information, Kommunikation* sowie *Informationssystem* und *Informationsmanagement* sind in aller Munde, wenn auch in unterschiedlichen Bedeutungen. *Information* wird als *zweckgerichtetes Wissen* verstanden, wobei der Zweck hier in der Vorbereitung, arbeitsteiligen Abstimmung und Durchführung von Handlungen in Unternehmen besteht. Information unterscheidet sich also von Nachrichten, Daten und Signalen darin, daß sie einen Neuigkeitswert hat und wissenswert, bedeutungstragend und verwendbar ist. Eine andere Definition sieht Information daher auch als *„handlungsbestimmende Kenntnis über historische, gegenwärtige und zukünftige Zustände der Realität und Vorgänge in der Realität"* (Heinrich/Burgholzer 1991). *Informationsprozesse* sind Verrichtungsfolgen an informationellen Objekten.

Unter *Kommunikation* versteht man alle organisatorischen Regelungen, die den Informationsaustausch durch Senden, Empfangen, Speichern und Verarbeiten festlegen. Wie Bild 4.38 verdeutlicht, ist Information und Kommunikation schlechthin Grundlage aller Handlungs- und Entscheidungsprozesse.

Informationssysteme sind Beziehungsgefüge zwischen Informationen, Informationsprozessen, Aufgabenträgern und Aufgaben. Sie dienen zur Steuerung betrieblicher Prozesse und liefern die zur Aufgabenerfüllung notwendigen Informationen (Schmidt 1985). *Technische Informationssysteme* liefern als Sachmittel die technische Unterstützung hierzu.

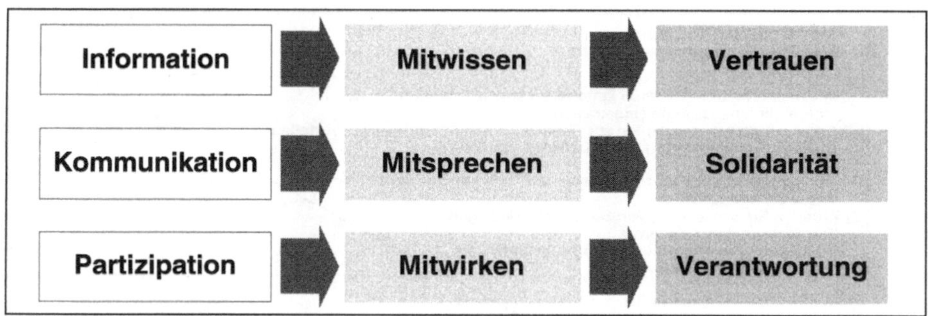

**Bild 4.38 Die Rolle von Information und Kommunikation
bei der Führung**

Informationsmanagement zählt zum Leitungshandeln innerhalb einer
Organisation. Insbesondere soll es *Führungsaufgaben* durch Information und Kommunikation unterstützen. Aufgabe eines *strategischen Informationsmanagements* ist es, in Kooperation mit der Unternehmensplanung die Informationssystem-Strategie als integralen
Bestandteil der Unternehmens- und Geschäftsfeldstrategie zu planen. Die Aufgabenfelder des Informationsmanagements reichen von
operativen Tätigkeiten der Informationsverarbeitung bis hin zu
einer Unterstützung der strategischen Unternehmensführung (vgl.
Bild 4.39).

Auf der untersten Aufgabenebene kommt der *Informationsverarbeitung* insbesondere die Aufgabe zu, operationale Aktivitäten selbst
auszuführen und andere Unternehmensbereiche dabei zu unterstützen. Beispiele solcher Applikationen, die in der Regel ein großes
Transaktionsvolumen besitzen, sind Buchhaltung, Auftragsbearbeitung, Lohnabrechnung usw.

Ein weiteres Aufgabenfeld der *Informationsverarbeitung* besteht in
der Unterstützung der Entscheidungsprozesse im Unternehmen. Zusammen mit anderen Führungsaktivitäten entwickelt und schafft das
Informationsmanagement Rahmenbedingungen, die das gesamte
Unternehmen beeinflussen.

Weiterhin dient die *Informationsverarbeitung* dazu, strategische
Unternehmensziele zu unterstützen. Wird ein Unternehmen in Wert-
schöpfungsketten abgebildet, so muß das Informationsmanagement
in der Lage sein, an jedem Punkt der Kette die zugehörigen Informa-

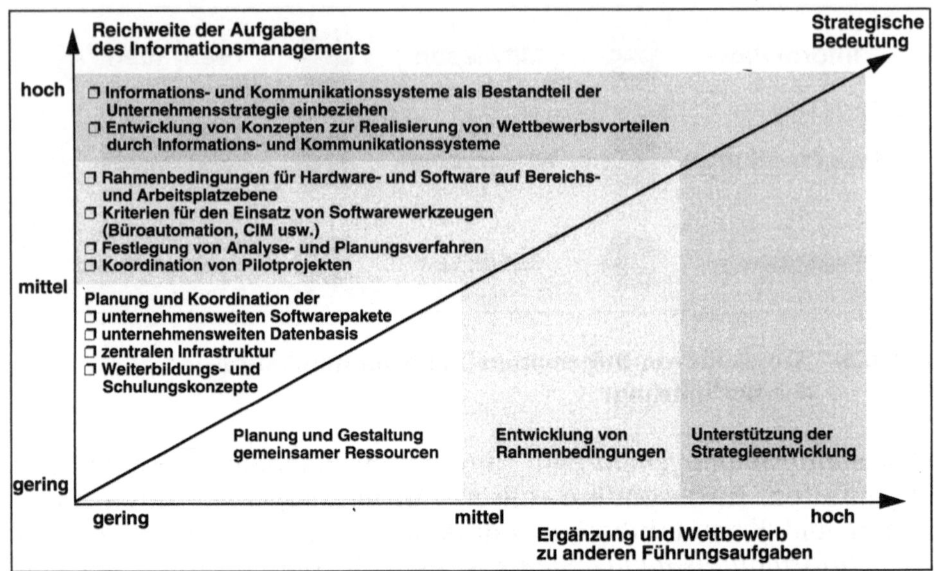

Bild 4.39   Aufgabenfelder des Informationsmanagements

tionen zu liefern. Informationsvorsprünge durch ein hochentwickeltes Informationsmanagement sichern die Wettbewerbskraft des Unternehmens.

4.3.1 Information als Produktionsfaktor

Unternehmensentscheidungen werden von einer Reihe unternehmensinterner und -externer (Umwelt-)Faktoren beeinflußt. Der Besitz von Informationen über diese Faktoren und die Fähigkeit, diese Informationen richtig zu bewerten und zu verarbeiten, sind für Forschung und Industrie ein wettbewerbsentscheidender, ein strategischer Faktor (Bild 4.40). Sowohl durch die Internationalisierung von Arbeitsteilung und Zusammenarbeit als auch der Märkte für Beschaffung und Absatz treten immer komplexere Informationsbedarfe auf. Information wird neben Boden, Arbeit und Kapital zu einem weiteren *Produktionsfaktor*, Informationsverarbeitung wird zu einer strategischen Größe im Unternehmen.

In den westlichen Industrienationen nimmt der Anteil der Tätigkeiten, die den verschiedensten Formen der Informationsbearbeitung und -verarbeitung gewidmet sind, dies ist in der Regel Büroarbeit, ständig zu. So wuchs in den USA der Anteil der im Büro Beschäftigten von 15 % im Jahr 1970 über 50 % 1980 auf 75 % im Jahr 1990. Die Deutsche Gesellschaft für Informatik prognostiziert, daß in den nächsten Jahren über 5 % der Beschäftigten eine professionelle Ausbildung in der Informatik benötigen, mehr als 15 % neben ihrem eigentlichen Fachwissen eine vertiefte Ausbildung in einem Spezialgebiet der Informationstechnik brauchen werden und weitere 50 % so ausgebildet werden müssen, daß sie einfache informationstechnische Geräte benutzen können.

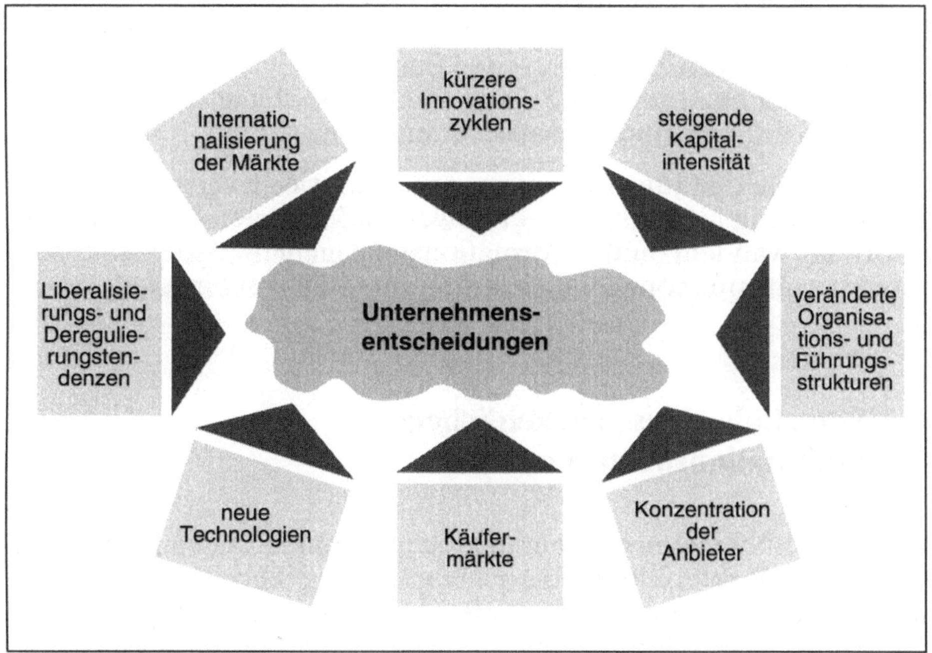

Bild 4.40   Einflußfaktoren auf Unternehmensentscheidungen

Wer heute Technologietrends in Forschung und Entwicklung rechtzeitig und richtig erkennen will, muß über ein ausgereiftes Informationsmanagement, dessen oberstes Ziel die *Qualität* und nicht etwa die zur Informationsflut führende *Quantität* der Informationen ist, verfügen. Das Problem ist also nicht die Knappheit, sondern die Fülle von Nachrichten und Daten.

Information hat strategische Bedeutung. Sie muß daher konsequent als Produktionsfaktor betrachtet und mit entsprechender Sorgfalt im Management behandelt werden. Dazu werden nicht nur Fähigkeiten und Fertigkeiten zur Anwendung der informationstechnischen Geräte erforderlich sein, sondern noch in weitaus größerem Maße Fähigkeiten im Umgang mit Information, wobei das Informationsmanagement vor allem drei Herausforderungen gerecht werden muß:

❏ *Selektionsfähigkeit:* Aus unübersehbar vielen Informationen die wesentlichen herausfiltern.
❏ *Kommunikationsfähigkeit:* Sachverhalte so darzustellen, daß sie von anderen verstanden werden können.
❏ *Logisches und abstraktes Systemdenken:* Probleme so aufzuarbeiten, daß der Computer sie abarbeiten kann.

Dies bedeutet, daß Informationsmanagement sich weg von der Technikorientierung hin zu einer wettbewerbsorientierten Informationsversorgung wandeln muß. Informationsmanagement bedeutet in diesem Sinne informations- und zielorientierte Unternehmensführung.

4.3.2 Potentiale eines ganzheitlichen Informationsmanagements

Die Umweltbedingungen heutiger Unternehmen lassen sich durch wandelnde Märkte, kurzlebige Entwicklungsreihen von Produkten und Dienstleistungen, zunehmende Internationalisierung des Wettbewerbs und durch Liberalisierungs- und Deregulierungsbestrebungen in zahlreichen Branchen charakterisieren. Erfolg bzw. Mißerfolg eines Unternehmens können davon abgeleitet werden, inwieweit dieses in der Lage ist, seine Aktivitäten den jeweiligen Umweltbedingungen anzupassen. In diesem Zusammenhang spiegeln sich die Potentiale der Informations- und Kommunikationstechniken vor allem in drei Bereichen wider: Branche und Markt, Unternehmensstrategie sowie Organisation (vgl. Zahn 1991).

Bisher vorherrschende Spielregeln des Marktes verändern sich, Marktgrenzen werden verschoben oder aufgehoben, neue Märkte entstehen, Wettbewerb findet auf internationaler Ebene statt. Den Unternehmen bieten sich Chancen durch die Nutzung *interorganisationaler Informationssysteme*, um Wertschöpfungspartnerschaften und *Strategische Allianzen* zu ermöglichen und/oder die betriebliche Flexibilität verbunden mit innerbetrieblicher Geschwindigkeit *(economies of speed)* zu erhöhen (s. Bild 4.41).

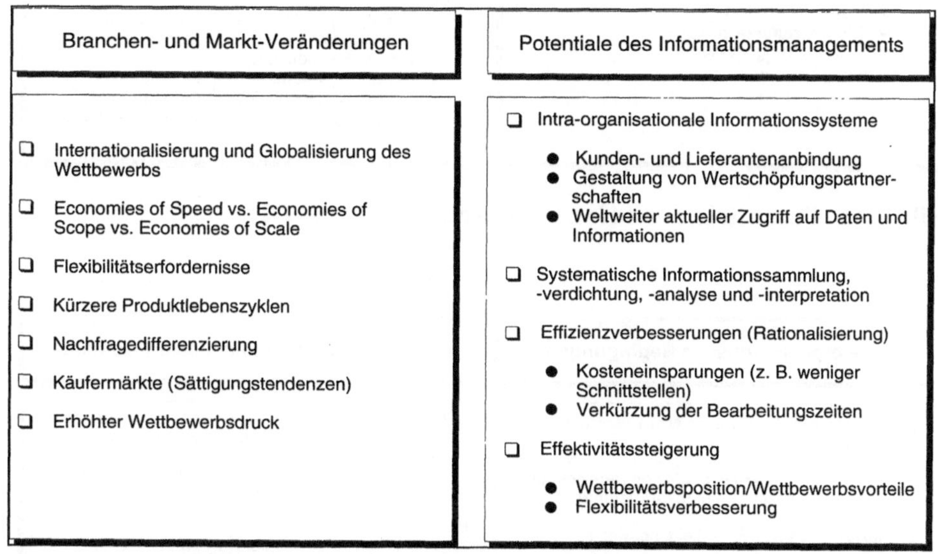

Bild 4.41   Potentiale des Informationsmanagements (I)

Informationsmanagement muß in die *Unternehmensstrategie* integriert werden, damit die optimale Ausrichtung des gesamten Unternehmens auf die jeweils gewählte Wettbewerbsstrategie gewährleistet ist. So können die Informationstechnologien ihren Beitrag leisten, im Wettbewerb positiv für das Unternehmen zu wirken (Bild 4.42).

Strategische Bedingungen	Potentiale des Informationsmanagements

❑ Integration von Informationstechnologie, Informationsstrategie und Unternehmensstrategie
 	
❑ Strategische Nutzung von Informationen und Informationstechnologien zur Realisierung von Wettbewerbsvorteilen
 	
❑ Strategiegerichteter Einsatz von Informationstechnologien zur Umsetzung einer:
   ● Kostenführerstrategie
   ● Differenzierungsstrategie
   ● Fokussierungsstrategie
	❑ Konsistente und kohärente Ableitung der Informationsstrategie aus der Unternehmensstrategie
	
	❑ Berücksichtigung von Branchenregeln, Markt- und Wettbewerbskräften (Chancen und Gefahren)
	
	❑ Berücksichtigung der betrieblichen Stärken und Schwächen
	
	❑ Wettbewerbsbeeinflussender Einsatz von Informationstechnologien zur:
	   ● Schaffung und Erneuerung oder Veränderung von Marktstrukturen und Wettbewerbsregeln bzw. von Produkten.
	   ● Schaffung von Markteintrittsbarrieren durch informationstechnologische Vorsprünge.
	   ● Erhöhung von Unternehmensflexibilität und Service.

Bild 4.42   Potentiale des Informationsmanagements (II)

Neue organisatorische Bedingungen	Potentiale des Informationsmanagements
❑ Informationsfluß als Achse aller Unternehmensaktivitäten ❑ Abbau von Hierarchien sowie von Bereichs- und Abteilungsgrenzen (Entbürokratisierung) ❑ Flexible und kurze Entscheidungswege ❑ Netzwerkorganisation (einfacher, flexibler Aufbau) ❑ Autonome, dezentrale geschäftsführende Einheiten (gelenkte Selbstorganisation) ❑ Übergang von der Funktions- zur Vorgangsorientierung (Ende des Taylorismus) ❑ Überlappende Verantwortlichkeiten ❑ Ganzheitliche Orientierung des Managements ❑ Management der Erneuerung und des permanenten Wandels	❑ Förderung von Transparenz und Dauer der betriebl. Entscheidungs- und Informationsprozesse ❑ Schaffung einer Informationsinfrastruktur und -kultur, die dezentrale Organisationen ermöglicht und unterstützt ❑ Implementierung lokaler Netzwerke und intra-organisationaler Informationssysteme zur Aufrechterhaltung dezentraler Strukturen ❑ Systematische Unterstützung der Organisationsentwicklung durch Kommunikations- und Informationsanalysen ❑ Bereitstellung von Informationen zur integrierten Vorgangsbearbeitung ❑ Systematischer Abbau überflüssiger Schnittstellen ❑ Erhöhung der Responsefähigkeit des Unternehmens ❑ Abbau reiner Informationssammel- und Verdichtungsstellen in der Hierarchie ❑ Förderung von Informationsbewußtsein und -bereitschaft

Bild 4.43   Potentiale des Informationsmanagements (III)

Informationsmanagement hat nicht nur Einfluß auf die Marktbedingungen und auf die Unternehmensstrategie, sondern muß auch in die gesamte Unternehmensorganisation einfließen. Der Informationsfluß wird zur Achse aller Unternehmensaktivitäten. Für die Organisation ergeben sich flexible und kurze Entscheidungswege sowie schnelle Reaktions- und Anpassungszeiten. Diese vier Faktoren ermöglichen flachere Hierarchien und teamorientierte Führungsprinzipien (Bild 4.43).

4.3.3 Entwicklungsstufen zum Informationsmanagement

Es läßt sich erkennen, daß Informations- und Kommunikationssysteme zukünftig selbstverständlicher Bestandteil einer Unternehmensstrategie sein werden. Dabei steht die zunehmende Integration der Informations- und Kommunikationstechnologie im Vordergrund. Der Entwicklungspfad geht von „Stand-alone"-Informationssystemen über bereichsintegrierte und bereichsübergreifende Lösungen bis hin zu unternehmensweiten Informationssystemen (Bild 4.44).

Auf der ersten Integrationsstufe lassen sich isolierte DV-Systeme wie Finanzbuchhaltung, Auftragsbearbeitung, Textverarbeitung und Finanzplanung im kaufmännischen Bereich sowie aufgabenspezifische Systeme wie CAD, Roboter und NC-Maschinen (NC = Numerical Control) im Konstruktions- und Fertigungsbereich finden. Die Folge dieser Low-level-Integration sind eine Verbesserung der Input-Output-Relationen, verkürzte Bearbeitungszeiten und eine qualitative Verbesserung der Arbeitsergebnisse.

Der zweiten Integrationsstufe können die integrierten Produktionsplanungs- und -steuerungsysteme (PPS) zugeordnet werden. Eine organisatorische und systemtechnische Integration der betriebswirtschaftlich-planerischen Funktion oder auch der Konstruktions- und Fertigungsabläufe, z. B. zwischen PPS und CAx-Systemen (CAx = rechnerunterstützte Ingenieursysteme wie CAD, CAP), sind höchstens in Ansätzen vorhanden. Bei Unternehmen, die dieser Integrationsstufe zugeordnet werden können, existiert bereits eine bereichsorientierte Arbeitsteilung. Zudem sind die Organisationsabläufe schon in hohem Maße funktionsorientiert.

	Bereichsisolierte I&K-Systeme	Bereichsintegrierte I&K-Systeme	Bereichsübergreifende I&K-Systeme	Unternehmungsweite I&K-Systeme
Charakteristika	❑ Arbeitsplatzorientierung ❑ lokale Informationsanforderungen ❑ Substitution bestehender Ausstattung ❑ Einzel- bzw. Mehrplatzsysteme	❑ starke Funktionsorientierung ❑ zellulare Konfiguration mit multiplen, aber abgegrenzten Aufgaben ❑ mittlere Interaktions- und Kommunikationsanforderungen ❑ Bereichs- und Minirechner, PC	❑ abteilungsübergreifende Systeme ❑ starke Beeinflussung der organisatorischen Strukturen ❑ vernetzte zentrale und dezentrale Rechnerressourcen	❑ starke Prozeßorientierung ❑ Reintegration von Tätigkeiten ❑ horizontale und vertikale Integrationskonzepte auf Anwendungsebene ❑ verteilte Systeme als Basis der Systemarchitektur
Beispiele	❑ dezidierte EDV-Systeme, z.B. FIBU ❑ zentrale Textverarbeitung ❑ Leitstände, NC-bzw. Roboterprogrammierplätze	❑ PPS-Systeme ❑ integrierte Softwarepakete ❑ CAx-Systeme	❑ Produktplanung, Angebotserstellung mit integrierten Büroinformationssystemen ❑ CAD/CAM ❑ Arbeitsplanerstellung/ NC-Programmierung	❑ CIB (Computer Integrated Business) ❑ CIM-Komplettlösungen ❑ CIM/Logistik (insbesondere überbetrieblich
Vorteile	❑ geringer Reorganisations- und Planungsaufwand ❑ genaue Kenntnis der Bedarfslage und des Leistungumfangs ❑ Mimimierung von Risiken ❑ Eindeutige Herstellerbeziehungen	❑ überschaubarer Planungs- und Reorganisationsaufwand ❑ verstärkte Effektivitätsorientierung ❑ verbesserte strategische Flexibilität	❑ stärkere Wettbewerbsorientierung ❑ verbesserte strukturelle Flexibilität ❑ Ausnutzung von Synergien	❑ Strategieorientierung der Technikplanung ❑ Flexibilisierung der Ressourcenzuordnung ❑ transparente, einheitliche Infrastruktur ❑ Herstellerunabhängigkeit
Nachteile	❑ Verstärkung tayloristischer Tendenzen ❑ Medienbrüche ❑ Inkompatibilität ❑ ausschließlich Effizienzorientierung z. B. Arbeitszeiteinsparung	❑ mangelnde Koordination und bereichsinkrementelle Suboptima ❑ fehlende Integration zwischen den Bereichen ❑ fehlende Gesamtarchitektur	❑ hoher Reorganisations- und Planungsaufwand ❑ hoher Koordinationsaufwand ❑ hohe Ausfallrisiken	❑ starke Einflüsse auf organisatorische Strukturen ❑ hohe Kapitalbindung ❑ hohe Einführungs- und Betriebsprobleme ❑ zunehmende Sicherheitsproblematik

Datenverarbeitung → **Informationsmanagement**

Bild 4.44   Integrationsstufen der I&K-Systeme

Die „Automationsinseln" der vorhergehenden Stufe werden auf der dritten Integrationsstufe durch Rechnernetze verkettet wie z. B. eine CAD/CAM-Kopplung, gemeinsame Grunddatenverwaltung über eine automatische Generierung von Stücklisten und Übergabe der Datenstrukturen an ein PPS-System oder eine Verbindung von Arbeitsplanerstellung mit NC-Programmierung. Dabei werden Abteilungen aus unterschiedlichen Funktionsbereichen durch den damit verbundenen Wandel so stark beeinflußt, daß häufig organisatorische Aufbaustrukturen verändert werden müssen. Zielsetzung ist es, eine stärkere Wettbewerbsorientierung zu ermöglichen, die strukturelle Flexibilität des Unternehmens zu verbessern und Synergien zwischen den Bereichen auszunutzen.

Integrationspotentiale auf der vierten Integrationsstufe, der Stufe der unternehmungsweiten Informationssysteme, ergeben sich durch eine Verknüpfung von technischen Informations- und Kommunikationsystemen (beispielsweise CAx-Systeme), betriebswirtschaftlichen I&K-Systemen (wie PPS-, MIS-Systeme) sowie Büroautomationssystemen (z. B. Dokumentenverarbeitungsysteme zur Text- und Grafikerstellung, Electronic-Mail-Systeme, Kalkulationsprogramme). Die Zusammenführung von Unternehmensfunktionen und der Übergang von arbeitsteilig organisierten Arbeitsvorgängen zu prozeßorientierten Abläufen beinhaltet die Errichtung von Verfahrensketten auf der Basis bereichsübergreifender Datenbasen. Diese stark prozeßorientierte Planung und Gestaltung kann auch eine Reorganisation von Tätigkeiten erfordern. Prozeßketten (wie etwa die Angebotserstellung) können durch ein unternehmungsweites I&K-System, das von Kalkulation bis zu CAD-System und PPS reicht, wesentlich beschleunigt und qualitativ verbessert werden.

4.3.4 Selektion von Informationsmanagement-Projekten

4.3.4.1 Wachsende Bedeutung und Potentiale von I&K-Systemen

Die Bedeutung und Potentiale, die Informations- und Kommunikationssysteme für betriebliche Aufgaben besitzen, können mit einigen Stichworten zusammengefaßt werden:

1. *Ortsunabhängigkeit:*
   Der Ort, an dem Kommunikations- und Informationstechniken eingesetzt werden, kann räumlich und geographisch von dem Ort, an dem die Techniken wirken, getrennt sein.

2. *Zeitunabhängigkeit:*
   Dieses Merkmal ist definiert durch die Speicherfähigkeit und die Verarbeitungs- und Übertragungsgeschwindigkeit der Systeme.

3. *Abstraktheit:*
   Bei bisherigen Geräten konnte von der Form auf die Funktion geschlossen werden. Dies ist durch den Einsatz der Mikroelektronik nicht mehr ohne weiteres möglich.

4. *Unvollständigkeit:*
   Nur Hardware und Software zusammen erfüllen die vom Nutzer vorgesehene Funktion. Ohne Hardware kann Software nicht eingesetzt werden und umgekehrt.

5. *Netz- und Prozeßcharakter:*
   Die Einführung neuer Informations- und Kommunikationstechnik kann örtlich verteilt (Netzcharakter) und zeitlich nacheinander (Prozeßcharakter) erfolgen. Lange Zeiträume bedürfen einer strategischen Planung, wobei die Auswirkungen der zeitlich am Ende liegenden Phasen nicht zwangsläufig konkret zu Beginn bekannt sein müssen und sich umfassend ggf. erst dann ergeben, wenn die Phasen durchlaufen sind.

6. *Komplexität:*
   Verteilten Systemen sind bezüglich ihrer Komplexität keine Grenzen gesetzt. Als Folge davon sind sie jedoch nur mit Hilfe von weiteren Informationssystemen selbst zu überschauen, zu durchschauen und letztendlich zu kontrollieren.

7. *Variabilität:*
   Informations- und Kommunikationssysteme sind in den Unternehmen einem ständigen Wandel unterworfen. Soft- und Hardware wird laufend gewartet, ergänzt oder erneuert.

8. *Elastizität und Adaptivität:*
   Informationstechnologien sind hinsichtlich externer Funktionsanforderungen nachgiebig *(elastisch)* und deshalb anpassungsfähig *(adaptiv)* und zwar auf allen Ebenen (Hardware, Software, Orgware). Damit sind sie im Vergleich zu konventioneller Technik besser gestaltbar.

Generell ist festzustellen, daß die Unternehmen (und allgemein: die Gesellschaft) immer intensiver und in mehr Bereichen Informations- und Kommunikationstechnologien einsetzen. Diese generelle Entwicklung ist vor allem an zwei Trenddimensionen greifbar, die mit Diffusion und Infusion bezeichnet werden (vgl. Sullivan 1985).

Mit *Diffusion* ist in diesem Zusammenhang der Trend zur Verteilung der ehemals zentralen Computerleistung auf Arbeitsplatzsysteme gemeint. Als *Infusion* wird die Durchdringung der Unternehmen mit Informations- und Kommunikationstechnik (Integrationsniveau) im Hinblick auf deren Bedeutung, Auswirkung und Reichweite in diesem Unternehmen verstanden. Bild 4.45 zeigt die Auswirkungen der kombiniert betrachteten Trends für die Entwicklung bestimmter Organisationsformen.

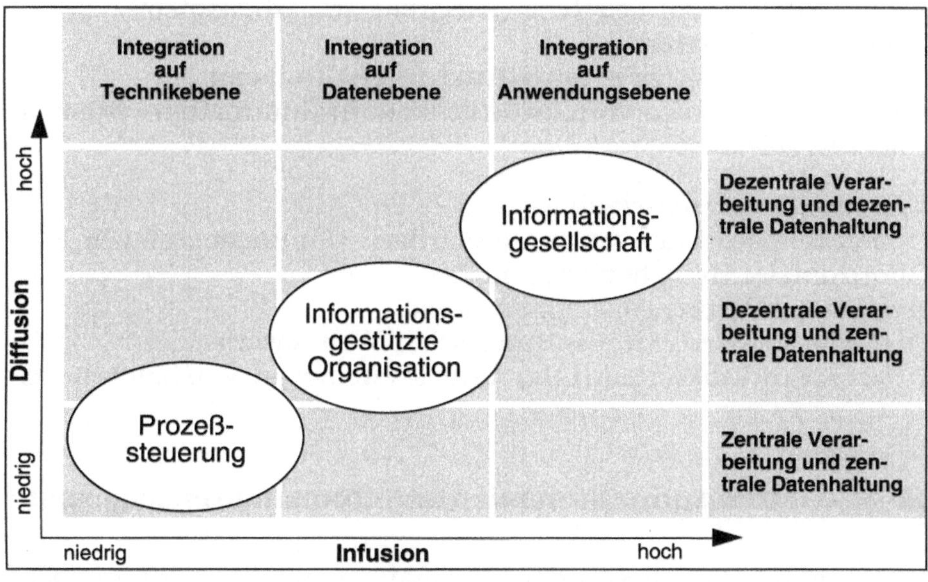

Bild 4.45 Entwicklung der Informations- und Kommunikationstechnik

Jede Stufe dieses Entwicklungsprozesses läßt sich folgendermaßen charakterisieren:

1. *Prozeßsteuerung:*
❏ dialoggestützte Informationsysteme,
❏ dezentrale Dialogsysteme im Terminalbetrieb,
❏ dialogorientierte Betriebssysteme,
❏ Technikunterstützung für strukturierte Probleme,
❏ Verankerung der Verantwortlichkeit für Informationssysteme als Linienfunktion in der Unternehmensorganisation.

2. *Informationsgestützte Organisation:*
❏ unternehmensinterne Netzwerke,
❏ dezentrale Informationssysteme auf der Basis von Workstation-Rechnern,
❏ End User Computing (Rechnerleistung am Arbeitsplatz),
❏ Büroverbundsysteme,
❏ Technikunterstützung für unstrukturierte Probleme,
❏ Matrixfunktion der Verantwortlichkeit für Informationsysteme in der Organisation.

3. *Informationsgesellschaft:*
❏ weltweite Kommunikation auf der Basis von Rechnernetzen,
❏ horizontaler Branchenverbund,
❏ vertikaler Verbund der Logiksysteme,
❏ Informationssysteme als strategischer Wettbewerbsfaktor,
❏ Verantwortlichkeit für Informationssysteme auf Vorstandsebene.

4.3.4.2 Geschäftsprozeßorientiertes Informationsmanagement

Bisher war die Architektur der Informationsprozesse der *funktional gegliederten* Unternehmensorganisation angepaßt. Die strategische Neuausrichtung der Unternehmensorganisation hin zu einer *geschäftsprozeßorientierten* Organisationsform kann jedoch auch für die Informationsinfrastruktur nicht ohne Folge bleiben. Die Tätigkeiten des Informationsmanagements müssen wie die Unternehmensorganisation in *wettbewerbsorientierte Geschäftsprozesse* zerlegt werden. Das heißt, die Informationstechnik folgt den Ablaufketten der Geschäftsprozesse quer durchs Unternehmen. Auf diese

Weise entsteht eine *Integration der Funktionsbereiche durch die Informationsverarbeitung.*

Ziel einer derartigen Unterstützung der Geschäftsprozesse ist es, daß das Informations- und Kommunikationssystem die entscheidungsrelevanten Prozeß- und Produktdaten bereitstellt. Daß dies von wettbewerbsentscheidender Bedeutung sein kann, läßt sich daran ablesen, daß heute 70 % aller Informationen eines Geschäftsprozesses in einem Unternehmen Quelleninformationen für andere Geschäftsprozesse in diesem Unternehmen sind. Weiterhin lassen sich mit 20 % der in einem Unternehmen vorliegenden und entscheidungsorientiert aufbereiteteten Informationen ca. 80 % aller Geschäftsprozesse steuern.

Somit werden in Zukunft geschäftsprozeßorientierte I&K-Systeme eine wesentliche Rolle spielen. Zwei Trends zeichnen sich ab: zum einen der Trend der *zunehmenden Prozeßorientierung der Bürokommunikation* und zum anderen die *zunehmende Flexibilisierung der Datenverarbeitung* (vgl. Bild 4.46).

Zusammengenommen führen diese Trends zu einem Zusammenwachsen von Bürokommunikation und Datenverarbeitung durch Anwendungen, die mit den Begriffen *Workflow* und *Groupware* cha-

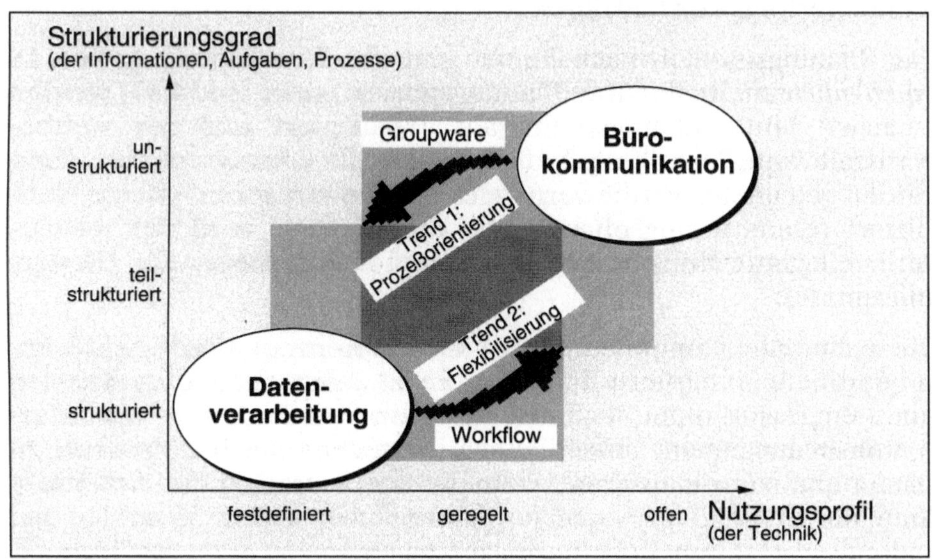

**Bild 4.46 Zusammenwachsen von Datenverarbeitung und
Bürokommunikation**

rakterisiert werden. Diese auf individuellen und kommunikativen Anwendungen aufbauenden Systeme haben die Aufgabe, Tätigkeiten am Arbeitsplatz im klassischen Sinne zu unterstützen und darüber hinaus Arbeitsprozesse, die mehrere Arbeitsplätze umfassen, zu unterstützen, zu steuern und zu koordinieren.

4.3.4.3 Wettbewerbsorientierte Informationssystem-Einsatzplanung

Huber (1991) stellt ein Planungsmodell für die Einsatzplanung von Informationssystemen (IS) vor, mit dessen Hilfe IS-Einsatzfelder identifiziert, bewertet und selektiert werden können. Dabei wird der Einsatz möglicher IS entsprechend des Beitrages des Informationssystems zum Unternehmenserfolg bewertet. Basishypothese des Planungsmodells ist die Auffassung, daß durch eine *engpaßorientierte Vorgehensweise und Bewertung* die größte Wirkung auf den Unternehmenserfolg möglich ist, d. h., die verfügbaren Ressourcen sollten auf die Stellen konzentriert werden, welche den Unternehmenserfolg am stärksten behindern. Auch jeder geplante IS-Einsatz sollte sich daher auf die primär wirksamen Hemmschwellen des Unternehmenserfolgs konzentrieren.

Das Planungsmodell nach Huber geht die Einsatzplanung von IS *ganzheitlich* an. In den drei Planungsphasen (siehe Bild 4.47) werden zunächst Unterstützungspotentiale identifiziert und der wettbewerbsrelevante Handlungsbedarf festgestellt (Analysephase), dann werden geeignete, wettbewerbsrelevante Informationssysteme identifiziert (Generierungsphase) und abschließend wird der wettbewerbsrelevante Nutzen der IS gesamtheitlich dargestellt (Bewertungsphase).

Die technische Komponente ist in diesem Konzept also lediglich untergeordnete, integrierte Funktion. Es ist daher sinnlos, im Rahmen eines eingeschränkten, technozentrischen Verständnisses von Informationsmanagement ausschließlich die technische Infrastruktur zu planen und zu organisieren, vielmehr sind vorrangig die Arbeitsabläufe und Geschäftsprozesse im Unternehmen zu durchleuchten und optimal zu gestalten. Informationsmanagement ist nicht nur Technikeinsatzplanung, sondern auch detailliertes Organisationsmanagement.

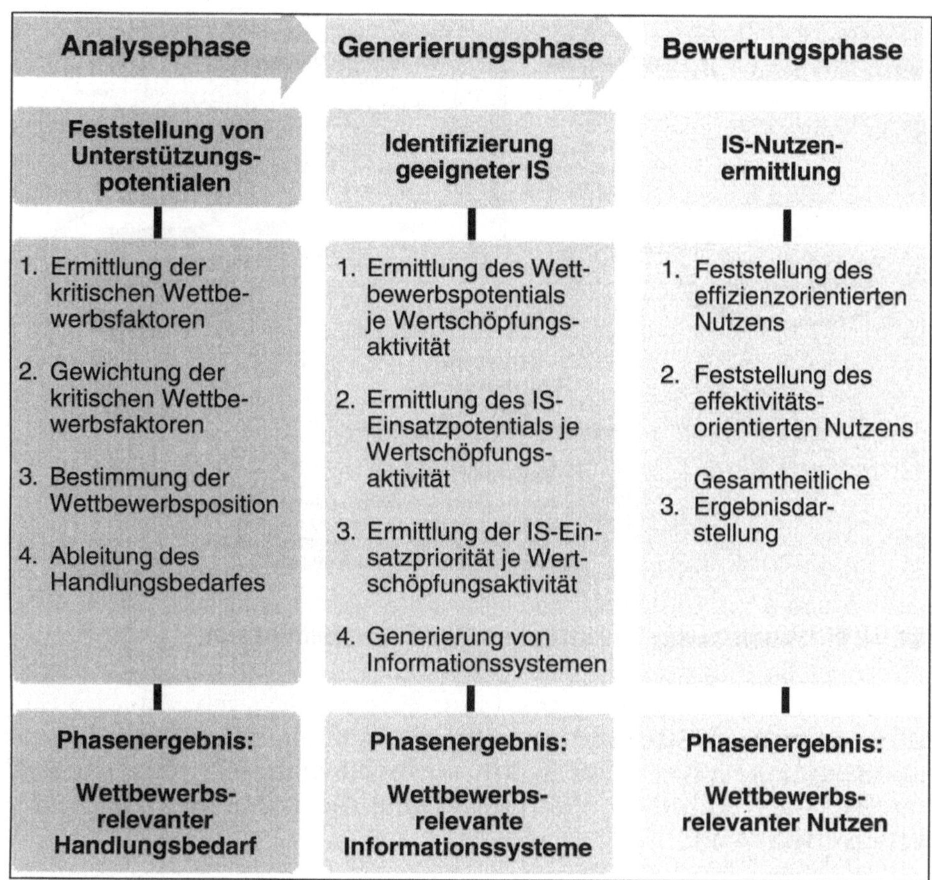

Bild 4.47 Informationssystem-Planungsmodell (nach: Huber 1991)

In der *Analysephase* werden die kritischen Wettbewerbsfaktoren ermittelt und gewichtet (Bild 4.48). *Erfolgsfaktoren* bzw. *Wettbewerbsfaktoren* definieren die Bereiche oder Aktivitäten, die für den Unternehmenserfolg bzw. die Wettbewerbsfähigkeit eine entscheidende Rolle spielen und einer ständigen Beobachtung und Optimierung bedürfen. Kritische Erfolgsfaktoren *(CSF = Critical Success Factors)* entscheiden über den Auf- und Abstieg eines Unternehmens am Markt. In der Regel gelten ähnliche CSF für alle aktiven Unternehmen einer Branche bzw. eines Marktes.

Die Ergebnisse der Gewichtung der Wettbewerbsfaktoren und die Ergebnisse einer Stärken/Schwächen-Analyse im Vergleich zu den

Bild 4.48   Bestimmung der kritischen Wettbewerbsfaktoren

Mitbewerbern (Wettbewerbsposition) können in einem Portfolio zusammengefaßt werden. Der wettbewerbsrelevante Handlungsbedarf betreffs jedes einzelnen Wettbewerbsfaktors kann hier abgelesen werden (Bild 4.49).

In der *Generierungsphase* werden die Wettbewerbspotentiale und die jeweilige Unterstützung der CSF jeder Wertschöpfungsaktivität (Unternehmensprozesse) im Unternehmen ermittelt, IS-Einsatzpotentiale und -prioritäten je Wertschöpfungsaktivität abgeleitet und letztlich ein Katalog möglicher IS-Alternativen aufgestellt (Bild 4.50).

In der letzten Phase, der *Bewertungsphase,* wird der monetäre, *effizienzorientierte* Nutzen der IS-Alternativen *(Wirtschaftlichkeit)* sowie der monetär nicht meßbare, *effektivitätsorientierte* Nutzen *(IS-Unterstützungsniveau)* festgestellt. Abschließend werden alle Bewertungsergebnisse in einer verdichteten, gesamtheitlichen Darstellung als Entscheidungsgrundlage für das Management aufbereitet und präsentiert. Der Flächeninhalt der einzelnen Kreise im Portfolio der Ergebnisdarstellung repräsentieren den *Investitionsaufwand* (Anschaffungs- und Implementierungskosten), die beiden Dimensionen die *Effektivität* (Wettbewerbsfähigkeit) über der *Effizienz* (Wirtschaftlichkeit), s. Bild 4.51.

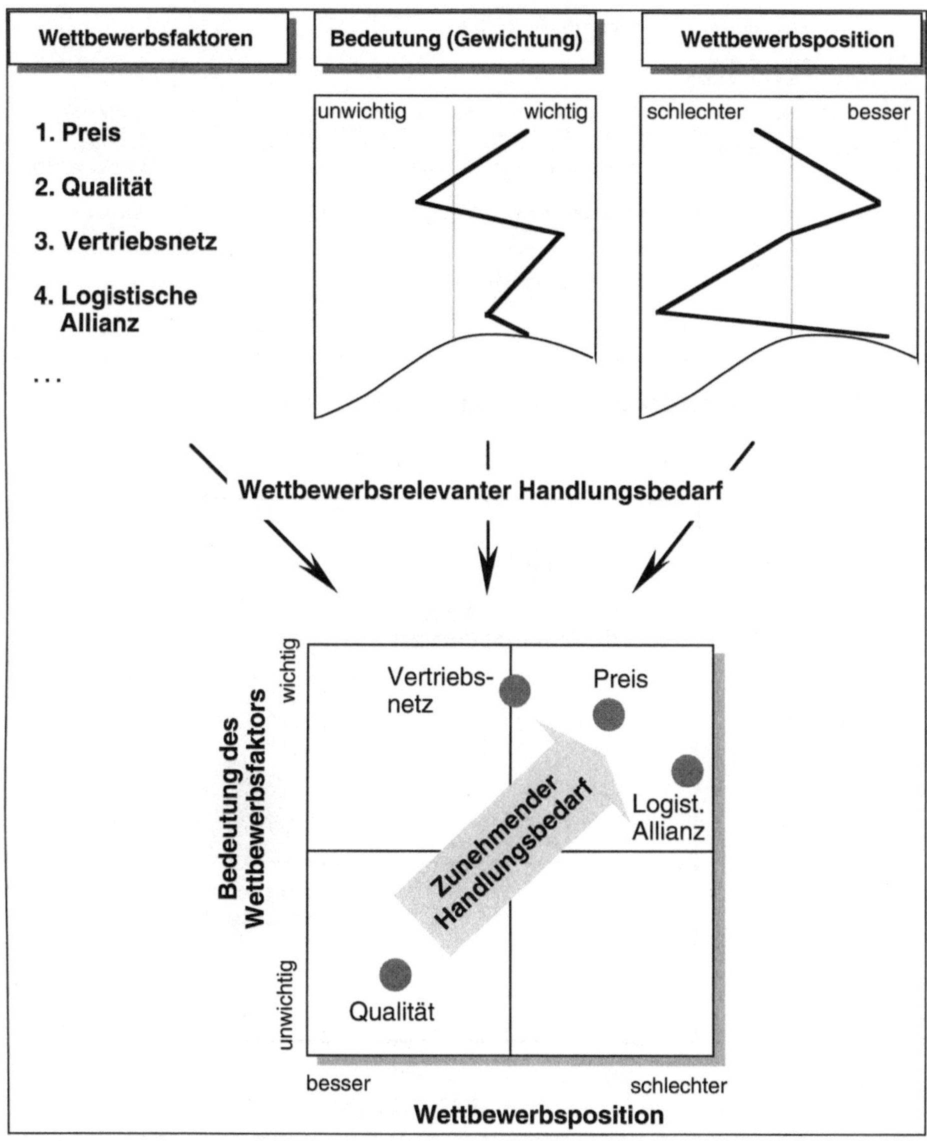

Bild 4.49   Ermittlung des wettbewerbsrelevanten Handlungsbedarfes

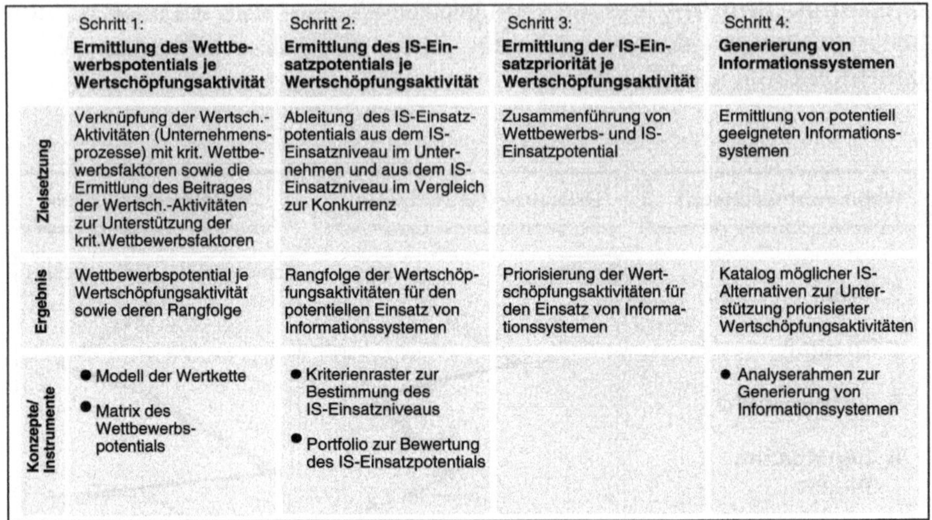

Bild 4.50   IS-Einsatzplanung – Überblick über die Generierungsphase

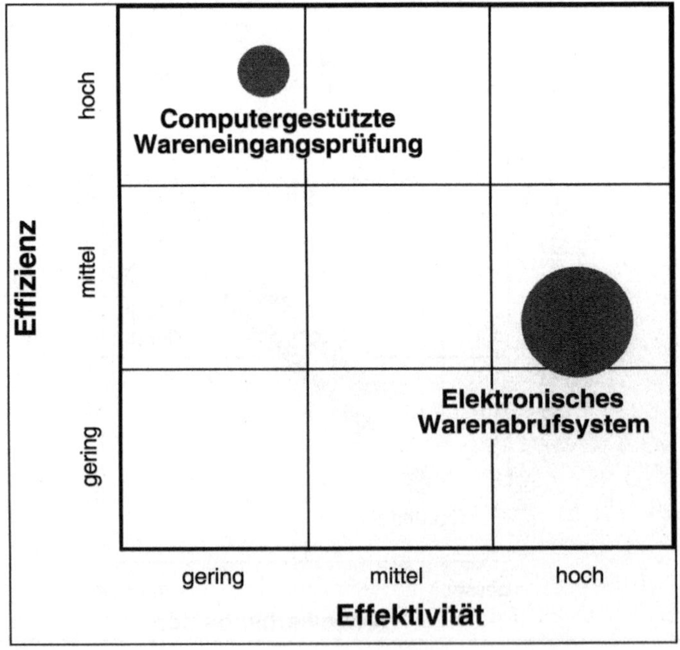

Bild 4.51   Gesamtheitliche Ergebnisdarstellung der IS-Einsatzplanung

4.3.4.4 Auswahl von Informationsverarbeitungsprojekten

Wie oben ausgeführt, ist eine abgestimmte Entwicklung von Unternehmensstrategie und Informationsstrategie sowie eine klare Selektion und Ausrichtung der betrieblichen I&K-Systeme auf die relevanten Geschäftsprozesse und Erfolgsfaktoren *(Key Success Factors)* erfolgsentscheidend. Konsequenterweise müssen auch alle Informationsverarbeitungsprojekte (IV-Projekte) im Unternehmen anhand der Strategie- und Erfolgsfaktorenrelevanz bewertet, selektiert und priorisiert werden. Es geht hier also nicht vorrangig um die Fragen der Effizienz *(do things right),* sondern um die Auswahl der strategisch richtigen und wichtigen Aufgaben und Anwendungen, also die Effektivität *(do the right things).*

Hilfreich für die strategischen Überlegungen zum Einsatz der Informationsverarbeitung ist die Formulierung eines *IV-Leitbildes,* das die Ziele der Informationsverarbeitung, ihre Rolle im gesamten Unternehmen (Informationskultur des Unternehmens) sowie Kernaussagen zu Anwendungsphilosophie, Datenmanagement, Systemarchitektur und das Leitbild vom Anwender (z. B.: „Interne Anwender sind Kunden") aus den Unternehmensleitlinien entwickelt. Das IV-Leitbild definiert somit auf strategisch-abstrakter Ebene *Ziele und Handlungsrahmen der Informationsverarbeitung im Unternehmen.*

Eine bewährte Methode zur strategisch richtigen Selektion von IV-Projekten ist die *Wettbewerbsorientierte Geschäftsprozeßanalyse.* Diese Methode (siehe auch Bullinger 1992b) ermöglicht eine geschäftsprozeßorientierte Ausrichtung und Priorisierung von geplanten IV-Vorhaben, wobei durch Berücksichtigung der Erfolgsfaktoren des Unternehmens die IV-Strategie explizit mit der Unternehmensstrategie gekoppelt wird. Als Ergebnis werden alle zur Diskussion stehenden IV-Vorhaben in einem Portfolio nach zeitlicher Dringlichkeit und strategischer Wichtigkeit verortet. Aus dieser Auswertung kann dann eine Prioritätenliste abgeleitet werden (Bild 4.52). Insgesamt ist diese Methode durch ihre Geschäftsprozeßorientierung und integrierte Vorgehensweise auch dazu geeignet, einen entsprechenden Wandel in den Denk- und Verhaltensweisen von IV-Entwicklern und -Anwendern zu fördern (vgl. Preuß 1992).

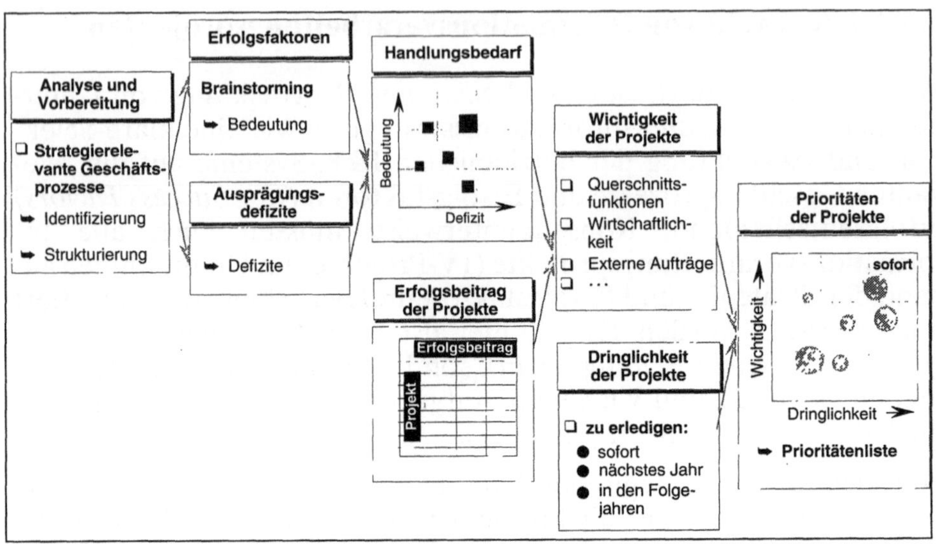

Bild 4.52   Strategische Planung von IV-Projekten

4.3.5 Ausgewählte Informations- und Kommunikationssysteme

4.3.5.1 Management-Unterstützungs-Systeme

Herkömmliche Techniken wie Ablagemappen sind nicht in der Lage, den ständig steigenden Bedarf an aktuellen Zahlen und Daten für Führungskräfte befriedigend zu decken. Informations- und Kommunikationstechnologien sollen nun diese Aufgabe übernehmen. Durch die Entwicklung von *Management-Unterstützungs-Systemen* (MUS) soll Managern ein Hilfsmittel zur Verfügung gestellt werden, um sie bei ihren Fachaufgaben zu unterstützen, und damit sie eigenhändig Informationen, die sie für schnelle Entscheidungen benötigen, aus dem Computer abrufen können. MUS unterstützen und entlasten somit Führungskräfte bei ihren Entscheidungen. Anstelle einer unübersichtlichen Datenflut liefern sie idealerweise aktuelle, aussagekräftige Informationen.

Die wesentlichen Anforderungen, die an Management-Unterstützungs-Systeme gestellt werden, sind: Unterstützung bei der Entscheidungsfindung, Eignung als Instrument der Unternehmenssteuerung, Tauglichkeit als Frühwarnsystem sowie Wirtschaftlichkeit bei der Erstellung und Einsatz. Zudem muß ein MUS auf die individuellen Firmenstrukturen und auf die Informationsbedürfnisse der einzelnen Führungspersonen zugeschnitten sein, um sinnvoll angewendet werden zu können.

Zu den weiteren *Anforderungen* eines effektiv arbeitenden Management-Unterstützungs-Systems gehören:

❑ Informationsversorgung bei Routinearbeiten als auch bei unvorhergesehen auftretenden Fragestellungen,

❑ breit gefächertes Anwendungs- und Unterstützungsspektrum (mathematisch-statistische Funktionen, Prognose und Simulation, Analyse- und Grafikfähigkeit, Kommunikation und Datenaustausch),

❑ Fähigkeit zur Berücksichtigung betriebsindividueller Strukturen und Abläufe,

❑ Rückgriffsmöglichkeit auf eine zentrale und unternehmensweit gültige Datenbasis,

❑ Nutzung in verschiedenen Phasen des Managementprozesses (Planung, Entscheidung, Durchsetzung, Kontrolle),

❑ schnelle, flexible, unabhängige und einfache Handhabung.

Diese Anforderungen verdeutlichen, daß ein bloßes *Bereitstellen* von Informationen nicht genügt. Darüber hinaus müssen Informationen so aufbereitet und verarbeitet werden, daß die Führungs- und Entscheidungssicherheit erhöht wird, d. h. Führungskräften schnellere und bessere Entscheidungen ermöglicht werden. Dabei darf die gesamte Unternehmensstrategie nicht außer acht gelassen werden. Ein effizient arbeitendes MUS muß die Informationen bereitstellen, die zur Verfolgung der Unternehmensstrategie dienlich sind.

Der Objektbereich der Management-Unterstützungs-Systeme läßt sich durch eine dreistufige Pyramide abbilden (Bild 4.53).

Basis der Pyramide sind die *operativen Systeme (OIS = Operation-Information-System)*, die von Fachkräften zur Wahrnehmung ihrer Fachaufgaben (Finanzbuchhaltung (FIBU), Personal, Warenwirtschaft, Controlling, Kostenrechnung usw.) genutzt werden. Diese Systeme dienen zur Speicherung und Sammlung operativer Finanz-, Kosten- und Umsatzdaten. Derartige Daten bilden für viele Entscheidungen eine wichtige Grundlage (Datenorientierung). Bereits

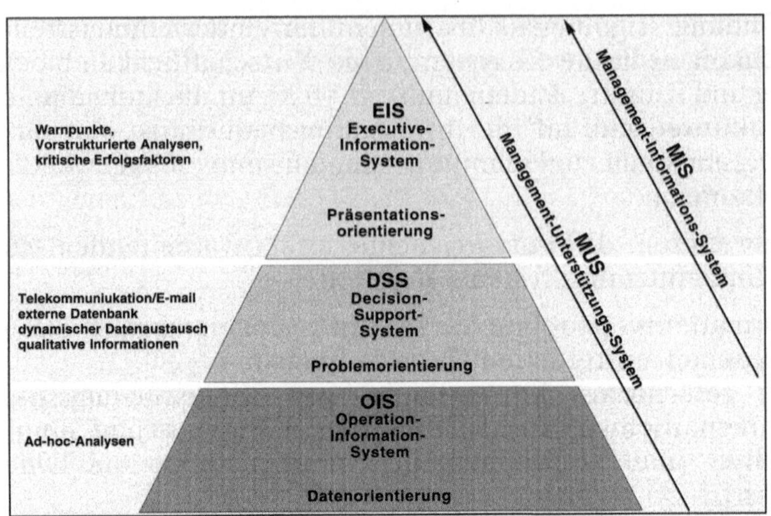

Bild 4.53   Pyramide der betrieblichen Management-Unterstützungs-Systeme

auf dieser unteren Ebene sind einfache Analysen und statistische
Auswertungen durch algorithmische Standardberechnungen bzw.
Berichtsfunktionen möglich.

Zur Unterstützung modellgestützter Analysen, Prognosen und Simu-
lationen werden auf der zweiten Ebene *Decision-Support-Systeme
(DSS)* bzw. *Entscheidungs-Unterstützungs-Systeme (EUS)* eingesetzt,
die meist bereichsspezifisch (z. B. Marketing, Produktionsplanung
usw.) entwickelt und von einer begrenzten Gruppe von Führungskräften und Fachspezialisten benutzt werden. Ihre Informationen
beziehen DSS über Schnittstellen zu den im Unternehmen realisierten operativen Systemen (FIBU, Personal usw.) und über Schnittstellen zu externen Informationsquellen (Marktforschungsdaten, Wech-
selkurse, Unternehmensnachrichten usw.). Konzipiert ist diese Sy-
stemklasse hauptsächlich zur Lösung von Entscheidungsproblemen
(Problemorientierung). Ein DSS muß daher in der Lage sein, Ag-
gregationen und Selektionen unter allen nur denkbaren Kriterien zu
ermöglichen. Das gewonnene Zahlenmaterial wird in den zuständigen Fachabteilungen ausgewertet und Berichte, Grafiken sowie Prognosen erstellt. Daher sind in DSS Funktionen implementiert, die
von finanzmathematischen, mathematischen, statistischen bis hin zu
Verdichtungs- und Zeitreihenfunktionen reichen.

Detailanalysen verlieren in der Unternehmensspitze und in der Abteilungsleitung immer mehr an Bedeutung. Hier sind das Erkennen von *Trends*, die Verfolgung von *Entwicklungen* oder auch das Aufzeigen von *Schwachstellen* gefragt. Daher dienen *Executive Information Systeme* (EIS) oder *Chef-Informations-Systeme* (CIS) der Analyse und Betrachtung von Informationen in tabellarischer und grafischer Form (Präsentationsorientierung). Grafische Benutzeroberfläche und vielfältige Geschäftsgrafiken bilden daher ein Hauptmerkmal von EIS und erlauben somit auch eine Benutzung durch sporadische und ungeübte Benutzer. EIS integrieren unterschiedliche Datenquellen und bieten umfangreiche Möglichkeiten zur Filterung, Verdichtung und Verknüpfung von Daten über vordefinierte und nach Bedarf selektierbare Berichte in Form eines elektronischen Berichtswesens. Diese Eigenschaften machen EIS daher nicht nur für das Top-Management, sondern für alle Managementebenen zu einem geeigneten Unterstützungswerkzeug.

EIS und DSS zusammen werden als *Management-Informations-Systeme* (MIS) bezeichnet. In Bild 4.54 sind Beispiele aus dem Instrumentarium, das MIS anbieten, abgebildet.

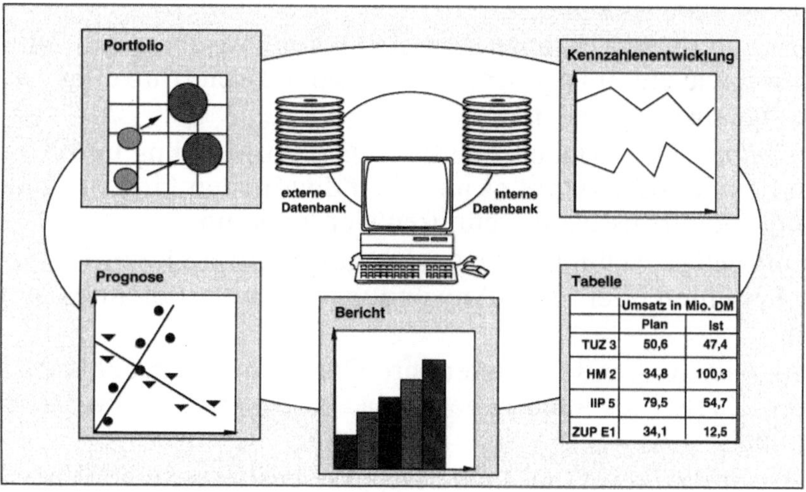

	Umsatz in Mio. DM	
	Plan	Ist
TUZ 3	50,6	47,4
HM 2	34,8	100,3
IIP 5	79,5	54,7
ZUP E1	34,1	12,5

Bild 4.54 Instrumentarien eines Management-Informations-System

Damit Management-Informations-Systeme ein effektives und effizientes Hilfsmittel sein können, werden sie an folgenden allgemeingültigen Kriterien gemessen:

❏ *Bedienungskomfort.* Ein ungeübter Anwender muß schon nach wenigen Minuten Einweisungszeit erste für ihn relevante Informationen abrufen können.

❏ *Integration.* Aus allen Unternehmensbereichen müssen Informationen gewonnen und zusammengeführt werden können. Dabei sind verschiedene Teilsysteme zu koordinieren.

❏ *Aktualität.* Wettbewerbsfähigkeit stützt sich auf Informationsvorsprünge und damit aktuelle Daten. Daten müssen daher schnell und zuverlässig auf den neuesten Stand gebracht werden, beispielsweise täglich der kumulierte Auftragseingang.

❏ *Übersicht.* Aussagekräftige Grafiken und übersichtliche Berichte bestimmen wesentlich die Leistungsfähigkeit eines MIS.

❏ *Schnelligkeit.* Schnelle Datenauswertung ist unverzichtbar. Alternativen müssen schnell berechnet und grafisch aufbereitet werden können.

❏ *Kennzahlen.* Kennzahlen, wie Deckungsbeiträge, sind der Mittelpunkt jedes MIS.

❏ *Prognose.* Zur Unterstützung von Planungsprozessen sind verständliche, praxisnahe Trendextrapolationen sowie Saisonfunktionen usw. unerläßlich.

❏ *Warnpunkte.* Signifikante Abweichungen zwischen Soll- und Istdaten sowie zukünftige Entwicklungen müssen frühzeitig erkannt und signalisiert werden.

❏ *Flexibilität.* Das System muß bezüglich Anwendung und Konzeption flexibel sein, damit es auf die individuellen Firmen- und Anwenderbedürfnisse zugeschnitten werden kann.

❏ *Schnittstellen.* Schneller Datenaustausch mit anderen PCs, anderen Systemen oder Host-Anwendungen muß problemlos möglich sein.

❏ *Sicherheit.* Anwender müssen ihre Daten sowohl gegen unberechtigten Zugriff als auch gegen unbeabsichtigten Verlust schützen können.

❏ *Wirtschaftlichkeit.* Qualitative Aspekte bestimmen die Wirtschaftlichkeitsbetrachtung eines MIS. Den Kosten für Hard- und Software, Beratung, Programmierung, Schulung, Datenerfassung und Wartung muß der Nutzen *„mehr Zeit für die Entscheidungsvorbereitung, weniger Zeit für die Informationssuche"* in angemessenen Maße gegenüberstehen.

4.3.5.2 Expertensysteme

Zur Lösung seiner Probleme und Aufgaben ist ein Fachexperte auf verschiedene Arten von Wissen, die er im Verlauf einer Problemlösung in geeigneter Weise miteinander kombinieren muß, angewiesen (Bild 4.55).

Bild 4.55   Wissensarten zur Lösung von Experten-Problemen

Als *deklaratives Wissen* wird das Wissen über reine Sachverhalte bezeichnet. *Prozedurales Wissen* erlaubt es, reine Sachverhalte anzuwenden und zu sinnvollen Ergebnissen zu verknüpfen. Dies führt auch dazu, neue, vorher unbekannte Schlußfolgerungen zu generieren und somit neues Sachverhaltswissen zu konstruieren. Die Klasse des *vagen Wissens* enthält Beurteilungen von Sachverhalten, bei denen nicht eindeutig klar ist, ob sie zutreffen oder nicht. Das heißt, man ist durch vages Wissen in der Lage, einzelne Beurteilungen ge-

geneinander abzuwägen, um somit den Lösungsweg der Angemessenheit einzelner Ergebnisse anzupassen. Mit *heuristischem Wissen* werden Entscheidungen nicht auf der Basis nachvollziehbarer Regeln, sondern intuitiv aus Erfahrungen heraus getroffen (vgl. Bullinger 1991a).

Zur Unterstützung seiner Tätigkeit kann ein „Experte" auch auf technische Hilfsmittel zurückgreifen, z. B. auf Expertensysteme (XPS = expert system). Expertensysteme werden in der VDI-Richtlinie 5006 („Expertensysteme in betriebswirtschaftlichen Anwendungen") als „Programme, mit denen das Spezialwissen und die Schlußfolgerungsfähigkeit qualifizierter Fachleute auf eng begrenzte Aufgabengebiete nachgebildet werden sollen" definiert.

Bei derartigen Systemen ist die Verwendung von prozeduralem Wissen in Form von Regeln die am weitesten verbreitete Wissensrepräsentation. Ein Expertensystem setzt sich, wie in Bild 4.56 dargestellt, im allgemeinen aus fünf Komponenten zusammen.

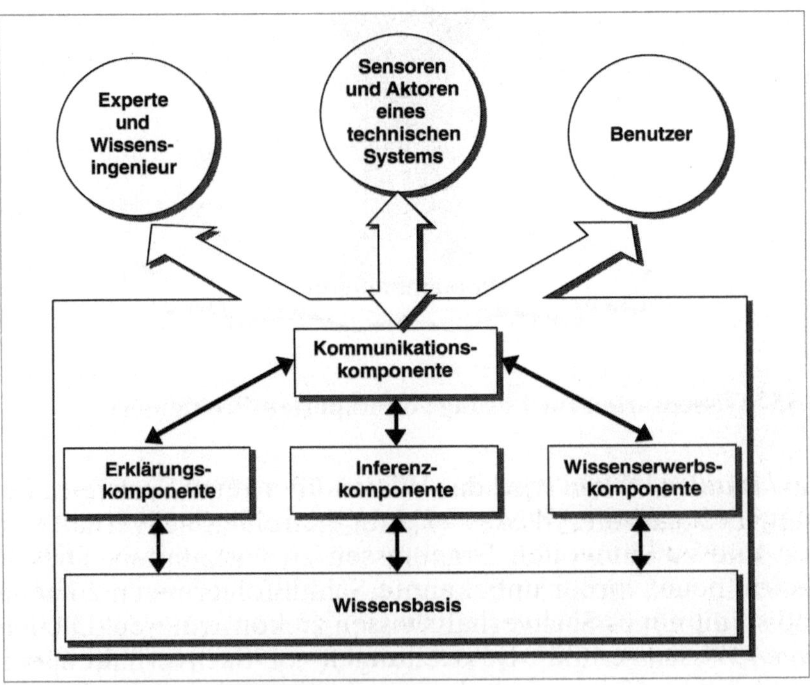

Bild 4.56　Architektur eines Expertensystems

Die *Wissensbasis* enthält in codierter Form die in einem bestimmten Anwendungsfeld benötigten Wissensbestandteile. Auf dieser Wissensbasis operiert die *Inferenzkomponente*, um bei einer konkreten Problemstellung die passenden Wissenselemente auszuwählen und zu einer nachvollziehbaren Schlußfolgerungskette zu verbinden. Da die Inferenzkomponente ihre Aufgaben nicht alleine lösen kann – sie benötigt spezielle Informationen über das Problem –, wird sie während der Lösung von der *Kommunikationskomponente* mit Informationen versorgt. In den meisten Fällen geschieht dies in einem geeigneten Dialog mit dem Benutzer. Jedoch sind in einigen Systemen bereits Kommunikationsmöglichkeiten mit technischen Systemen realisiert, etwa mit Sensoren einer Maschine, oder mit einem Software-System (in vielen Fällen eine Datenbank). Die von der Inferenzkomponente aufgebaute Schlußfolgerungskette wird von der *Erklärungskomponente* für den Benutzer aufbereitet und mit Begründungen für gefundene Lösungen versehen. Die *Wissenserwerbskomponente* schließlich dient zur Unterstützung des Entwicklers bei der Formalisierung, Eingabe und Veränderung von Wissensbausteinen (vgl. Bullinger, Kornwachs 1990).

Die Eigenschaften, die ein Expertensystem aufweisen sollte, lassen sich wie folgt umreißen:

❑ *Kompetenz:* hohe Problemlösungsfähigkeit im konkreten Anwendungsfall,

❑ *Änderbarkeit:* leichtes Hinzufügen, Löschen und Verändern des Wissens,

❑ *Benutzerfreundlichkeit:* der Umgang mit dem System erfordert weder vom Endbenutzer noch vom Experten Programmierkenntnisse,

❑ *Transparenz:* Erklärung der Problemlösung durch Angabe des benutzten Wissens.

In der Praxis finden sich über 2000 verschiedene XPS. Eine Einteilung nach *Aufgabenklassen* ist in Bild 4.57 dargestellt. Daraus geht hervor, daß für XPS-Anwendungen besonders *Diagnose-, Beratungs-, Konfigurations- und Planungssysteme* geeignet sind (sie umfassen ca. drei Viertel aller vorkommenden Systeme). *Unterrichts-* und *Hilfesysteme* oder auch *Intelligente Checklisten* spielen hingegen – trotz einer nicht zu unterschätzenden Bedeutung in einzelnen Anwendungsbereichen wie Computer Based Training (CBT) – eine untergeordnete Rolle.

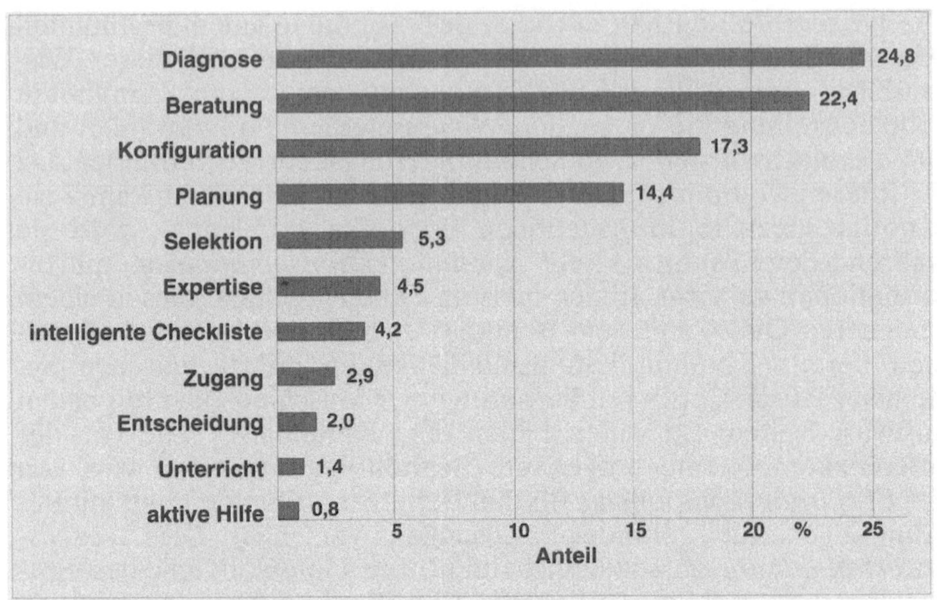

Bild 4.57 Aufgabenklassen von Expertensystemen

Die einzelnen Aufgabenklassen werden nach Mertens folgendermaßen definiert:

❑ *Diagnosesysteme* klassifizieren Fälle oft auf der Grundlage einer Reduktion umfangreichen Datenmaterials, gegebenenfalls unter Berücksichtigung unsicheren Wissens.
Beispiel: Aufdeckung von Schwachstellen im Fertigungsbereich.

❑ *Beratungssysteme* geben im Dialog mit dem Menschen eine auf den vorliegenden Fall bezogene Handlungsempfehlung.
Beispiel: Anweisungen zur Fehlerbeseitigung in der Produktion.

❑ *Konfigurationssysteme* stellen auf der Basis von Selektionsvorgängen unter Berücksichtigung von Schnittstellen, Unverträglichkeiten und parametrierten Benutzerwünschen komplexe Gebilde zusammen.
Beispiel: Konfiguration von Rechnersystemen nach Kundenanforderungen.

❑ *Selektionssysteme* dienen der Auswahl von Elementen aus einer meist großen Zahl von Alternativen.
Beispiele: Auswahl eines bestimmten Verfahrens zur Produktion von Gußeisen; Materialauswahl.

❑ *Planungssysteme* übernehmen ähnliche Aufgaben wie Selektions- und Konfigurationssysteme, berücksichtigen aber darüber hinaus Reihenfolgen und Zeitdauern.
Beispiel: Planung von Arbeitsabläufen.

❑ *Expertisesysteme* formulieren unter Benutzung der Diagnosedaten Situationsberichte, die auch Elemente einer Beratung („Therapie") enthalten können.
Beispiel: Erstellung von Jahresabschlußanalysen.

❑ *Intelligente Checklisten* wirken bei Entscheidungsprozessen als Gedächtnisstütze und dienen der Vollständigkeitssicherung. Sie können Teile von Beratungs- und Diagnosesystemen sein.
Beispiel: Steuerung von Vorgängen durch Verwaltungen (Workflow-Systeme).

❑ *Zugangssysteme* stellen in der Regel Hüllen um konventionelle Entscheidungs- und Planungshilfen dar; sie sollen weniger geschulten Benutzern den Umgang mit den konventionellen Methoden, insbesondere deren Auswahl aus einem Vorrat (z. B. Methodenbank), Aufruf und Parametrierung erleichtern.
Beispiel: Unterstützung bei der Simulation von Fertigungsabläufen.

❑ *Entscheidungssysteme* übernehmen die Entscheidung automatisch, solange bestimmte parametrierte Grenzen nicht verlassen werden.
Beispiel: Klassifikation von Eingangspost und automatische Zuteilung an Sachbearbeiter.

❑ *Unterrichtssysteme* sind eine Weiterentwicklung des „Computergestützen Unterrichts" (CBT = Computer Based Training) um wissensbasierte Elemente wie Intelligente Checkliste, Aktive Hilfe usw.
Beispiel: Schulung von Außendienstmitarbeitern über neue Produkte.

❑ *Aktive Hilfesysteme* leisten in Mensch-Maschine-Dialogen vom Anwender nicht angeforderte Hilfen, um den Benutzer vor Fehlern zu bewahren und den Problemlösungsprozeß effizienter zu machen.
Beispiel: Hilfen im Umgang mit Betriebssystemen von Computern und anderen Maschinen.

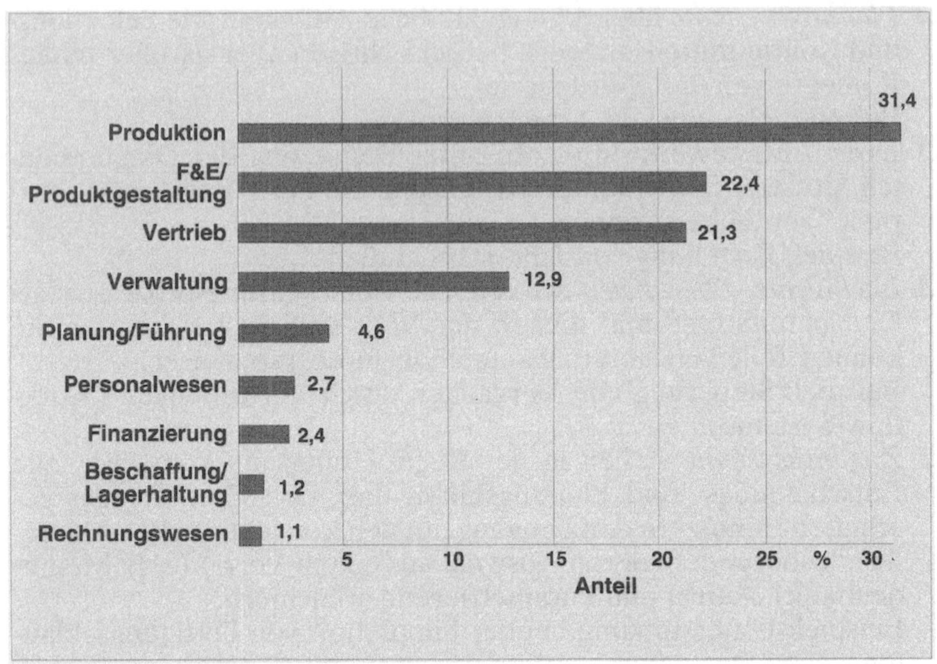

Bild 4.58   Einsatzgebiete von Expertensystemen im Industriebetrieb

Einen Überblick über die *Einsatzgebiete von Expertensystemen* in den Funktionsbereichen eines Industriebetriebes gibt Bild 4.58. So finden sich Expertensysteme vor allem in den Bereichen F&E, Vertrieb, Produktion und Verwaltung. Den Bereichen Beschaffung/Lagerhaltung, Finanzierung, Rechnungswesen, Personalwirtschaft und Planung/Führung kommt, obwohl auch dort schon einzelne zukunftsträchtige Expertensystem-Entwicklungen zu beobachten sind, eine eher untergeordnete Bedeutung zu.

SUCCESS/FAILURE-STORY
Die Citybank (ehemals KKB) hat ein Expertensystem zur Unterstützung von Bankern bei der *Anlageberatung* aufgebaut. Die Funktion des Beraters beschränkt sich auf das Vorlesen der Fragen, die auf dem Bildschirm erscheinen, und das Eingeben der Kundendaten. Folgende Daten sind für dieses Expertensystem relevant: Einkommen, Alter, Familienstand, eventuell vorhandenes Geld- oder Immobilienvermögen, konkrete Anlagemotive und -ziele, Höhe des

Anlagebetrags, Kurz- oder Langfristigkeit der Anlage und Bevorzugung spekulativer oder konservativer Anlagestrategien. Aus den Antworten formuliert das System zunächst einen „globalen" Anlagevorschlag. Dieser wird durch eine mündliche Beratung mit weiterer Dateneingabe konkretisiert, bis schlußendlich ein „maßgeschneiderter" Anlagevorschlag dem Kunden ausgehändigt werden kann.

Quelle: Monte-Robl/Scherer 1991

4.3.5.3 Dokumenten-Management-Systeme

Informationsmanagement bestimmt den Informationsfluß in Produktion und Verwaltung und schließt daher eine sinnvolle und umfassende Verwaltung und Bearbeitung aller im Unternehmen produzierten und notwendigen Dokumente ein. Die VDI-Richtlinie 2222, Blatt 2 „Erstellung und Anwendung von Konstruktionskatalogen", verweist auf eine Untersuchung, in der festgehalten ist, daß die Tätigkeit „sich informieren" – Verordnungen, Richtlinien und gesetzliche Bestimmungen müssen beachtet und berücksichtigt werden – 8 % bis 15 % des gesamten Zeitaufwands im Konstruktionsbüro ausmacht. Rank Xerox hat in einer Studie festgestellt, daß Büroangestellte die Hälfte ihrer Zeit für die Erstellung und Verwaltung von Dokumenten aufwenden. Ein Unternehmen gibt daher im Schnitt 7 % des Umsatzes für die Dokumentenerstellung und -bearbeitung aus. Diese Zahlen zeigen, daß ein effektives und effizientes Dokumenten-Management eine große Hilfe bei der Rationalisierung von Büroabläufen sein kann.

Dokumente kommen in vielerlei Form vor. Es können Briefe, Konstruktionszeichnungen, Bilder, handschriftliche Aufzeichnungen, Rechnungen, Belege, Graphiken, Formulare, gesprochene Bemerkungen, Filme oder Animation sein. Wie Bild 4.59 zeigt, kann ein modernes, komplexes Dokument verschiedene Informationstypen beinhalten.

Michalski (1991) definiert ein modernes Dokument allgemein als eine Momentaufnahme („Schnappschuß") einer Informationssammlung, die

❏ verschiedene, auch komplexe, Informationstypen enthalten kann,

❏ an vielen Orten in einem Netzwerk verteilt ist.

- ❑ eng mit anderen Dokumenten zusammenhängt,
- ❑ sich schnell ändern kann,
- ❑ verschiedene Medien (z. B. gesprochene Sprache, Video, Bild) beinhaltet und
- ❑ auf die von mehreren Personen gleichzeitig lesend oder auch ändernd zugegriffen wird.

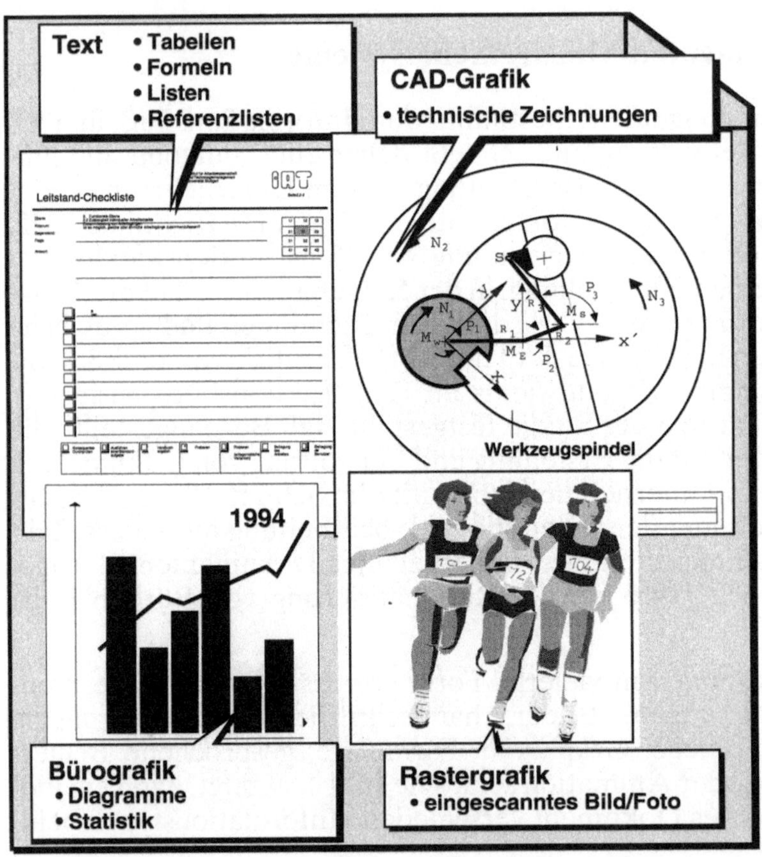

Bild 4.59   Komplexes Dokument

Angesichts der billiger werdenden Speichermedien und der fortschreitenden Verbesserung von Hard- und Software liegt der Einsatz eines rechnergestützten Dokumenten-Management-Systems (DMS) zur Verwaltung derartig komplexer Dokumente nahe.

Den *Nutzen*, den ein Unternehmen aus dem Einsatz eines Dokumenten-Management-Systems ziehen kann, ist vielfältig. Man erwartet beispielsweise Wettbewerbsvorteile durch die

❏ *integrierte Bearbeitung.* Diese ermöglicht eine ganzheitliche Bearbeitung eines Vorgangs. Dadurch entfällt ein Duplizieren von Schriftstücken, diese werden über das Netz verschickt.

❏ *Beschleunigung der Entscheidungsprozesse.* Alle notwendigen Informationen sind per Knopfdruck verfügbar.

❏ *Wertsteigerung der Information.* Durch eine gezielte und lückenlose Suche liegen Informationen schnell, aktuell und vollständig am Arbeitsplatz vor.

❏ *Zeitersparnis.* Mitarbeiter sparen sich zeitraubende Wege zum Archiv. Ein Dokument wird schneller und auch bequemer zugreifbar.

❏ *Verbesserung der Bürovorgänge.* Arbeitsstil, Kooperationsformen, Dezentralisierung und Motivation werden positiv beeinflußt und dadurch schlanke Unternehmensstrukturen gefördert.

❏ *Erhöhung der Sicherheit.* Optische und/oder magnetische Speichermedien besitzen eine längere Nutzungs- und Verfalldauer als Papier. Zusätzlich kann ein automatischer Sicherungsmechanismus in regelmäßigen Abständen Sicherungskopien erzeugen.

❏ *Raumersparnis.* Papier ist im Gegensatz zu optischen oder magnetischen Speichermedien ein platz- und damit auch kapitalintensives Speichermedium.

Dokumenten-Management-Systeme setzen sich technologisch gesehen, wie in Bild 4.60 ersichtlich, aus verschiedenen Modulen zusammen (vgl. Bullinger 1992a), die im folgenden kurz erklärt werden.

Texterkennung ist ein zentraler Bestandteil des Dokumentenmanagements. Eingescannte Texte liegen als Rastergrafik vor. Zum direkten Zugriff kann der Text mittels OCR (optical character recognition) oder ICR (intelligent character recognition) in ein Textformat umgewandelt werden.

Das *Textmanagement* hat die Aufgabe, Texte zu erstellen, diese mit Hilfe von Desktop-Publishing-Systemen in eine Druckform zu bringen und die Texte zu verwalten. Zur Textverwaltung zählt Übersetzung, Textinhaltsanalyse, Indexierung, Archivierung und Retrieval.

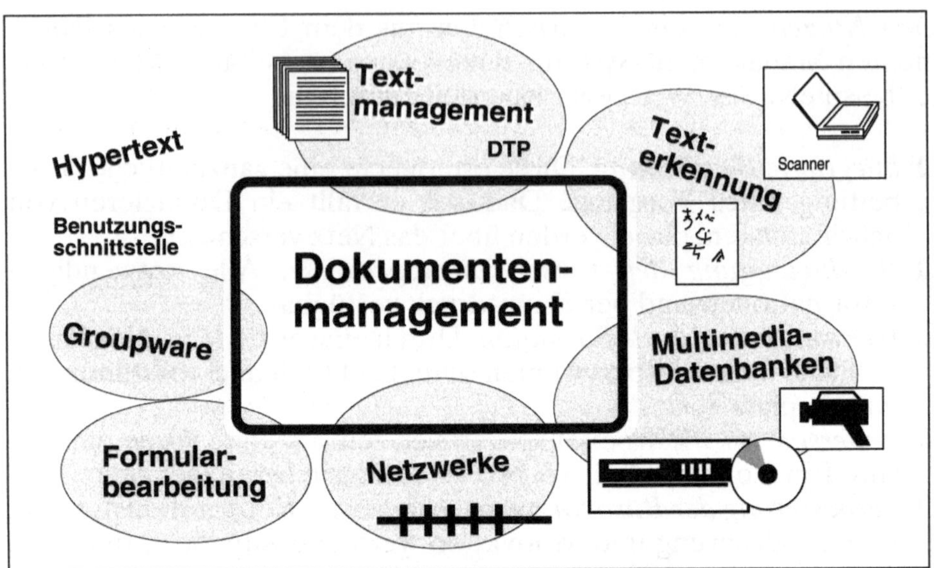

Bild 4.60   Technologiekreis des Dokumenten-Managements

Bei der *Formularbearbeitung* geht es um die Formularerkennung und
-weiterbearbeitung (Bsp. EDI-Standard (EDI = Electronic Data In-
terchange); EDI hat sich daher besonders im wirtschaftlichen Bereich (Einkauf, Faktura, Umsatz, Steuer) durchgesetzt).

Hypertext ist eine Methode der Informationsverarbeitung, bei der
Objekte (dies können Text, Bild, Ton, Video, Animation oder auch
ein Programm sein) als Knoten eines Netzwerkes gespeichert werden. Der Gesamttext wird in Einheiten unterteilt und in einem Netz
miteinander verbunden.

Groupware ermöglicht, daß mehrere Personen an einem Vorgang,
der eventuell auf mehrere Dokumente zurückgreift, arbeiten.

Mittels *Netzwerken* ist eine effektive Bürokommunikation auch bei
verteilten Dienststellen und verteilt gespeicherter Information möglich. Über electronic mail werden Nachrichten ausgetauscht und über
ein ISDN-Netzwerk können Informationen, die als (digitalisierte)
Sprache, Daten, Bilder und Text vorliegen, übermittelt werden.

Multimedia-Datenbanken beinhalten Daten, die nicht nur den ehemals papiergebundenen Dokumenten entsprechen, sondern Sprache,
Ton, Video und Animation beinhalten können.

Allgemein umfaßt das Dokumenten-Management folgende *Aufgaben*: Dokumente zu archivieren, zu speichern, zu drucken, einzulesen, wiederzufinden und den Menschen bei der Bearbeitung, der Verwaltung, der Weitergabe und Ablage von Dokumenten zu unterstützen.

Ziel ist es, die Produktivität durch eine Verkürzung der Dokumentendurchlaufzeit und einer sofortigen Bereitstellung notwendiger Informationen zu erhöhen. Wie ein System für das Dokumenten-Management aufgebaut sein kann, zeigt Bild 4.61.

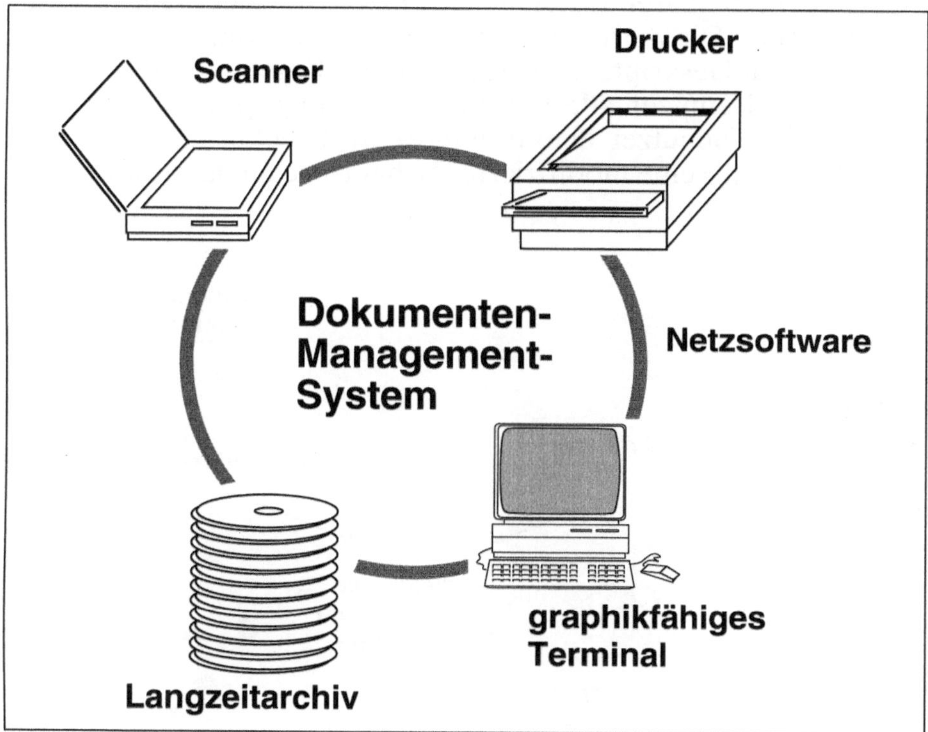

Bild 4.61 Typisches Dokumenten-Management-System

Mit einem DMS wird folgendermaßen gearbeitet:

❑ Bei der *Archivierung* von Dokumenten werden alle Dokumente klassifiziert und mit einem Deskriptor, der den Textinhalt beschreibt, versehen. Dieser Vorgang wird als *Dokumentenindexie-*

rung bezeichnet. Ein Deskriptor setzt sich dabei aus einer Menge von Schlüsselwörtern (keywords) zusammen, die entweder automatisch aus dem Text extrahiert oder von einem Dokumentar vergeben werden.

❏ Wesentlicher Bestandteil des Dokumenten-Managements ist das *Information Retrieval* (IR). Die Aufgabe des IR ist das Wiederfinden von Informationen in einem Informationssystem (vgl. Bild 4.62).

❏ Bei der *Recherche* greift der Benutzer auf diese Schlüsselwörter zurück und das IR-System sucht entsprechend der Benutzeranfrage in der verfügbaren Datenmenge Dokumente oder Hinweise auf Dokumente. Die Anfragen werden wie die Dokumente indexiert und mit den Deskriptoren verglichen. Als Ergebnis liefert das System dem Benutzer alle auf die Suchanfrage passenden Dokumente. Der Benutzer überarbeitet diese Ergebnisliste und stellt gegebenenfalls eine modifizierte Suchanfrage an das System.

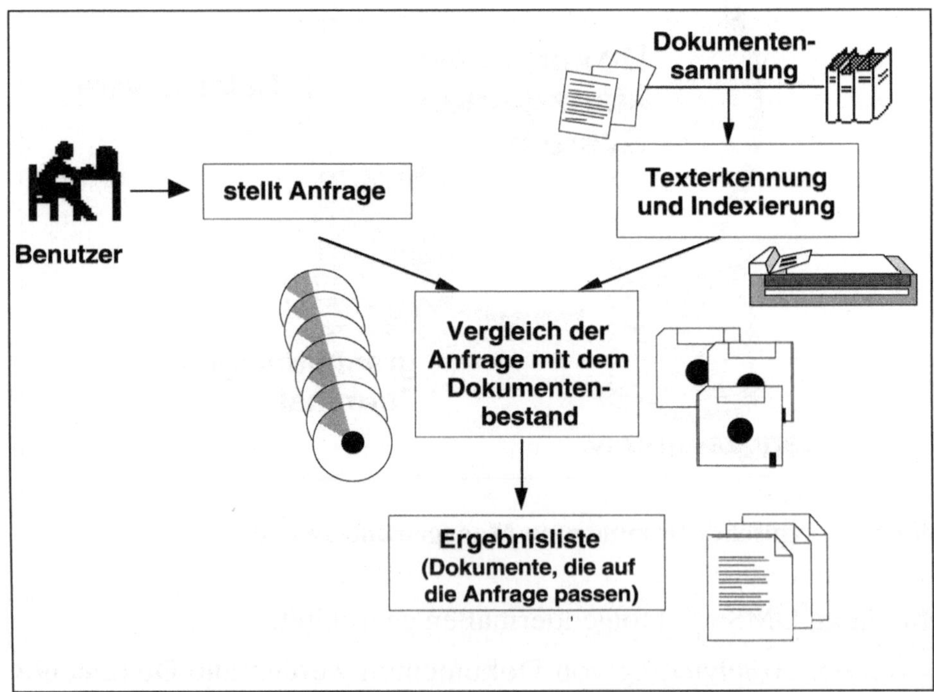

Bild 4.62 Überblick über den Information-Retrieval-Prozeß

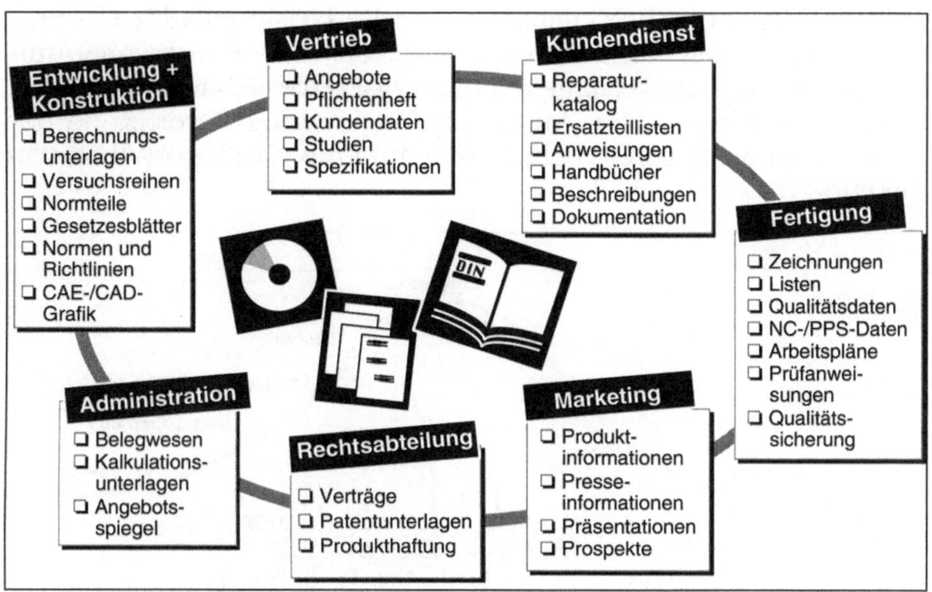

Bild 4.63   Einsatzgebiete von Dokumenten-Management-Systemen

Es gibt heute kaum eine Branche, die nicht ein Dokumenten-Management-System zur Rationalisierung und Optimierung der Vorgangsbearbeitung einsetzen kann. Bild 4.63 zeigt *potentielle Einsatzfelder*.

4.3.5.4 Engineering-Data-Management-Systeme

Geschäftsprozeßorientierte Denkweisen stehen im Mittelpunkt bei der Reduzierung der Entwicklungszeiten, der Senkung von Kosten und der Qualitätsverbesserung von Produkten. Eng damit verbunden ist der Begriff des „Engineering". Dieser betont weniger das Bereichsdenken, sondern den Produktentstehungsprozeß und darüber hinausgehend den gesamten Produktlebenszyklus.

Der *Produktlebenszyklus* setzt sich aus einer Vielzahl von Einzelprozessen bzw. Einzelaufgaben zusammen. Engineering-Tätigkeiten beinhalten alle kreativen, planenden und steuernden Tätigkeiten in diesem Lebenszyklus. Dieser beginnt beim Bedarfsimpuls, geht über Konzeption und Konstruktion eines Produkts bis hin zu Betrieb und Wartung und endet bei der Entsorgung des Produkts.

„Time to Market", die Zeitspanne vom Bedarfsimpuls für ein Produkt bis zu dessen Vermarktung, wird von den Unternehmen mit großer Mehrheit als strategischer Erfolgsfaktor im internationalen Wettbwerb gesehen. Der Anteil der Engineering-Bereiche an der Größe „Time to Market" beläuft sich auf eine Größenordnung von über 60 %.

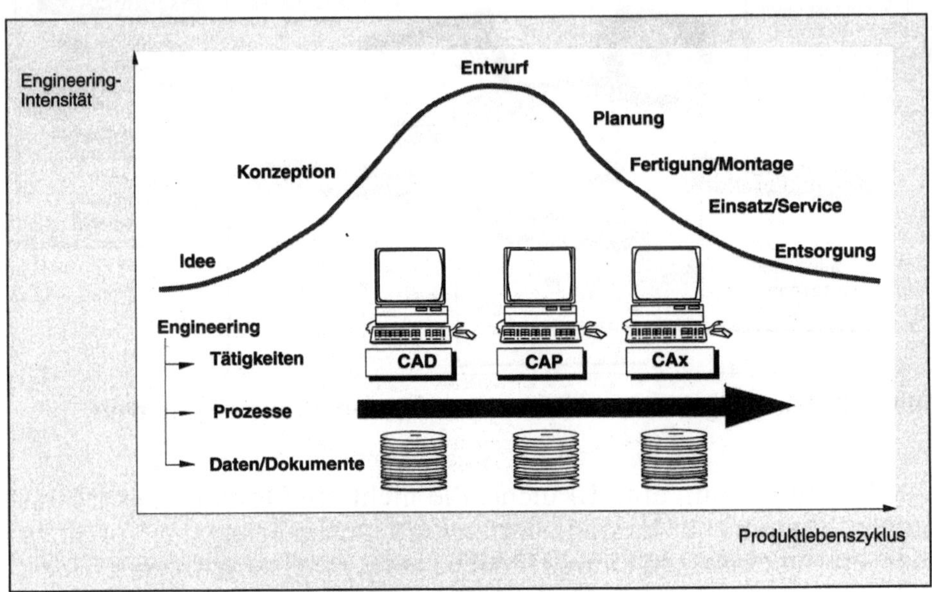

Bild 4.64 Produktlebenszyklus und Engineering

Aufgabe eines Engineering-Data-Management-Systems (EDMS) ist es, das Engineering, welches bisher nur in Teilprozeßketten rechnerunterstützt war, informationstechnisch zu integrieren. Es ermöglicht die effiziente Verwaltung der Engineering-Prozesse durch die verbesserte Kontrolle aller Daten der Engineering-Aufgaben (u. a. Produktdaten, Projektdaten, Prozeßdaten).

Engineering-Data-Management-Systeme sind datenbankgestützte DV-Systeme, die neben den Engineering-Daten auch den Engineering-Prozeß verwalten. Dabei fallen u. a. Daten über Abläufe, Dokumentstrukturen, Benutzer, Produktdaten und Produktstrukturen an (Bild 4.65). Die wachsende Bedeutung von EDMS wird auch anhand der Vielzahl von computergestützten Systemen im Engineering (z. B. CAD-Systeme) deutlich. Diese Systeme zielen darauf ab, die Produktivität spezieller Aufgaben in einem funktionalen Bereich zu verbessern. Dabei erzeugen sie zwar Engineering-Daten, besitzen jedoch nur in beschränkten Umfang Verwaltungsfunktionen, die die Definition, Strukturierung, Organisation, Speicherung, Retrieval, Archivierung, Schutz, Verteilung und Suchen von Engineering-Daten ermöglichen.

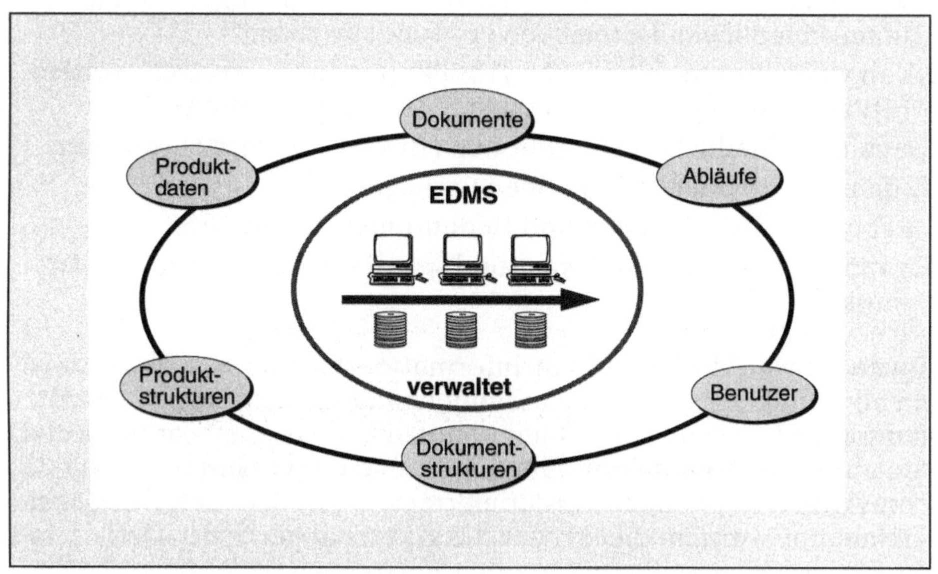

Bild 4.65   Datenklassen eines EDMS

Alle Tätigkeiten während des Engineering-Prozesses erzeugen und/oder verwenden Engineering-Daten, sie stehen damit im Mittelpunkt. Das anzustrebende gemeinsame und parallele Entwickeln von Produkt und Prozeß kann nur erfolgreich sein, wenn dazu alle notwendigen Informationen bzgl. Produkten, Methoden und Prozessen zur richtigen Zeit verfügbar sind.

Der Informationsfluß erfolgt synchron zum Engineering-Prozeß. Bei Veränderung des Engineering-Prozesses ändert sich auch der Informationsfluß. Dies macht im Vorfeld eine Analyse des Datenmanagements, der Datenqualität, des Datenflusses, des Datentransfers (sowohl intern als auch extern) und der Datenaufbereitung erforderlich. Vor der Verbesserung des Datenmanagements steht jedoch immer eine Optimierung der organisatorischen Abläufe (vgl. Bullinger 1992d).

Die Verwaltung der Engineering-Daten ist insofern sehr komplex, da diese

❑ in sehr großen Mengen vorkommen,

❑ auf vielen unterschiedlichen Medien vorliegen (Papier, Diskette usw.),

❑ von vielen Personen mit unterschiedlichen Privilegien und in unterschiedlichen Bereichen verwendet werden,

❑ von vielen unterschiedlichen Applikationen verarbeitet werden (oft auf heterogenen, vernetzten Systemlandschaften),

❑ in unterschiedlichen Definitionen (Beschreibungen) vorliegen,

❑ in unterschiedlichen Versionen vorliegen,

❑ zahlreiche Beziehungen und Bedeutungen aufweisen,

❑ viele Jahre auffindbar, lesbar und verarbeitbar gehalten werden müssen.

Eingesetzt werden EDMS zur informationstechnischen Koordination von Tätigkeiten, die im Zusammenhang mit dem Produktentstehungsprozeß stehen. Sie bilden somit die Basis zur kontrollierten Steuerung von Engineering-Daten während des gesamten Produktlebenszyklus. Über den vordefinierten Weg der Informationen/ Dokumente werden die Prozeßstrukturen abgebildet. Dabei sind dem System die beteiligten Gruppen/Personen bezüglich deren Privilegien und deren Tätigkeitsbereich bekannt. Szenarien für Ablehnung, Nachbearbeitung usw., die bestimmte Rückzugslinien verlangen, können ebenfalls formuliert werden.

Dadurch, daß EDMS den Ablauf bestimmter Engineering-Aktivitäten verwalten und bestimmte Vorgehensweisen zur Produkterzeugung/-dokumentation festschreiben, bieten sie sich auch als Werkzeug zur Umsetzung moderner Methoden wie Projektmanagement an (s. Bild 4.66).

Aber auch Konzepte wie *Concurrent Engineering* können durch die Möglichkeit, verschiedene Unternehmensbereiche informationstechnisch zu versorgen, unterstützt werden. Wesentliche Voraussetzung bildet ein Normungskonzept, das gemeinsam mit den Beteiligten erarbeitet wird. Hierbei wird zunächst definiert, welche Informationsinhalte in welcher Qualität vom Vorgänger zu liefern sind. In einer weiteren Stufe werden die Informationen/Dokumentationen

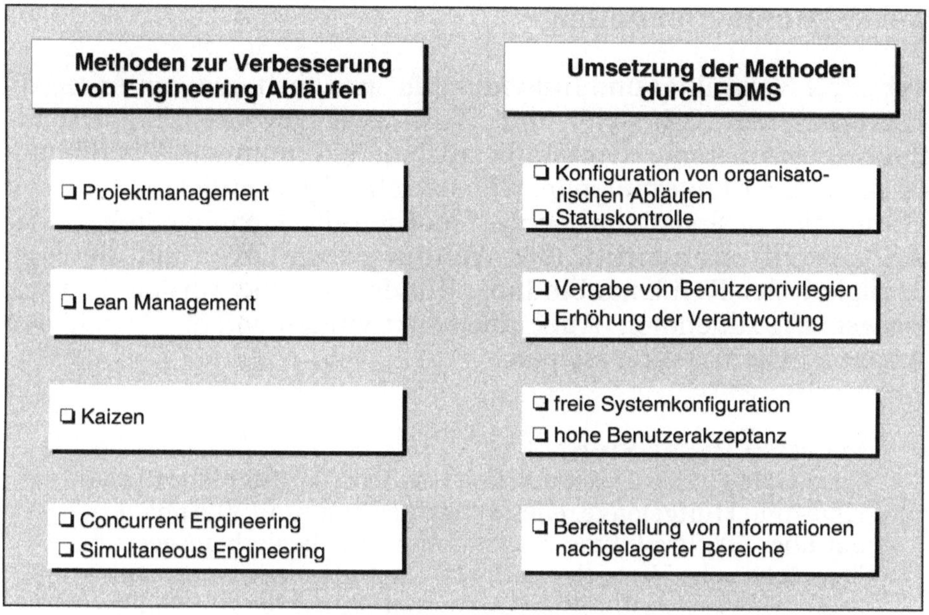

Bild 4.66   EDMS als Werkzeug zur Unterstützung moderner Ansätze

klassifiziert. Über die im System implementierten Suchmechanismen ist es jetzt gezielt möglich, nach benötigten Informationen zu suchen.

Durch die Definition von Projektgruppen, die bestimmte Privilegien erhalten, ist es möglich, Concurrent Engineering durch teamfähige Software zu unterstützen.

Schließlich ermöglichen EDMS den *datentechnischen Verbund* zwischen Unternehmen und den jeweiligen Zulieferern. Dies ist um so mehr von Bedeutung, da sich Unternehmen zunehmend auf den Teil der Wertschöpfung ihres Produkts beschränken, für den sie sich kompetent fühlen und den sie besonders wirtschaftlich erbringen können. Die restlichen Leistungen werden von externen Unternehmen zugekauft. Dies führt zu einem stark ansteigenden Transfer an Daten zwischen dem Unternehmen und seinen Zulieferern und Abnehmern. Damit wird der Einsatz von EDMS zu einem zunehmend standortübergreifenden Wettbewerbsfaktor (z. B. weltweiter Fertigungsverbund). Es gilt, in heterogenen und vernetzten Systemlandschaften die erzeugten Informationen transparent und verfügbar zu halten.

4.3.5.5 Mobile Computing

Mobilität, Flexibilität und Individualität sind nicht nur zum Inbegriff eines modernen „Life style" und „Work style"geworden, sondern bestimmen in zunehmendem Maße auch die ökonomische Handlungsfähigkeit vieler Unternehmen. Die betriebswirtschaftlichen Ziele der „Economies of Speed and Scope" machen die Unabhängigkeit von Zeit und Ort erforderlich. Der Wettbewerbsdruck erhöht die Notwendigkeit der Kundenanbindung. Kundenbesuche werden dadurch zwangsläufig zunehmen. Außendienstaktivitäten und die Anzahl der Außendienstmitarbeiter steigen.

SUCCESS/FAILURE-STORY
Die G. Hug GmbH widmet sich u. a. dem Vertrieb künstlicher Knie- und Hüftgelenke. Dieser Markt ist mit rund 30 Anbietern mit über 200 Produkten einem hohen Wettbewerb ausgesetzt. Der technische Vertrieb wurde mit Laptops sowie einem speziellen Multimedia-Informationssystem ausgestattet. Dadurch wird der Außendienstmitarbeiter in die Lage versetzt, den Ärzten vor Ort in den Krankenhäusern und Kliniken die Funktionsweise der künstlichen Gelenke sowie die anzuwendende Operationstechnik anhand von farbigen 3D-Animationen am Bildschirm zu erklären. Dies hat für beide Seiten große Vorteile gegenüber der konventionellen Produktpräsentation mit (statischem) Bildmaterial in Katalogen. Da die Zeit für Produktvorstellungen bei Ärzten meist sehr stark begrenzt ist, werden auch Demo-Disketten als qualifiziertes Werbematerial eingesetzt. Das vollständige System wird den Ärzten für die Planung und Simulation der Operation zur Verfügung gestellt. In konkreten Operationsfällen kann der Chirurg das System nach geeigneten Operationstechniken, den benötigten Komponenten und Zubehörteilen befragen und Schritt für Schritt in 3D-Optik und teilweise bewegten Animationen den chirurgischen Eingriff durchspielen.

Der zunehmende Aktionsradius der Geschäftsaktivitäten, die wachsenden organisatorischen, technischen und strategischen Flexibilitätserfordernisse der Unternehmen führen zu der Vision vom „mobilen Unternehmen". Mehrfunktionale Mobil-Büros werden große Verbreitung finden und den Unternehmen eine nie gekannte Bewegungsfreiheit einräumen.

SUCCESS/FAILURE-STORY
Die Hamburger Wochenzeitung „Die Woche" wird vollständig mit einem elektronischen Redaktionssystem erstellt. Standard- und Individualsoftwarekomponenten binden alle an der Herausgabe der Zeitung beteiligten Abteilungen des Verlags zusammen. Die verwendete Publishing-Software unterstützt und koordiniert die gesamte Arbeit mit ihren Work Flow-Fähigkeiten. Redaktion, Grafik, Bildredaktion, Archiv, Dokumentation und Verwaltung haben alle gemeinsam Zugriff auf das Publishing-System. Mehrere Redakteure können gleichzeitig an einer Seite arbeiten und ihre Texte bereits längenkorrekt einsetzen. Durch die ISDN-Anbindung an darauffolgende externe Produktionsschritte (Layoutproduktion, Belichtung) konnte der Zeitpunkt des Redaktionsschlusses sehr nahe an den Erscheinungszeitpunkt gerückt werden, was die Aktualität der Zeitschrift erhöht. Dieses Konzept wird von Mobile Computing unterstützt. Durch die Ausrüstung mit Laptop-Computern mit Einrichtungen zur Datenfernübertragung sind die Redakteure in der Lage, Berichte über wichtige Ereignisse bis zum Tag vor Druckbeginn auch außerhalb der Redaktion elektronisch zu erfassen und sie in digitaler Form direkt an das Verlagshaus zu übermitteln.

Schon heute sind die Einsatzgebiete mobiler Rechner sehr vielfältig. So ist fast jeder, der auch abseits von seinem Schreibtisch nicht auf DV-Unterstützung verzichten will, ein potentieller Benutzer dieser Rechner. Besonders gilt dies für Anwender in den traditionell außendienstintensiven Branchen wie Versicherungen sowie generell für diejenigen Mitarbeiter, die mit Beratung und Verkauf vor Ort zu tun haben. Weitere mögliche Einsatzgebiete von „Mobile Computing" sind im Bild 4.67 zusammengefaßt. Es fällt auf, daß bei vielen dieser Anwendungen standardisierte Dokumente, meistens Formulare, eingesetzt werden. Diese Dokumente müssen entweder erstellt, d. h. ausgefüllt, oder zu Informationszwecken zu Rate gezogen werden.

Zur Realisierung eines „Mobile Office" kann auf eine Vielzahl technischer Komponenten zurückgegriffen werden (Bild 4.68).

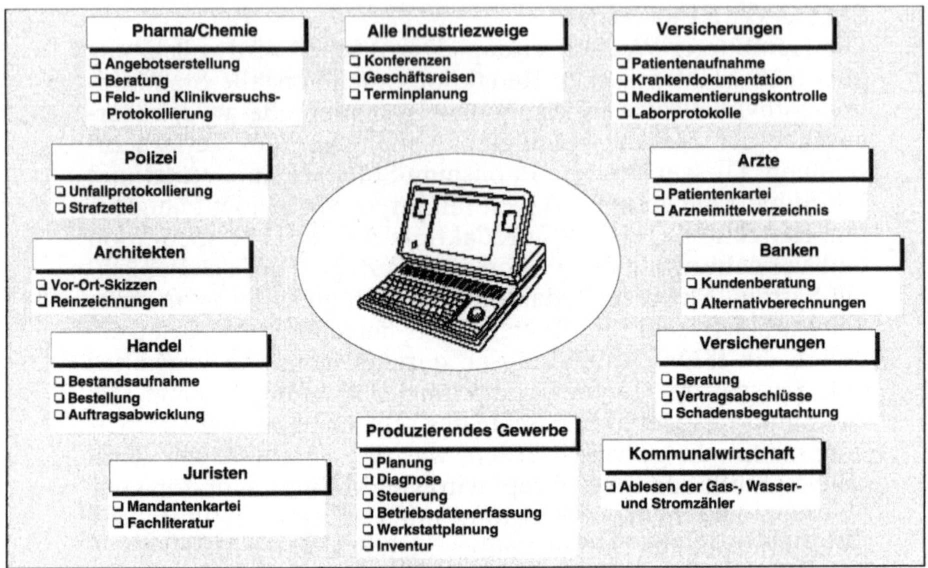

Bild 4.67   Einsatzbereiche mobiler Rechner

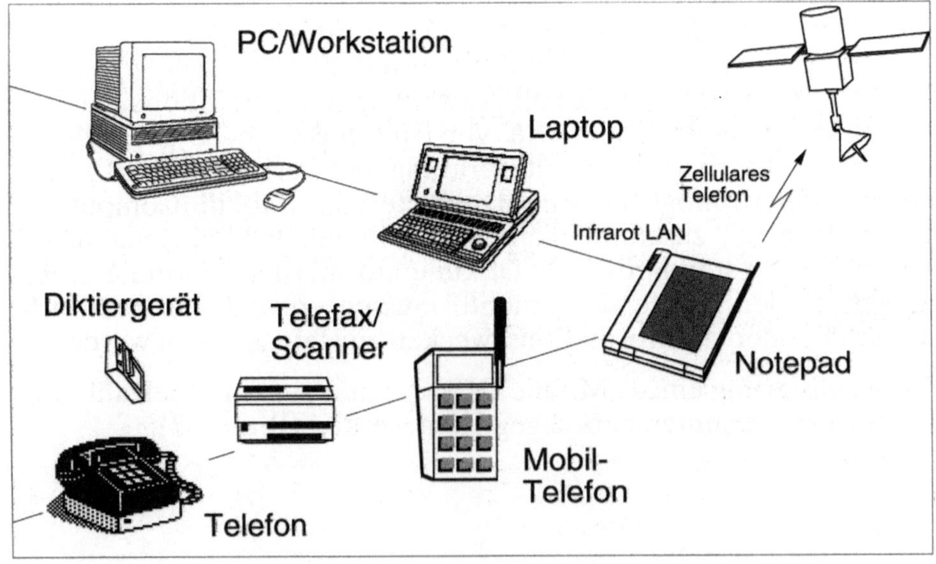

Bild 4.68   Technische Komponenten des „Mobile Computing"

Die Schlüsseltechnologien dafür umfassen elektronische Termin-, Notiz- und Wörterbücher, tragbare Rechner wie Notebooks, Personal Digital Assistant (PDA), Penpads oder Palmpads. Die Datenübertragung geschieht mittels drahtloser Datenkommunikation auf Basis von funkstations- und satellitengestützten europaweiten Datennetzen (D- und E-Netz) und auf Basis von funk- und infrarotgestützten Büronetzwerken (LAN = Local Area Network). Die Anforderungen an eine mobile Unterstützung machen neue, für den Stifteinsatz (Handschriftenerkennung, Kürzeleingabe) angepaßte Betriebssysteme notwendig. Darüber hinaus müssen Softwarewerkzeuge, die ein Arbeiten „wie mit Papier und Bleistift" ermöglichen, entwickelt werden.

4.3.5.6 Optische Speicher

Für die Langzeitarchivierung hat sich auf technischer Seite der Mikrofilm etabliert. Heute gewinnen jedoch optische und magneto-optische Speicher für die dauerhafte Archivierung an Bedeutung. Prinzipiell sind drei Arten optischer Speicher unterscheidbar. Es handelt sich um:

- ❑ *CD-ROM* (Compact Disc – Read Only Memory):
  Die nur lesbaren Speicher mit einer Speicherkapazität von 600 MB bieten sich insbesondere als Informationsdatenbanken, z. B. Nachschlagewerke wie Wörterbücher oder Enzyklopädien, Schulungsunterlagen inklusive Text und Grafiken (CBT = Computer Based Training), Teilekataloge usw. an. In Größe und Format entsprechen sie der Musik-CD; auch die Herstellungstechnik ist identisch: die Platten werden vorbereitet, gemastert, d. h. von einer Master Disc werden mehrere Kopien gezogen, und anschließend gepreßt.
- ❑ *WORM* (Write Once – Read Many):
  Einmal beschreibbare und mehrfach lesbare Speicher eignen sich für die Speicherung großer Datenmengen (Text, Bilder, Daten), die sich nicht ändern, z. B. bei Versicherungen, Banken oder Krankenhäusern. Die Datenspeicherung auf einer WORM-Platte, die CD-Format besitzt, geschieht über einen Laser, der die Informationen in das Medium einbrennt.
- ❑ *CD* (Compact Disc):
  Reversible, also mehrfach beschreibbare Speicher lassen sich für

die Bearbeitung und Speicherung sich ändernder Dokumente einsetzen. Ein weiteres Einsatzgebiet sind grafikintensive Anwendungen wie CAD/CAM-Systeme. Darüber hinaus lösen sie herkömmliche Back-up-Systeme zur Erstellung von Sicherungskopien ab, da optische Platten eine große Datensicherheit bieten.

Alle drei Techniken haben folgende *gemeinsame Vorzüge:*

❑ Sie sind nicht nur unempfindlicher und zuverlässiger, sondern sie bieten auch größere Speicherkapazität bei *geringerem Preis* als magnetische Systeme (Bild 4.69). Als Nachteil ist die höhere Zugriffszeit im Vergleich zu magnetischen Platten anzusehen.

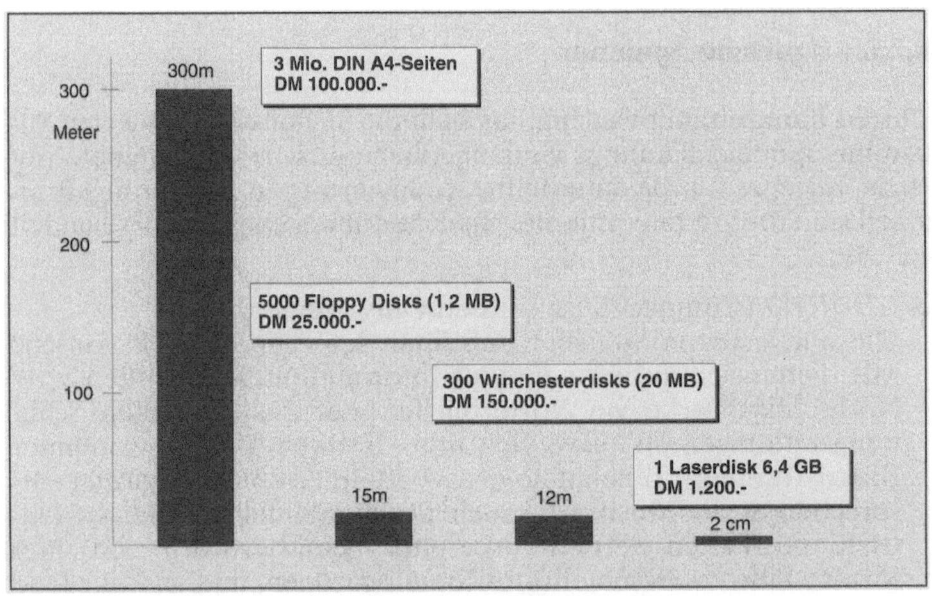

Bild 4.69 Speicherkosten und Stapelhöhe unterschiedlicher Medien im Vergleich zu optischen Speichern

❑ Die hohe Spurdichte – sie ist mit 15000 Spuren/Zoll etwa zehn mal höher als bei Magnetplatten – ermöglicht ein *großes Speichervolumen.* So lassen sich Datenmengen von ca. 200 MB bis 6,4 GB, dies entspricht etwa 3.000.000 Schreibmaschinenseiten oder 40 Wörterbüchern, auf einer einzigen optischen Platte speichern.

❑ Die *Zuverlässigkeit* optischer Laufwerke ist sehr groß. Da der optische Schreib-/Lesekopf gegenüber Magnetplatten ca. 1000 mal weiter von der Plattenoberfläche entfernt ist, sind Headcrashes[17] wie bei Festplatten praktisch ausgeschlossen. Eine optische Platte übersteht einen Sturz vom Schreibtisch auf die Seitenkante ohne Schaden. Auch Verunreinigungen und kleinere Beschädigungen vertragen optische Platten ohne Datenverlust. Da der Laserstrahl auf das eigentliche Speichermedium unter der klaren Kunststoffschicht fokussiert ist, führen Kratzer und Fingerabdrücke nicht unbedingt zu einer Beeinträchtigung beim Lesen.

Infolge der größeren Zugriffszeit im Vergleich zu Magnetplatten oder Halbleiterspeichern (Bild 4.70) kann die optische Platte diese Speichermedien noch nicht ersetzen. Daher werden optische Laufwerke magnetische Festplatten in absehbarer Zeit nicht als Primärspeicher verdrängen. Das Einsatzgebiet liegt hauptsächlich in der kostengünstigen Langzeitarchivierung und in der Speicherung multimedialer (d.h. speicherintensiver) Informationen (Video, Ton, Bild). Im Gegensatz zu einer magnetischen Festplatte sind optische Platten vom Benutzer auswechselbar und bieten somit eine höhere Flexibilität.

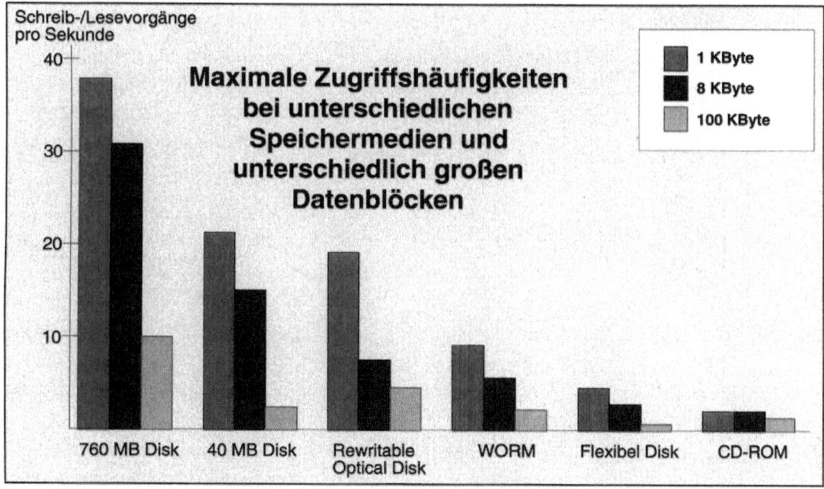

Bild 4.70   Vergleich maximaler Zugriffshäufigkeiten bei unterschiedlichen Speichermedien

---

17 Zerstörung der Platte durch ungeplante Landung des Schreib-/Lesekopfes auf dem Medium.

Bildverzeichnis

Literaturverzeichnis

ADL (1987): Management der Geschäfte von morgen (2. Auflage). Arthur D. Little International (Hrsg.). Wiesbaden, 1987.

ADL (o. J.): Der strategische Einsatz von Technologien. Konzepte und Methoden zur Einbeziehung von Technologien in die Strategieentwicklung des Unternehmens. Arthur D. Little International (Hrsg.). Wiesbaden, o. J.

Ansoff, H. J. (1981): Die Bewältigung von Überraschungen und Diskontinuitäten durch die Unternehmensführung. Strategische Reaktionen auf schwache Signale. In: Steinmann, H. (Hrsg.): Planung und Kontrolle. S. 233 – 264. München, 1981.

Auch, M.; Hallwachs, U.; Schaal, H. (1988): Höhere Lieferbereitschaft durch kürzere Durchlaufzeiten. In: FhG-Berichte 2/88, S. 71 – 76.

AWF (1984): Flexible Fertigungsorganisation am Beispiel von Fertigungsinseln. AWF (Hrsg.). Eschborn. 1984.

Bain, J. S. (1968): Industrial Organization. New York, 1968.

Bea, F. X.; Dichtl, E.; Schweitzer, M. (Hrsg.) (1991): Allgemeine Betriebswirtschaftslehre. Band 2: Führung. (5., neubearbeitete Auflage). Stuttgart: Gustav Fischer, 1991.

Behrens, B. (1993): Weißer Rabe: Das US-Computerunternehmen HP trotzt der Branchenkrise. In: Wirtschaftswoche (1993) Nr. 20, S. 126 – 130.

Bennis, W. G.; Nanus (1987): Führungskräfte. (3. Auflage). Frankfurt/M.; New York, 1987.

Bleicher, K. (1992): Das Konzept Integriertes Management. (2. revidierte und erweiterte Auflage) Frankfurt/M.; New York: Campus, 1992.

BMFT (1993): Bundesbericht Forschung 1993. Bundesministerium für Forschung und Technologie (Hrsg.). Bonn, 1993.

Brödner, P. (1987): Das Verbundprojekt Fertigungsinseln - Vorgaben und Erwartungen an die Projektpartner, Perspektiven für die industrielle Fertigung. In: Tagungsband zur AWF-Fachtagung Fertigungsinseln. Eschborn, 1987.

Bugl, J. (1992): TA – Ein Instrument für Chancenmanagement in der Wirtschaft. Vortrag und Manuskript im Rahmen der Ringvorlesung Technikfolgenabschätzung im Sommersemester 1992 an der Universität Stuttgart. Stuttgart: Inst. für Arbeitswissenschaft und Technologiemanagement, 1992.

Bullinger, H.-J. (1990): F&E-heute – Industrielle Forschung und Entwicklung in der Bundesrepublik Deutschland (IAO-Studie). Bullinger, H.-J. (Hrsg.). München: GFMT-Verlag, 1990.

Bullinger, H.-J. (1991a): Expertensysteme in Produktion und Engineering (IAO-Forum '91), Bullinger, H.-J. (Hrsg.). Berlin u. a.: Springer, 1991.

Bullinger, H.-J. (1991b): Produktionsmanagement – Vorgehensweisen und Praxisbeispiele zum Chancenmanagement in den 90er Jahren (Produktionsforum '91). 10. IAO-Arbeitstagung, Band T 20 der Reihe IPA-IAO-Forschung und Praxis. Bullinger, H.-J. (Hrsg.). Berlin u. a.: Springer, 1991.

Bullinger, H.-J. (1991c): Paradigmenwechsel im Produktionsmanagement – Unternehmen müssen jetzt die Weichen stellen. In: Bullinger, H.-J. (1991b), S. 3 - 55.

Bullinger, H.-J. (1991d): Paradigmenwechsel bei der Produktentwicklung. in: Bullinger, H.-J. (Hrsg.): Paradigmenwechsel im Management – Ressourcen der Produktentwicklung (3. F&E-Management-Forum), Tagungsband 1991, 5. - 6. November 1991. München: gfmt, 1991, S. 8 - 29.

Bullinger, H.-J. (1992a): Dokumenten-Management (IAO-Forum '92), Bullinger, H.-J. (Hrsg.). Berlin u. a.: Springer, 1992.

Bullinger, H.-J. (1992b): Informationsarchitekturen als strategische Herausforderung – Lean Management, Integrationsmanagement, Informationsmanagement (IAO-Büroforum '92). Bullinger, H.-J. (Hrsg.). Baden-Baden: FBO, 1992.

Bullinger, H.-J. (1992c): Innovative Produktionsstrukturen – Voraussetzung für ein kundenorientiertes Produktionsmanagement. In: Warnecke, H. J. und Bullinger, H.-J. (Hrsg.): Kundenorientierte Produktion. Berlin u.a.: Springer-Verlag, 1992, S. 9 – 34.

Bullinger, H.-J. (1992d): EDMS - Eine strategische Management-Entscheidung. IAO-Forum: Engineering-Data-Management-Systeme, Stuttgart, 30.09.1992.

Bullinger, H.-J.(1992e): Neue Produktionsparadigmen als betriebliche Herausforderung. In: Warnecke, H. J. und Bullinger, H.-J. (Hrsg.): Innovative Unternehmensstrukturen. Berlin u.a.: Springer-Verlag, 1992, S. 9 - 25.

Bullinger, H.-J.; Fröschle, H.-P.; Bonnet, P.; Brettreich-Teichmann, W.; Scharrer, H. (1990): Länderstudie Technikfolgenabschätzung in der Bundesrepublik Deutschland. Unveröffentlichtes Typoskript. Stuttgart: FhG-IAO, 1990.

Bullinger, H.-J.; Kläger, W.; Roos, A.: (1992) Werkzeuge für die integrierte Ablauforganisation. Manuskript für die GI-Jahrestagung, 1992.

Bullinger, H.-J.; Kornwachs, K. (1990): Expertensysteme – Anwendung und Auswirkungen im Produktionsbetrieb. München: Beck, 1990.

Bullinger, H.-J.; Rieger, M. (1990): Ohne HIM kein CIM. In: Bullinger, H.-J. (Hrsg.): Produktionsmanagement im Spannungsfeld zwischen Markt und Technologie. München: GFMT, 1990, S.83 – 127.

Chandler, A. D., Jr. (1962): Strategy and Structure: Chapters in the History of the Industrial Enterprise. Cambridge/Mass., 1962.

Chmielewicz, K. (1970): Forschungskonzeption der Wirtschaftswissenschaft. Stuttgart, 1970.

Clausewitz, C. von (1983): Vom Kriege. (18. Auflage). Bonn, 1983.

Davidow, W. H.; Malone M. S. (1993): Das virtuelle Unternehmen – Der Kunde als Co-Produzent. Frankfurt/M.; New York: Campus, 1993.

Dickey, J. W.; Glancy, D. M.; Jennelle, E. M. (1973): Technology Assessment. Lexington, Mass. u. a., 1973.

Dierkes, M. (1991): Was ist und wozu betreibt man Technologiefolgen-Abschätzung? In: Bullinger, H.-J. (Hrsg.): Handbuch des Informationsmanagements im Unternehmen: Technik, Organisation, Recht, Perspektiven (Band II). München: Beck, 1991, S. 1495 – 1522.

Drucker, P. F. (1985): Innovations-Management für Wirtschaft und Politik. Düsseldorf, 1985.

Eiff, W. von (Hrsg.) (1991): Organisation – Erfolgsfaktor der Unternehmensführung. Landsberg: Moderne Industrie, 1991.

Eigen, M. (1988): Perspektive der Wissenschaft. Stuttgart: DVA, 1988.

EMF (1973): European Management Symposium. Summary of Plenary Sessions. European Management Forum (Hrsg.). Davos, 1973.

Engroff, B. (1987): Realisierte Fertigungsinseln im deutschsprachigen Raum – Ergebnisse einer Fallstudie. In: Tagungsband zur AWF-Fachtagung Fertigungsinseln. Eschborn, 1987.

Ertingshausen, R. (1991): Verantwortung und Kompetenz in Fertigungsinseln. In: Bullinger (1991), S. 371 – 393.

Ewald, A. (1989): Organisation des strategischen Technologie-Managements: Stufenkonzept zur Implementierung einer integrierten Technologie- und Marktplanung. Berlin: Erich Schmidt, 1989.

Fayol, H. (1916): Administration industrielle et générale. Paris, 1916.

Foster, R.N. (1986): Innovation – Die technologische Offensive. Wiesbaden, 1986.

Frese (1984): Grundlagen der Organisation. (2. Auflage). 1984.

Gabler (1988): Gabler Wirtschaftslexikon. (12. Auflage). Wiesbaden, 1988.

Gabor, D. (1964): Inventing The Future. New York, 1964.

Gälweiler, A. (1974): Unternehmensplanung. Grundlagen und Praxis. Frankfurt; New York, 1974.

Gälweiler, A. (1979): Strategische Geschäftseinheiten (SGE) und Aufbauorganisation der Unternehmung. In: ZO, 5/79, S. 252 – 260.

Ganzhorn, K. E. (1987): Neue Technologien und ihre Auswirkungen auf Beruf und Arbeit. (Vortrag vor der Handwerkskammer Stuttgart, Dezember 1987), Steinbeis-Stiftung für Wirtschaftsförderung (Hrsg.). Stuttgart, o. J.

Graumann, C. F. (1974): Einführung in die Psychologie. Band 1: Motivation. (3.Auflage). Frankfurt, 1974.

Grochla, E. (1982): Grundlagen der organisatorischen Gestaltung. Stuttgart, 1982.

Hahn, D. (1989): Strategische Unternehmensführung. Aufgaben und Herausforderungen der 90er Jahre. In: Spur, G. (Hrsg.): Management für Technologie und Arbeit. (Produktionstechnisches Kolloquium Berlin PTK 1989), S. 38 – 45.

Hake, B., Böhret, C. (1988): Technologiefolgenabschätzung. In: Technologie & Management, Heft 1, 1988, S. 40 – 46.

Hallwachs, U.; Schaal, H. (1988): Fertigungsinselplanungssystem (Produktblatt). Sonderdruck des Fraunhofer-Instituts für Arbeitswirtschaft und Organisation (IAO), Stuttgart 1988.

Haß, W.-J. (1983): Die Messung des technischen Fortschritts. München, 1983.

Heinen, E. (1985): Industriebetriebslehre. Entscheidungen im Industriebetrieb. Wiesbaden, 1985.

Heinrich, L. J.; Burgholzer, P. (1991) Systemplanung I (5. Auflage). München, 1991.

Henderson, B. D. (1974): Die Erfahrungskurve in der Unternehmensstrategie. Frankfurt/M.; New York, 1974.

Herzberg, F. (1968): One More Time: How Do You Motivate Employees? In: Harvard Business Review, 1968.

Hill, W.; Fehlbaum, R.; Ulrich, P. (1981): Organisationslehre. (3., verbesserte Auflage, in 2 Bänden) Bern; Stuttgart: Paul Haupt, 1981.

Höhler, G. (1989): Neue Leistungsprofile, neue Führungsqualität – von der Askese zur Entfaltung. In: Spur, G. (Hrsg.): Management für Technologie und Arbeit. (Produktionstechnisches Kolloquium Berlin PTK 1989), S. 25 – 29.

Homburg, C. (1991): Modelle zur Unterstützung strategischer Technologieentscheidungen. In: Bullinger (1991b), S. 299 – 312.

Huber, H. (1991): Wettbewerbsorientierte Planung des Informationssystem (IS)-Einsatzes. Universität Stuttgart, Diss. rer. pol., 1991.

Imai, M. (1992): Kaizen – Der Schlüssel zum Erfolg der Japaner im Wettbewerb. (2. Auflage). München, 1992.

Industriestandort Deutschland (1992): Industriestandort Deutschland. Ein graphisches Portrait. Institut der deutschen Wirtschaft (Hrsg.:). Köln: Deutscher Instituts-Verlag, 1992.

Jonas, H. (1979): Das Prinzip Verantwortung – Versuch einer Ethik für die technologische Zivilisation. Frankfurt/M.: Insel Verlag, 1979.

Klages, H. (1984): Wertorientierungen im Wandel. Rückblick, Gegenwartsanalyse, Prognosen. Frankfurt/M.: Campus, 1984.

Kosiol, E. (1962): Organisation der Unternehmung. Wiesbaden, 1962.

Kosiol, E. (1976) Organisation in der Unternehmung. (2. Auflage). Wiesbaden, 1976.

Kreikebaum, H. (1981): Strategische Unternehmensplanung. Stuttgart u. a.: Kohlhammer, 1981.

Krubasik, E. G. (1982): Technologie – Strategische Waffe. In: Wirtschaftswoche vom 18.06.1982, S. 28 – 33.

Krubasik, E. G. (1991): Erfolgsparameter für Technologieunternehmen. Vortrag zum Technologie Symposium Meissner + Wurst, Ludwigsburg, 8. – 9. Oktober 1991.

Kuhn, Th. S. (1967): Die Struktur wissenschaftlicher Revolutionen. Frankfurt/M., 1967.

Kunert, K.; Lang, P. (1991): Geschäfte im Spannungsfeld Technologie/Markt. In: io Management Zeitschrift 60 (1991) Nr. 2, S. 83 – 88.

Löhr, A. (1991): Unternehmensethik und Betriebswirtschaftslehre. Untersuchungen zur theoretischen Stützung der Unternehmenspraxis. Stuttgart: M & P Verlag für Wissenschaft und Forschung, 1991.

Maccoby, M. (1976/79): The Gamesman. The New Corporate Leaders. New York, 1976. (dt.: Die neuen Chefs, Reinbeck bei Hamburg, 1979).

Maidique, M. A.; Patch, P. (1982) Corporate Strategy And Technological Policy. In: Tushman, M. L.; Moore, W. L. (Hrsg.): Readings in the Management of Innovation. London, 1982.

Martino, A. H. (1983): Technological Forecasting for Decision Making. New York, 1983.

Maslow, J. P. (1954): Motivation and Personality. New York u. a., 1954. (dt.: Motivation und Persönlichkeit. Freiburg i. Br.: Olten, 1977).

Mayntz, R. (1963): Soziologie der Organisation. Reinbek bei Hamburg, 1963.

Meissner, W. (1974): Investitionslenkung. Frankfurt/M., 1974.

Michalski, G. P. (1991): The world of documents. In: Byte 4 (1991), S. 159 – 170.

Michel, K. (1987): Technologie im strategischen Management. (1. Auflage). Berlin: Erich Schmidt, 1987.

Michel, K. (1990): Technologie im strategischen Management – Ein Portfolio-Ansatz zur integrierten Technologie- und Marktplanung. (2., unveränd. Auflage). Berlin: Erich Schmidt, 1990.

Miles, R. E (1965): Human relations or human resources? In: Harvard Business Review (1965) Nr. 4, S. 148 – 163.

Monte-Robl, I. de; Scherer, H.-P. (1991): Ein Chipgehirn als As im Ärmel. In: Management Wissen (1991) Nr. 8, S. 32 – 37.

Mueller, R. K.; Deschamps, J.-P. (1985): Die Herausforderung Innovation. In: Management der Geschäfte von morgen, S. 27 – 38. Wiesbaden: A. D. Little International, 1985.

Müller, G. (1987): Strategische Suchfeldanalyse. Die Identifikation neuer Geschäfte zur Überwindung struktureller Stagnation. Wiesbaden, 1987.

Ortega Y Gasset, J. (1939): Meditación de la técnica. Buenos Aires, 1939. (dt.: Betrachtungen über die Technik. Stuttgart, 1949).

Otala, M. (1991): Wettbewerbsvorteile durch Just-In-Time Konzepte in Forschung und Entwicklung. In: Bullinger, (1991b). Berlin u. a.: Springer, 1991, S. 89 – 97.

Perillieux, R. (1987): Der Zeitfaktor im strategischen Technologiemanagement. Früher oder später Einstieg bei technischen Produktinnovationen? Berlin, 1987.

Peters, Th.; Waterman, R. H. (1984): Auf der Suche nach Spitzenleistungen: Was man von den bestgeführten US-Unternehmen lernen kann. Landsberg am Lech: Moderne Industrie, 1984 (engl.: In search of excellence, 1982).

Pfeiffer, W.; Dögl, R.; Schneider, W. (1989): Das Technologie-Portfolio-Konzept als Tool zur strategischen Vorsteuerung von Innovationsaktivitäten (Hauptstudium). In: Das Wirtschaftsstudium, Heft 8/9, 1989, S. 485 – 491.

Pfeiffer, W.; Metze, G.; Schneider, W.; Amler, R. (1983): Technologie-Portfolio zum Management strategischer Zukunftsgeschäftsfelder. (2., unveränd. Auflage). Göttingen: Vandenhoeck und Ruprecht, 1983.

Porter, M. E. (1985): Wettbewerbsstrategie. (3. Auflage), Frankfurt, 1985.

Preuß, W. (1992): Aufbau eines strategischen Informationsmanagements bei der Joh. Vaillant GmbH u. Co. In: Bullinger (1992b), S. 79 – 89.

Prognos (1990): Gerangel um neue Claims. In: highTech, Heft 5, 1990, S. 56 – 80.

Pümpin, C. (1986) Management strategischer Erfolgspositionen. (3. Auflage). Bern; Stuttgart, 1986.

Reddin, W. J. (1970/77): Managerial Effectiveness. New York, 1970. (dt.: Das 3-D Programm zur Leistungssteigerung des Managements; München, 1977).

REFA MLB (Autorenkollektiv) (1987): REFA-Methodenlehre der Betriebsorganisation – Planung und Gestaltung komplexer Produktionssysteme. München, 1987.

Rinza, P. (1985): Projektmanagement: Planung, Überwachung und Steuerung von technischen und nichttechnischen Vorhaben. (2., neubearbeitete und erweiterte Auflage). Düsseldorf: VDI, 1985.

Ropohl, G. (1979): Eine Systemtheorie der Technik. Zur Grundlegung der Allgemeinen Technologie. München; Wien, 1979.

Scharnagl, W. (1972): Japan – die konzertierte Aggression. München: Humboldt, 1972.

Schertler, W. (1985): Unternehmensorganisation – Lehrbuch der Organisation und strategischen Unternehmensführung. (2. Auflage). München; Wien: Oldenbourg, 1985.

Schmidt, G. (1983): Methode und Techniken der Organisation. (7. Auflage). (Schriftenreihe: Der Organisator, Bd. 1). Gießen: Schmidt, 1983.

Schmidt, G. (1985): Organisatorische Grundbegriffe. (8. Auflage). (Schriftenreihe: Der Organisator, Bd. 3). Gießen: Schmidt, 1985.

Schmitz, W. (1991): Deutsche Aerospace: Ein Konzern gewinnt Kontur. In: Wirtschaftswoche (1991) Nr. 21, S. 176 – 179.

Scholz, L. (1976): Definition und Abgrenzung der Begriffe Forschung, Entwicklung, Konstruktion. In: Moll, H. H.; Warnecke, H. J.: RKW-Handbuch Forschung, Entwicklung, Konstruktion (FuE). Berlin, 1976.

Schürle, P. (1991): Einsatz von Projektmangement bei Einsatz von Simoultaneous Engineering. In: Bullinger (1991b), S. 125 – 138.

Seghezzi, H. D. (1989): Damit uns die Technik nicht entgleitet. Perspektiven des Technologiemanagements, In: Technische Rundschau 44/89, S. 16 – 23.

Servatius, H. G. (1985): Methodik des strategischen Technologie-Managements. Grundlage für erfolgreiche Innovationen. (Technological Ergonomics, Bd. 13). Berlin, 1985.

Sommerlatte, T.; Layng, B. J.; Oene, F. v. (1987): Innovationsmanagement – Schaffen einer innovativen Unternehmenskultur. In: ADL (1987).

Sommerlatte, T.; Walsh, S. I. (1983): Das strategische Management von Technologie. In: Töpfer und Afheldt (1983).

Sony (1988): The Case of The Walkman. Sony's Innovation in Management Series, Vol. 1. Tokyo, 1988.

Sony (1989): The Age of New Audio. Sony's Innovation in Management Series, Vol. 4. Tokyo, 1989.

Specht, G.; Zörgiebel, W. (1985): Technologieorientierte Wettbewerbsstrategien. In: Marketing, ZFP, Heft 3, Aug. 1985, S. 161 – 172.

Spur, G. (1989): Unternehmensführung in der zukünftigen Industriegesellschaft. In: Spur, G. (Hrsg.): Management für Technologie und Arbeit. (Produktionstechnisches Kolloquium Berlin PTK 1989), S. 5 – 16.

Stachowiak, H. (1973): Allgemeine Modelltheorie. Wien; New York, 1973.

Staehle, W. H. (1973): Organisation und Führung soziotechnischer Systeme – Grundlagen einer Situationstheorie. Stuttgart, 1973.

Staehle, W. H. (1980): Management. München: Vahlen, 1980.

Staehle, W. H. (1985): Management – eine verhaltenswissenschaftliche Einführung. (2., neubearb. und erweit. Auflage). München: Vahlen, 1985.

Staehle, W. H. (1991): Management – eine verhaltenswissenschaftliche Perspektive. (6., überarbeitete Auflage). München: Vahlen, 1991.

Steers, R. M.; Porter, L. W. (Hrsg.) (1975): Motivation And Work Behaviour. New York u. a., 1975.

Sullivan, D. H. (1985): Systems Planning in The Information Age. In: Sloan Management Review, Winter 1985, S. 3 – 12.

Tannenbaum, R.; Schmidt, W. H. (1958): How To Choose A Leadership Pattern. In: Harvard Business Review, March/April 1958.

Tannenbaum, R.; Schmidt, W. H. (1973): Retrospective Commutary To How To Choose A Leadership Pattern. In: Harvard Business Review, May/June 1973.

Taylor, F. W. (1911/17): The Principles of Scientific Management. New York, 1911. (dt.: Die Grundsätze wissenschaftlicher Betriebsführung; Berlin, München, 1917.)

Töpfer, A.; Afheldt, H. (1983): Praxis der strategischen Unternehmensplanung, Frankfurt 1983.

Trux, W.; Müller, G.; Kirsch, W. (1984): Das Management strategischer Programme, 2. Halbband. München, 1984.

Trux, W.; Müller, G.; Kirsch, W. (1985): Das Management strategischer Programme, 1. Halbband. (2. Auflage). München, 1985.

Ulrich, H. (1970): Die Unternehmung als produktives soziales System. (2. Auflage). Bern; Stuttgart, 1970.

Ulrich H. (1987): Unternehmungspolitik (2. Auflage). Bern; Stuttgart, 1987.

Ulrich, H.; Probst, G. J. B. (1988): Anleitung zum ganzheitlichen Denken und Handeln – Ein Brevier für Führungskräfte. Bern; Stuttgart, 1988.

Ulrich, P.; Fluri, E. (1984): Management – Eine konzentrierte Einführung. Bern; Stuttgart, 1984.

VDI 3780 (1991): VDI-Richtlinie 3780: „Technikbewertung. Begriffe und Grundlagen", März 1991. Verein deutscher Ingenieure, VDI-Hauptgruppe Der Ingenieur in Beruf und Gesellschaft, Ausschuß Grundlagen der Technikbewertung. Berlin: Beuth, 1991.

VDI (1993): Porwollik, U.: Wie innovativ ist die Industrie? In: VDI Nachrichten Nr. 20, 21.5.1993, S. 8.

Weidner, W. (1990): Organisation in der Unternehmung: Aufbau- und Ablauforganisation – Methoden und Techniken praktischer Organisationsarbeit. (3. überarbeitete und erweiterte Auflage). München; Wien: Hanser, 1990.

Weisweiler, F. J. (1982): Unternehmensgeschichte in der Produkt-Portfolio-Analyse – dargestellt am Beispiel des Hauses Mannesmann. In: zfbf 34 (1982) 3, S. 281 – 289.

Wilmes, F. (1993): Chemieindustrie: Ganz schön bissig. In: Wirtschaftswoche (1993) Nr. 25, S. 110 – 114.

Wöhe, G. (1990): Einführung in die Allgemeine Betriebswirtschaftslehre (17. Auflage). München, 1990.

Womack, J. P.; Jones, D. T.; Roos, D. (1990): The Machine that changed the World. New York: Rawson Macmillan, 1990. (dt.: Die zweite Revolution in der Autoindustrie. Frankfurt u. a.: Campus, 1991.)

Zahn, E. (1986): Innovations- und Technologiemanagement. Eine strategische Schlüsselaufgabe der Unternehmen, In: Zahn, E. (Hrsg.),Technologie- und Innovationsmanagement. Berlin: Duncker und Humblot, 1986, S. 9 – 48.

Zahn, E. (1991): Informationstechnologie und Informationsmanagement. In: Bea/Dichtl/Schweitzer (1991), S. 222 – 289.

Zettelmeyer, B. (1984): Strategisches Management und strategische Kontrolle. Darmstadt, 1984.

Stichwortverzeichnis

Technologiemanagement – Wettbewerbsfähige Technologieentwicklung und Arbeitsgestaltung

Herausgegeben von
Univ.-Prof. Dr.-Ing. habil. Prof e.h. Dr. h.c.
Hans-Jörg Bullinger, Stuttgart

Einführung in das Technologiemanagement
Modelle, Methoden, Praxisbeispiele
Von Prof. Dr.-Ing. habil. **H.-J. Bullinger,** Stuttgart
unter Mitarbeit von Prof. Dipl.-Ing. **U. A. Seidel,** Rosenheim
1994. XI, 329 Seiten mit 141 Bildern.
Geb. DM 62,– / ÖS 484,– / SFr 62,–
ISBN 3-519-06367-0

Technikfolgenabschätzung
Herausgegeben von Prof. Dr.-Ing. habil.
H.-J. Bullinger, Stuttgart
1994. XIII, 501 Seiten mit 114 Bildern.
Geb. DM 79,– / ÖS 616,– / SFr 79,–
ISBN 3-519-06368-9

Ergonomie
Produkt- und Arbeitsplatzgestaltung
Von Prof. Dr.-Ing. habil. **H.-J. Bullinger,** Stuttgart
1994. ca. 500 Seiten mit ca. 400 Bildern.
In Vorbereitung
ISBN 3-519-06366-2

Die Reihe wird fortgesetzt.

Preisänderungen vorbehalten.

 B. G. Teubner Stuttgart